普通高等教育“十一五”国家级规划教材

普通高等教育“十五”国家级规划教材

化工传递过程基础

（第三版）

陈　涛　张国亮　主编

化学工业出版社

·北京·

本书系普通高等教育“十五”国家级规划教材《化工传递过程基础》（陈涛、张国亮主编，化学工业出版社，2002）的修订版，为“十一五”国家级规划教材。

本教材系统论述了化学工程中动量、热量与质量传递（“三传”）的基本原理、数学模型及求解方法，传递速率的理论计算，“三传”的类比及传递理论的工程应用等内容。全书共12章。第一章为传递过程概论，阐述流体流动导论、三传的类似性和衡算方法；第二～五章为动量传递，包括动量传递概论与动量传递微分方程、动量传递方程的若干解、边界层流动和湍流；第六～八章为热量传递，包括热量传递概论和能量方程、热传导和对流传热；第九～十一章为质量传递，包括质量传递概论和传质微分方程、分子传质和对流传质；第十二章为多种传递同时进行的过程，论述湍流下热、质同时传递和平壁面上层流边界层中同时进行“三传”的精确解。各章均附有例题和习题，以帮助读者对本书内容的理解和运用。本书还配有免费的教学支持材料可供参考，有需要的教师可登录 www. cipedu. com. cn 免费下载。

本书可作为“化学工程与工艺”专业的专业基础课教材，亦可作为化工类其他专业的选修课教材，也可供在化工领域从事科研、设计和生产的科技人员参考。

图书在版编目（CIP）数据

化工传递过程基础/陈涛，张国亮主编．—3版．—北京：化学工业出版社，2009.5（2022.5重印）
普通高等教育“十一五”国家级规划教材
普通高等教育“十五”国家级规划教材
ISBN 978-7-122-04698-7

Ⅰ．化…　Ⅱ．①陈…　②张…　Ⅲ．化工过程-高等学校-教材　Ⅳ．TQ02

中国版本图书馆 CIP 数据核字（2009）第 011899 号

责任编辑：徐雅妮　何　丽　　文字编辑：丁建华
责任校对：宋　夏　　装帧设计：王晓宇

出版发行：化学工业出版社（北京市东城区青年湖南街 13 号　邮政编码 100011）
印　　装：三河市延风印装有限公司
787mm×1092mm　1/16　印张 19　字数 516 千字　2022 年 5 月北京第 3 版第 15 次印刷

购书咨询：010-64518888　　售后服务：010-64518899
网　　址：http://www. cip. com. cn
凡购买本书，如有缺损质量问题，本社销售中心负责调换。

定　　价：49.00 元

第三版前言

《化工传递过程基础》第二版自2002年出版以来，得到了教学同仁和广大读者的支持和肯定，在此我们深表谢意！继第二版被列为普通高等教育“十五”国家级规划教材之后，本书（《化工传递过程基础》第三版）又被列为“十一五”国家级规划教材。

为了满足不同层次读者的需要，本书在第二版的基础上进行了若干修订：

（1）在各篇分别增加了分子动量、热量和质量传递机理的内容；

（2）第十二章改为“多种传递同时进行的过程”，增加了湍流状态下热、质同时传递及水冷塔操作原理和设计等内容；

（3）第十章中增加了伴有化学反应分子传质的内容；

（4）在大部分章中增加了一定数量与工程实际相结合的例题和习题。

参加本书编写的有天津大学化工学院陈涛（第一、十二章）、张国亮（第二～五章）、张凤宝（第六～八章）、贾绍义（第九～十一章），全书由陈涛、张国亮统编和整理。在本书修订过程中，得到了天津大学化工学院领导和有关教师的支持与帮助，在此表示感谢！

由于作者水平所限，书中可能会存在不妥之处，敬请教学同仁和读者批评指正。

编　者

2008年10月于天津大学

第二版前言

“化工传递过程”课程在我国化工类本科生中开设已有 20 多年。这期间有多本教材出版，为培养现代化工技术人才起了重要作用。随着新世纪的到来，化学工程学科的理论和实践不断发展，与其相关的新兴学科、高新技术层出不穷，对传递过程的理论和应用提出了新的要求。因此，这门课程的教学内容改革显得十分迫切。为了努力达到《高等教育面向 21 世纪“化学工程与工艺”专业人才培养方案》所要求的目标，我们将原有教材进行了修订。

本书是原高等学校试用教材《化工传递过程基础》（王绍亭、陈涛编，化学工业出版社，1987）的修订本。修订后的本教材保留了原书的系统性和重要内容，删去了一些次要章节；增加了一些反映传递过程最新进展的内容，力求提高本书的全面性；增加了若干理论与工程实际相结合的内容，以提高本课程的实用性；增加了例题和习题的数量和难度，以提高学生分析问题、解决问题的能力；适当提高某些内容的深度，以满足不同层次读者的需要。

本书共十二章。第一章增加流体流动导论一节，删去原书第二章“总衡算”大部分内容，而部分内容作为衡算方法放在本章论述。第二章后按第一篇动量传递（二～五章）、第二篇热量传递（六～八章）、第三篇质量传递（九～十二章）顺序编写。

在本教材的修订过程中，我们以教改精神为指导，以加强基础、拓宽知识、提高学生创造能力为原则，力求概念清晰、层次分明、理论深入浅出，引导创新，便于自学。

本书作为“化学工程与工艺”专业基础教材，亦可作为化工类其他专业的选修课教材，还可供化工领域从事科研、设计和生产的科技人员参考。

本书主编陈涛、张国亮。参加修订的人员有天津大学化工学院陈涛（第一章及全书统编）、张国亮（第一篇二～五章）、张凤宝（第二篇六～八章）、贾绍义（第三篇九～十二章）。

由于作者水平所限，书中难免存在不妥之处，敬请教学同仁和读者批评指正。

编　者

2001 年 10 月

目　　录

第一篇　动量传递

第二篇 热量传递

第三篇 质量传递

主要符号说明

英文符号

A　面积、截面积、传热面积、传质面积，m^2

A_{av}　平均面积，m^2

C　系统的总物质的量浓度，$kmol/m^3$

C_{av}　液相的平均总物质的量浓度，$kmol/m^3$

C_D　曳力系数、平均曳力系数，无量纲

C_{Dx}　局部（x处）曳力系数，无量纲

C_{Dx}^0　喷出参数为零时的局部曳力系数，无量纲

D_{AB}　组分A通过组分B的扩散系数，m^2/s

D_{ABP}　有效扩散系数，m^2/s

D_{KA}　纽特逊扩散系数，m^2/s

E　单位质量流体的总能量，J/kg

E_t　总能量，J

$\boldsymbol{F}$　力、外力，N

$\boldsymbol{F}_B$　体积力或质量力，N

F_d　流体对物体施加的总曳力，N

F_t　惯性力，N

$\boldsymbol{F}_S$　表面力或机械力，N

G　质量流速，$kg/(m^2 \cdot s)$

G_i　组分i的质量，kg

H　单位质量流体的焓，J/kg

I　湍动强度，无量纲

J_A　相对于摩尔平均速度u_M的组分A的摩尔通量，$kmol/(m^2 \cdot s)$

K　稠度指数，无量纲

L　长度，流动距离，m

L_e，L_t，L_D　管内流动、传热、传质的进口段长度，m

M　质量，kg

M_A，M_B，M_i　组分A、B、i的摩尔质量，kg/kmol

M_i　组分i的质量，kg

$\overline{M}$　平均摩尔质量，kg/kmol

N　相对于静止坐标的总摩尔通量，$kmol/(m^2 \cdot s)$

N_A，N_B　相对于静止坐标的组分A、B的摩尔通量，$kmol/(m^2 \cdot s)$

P　垂直作用于流体表面上的力，N

Q　吸热速率，J/s

$\dot{Q}$　单位质量流体所吸收的热量，J/kg

R　通用气体常数，$kJ/(kmol \cdot K)$

$\dot{R}_A$　单位体积中组分A生成的摩尔速率，$kmol/(m^3 \cdot s)$

S　气体在固体中的溶解度，$m^3/(kPa \cdot m^3)$

T　热力学温度，K

U　单位质量流体的内能，J/kg

V　体积，m^3

V_s　体积流率，m^3/s

W　做功速率，J/s

$\dot{W}$　单位质量流体对环境所做的功，J/kg

W_e　轴功率，J/s

$\dot{W}_e$　单位质量流体所做的轴功，J/kg

X　x方向上的单位质量流体的质量力，N/kg

X_r，X_z，X_θ　柱坐标系中径向、轴向、方位角方向上单位质量流体的质量力，N/kg

X_r，X_ϕ，X_θ　球坐标系中径向、方位角、余纬度方向上单位质量流体的质量力，N/kg

Y　y方向上单位质量流体的质量力，N/kg

Z　z方向上单位质量流体的质量力，N/kg

a_A，a_B，a_i　组分A、B、i的质量分数，无量纲

c_A，c_B，c_i　组分A、B、i的物质的量浓度，$kmol/m^3$

c_{Ab}　组分A的主体平均浓度，$kmol/m^3$

c_{As}　组分A在界面处的浓度，$kmol/m^3$

c_{A0}　组分A在边界层外的均匀浓度，$kmol/m^3$

c_p，c_v　定压比热容和定容比热容，$J/(kg \cdot K)$

d　管径、孔径，m

d_e　当量直径，m

e　绝对粗糙度，mm

f　范宁摩擦因数，无量纲

f_B　单位质量流体的质量力（或重力），N/kg

$\boldsymbol{g}$，g　重力加速度，m/s^2

h　对流传热系数（膜系数），$W/(m^2 \cdot K)$
　液柱高度，m

h_x，h_m　局部（x处）和平均对流传热系数，$W/(m^2 \cdot K)$

h_x^0　喷出参数为零时的局部对流传热系数，

符号	含义
	$W/(m^2 \cdot K)$
j_A	相对于质量平均速度 u 的组分 A 的质量通量，$kg/(m^2 \cdot s)$
j_A^e	组分 A 的涡流质量通量，$kg/(m^2 \cdot s)$
k	热导率，$W/(m \cdot K)$
k_c^0，k_c	气相对流传质系数，m/s
k_L^0，k_l	液相对流传质系数，m/s
k_{cx}^0，k_{cx}	局部（x 处）对流传质系数，m/s
k_{cm}^0，k_{cm}	平均对流传质系数，m/s
$(k_{cx}^0)^0$	喷出参数为零时的局部对流传质系数，m/s
l	长度、普朗特混合长，m
n	相对于静止坐标的总质量通量，$kg/(m^2 \cdot s)$
	流动特性指数，无量纲
n_A，n_B	相对于静止坐标的组分 A、B 的质量通量，$kg/(m^2 \cdot s)$
p	压力，总压力，N/m^2
p_A，p_B	组分 A、B 的分压，N/m^2
p_d，p_s	动力压力和静压力，N/m^2
q	热流速率，J/s
$\dot{q}$	单位体积中释放的热速率，$J/(m^3 \cdot s)$
r	管半径、径向距离，m
r_i	管的内半径，m
r_A	单位体积中组分 A 的质量生成速率，$kg/(m^3 \cdot s)$
r_{max}	最大流速处距管中心的距离，m
$\bar{r}$	孔道的平均半径，m
$\boldsymbol{s}$	流体流过的距离，m
s	表面更新率，s^{-1}
t	温度，K
t_b	主体平均（混合杯）温度，K
t_f	定性温度，K
t_m	平均温度，K
t_s	壁面温度，K
t_0	边界层外的均匀温度，K
	不稳态导热中的初始温度，K
$\boldsymbol{u}$	流速，相对于静止坐标的质量平均速度，m/s
u_A，u_B	组分 A、B 相对于静止坐标的速度（绝对速度），m/s
u_b	主体平均流速，m/s
u_M	相对于静止坐标的摩尔平均速度，m/s
u_{max}	最大流速，管中心处流速，m/s
u_0	边界层外的均匀流速，远离物体表面的流速，m/s
u_x，u_y，u_z	流速向量 $\boldsymbol{u}$ 在直角坐标系 x、y、z 3 个方向上的分量，m/s
u_r，u_θ，u_z	流速向量 $\boldsymbol{u}$ 在柱坐标系 r、θ、z 3 个方向上的分量，m/s
u_r，u_ϕ，u_θ	流速向量 $\boldsymbol{u}$ 在球坐标系 r、ϕ、θ 3 个方向上的分量，m/s
u_{ys}	在壁面处的法向速度，m/s
u^*	摩擦速度，$u^* = \sqrt{\tau_s/\rho}$，m/s
v	比体积，m^3/kg
w	质量流率，kg/s
x	流动方向上距平板前缘的距离，m
x_1	平板的半厚度或由绝热壁算起的厚度，m
x_A，x_B，x_i	组分 A、B、i 的摩尔分数，无量纲
x_c	临界距离，m
y_A，y_B	组分 A、B 在气相中的摩尔分数，无量纲
y^*	摩擦距离，$y^* = v/\sqrt{\tau_s/\rho}$，m
z	高度，轴向距离，扩散距离，m

希腊文符号

符号	含义
α	导温系数（热扩散系数），m^2/s
δ	速度边界层厚度，液膜厚度，m
δ_b，δ_m，δ_c	层流内层、缓冲层、湍流核心厚度，m
δ_D，δ_t	浓度边界层和温度边界层厚度，m
ε	空隙率，无量纲
	涡流（运动）黏度，m^2/s
ε_H	涡流热扩散系数，m^2/s
ε_M	涡流（质量）扩散系数，m^2/s
ξ	温度边界层厚度与速度边界层厚度之比（δ_1/δ），无量纲
θ	时间，s
θ'	柱坐标系和球坐标系微分衡算方程中的时间，s
λ	分子运动平均自由程，m
μ	（动力）黏度，$N \cdot s/m^2$
ν	运动黏度，m^2/s
ρ	密度，系统总密度，质量浓度，kg/m^3
ρ_A，ρ_B	组分 A，B 的质量浓度，kg/m^3
ρ_{A0}	组分 A 在边界层外的质量浓度，kg/m^3
ρ_{As}	组分 A 在界面处的质量浓度，kg/m^3
τ	剪应力、表面应力（机械应力），N/m^2
	过剩温度或温度差，K
	曲折因素，无量纲
τ_s	作用在壁面上的剪应力，N/m^2
τ_{sx}	局部处（x 处）的摩擦应力，N/m^2
τ^r	湍流应力或雷诺应力，N/m^2
τ^t	总应力，N/m^2

τ_{xx}，τ_{yy}，τ_{zz}　作用在与 x、y、z 轴相垂直面上 x、y、z 方向上的法向应力分量，N/m^2

τ_{xy}　作用在与 x 轴相垂直面上 y 方向上的剪应力分量，N/m^2

ϕ　单位体积流体的摩擦热速率，$J/(m^2 \cdot s)$

φ　速度势函数，m^2/s

ψ　流函数，m^2/s

无量纲数群

Bi　皮渥数，$\frac{hl}{k}$

Eu　欧拉数，$\frac{p}{\rho u^2}$

Fo　傅里叶数，$\frac{\alpha\theta}{l^2}$

Fr　弗鲁德数，$\frac{u^2}{gL}$

Gr　格拉晓夫数，$\frac{L^3\rho^2 g\beta\Delta t}{\mu^2}$

Nu　努塞尔数，$\frac{hd}{k}$

Nu_x　局部努塞尔数，$\frac{hx}{k}$

Nu_m　平均努塞尔数，$\frac{hL}{k}$

Pr　普朗特数，$\frac{\nu}{\alpha}=\frac{c_p\mu}{k}$

Re　雷诺数（管内流动），$\frac{\rho u_b d}{\mu}$

Re_L　雷诺数（平板壁面上的流动），$\frac{\rho u_0 L}{\mu}$

Re_x　局部（x 处）雷诺数，$\frac{\rho u_0 x}{\mu}$

Re_{x_c}　临界雷诺数，$\frac{\rho u_0 x_c}{\mu}$

Sc　施米特数，$\frac{\nu}{D_{AB}}=\frac{\mu}{\rho D_{AB}}$

St　斯坦顿数，$\frac{h}{c_p\rho u_b}$

St'　传质斯坦顿数，$\frac{k_c^0}{u_b}$

St_x　局部斯坦顿数，$\frac{h_x}{c_p\rho u_0}$

St'_x　局部传质斯坦顿数，$\frac{k_{cx}^0}{u_0}$

Sh　舍伍德数，$\frac{k_c^0 d}{D_{AB}}$

Sh_x　局部舍伍德数，$\frac{k_{cx}^0 x}{D_{AB}}$

Sh_m　平均舍伍德数，$\frac{k_{cm}^0 L}{D_{AB}}$

Kn　纽特逊数，$\frac{\lambda}{2r}$

j_H　传热 j 因数，$StPr^{2/3}$

j_D　传质 j 因数，$St'Sc^{2/3}$

L^*　无量纲长度，$\frac{x}{l}$

m　相对热阻，$\frac{k}{hx_i}=\frac{1}{Bi}$

n　相对位置，$\frac{x}{x_1}$

c_A^*　无量纲浓度差，$\frac{c_A-c_{As}}{c_{A0}-c_{As}}$

T^*　无量纲温度差，$\frac{t-t_s}{t_0-t_s}$

T_b^*　无量纲温度差，$\frac{t-t_b}{t_0-t_b}$

U^*　无量纲速度，$\frac{u_x}{u_0}$

u^+　无量纲速度，$\frac{u}{u^*}$

y^+　无量纲距离，$\frac{yu^*}{\nu}$

η　无量纲位置，$y\sqrt{\frac{u_0}{\nu x}}$

$f(\eta)$　无量纲流函数，$\frac{\psi}{\sqrt{u_0\nu x}}$

绪　论

化学工业是指对原料进行化学加工，以改变物质的结构或组成或合成新物质，从而获得有用产品的制造工业。由于原料、产品的多样性以及生产过程的复杂性，形成了数以万计的化工生产工艺。化学工程是研究化学工业及相关过程工业（process industry）生产中所进行的物理过程和化学反应过程共同规律的一门工程学科。它的研究范围包括所有采用化学加工技术的场合，不但覆盖了整个化学与石油化学工业，而且渗透到能源、环境、生物、材料、制药、冶金、轻工、公共卫生、信息等工业及技术领域。

化学工程学科的形成与发展经历了如下几个阶段。在20世纪20年代以前，人们对于化工过程的研究主要侧重于单一化工过程的工艺特性方面。那时，对于每一类化工过程的工艺，均被视为一门专门的“工艺知识”。化学工程的早期课程，即是以学习各种化工过程的工艺知识为基础。例如，化学肥料制造工业、硫酸工业等均被作为彼此独立的专门知识。20年代以后，人们逐渐发现，各种化学工艺都可以分解为若干相对独立的操作“单元”，而且不同工艺的相同操作单元遵循着相同的原理。例如，无论是在制糖工业中还是在肥料工业中，都会遇到由溶液蒸发溶剂（水）的操作，两者所遵循的原理是相同的。于是人们开始由原来专门的工艺知识转为“单元操作”（unit operation）的研究。蒸发是最早被提出的单元操作之一。被称为单元操作的还有流体输送、过滤、加热与冷却、干燥、蒸馏、吸收、萃取、结晶等。以单元操作作为研究和学习的主要内容是化学工程学科在20世纪前半期发展阶段的基本情况。

20世纪50年代以后，随着单元操作研究的不断深入，人们又发现若干单元操作之间亦存在着共性。例如，过滤是流体流动的一种特殊情况，蒸发是一种热量传递过程，吸收或萃取都遵循着质量传递的原理，而干燥与蒸馏则为热量和质量传递同时进行的过程。由此可知，对于单元操作原理的深入研究，最终都可以归结为对于动量传递、热量传递和质量传递的研究。1960年，R. B. Bird、S. E. Stewart 和 E. N. Lightfoot 的著作《传递现象》（Transport Phenomena）首次问世，系统地阐述了动量、热量传递和质量传递的基本原理。嗣后，各种论述动量、热量和质量传递（momentum，heat，and mass transfer）的著作相继出版，从此传递过程原理这一课程成为化学工程学科的主干课程之一。

化学工程学科研究的两个基本问题：一为过程的平衡、限度；二为过程的速率以及实现过程所需要的设备。过程的平衡、限度问题属于化工热力学研究的范畴；过程的速率问题包括化学反应过程的速率和物理过程的速率。化学反应过程的速率及实现过程的设备是化学反应动力学和化学反应工程研究的内容；物理过程的速率以及实现过程的设备是本课程和化工单元操作研究的内容。化工传递过程侧重于物理过程的速率及传递机理的探讨；单元操作则注重解决过程的设备及工程方面的问题。

因此，传递过程原理是化工单元操作的基础，它注重从理论上揭示各种单元操作过程和设备的基本原理。结合特定的单元操作过程和设备深入研究其动量、热量和质量传递的机理，不但可以为所研究的过程提供基础数学模型，而且可以从理论上计算过程的速率，这对于化工过程和设备的开发、设计与优化起着十分重要的作用。另一方面，将动量、热量和质量传递现象归结为速率问题进行综合探讨，还可以发现3类传递过程之间存在着基本的类似性。

综上所述，本课程的目的有二：其一是研究各种物理过程的速率问题。具体地说，对于各种与流体流动相关的过程，如流体的输送、过滤、混合等，研究其动量传递的速率或流动的阻力；对于热量与质量传递过程，如物料的加热与冷却、吸收、萃取等，研究热量与质量传递的速率。其二是探讨动量、热量和质量传递之间的类似性。这是因为 3 种传递过程之间，无论是传递机理还是数学描述以及结果方面，都有着惊人的类似。因此，研究它们之间的类似性，可以将一个传递过程的研究成果应用于另外的传递过程，这样可以取得事半功倍的效果。

本书与化工单元操作（化工原理）一起，是以研究化工中物理过程的速率以及实现过程的设备为主要内容的化学工程专业的基础课教材。在教学安排上，本教材既适于本科生学完化工原理后开设本课程之用，也适用于化工原理与本课程平行开设以及未学化工原理单独开设本课程的学生使用。

第一章　传递过程概论

传递现象是自然界和工程技术中普遍存在的现象。通常所说的平衡状态，是指物系内具有强度性质的物理量如温度、组分浓度等不存在梯度而言的。例如热平衡是指物系内的温度各处均匀一致，气体混合物的平衡是指物系内各处具有相同的组成等。反之，若物系处于不平衡状态，即具有强度性质的物理量在物系内不均匀时，则物系内部就会发生变化。例如，冷、热两物体互相接触，热量会由热物体流向冷物体，最后使两物体的温度趋于一致。对于任何处于不平衡状态的物系，一定会有某些物理量由高强度区向低强度区转移。物理量朝向平衡状态转移的过程即为传递过程。

在传递过程中所传递的物理量一般为质量、能量、动量和电量等。质量传递是指物系中一个或几个组分由高浓度区向低浓度区的转移；能量传递是指热量由高温度区向低温度区的转移。由此可见，质量、热量与动量传递之所以发生，是由于物系内部存在有浓度、温度和速度梯度的缘故。

在化学工程领域中，传递过程大多是在流体流动的状态下进行的。因此，流体流动与动量、热量和质量传递有非常密切的关系。

动量、热量和质量传递是一种探讨速率的科学，三者之间具有许多类似之处，它们不但可以用类似的数学模型描述，而且描述三者的一些物理量之间还存在着某些定量关系，这些类似关系和定量关系会使研究 3 类传递过程的问题得以简化。

传递过程规律的研究常采用衡算方法，即依据质量守恒、能量守恒（热力学第一定律）和动量守恒（牛顿第二运动定律）原理，在运动的流体中选择一特定的空间范围进行质量、能量和动量衡算，导出有关的衡算方程来解决传递过程规律问题。

本章作为研究动量、热量和质量传递的基础，主要论述流体流动的基本概念，动量、热量和质量传递的类似性及衡算方法等内容。

第一节　流体流动导论

流体是气体和液体的统称。流体由大量的彼此之间有一定间隙的分子组成，各个分子都做着无序的随机运动。因此流体的物理量在空间和时间上的分布是不连续的。

对流体内任意微元体积考察可知，由于流体分子随机运动跃入与跃出此体积的分子数并不时时平衡，而是随机波动，从而导致质量的变化，流体表现分子的个性。但当考察的微元体积增加至相对于分子几何尺寸足够大而相对于容器尺寸充分小的某一特征体积时，便可不计由分子随机运动进出此特征体积分子数变化所导致的质量变化，这时流体的宏观特性即为分子统计平均特性。此一特征体积中所有流体分子的集合称为流体质点。利用质点这一宏观概念，可将流体视为由无数质点组成的连续介质，流体所占的空间全部为这个连续介质充满。工程实际中，主要研究流体的宏观运动规律，而不探讨流体分子的运动，便可将流体作为连续介质处理。在传递过程中，可方便地运用数学上的连续函数理论研究流体运动问题。

一、静止流体的特性

流体静止状态是流体运动的特定状态，即流体在外力作用下处于相对静止或平衡状态。静止流体的特性如密度、静压力和流体平衡规律等与流体流动有密切关系。

(一) 流体的密度

密度是流体的重要物理性质。单位体积流体所具有的质量称为流体的密度。

对于质量分布均匀的流体(均质流体),设在体积 V 内包含的质量为 M,则密度的定义式为

$$\rho=\frac{M}{V} \tag{1-1}$$

式中 ρ——流体的密度;

V——流体的体积;

M——流体的质量。

对于非均质流体,由于空间各点单位体积所包含的流体质量数值不同,流体的密度可用某一点处的值(点密度)表示。设流体某点周围的微元体积 $\mathrm{d}V$ 中包含质量 $\mathrm{d}M$,点密度的定义式为

$$\rho=\frac{\mathrm{d}M}{\mathrm{d}V} \tag{1-2}$$

由于假定流体为连续介质,在同一时刻流体点密度是空间的连续函数。流体的其他物理量,如压力、浓度、速度、温度等,在给定时刻均为空间的连续函数。

流体的密度都随着温度和压力变化。对于液体,温度改变时其密度略有改变,而压力对其密度的影响很微小,工程应用中可忽略压力的改变对液体密度的影响(极高压力除外)。气体密度受温度和压力改变的影响较明显,低压气体密度可按理想气体状态方程计算,高压气体密度可用实际气体的状态方程计算。

气体混合物或液体混合物的密度一般通过纯态物质的密度及各组分的质量分数进行计算。

单位流体质量的体积称为流体的比体积(或质量体积),其定义式为

$$v=\frac{V}{M} \tag{1-3}$$

式中 v——流体的比体积。

流体的密度 ρ 与比体积 v 互为倒数,即

$$\rho v=1 \tag{1-4}$$

(二) 可压缩流体与不可压缩流体

流体在外力的作用下,其体积发生变化而引起密度变化。作用在流体上的外力增加时,其体积减小。流体的这种特性称为可压缩性。

一般情况下,液体的压缩性很小,甚至无压缩性;气体体积受压力和温度影响较大,可压缩性较为明显。

密度不随空间位置和时间变化的流体称为不可压缩流体。通常液体可视为不可压缩流体。

密度随空间位置或时间变化的流体称为可压缩流体。气体为可压缩流体,但在某些情况下,如气体等温流动且压力改变不大时,也可近似按不可压缩流体处理。

(三) 流体的压力

静止流体受各种外力的作用而处于平衡状态,其中一种外力垂直作用于流体的表面。垂直作用于流体单位表面积上的力称为流体的压力或称静压力。若均匀地垂直作用于流体表面积 A 上的力为 P,则压力的定义为

$$p=\frac{P}{A} \tag{1-5}$$

式中 p——流体的压力;

P——垂直作用于流体表面上的力;

A——作用面的表面积。

当垂直作用在流体表面积上的力不均匀时,流体的压力可应用某一点处的压力(点压力)表

示。在流体中任取一微元面积 dA，设垂直作用在该微元面积上的力为 dP，则点压力的定义式为

$$p=\frac{dP}{dA} \tag{1-6}$$

流体任意点处压力的方向总是垂直于作用面并指向流体内部，在同一点处不同方向的流体静压力数值相等。

压力的单位，在 SI 制中为 N/m^2 或 Pa。工程上还可用其他单位表示压力，诸如 atm（标准大气压）、mmHg 或 mH_2O（毫米汞柱或米水柱高度）、bar（巴）和 kgf/cm^2（工程大气压）等。各种压力单位的换算关系，可参阅本书附录 A 查出。

流体静压力常采用两种不同基准表示：一是以绝对真空状态的压力为零作为基准计量，这种压力称为绝对压力，是流体的真实压力；另一种是以当时当地的大气压力为零作为基准计量，这种压力称为相对压力。

相对压力又分为表压力和真空度两种。

表压力是指高于当时当地大气压的压力，即

表压力＝绝对压力－大气压力

真空度是指低于当时当地大气压的压力，即

真空度＝大气压力－绝对压力

显然，真空度越高，表示绝对压力越低。真空度可表示为表压力的负值。

由于压力采用多种方法表示，在书写时应加标注。习惯上，用绝对压力表示时不加标注，例如 $p=2$atm 表明绝对压力为 2 标准大气压；对于表压力和真空度需加表注，例如 $p=3\times10^5 N/m^2$（表压）或 $p=500$mmHg（真空度）等。

（四）流体平衡微分方程

上已提及，静止流体受各种外力的作用而处于平衡状态。任取一流体微元分析可知，作用在其上的外力分为两类：一类是作用在流体每一质点上的外力，称为体积力；另一类是作用在流体微元表面上的力，称为表面力。

1. 体积力

体积力也称质量力，流体的每一质点均受这种力的作用，例如受地球吸引的重力、带电流体所受的静电力和电流通过流体产生的电磁力等。在化学工程中，通常只考虑重力的作用，故本书中涉及的质量力是指重力，用 $\boldsymbol{F}_B$ 表示。单位流体质量所受的质量力用 $\boldsymbol{f}_B$（N/kg）表示，$\boldsymbol{f}_B$ 在直角坐标 x、y、z 3 个轴上的投影分量分别以 X、Y、Z 表示。

2. 表面力

表面力是流体微元的表面与其相邻流体作用所产生的。流体在静止状态时，表面力表现为静压力。流体在运动时，微元表面与其相邻流体的表面产生摩擦，故表面力除压力外还有摩擦产生的黏性力。表面力以 $\boldsymbol{F}_s$ 表示。

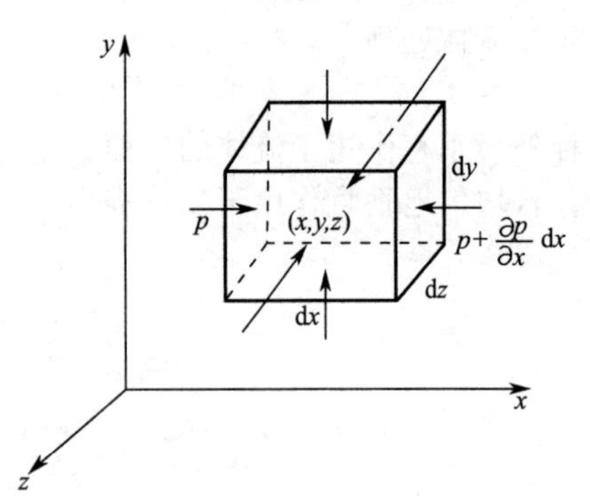

图 1-1 静止流体微元受力分析

在静止流体中，所受外力为重力和静压力，这两种力互相平衡，利用平衡条件可导出流体平衡微分方程。

图 1-1 所示为静止流体中的任一流体微元，边长为 dx、dy、dz，它在质量力（重力）和静压力产生的表面力两者的作用下处于平衡状态。

首先分析 x 方向的作用力，其质量力为

$$d\boldsymbol{F}_{Bx}=\rho X\,dx\,dy\,dz$$

由静压力产生的表面力为

$$d\boldsymbol{F}_{sx}=p\,dy\,dz-\left(p+\frac{\partial p}{\partial x}dx\right)dy\,dz$$

故 x 方向的平衡条件为

$$\mathrm{d}\boldsymbol{F}_{\mathrm{B}x}+\mathrm{d}\boldsymbol{F}_{\mathrm{s}x}=0$$

即

$$\frac{\partial p}{\partial x}=\rho X \tag{1-7a}$$

同理可得

$$\frac{\partial p}{\partial y}=\rho Y \tag{1-7b}$$

$$\frac{\partial p}{\partial z}=\rho Z \tag{1-7c}$$

或写成向量形式

$$\rho \boldsymbol{f}_{\mathrm{B}}=\nabla p \tag{1-7d}$$

式(1-7) 即为流体平衡微分方程，又称为欧拉（Euler）平衡微分方程。该方程描述静止流体中静压力与质量力之间的关系，表示静压力梯度等于单位体积流体的质量力。将式(1-7) 积分，即可得到流体内静压力分布规律。

(五) 流体静力学方程

流体静力学方程可由流体平衡微分方程导出。设图 1-2 所示的容器中为静止液体，其密度均匀为 ρ，液面上的压力为 p_0，在液面之下深度为 h 的水平面某点 A 处的静压力为 p。坐标原点 O 为液面上任一点，z 轴垂直向上，x、y 轴为水平方向（图中未标出）。

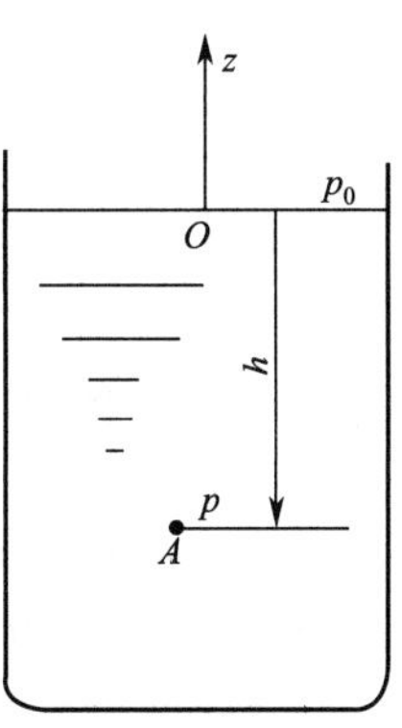

图 1-2 静止流体内部的压力分布

将式(1-7a)、式(1-7b) 和式(1-7c) 依次乘以 dx、dy、dz，然后将 3 式相加，得

$$\frac{\partial p}{\partial x}\mathrm{d}x+\frac{\partial p}{\partial y}\mathrm{d}y+\frac{\partial p}{\partial z}\mathrm{d}z=\rho(X\mathrm{d}x+Y\mathrm{d}y+Z\mathrm{d}z)$$

由于 p 是坐标 x、y、z 的连续函数，dp 为全微分，即

$$\mathrm{d}p=\frac{\partial p}{\partial x}\mathrm{d}x+\frac{\partial p}{\partial y}\mathrm{d}y+\frac{\partial p}{\partial z}\mathrm{d}z$$

可得

$$\mathrm{d}p=\rho(X\mathrm{d}x+Y\mathrm{d}y+Z\mathrm{d}z) \tag{1-8}$$

由于质量力视为重力，在水平方向上 $X=0$ 和 $Y=0$，而 $Z=-g$，式(1-8) 可写为

$$\mathrm{d}p=-\rho g\mathrm{d}z$$

积分上式

$$\int_{p_0}^{p}\mathrm{d}p=-\rho g\int_{0}^{-h}\mathrm{d}z$$

得

$$p=p_0+\rho g h \tag{1-9}$$

式(1-9) 称为流体静力学方程，表明密度均匀的静止流体内部在重力作用下静压力随深度的变化规律（静压力分布）。

将式(1-9) 写成下式

$$h=\frac{p-p_0}{\rho g} \tag{1-9a}$$

式(1-9a) 表明，对于一定密度的液体，压力差大小与深度 h 成正比。故液柱高度 h 可用来表示压力差的大小，这就是用 mmHg 或 mH_2O 柱表示压力单位的依据。

二、流体流动的基本概念

(一) 流速与流率

1. 流速

流速即流体流动的速度。对于任意流动状态，速度为一空间向量，以 $\boldsymbol{u}$ 表示。设 $\boldsymbol{u}$ 在直角

坐标系 x、y、z 3 个轴方向上的投影为 u_x、u_y 和 u_z，在 $d\theta$ 时间内流体流过的距离为 ds，且 ds 在各坐标轴上的投影距离为dx、dy 和 dz，则流速的定义式为

$$u_x=\frac{dx}{d\theta} \tag{1-10a}$$

$$u_y=\frac{dy}{d\theta} \tag{1-10b}$$

$$u_z=\frac{dz}{d\theta} \tag{1-10c}$$

若流体流动与空间的 3 个方向有关，称为三维流动；与 2 个方向有关，称为二维流动；仅与 1 个方向有关，则称为一维流动。在化学工程中，许多流动状态可视为一维流动，例如流体在直管内流动时经过进口和管件一定距离后的流动状态属于与管轴平行的一维流动。

流体在导管或设备内做一维流动时，流速方向与流动的横断面（流动截面）相互垂直，在流动截面上各点的流速称为点流速。一般情况下，各点流速不相等，在同一截面上各点流速的变化规律称为速度分布。

2. 流率

流率为单位时间内流体通过流动截面的量。以流体的体积计量称为体积流率（习惯上称流量），m^3/s；以质量计量称为质量流率，kg/s。

在流动截面上任取一微分面积 dA，其点流速为 u_x，则通过该微分面积的体积流率 dV_s 为

$$dV_s=u_x dA \tag{1-11}$$

式中 V_s——体积流率；

u_x——垂直于流动截面的点流速；

A——流动截面的面积。

通过整个流动截面积 A 的体积流率 V_s 为

$$V_s=\iint_A u_x dA \tag{1-12}$$

质量流率与体积流率的关系为

$$w=\rho V_s \tag{1-13}$$

式中 w——质量流率。

3. 主体平均流速

当流体通过流动截面时，由于各点的流速不相等，实际应用很不方便。在工程上，为了简化计算，通常采用截面上各点流速的平均值，称为主体平均流速 u_b，其定义为体积流率 V_s 与流动截面积 A 之比，即

$$u_b=\frac{V_s}{A}=\frac{1}{A}\iint_A u_x dA \tag{1-14}$$

式(1-14) 为主体平均流速（简称平均流速）的定义式。

对于气体，由于其体积流率或平均流速随温度和压力变化，采用质量流速较为方便。单位时间内流体通过单位流动截面积的质量称为质量流速，即

$$G=\frac{w}{A}=\frac{\rho V_s}{A}=\rho u_b \tag{1-15}$$

式中 G——质量流速。

质量流速 G 的单位为 $kg/(m^2 \cdot s)$，亦称为质量通量。

（二）稳态流动与非稳态流动

流体流动和动量、热量与质量传递过程中，流体质点的所有物理量都可能是空间坐标 (x,y,z) 和时间 θ 的函数。但实际过程中，物理量不一定都随时间变化，故有稳态与非稳态

过程之分。

当流体流过任一截面时，流速、流率和其他有关的物理量不随时间变化，称为稳态流动或定常流动。流体流动时，任一截面处的有关物理量中只要有一个随时间变化，则称为非稳态流动或不定常流动。

在传递过程中的稳态和非稳态过程与流体流动的稳态和非稳态区分相类似。对于稳态过程的数学特征为$\frac{\partial}{\partial\theta}=0$，即物理量只是空间坐标（$x,y,z$）的函数，与时间$\theta$无关。显然，非稳态流动或传递过程的数学规律要比稳态过程复杂，因而求解方法相对困难。

（三）黏性定律与黏度

流体具有黏性。表现在流体运动时，由于黏性作用，流体层之间会产生剪切力。而且，当流体与固体壁面接触时，它会附着于壁面上而不滑脱。流体运动时的黏性作用可用牛顿黏性定律描述。

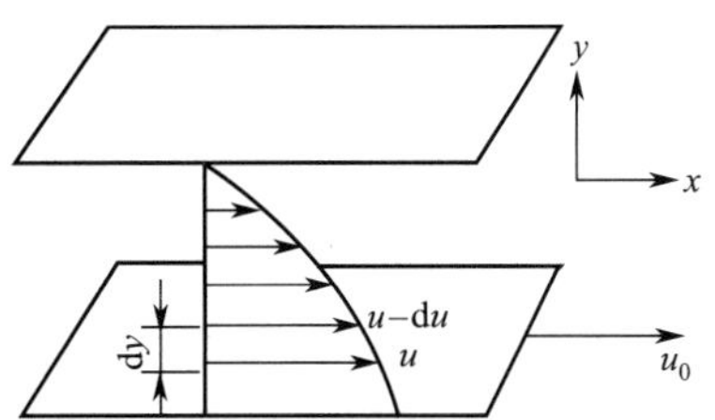

图 1-3 黏性作用速度分布图

1. 牛顿黏性定律

为了说明流体运动时的黏性作用，可考察图 1-3 所示的两平板间的流体运动情况。设两块彼此平行的无限大平板之间充满静止的不可压缩流体，上板静止，下板以恒定流速u_0沿x方向流动，于是紧贴在下板表面上（$y=0$）的一层流体将跟着平板以速度u_0一起运动。由于黏性作用，下板表面上已运动的流体便带动其上相邻的一层流体沿x方向运动，依此类推，两板间的流体将全部沿x方向流动。由于上板静止，各层流速沿y方向逐层减慢，至上板面处的流体层速度为零。经历一段时间后，流动达到稳态，两板间的流体建立起如图 1-3 所示的速度分布曲线。

牛顿根据实验结果，得到相邻两层流体之间由于黏性作用产生的剪应力τ与该处的速度梯度du_x/dy成正比，即

$$\tau\propto\frac{du_x}{dy}$$

若引入一比例系数μ，可将上式写成

$$\tau=-\mu\frac{du_x}{dy} \tag{1-16}$$

式中 τ——剪应力；

μ——动力黏度；

$\frac{du_x}{dy}$——速度梯度。

式(1-16) 称为牛顿黏性定律（Newton's law of viscosity）。μ称为黏滞系数或动力黏度，一般简称为黏度，为一流体的物性系数。式中的负号表示当y增加时u_x减小，即速度梯度du_x/dy本身为负值。当du_x/dy的值为正时，可将式中的负号去掉。凡遵循牛顿黏性定律的流体称为牛顿型流体，否则为非牛顿型流体。所有气体和大多数低分子量液体均属牛顿型流体，如水、空气等；而某些高分子溶液、油漆、血液等则属于非牛顿型流体。本书涉及的流体多为牛顿型流体。

2. 动力黏度

流体的动力黏度（简称黏度）可用牛顿黏性定律定义，即由式(1-16) 忽略负号得

$$\mu=\frac{\tau}{du_x/dy} \tag{1-17}$$

故黏度的物理意义为单位速度梯度时作用在两层流体之间的剪应力。

黏度有两种常用单位——SI 单位和物理单位。

在 SI 单位制中，黏度单位为

$$[\mu]=\frac{[\tau]}{[u/y]}=\frac{\mathrm{N/m^2}}{\frac{\mathrm{m/s}}{\mathrm{m}}}=\frac{\mathrm{N\cdot s}}{\mathrm{m^2}}=\mathrm{Pa\cdot s}$$

在物理单位制中，黏度单位为

$$[\mu]=\frac{[\tau]}{[u/y]}=\frac{\mathrm{dyn/cm^2}}{\frac{\mathrm{cm/s}}{\mathrm{cm}}}=\frac{\mathrm{dyn\cdot s}}{\mathrm{cm^2}}=\frac{\mathrm{g}}{\mathrm{cm\cdot s}}=\mathrm{P}(\text{泊})$$

一般液体的黏度为百分之几泊，故常采用泊的 1/100 即厘泊（cP）作为黏度的物理单位。不同单位制的黏度换算关系见本书附录 A。

各种流体的黏度数值一般由实验测定。常见气体和液体的黏度可由物理化学手册中查得。

黏度是流体状态（温度、压力）的函数。气体的黏度随温度升高而增大，而液体的黏度随温度升高而减小。压力对液体黏度的影响可忽略；气体的黏度在压力较低时（$<1\mathrm{MPa}$）所受影响很小，在更高压力下则随压力升高而增大。

流体的动力黏度 μ 与密度 ρ 的比值称为运动黏度 ν，即

$$\nu=\frac{\mu}{\rho} \tag{1-18}$$

式中 ν——运动黏度。

运动黏度 ν 的单位，在 SI 单位制中为 $\mathrm{m^2/s}$；在物理单位制中为 $\mathrm{cm^2/s}$，称为斯托克斯，以 St 表示，即

$$1\mathrm{St}=100\mathrm{cSt}(\text{厘斯})=10^{-4}\mathrm{m^2/s}$$

（四）黏性流体与理想流体

自然界中存在的流体都具有黏性，具有黏性的流体统称为黏性流体或实际流体。完全没有黏性即 $\mu=0$ 的流体称为理想流体。自然界中并不存在真正的理想流体，它只是为了便于处理某些流动问题所做的假设而已。

引入理想流体的概念在研究实际流体流动时起着很重要的作用。这是由于黏性的存在给流体流动的数学描述和处理带来很大困难。因此，对于黏度较小的流体如水和空气等，在某些情况下，往往首先将其视为理想流体，待找出规律后，根据需要再考虑黏性的影响，对理想流体的分析结果加以修正。但是，在有些场合，当黏性对流动起主导作用时，则实际流体不能按理想流体处理。

研究理想流体运动特性和规律的学科为理论流体力学，读者可参阅有关著作。

（五）非牛顿型流体

根据剪应力与速度梯度（亦称剪切速率）关系的不同，可将非牛顿型流体区分为若干类型。图 1-4 给出了几种常见类型的非牛顿型流体的剪应力与剪切速率之间关系曲线（a 线为牛顿型流体）。

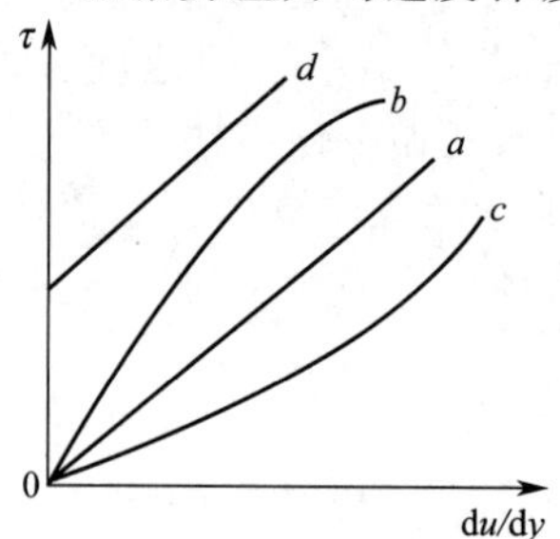

图 1-4　流体的流变图

a—牛顿型流体；b—假塑性流体；c—胀塑性流体；d—宾汉塑性流体

与牛顿型流体不同，非牛顿型流体的 $\tau\sim \mathrm{d}u/\mathrm{d}y$ 曲线是多种多样的。然而，对许多非牛顿型流体，在很大的剪切速度范围内，都可以用如下形式的方程来描述：

$$\tau=K\left(\frac{\mathrm{d}u}{\mathrm{d}y}\right)^n \tag{1-19}$$

式中 n 称为流动特性指数，K 称为稠度指数。牛顿型流体作为其中的一个特例，$n=1$，$K=\mu$。但应注意，对于非牛顿型流体，K 并非黏度。在非牛顿型流体中，黏度的概念已无意义。

1. 假塑性（pseudoplastic）流体

大多数非牛顿型流体属于此种类型（如图 1-4 中的 b 线），其中包括高分子溶液或熔融体、涂料、油漆、油脂和淀粉溶液等。对于假塑性流体，τ 与 $\mathrm{d}u/\mathrm{d}y$ 的关系可用式(1-19）描述。若将式(1-19）写成如下形式

$$\tau = K\left|\frac{\mathrm{d}u}{\mathrm{d}y}\right|^{n-1}\frac{\mathrm{d}u}{\mathrm{d}y} \tag{1-20}$$

则得

$$\eta = K\left|\frac{\mathrm{d}u}{\mathrm{d}y}\right|^{n-1} \tag{1-21}$$

η 称为表观黏度。对于假塑性流体，表观黏度随剪切速率的增加而减小，故 $n<1$。

2. 胀塑性（dilatant）流体

式(1-19）中，$n>1$ 时称为胀塑性流体（图 1-4 中的 c 线）。这类流体在流动时，表观黏度随剪切速率的增大而增大。某些含有硅酸钾、阿拉伯树胶等的水溶液均属于胀塑性流体。

3. 宾汉塑性（Bingham plastic）流体

某些液体，如润滑脂、牙膏、纸浆、污泥、泥浆等，流动时存在着一个所谓的极限剪应力或屈服剪应力 τ_0，在剪应力数值小于 τ_0 时液体根本不流动，只有当剪应力大于 τ_0 时液体才开始流动（图 1-4 中的 d 线）。

对于宾汉塑性流体的这种行为，通常的解释是：在静止时，这种流体具有三维结构，其坚固性足以经受某一数值的剪应力，当应力超出此值后此结构即被破坏，而显示出牛顿型流体的行为。其 τ 与 $\mathrm{d}u/\mathrm{d}y$ 的关系可用下式表示

$$\tau = \tau_0 + K\frac{\mathrm{d}u}{\mathrm{d}y} \tag{1-22}$$

（六）流动形态与雷诺数

流体流动时，依不同的流动条件可以出现两种截然不同的流动形态，即层流和湍流。这一现象是由雷诺（Reynolds）首先发现的。下面先介绍雷诺的这一著名实验。

1. 雷诺实验

图 1-5 为雷诺实验装置示意图。将一入口为喇叭状的玻璃管浸没在透明的水槽中，在管的出口处装有阀门，用以调节水的流出速率。水槽上方放置小瓶，内充有色液体，将此有色液体从小瓶底部引出，经针阀调节后注入玻璃管的中心部位。从有色液体的流出状态可以观察到管内水流中质点的运动情况。

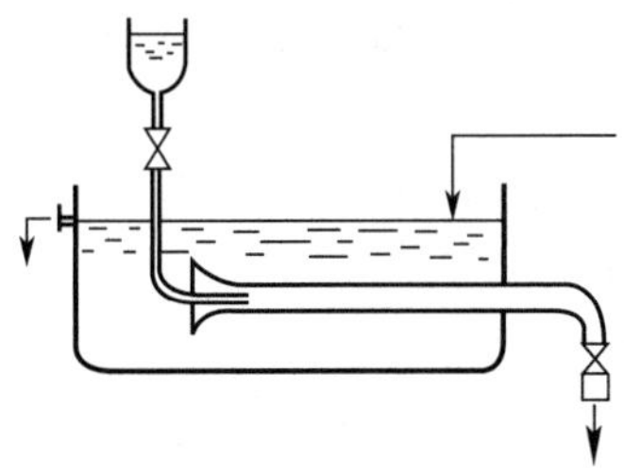

图 1-5　雷诺实验

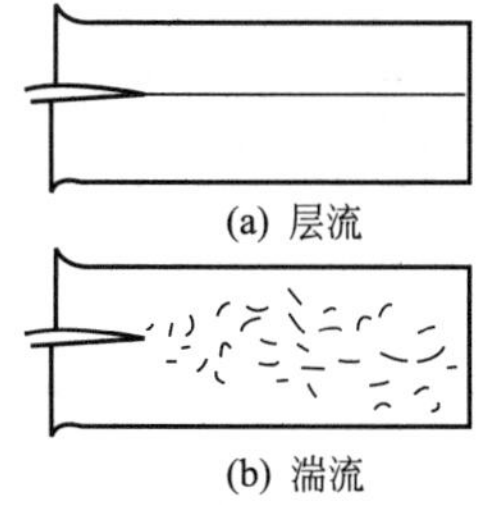

图 1-6　两种流动形态

当水流速较小时，处于管中心的有色液体成直线状平稳地流过整个管长。这表明水的质点沿着彼此平行的直线运动，与侧旁的流体无任何宏观混合，如图 1-6(a）所示。

随着水流速的逐渐提高，当达到某一数值时，细线状的有色液体开始出现不规则的波浪形，流速再提高，细线波浪加剧，直至被冲断，而向四周散开，最终导致整个玻璃管中的水流呈现均匀一致的颜色，如图 1-6(b）所示。这种现象表明，在高的水流速度下，水的质点除了

沿管路向前运动之外，各质点还做不规则的脉动，而且彼此之间相互碰撞与混合。

雷诺实验揭示了流体流动的两种截然不同的形态。一种形态相当于图 1-6(a) 的情形，称之为层流或滞流（laminar flow）。另一种相当于图 1-6(b) 的情形，称之为湍流或紊流（turbulent flow）。

2. 雷诺数

雷诺发现，若改用不同的流体在不同直径的管内进行实验，除流速 u 之外，流体的密度 ρ、黏度 μ 和管径 d 也都影响流动形态。

通过大量的研究发现，若将影响流动状况的上述诸因素组合成特征数 $\frac{d\rho u}{\mu}$ 的形式，根据其数值的大小，可以判别流动的形态是层流或是湍流。特征数 $\frac{d\rho u}{\mu}$ 称为雷诺数，以符号 Re 表示，即

$$Re=\frac{d\rho u}{\mu} \tag{1-23}$$

Re 数中的 u 和 d 称为流体流动的特征速度和特征尺寸。不同的流动情况，其特征速度和特征尺寸代表不同的涵义。例如，流体在管内流动时，特征速度指流体的主体流速 u_b，特征尺寸为管内径。再如，细粒子在大量流体中沉降时，Re 数中的特征速度指粒子的沉降速度 u_0，特征尺寸为球粒子的平均直径。因此，在应用雷诺数判别流动的形态时，一定要对应相应的流动情况。

实验表明，流体在管内流动时，若 $Re<2000$，则流动总是层流；若 $Re>10000$，流动一般为湍流；而当 Re 在 2000～10000 范围内时，流动处于一种过渡状态，可能是层流，亦可能是湍流。若受外界条件影响，如管道直径或方向的改变、外来的轻微振动都易促使过渡状态下的层流变为湍流。

（七）动量传递现象

牛顿黏性定律描述了流体层流时的动量传递现象。为了说明流体流动的动量传递产生过程，可考察流体在层流时两相邻流层的运动情况。如图 1-7 所示，流层 1 和 2 相应的流速分别为 u_1 和 u_2，且 $u_2>u_1$。由于流体处在层流形态，两层流体在宏观上互不混合。但是流体内部存在分子的布朗运动，这种分子运动无论流体处于静止状态还是宏观运动状态均会发生。假定单位时间内流层 2 有 N 个分子向流层 1 迁移，同时流层 1 也有同数目的分子迁移到流层 2 中。又设 N 个分子的总质量为 M，则从流层 2 转入 1 中的 x 方向动量为 Mu_2，同时从流层 1 转入 2 的 x 方向动量为 Mu_1，因 $Mu_2>Mu_1$，于是流速较大的流层 2 净输出了动量 $M(u_2-u_1)$ 给予较低流速的流层 1。由于流层 1 和 2 相邻，故 $M(u_2-u_1)=M\Delta u=M\mathrm{d}u=\mathrm{d}(Mu)$。由此可见，$x$ 方向动量沿 y 方向（垂直于流动方向）由高速区向低速区进行传递。

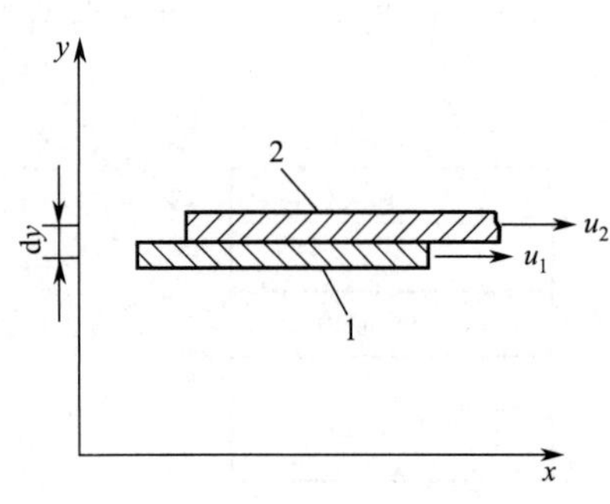

图 1-7　流体层流的动量传递现象

单位时间通过单位垂直于 y 方向面积上传递的动量 $\frac{\mathrm{d}(Mu)}{\mathrm{d}A\cdot\mathrm{d}\theta}$ 称为动量通量，其单位为 $\frac{\mathrm{kg\cdot m/s}}{\mathrm{m^2\cdot s}}$。由于 x 方向动量在 y 方向上的传递，导致流层之间剪切应力 τ 的产生，τ 的单位为 $\frac{\mathrm{N}}{\mathrm{m^2}}=\frac{\mathrm{kg\cdot(m/s^2)}}{\mathrm{m^2}}=\frac{\mathrm{kg\cdot(m/s)}}{\mathrm{m^2\cdot s}}$，即表明牛顿黏性定律式(1-16) 左侧剪应力 τ 的单位与动量通量的单位一致。

层流流体在流向上的动量沿着其垂直方向由高速流层向低速流层传递，导致流体层间的剪应力，也可以理解为由于流体层的速度不同而发生相对运动所产生的内摩擦应力。流体层内摩

擦表现了流体的黏性作用。层流时由于流体黏性作用所引起的动量传递现象本质上是分子微观运动的结果，属于分子传递过程。

流体在湍流时，不但存在分子动量传递，而且还存在大量流体质点高频脉动引起的涡流传递。涡流传递作用一般要比分子传递高几个数量级。因此，湍流时的涡流动量通量比分子传递通量大得多，相比之下，湍流时分子传递通量可忽略。流体湍流时由于旋涡混合造成流体质点的宏观运动所引起的动量传递现象属于涡流传递过程。

第二节　动量、热量和质量传递的类似性

一、分子传递的基本定律

如物系中存在着速度、温度和浓度梯度，则分别发生动量、热量和质量的传递现象。动量、热量和质量传递既可由分子的微观运动引起，也可由旋涡混合造成的流体微团的宏观运动引起。前者称为分子传递，后者称为涡流传递。由分子运动引起的动量传递可采用牛顿黏性定律描述。由分子运动引起的热量传递为热传导的一种形式，可采用傅里叶定律描述；由分子运动引起的质量传递称为分子扩散，采用费克定律描述。牛顿黏性定律、傅里叶定律和费克定律都是描述分子运动引起的传递现象的基本定律。

（一）牛顿黏性定律

牛顿黏性定律可用式(1-16) 表示

$$\tau=-\mu\frac{\mathrm{d}u_x}{\mathrm{d}y} \tag{1-16}$$

式(1-16) 中剪应力 τ 是作用在与 y 方向相垂直的单位面积上的力，也表示 y 方向的动量通量。式中的负号表示动量通量的方向与速度梯度方向相反，即动量朝向速度降低的方向传递。μ 为流体的动力黏度，一般简称为黏度。

（二）傅里叶定律

对于热传导现象，可采用傅里叶定律（Fourier's law）描述

$$\frac{q}{A}=-k\frac{\mathrm{d}t}{\mathrm{d}y} \tag{1-24}$$

式中　q/A——热通量；

k——物质的热导率；

$\mathrm{d}t/\mathrm{d}y$——温度梯度。

式(1-24) 中的 q 为 y 方向的导热速率，A 为垂直于热流方向（y 方向）的导热面积。式中负号表示热通量方向与温度梯度的方向相反，即热量是朝向温度降低的方向传递的。

热导率 k 是物质的物理性质。不同物质的 k 值差别很大。对于同一物质，热导率主要是温度的函数，压力对它的影响不大，但气体的热导率在高压或真空下则受压力影响。对于同一物质，k 值可以随不同方向变化。若 k 值与方向无关，则在此情况下的导热称为各向同性导热。

（三）费克定律

在混合物中，若各组分存在浓度梯度时，则发生分子扩散。对于两组分系统，分子扩散所产生的质量通量可用下式描述

$$j_{\mathrm{A}}=-D_{\mathrm{AB}}\frac{\mathrm{d}\rho_{\mathrm{A}}}{\mathrm{d}y} \tag{1-25}$$

式中　j_{A}——组分 A 的扩散质量通量；

D_{AB}——组分 A 在组分 B 中的扩散系数；

$\mathrm{d}\rho_{\mathrm{A}}/\mathrm{d}y$——组分 A 的质量浓度（密度）梯度。

式(1-25)为费克定律（Fick's law）的一种表达形式。式中 j_A 为组分 A 在单位时间内通过与扩散方向（y 方向）相垂直方向上的单位面积的质量。式中负号表示质量通量的方向与浓度梯度的方向相反，即组分 A 朝向浓度降低的方向传递。扩散系数 D_{AB} 与组分的种类、温度、组分等因素有关。

由牛顿黏性定律、傅里叶定律和费克定律的数学表达式式(1-16)、式(1-24)、式(1-25)可以看出，动量、热量和质量传递过程的规律存在着许多类似性，即：各过程所传递的物理量都与其相应的强度因素的梯度成正比，并且都沿着负梯度（降度）的方向传递；各式中的系数只是状态函数，与传递的物理量及梯度无关。因此，通常将黏度、热导率和分子扩散系数均视为表达传递性质或速率的物性常数。上述 3 式中传递的物理量与相应的梯度之间均存在线性关系，故上述这 3 个定律又常称为分子传递的线性现象定律。

二、动量通量、热量通量和质量通量的普遍表达式

（一）动量通量

假设所研究的流体为不可压缩流体，即密度 ρ 为常数，则牛顿黏性定律式(1-16)便可写成如下形式

$$\tau=-\frac{\mu}{\rho}\frac{\mathrm{d}(\rho u_x)}{\mathrm{d}y}=-\nu\frac{\mathrm{d}(\rho u_x)}{\mathrm{d}y} \tag{1-26}$$

及

$$\nu=\frac{\mu}{\rho} \tag{1-18}$$

式中 τ——剪应力或动量通量，其单位为 $[\tau]=\frac{\mathrm{N}}{\mathrm{m^2}}=\frac{\mathrm{kg\cdot m/s^2}}{\mathrm{m^2}}=\frac{\mathrm{kg\cdot m/s}}{\mathrm{m^2\cdot s}}$；

ν——运动黏度或动量扩散系数，其单位为 $[\nu]=\frac{[\mu]}{[\rho]}=\frac{\mathrm{kg}}{\mathrm{m\cdot s}}\frac{\mathrm{m^3}}{\mathrm{kg}}=\mathrm{m^2/s}$；

ρu_x——动量浓度，其单位为 $[\rho u_x]=\frac{\mathrm{kg}}{\mathrm{m^3}}\frac{\mathrm{m}}{\mathrm{s}}=\frac{\mathrm{kg\cdot m/s}}{\mathrm{m^3}}$；

$\frac{\mathrm{d}(\rho u_x)}{\mathrm{d}y}$——动量浓度梯度，其单位为 $\left[\frac{\rho u_x}{y}\right]=\frac{\mathrm{kg\cdot m/s}}{\mathrm{m^3\cdot m}}$。

由式(1-26)及各量的单位可以看出，剪应力 τ 为单位时间（s）通过单位面积（$\mathrm{m^2}$）的动量（kg·m/s）。故剪应力可表示动量通量，它等于运动黏度（动量扩散系数）（$\mathrm{m^2/s}$）乘以动量浓度梯度$\left(\frac{\mathrm{kg\cdot m/s}}{\mathrm{m^3\cdot m}}\right)$的负值，用文字方程表示为

动量通量＝－动量扩散系数×动量浓度梯度

（二）热量通量

对于物性常数 k、c_p（定压比热容）和 ρ 均为恒值的传热问题，傅里叶定律式(1-24)可改写成下式

$$\frac{q}{A}=-\frac{k}{\rho c_p}\frac{\mathrm{d}(\rho c_p t)}{\mathrm{d}y}=-\alpha\frac{\mathrm{d}(\rho c_p t)}{\mathrm{d}y} \tag{1-27}$$

及

$$\alpha=\frac{k}{\rho c_p} \tag{1-28}$$

式中 $\frac{q}{A}$——热量通量，其单位为 $\left[\frac{q}{A}\right]=\frac{\mathrm{J}}{\mathrm{m^2\cdot s}}$；

α——热量扩散系数，其单位为 $[\alpha]=\frac{[k]}{[\rho][c_p]}=\frac{\mathrm{J}}{\mathrm{m\cdot s\cdot K}}\frac{\mathrm{m^3}}{\mathrm{kg}}\frac{\mathrm{kg\cdot K}}{\mathrm{J}}=\frac{\mathrm{m^2}}{\mathrm{s}}$；

$\rho c_p t$——热量浓度，其单位为$[\rho c_p t]=\frac{kg}{m^3}\frac{J}{kg \cdot K}K=\frac{J}{m^3}$；

$\frac{d(\rho c_p t)}{dy}$——热量浓度梯度，其单位为$\left[\frac{\rho c_p t}{y}\right]=\frac{J}{m^3 \cdot m}$。

由式(1-27)以及各量的单位可以看出，傅里叶定律可理解为热量通量[$J/(m^2 \cdot s)$]等于热量扩散系数（m^2/s）与热量浓度梯度[$J/(m^3 \cdot m)$]乘积的负值，用文字方程表示为

热量通量=－热量扩散系数×热量浓度梯度

（三）质量通量

对于费克定律式(1-25)中各量的物理意义和单位可直接进行分析

$$j_A=-D_{AB}\frac{d\rho_A}{dy} \tag{1-25}$$

式中 j_A——组分A的质量通量，其单位为$[j_A]=\frac{kg}{m^2 \cdot s}$；

D_{AB}——组分A的质量扩散系数，其单位为$[D_{AB}]=\frac{m^2}{s}$；

ρ_A——组分A的密度或质量浓度，其单位为$[\rho_A]=\frac{kg}{m^3}$；

$\frac{d\rho_A}{dy}$——组分A的质量浓度梯度，其单位为$\left[\frac{\rho_A}{y}\right]=\frac{kg}{m^3 \cdot m}$。

因此，费克定律式(1-25)亦可理解为组分A的质量通量[$kg/(m^2 \cdot s)$]等于质量扩散系数（m^2/s）与质量浓度梯度[$kg/(m^3 \cdot m)$]乘积的负值，用文字方程表示为

质量通量=－质量扩散系数×质量浓度梯度

（四）分子传递的类似性

通过以上对于动量通量、热量通量和质量通量的分析，可看出分子传递现象有下述类似性：

(1) 动量、热量和质量传递通量均等于各自量的扩散系数与各自量浓度梯度乘积的负值，故3种分子传递过程可用一个普遍表达式来表述，即

通量=－扩散系数×浓度梯度

(2) 动量、热量和质量扩散系数ν、α、D_{AB}具有相同的量纲，其单位均为m^2/s。

(3) 通量为单位时间内通过与传递方向相垂直的单位面积上的动量、热量和质量，各量的传递方向均与该量的浓度梯度方向相反，故通量的普遍表达式中有一负号。

通常将通量等于扩散系数乘以浓度梯度的方程称为现象方程（phenomenological equation），它是一种关联所观察现象的经验方程。动量、热量和质量传递过程有统一的、类似的现象方程。

动量扩散系数（运动黏度）ν、热量扩散系数α和质量扩散系数D_{AB}可分别采用式(1-26)、式(1-27)和式(1-25)定义，三者的定义式均为微分方程。

动量、热量和质量浓度梯度分别表示该量传递的推动力。对于各量传递的方向和梯度方向可做如下规定：沿坐标轴（y轴）方向为传递的正方向，即当y值增加时速度、温度和组分A浓度的值都降低，但依梯度的定义，其相应量增加的方向为梯度的正方向，故此处坐标轴的相反方向（$-y$）即为梯度的正方向，亦即传递方向与梯度方向相反。因此，现象方程中有负号时，表示传递方向与坐标轴方向相同，而梯度方向与坐标轴方向相反。反之，现象方程中有正号时，表示传递方向与坐标轴方向相反，而梯度方向与坐标轴方向相同。

【例1-1】 已知一圆柱形固体由外表面向中心导热，试写出沿径向的导热现象方程。

解 由于温度值沿r方向增加，温度梯度的方向与半径r的方向相同，而传热方向与r的方向相反，故傅里叶定律的右侧应取正号，即

$$\left(\frac{q}{A}\right)_r=k\frac{\mathrm{d}t}{\mathrm{d}r}$$

上式写成现象方程为

$$\left(\frac{q}{A}\right)_r=\frac{k}{\rho c_p}\frac{\mathrm{d}(\rho c_p t)}{\mathrm{d}r}=\alpha\frac{\mathrm{d}(\rho c_p t)}{\mathrm{d}r}$$

三、涡流传递的类似性

上述的分子传递基本定律或现象方程是用于描述分子无规则运动所产生的传递过程的，在固体中、静止或层流流动的流体内才会产生这种传递过程。在湍流流体中，由于存在着大大小小的旋涡运动，除分子传递外还有涡流传递存在。旋涡的运动和交换会引起流体微团的混合，从而可使动量、热量和质量的传递过程大大加剧。在流体湍动十分强烈的情况下，涡流传递的强度大大超过分子传递的强度。此时，动量、热量和质量传递的通量也可以仿照分子传递的现象方程式(1-26)、式(1-27) 和式(1-25) 做如下处理。

涡流动量通量可写成

$$\tau^{\mathrm{r}}=-\varepsilon\frac{\mathrm{d}(\rho u_x)}{\mathrm{d}y} \tag{1-29}$$

式中 τ^{r}——涡流剪应力或雷诺应力；

ε——涡流黏度。

涡流热量通量可写成

$$\left(\frac{q}{A}\right)^{\mathrm{e}}=-\varepsilon_{\mathrm{H}}\frac{\mathrm{d}(\rho c_p t)}{\mathrm{d}y} \tag{1-30}$$

式中 ε_{H}——涡流热扩散系数。

组分 A 的涡流质量通量可写成

$$j_{\mathrm{A}}^{\mathrm{e}}=-\varepsilon_{\mathrm{M}}\frac{\mathrm{d}\rho_{\mathrm{A}}}{\mathrm{d}y} \tag{1-31}$$

式中 ε_{M}——涡流质量扩散系数。

式(1-29)、式(1-30) 和式(1-31) 中，涡流传递的动量通量、热量通量和质量通量 τ^{r}、$(q/A)^{\mathrm{e}}$、$j_{\mathrm{A}}^{\mathrm{e}}$ 的量纲分别与分子传递时相应的通量 τ、(q/A)、j_{A} 的量纲相同，它们的单位分别为 $\mathrm{N/m^2}$、$\mathrm{J/(m^2 \cdot s)}$、$\mathrm{kg/(m^2 \cdot s)}$。各涡流扩散系数 ε、ε_{H} 和 ε_{M} 的量纲也与分子扩散系数 ν、α、D_{AB}的量纲相同，单位为 $\mathrm{m^2/s}$。在涡流传递过程中，ε、ε_{H} 和 ε_{M} 的数量级相同。因此，可采用类比的方法研究动量、热量和质量传递过程，在许多场合可用类似的数学模型来描述 3 类传递过程的规律。在研究过程中已得悉这 3 类传递过程的某些物理量之间还有关联关系。

需要注意的是，分子扩散系数 ν、α 和 D_{AB}是物质的物理性质常数，它们仅与温度、压力及组成等因素有关。但涡流扩散系数 ε、ε_{H} 和 ε_{M} 则与流体的性质无关，而与湍动程度、流体在流道中所处的位置、边壁糙度等因素有关。因此，涡流扩散系数较难确定。

表 1-1 中列出了 3 种情况下的传递通量表达式。

表 1-1 动量、热量和质量传递的通量表达式

项　目	仅有分子运动的传递过程	以涡流运动为主的传递过程	兼有分子运动和涡流运动的传递过程
动量通量	$\tau=-\nu\frac{\mathrm{d}(\rho u_x)}{\mathrm{d}y}$	$\tau^{\mathrm{r}}=-\varepsilon\frac{\mathrm{d}(\rho u_x)}{\mathrm{d}y}$	$\tau_{\mathrm{t}}=-(\nu+\varepsilon)\frac{\mathrm{d}(\rho u_x)}{\mathrm{d}y}$
热量通量	$\frac{q}{A}=-\alpha\frac{\mathrm{d}(\rho c_p t)}{\mathrm{d}y}$	$\left(\frac{q}{A}\right)^{\mathrm{e}}=-\varepsilon_{\mathrm{H}}\frac{\mathrm{d}(\rho c_p t)}{\mathrm{d}y}$	$\left(\frac{q}{A}\right)_{\mathrm{t}}=-(\alpha+\varepsilon_{\mathrm{H}})\frac{\mathrm{d}(\rho c_p t)}{\mathrm{d}y}$
质量通量	$j_{\mathrm{A}}=-D_{\mathrm{AB}}\frac{\mathrm{d}\rho_{\mathrm{A}}}{\mathrm{d}y}$	$j_{\mathrm{A}}^{\mathrm{e}}=-\varepsilon_{\mathrm{M}}\frac{\mathrm{d}\rho_{\mathrm{A}}}{\mathrm{d}y}$	$j_{\mathrm{At}}=-(D_{\mathrm{AB}}+\varepsilon_{\mathrm{M}})\frac{\mathrm{d}\rho_{\mathrm{A}}}{\mathrm{d}y}$

第三节 传递过程的衡算方法

动量、热量和质量传递的规律，根据欲解决问题的需要，可以在设备尺度、流体微团尺度和分子尺度 3 种不同范围进行分析研究。分子尺度范围的传递过程是由分子微观运动引起，其宏观上的传递规律已在上一节中用现象方程描述。对于设备尺度和流体微团尺度范围的传递规律，则依据守恒原理，运用衡算（balance）方法进行。

依据质量守恒、能量守恒（热力学第一定律）和动量守恒（牛顿第二运动定律）的原理对设备尺度范围进行的衡算称为总衡算或宏观衡算，对流体微团尺度范围进行的衡算称为微分衡算或微观衡算。

进行衡算时必须确定一空间范围，这一衡算的空间范围称为“控制体”，包围此控制体的边界面称为“控制面”。控制体大小、几何形状的选取则根据流体流动情况、边界位置和研究问题的方便等确定。

一、总衡算

总衡算或宏观衡算是针对某设备或其代表性部分，依据守恒原理进行传递规律的研究。因此，控制体为一宏观的空间范围。总质量衡算是依据质量守恒定律，探讨控制体进出口流股的质量变化与内部流体总质量变化的关系。总能量衡算是依据能量守恒定律（热力学第一定律），探讨控制体进出口及环境的状态、能量变化与内部总能量变化的关系。总动量衡算是依据动量守恒定律（牛顿第二运动定律），分析控制体进出口流股的动量变化与内部动量变化及受力作用的关系。

总衡算的特点是由宏观尺度的控制体外部（进出口及环境）各有关物理量的变化来考察控制体内部物理量的总体平均变化，而无法了解控制体内部逐点的详细变化规律。

总衡算可以解决工程实际中的物料衡算、能量转换及消耗、设备受力等问题。下面讨论有关总质量和总能量衡算问题，关于总动量衡算可参阅有关著作。

（一）总质量衡算

1. 简单控制体

简单控制体系指控制体是流动系统中的某一段管道、一个或数个设备等。流体的进出口可以有若干个，进出口流体的流速方向与控制面垂直。图 1-8 表示一个贮槽或容器，流体流入容器的质量流率为 w_1，由容器流出的质量流率为 w_2。设 M 表示任一瞬时容器内流体的质量，θ 表示时间，根据质量守恒原理，可得

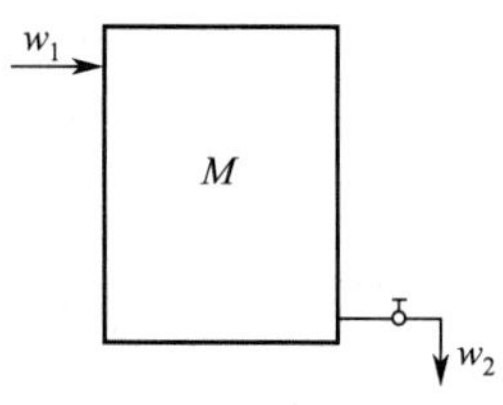

图 1-8 简单控制体

$$w_2-w_1+\frac{\mathrm{d}M}{\mathrm{d}\theta}=0 \tag{1-32}$$

【例 1-2】 设图 1-8 为一圆筒形储罐，直径为 0.8m，罐内盛有 2m 深的水。在无水源补充的情况下打开底部阀门放水。已知水流出的质量流率 w_2 与水深 z 的关系为：

$$w_2=0.274\sqrt{z}(\mathrm{kg/s})$$

试求经过多长时间后水位下降至 1m?

解 储罐横截面积

$$A=\frac{\pi}{4}d^2=\frac{3.14}{4}\times 0.8^2=0.502\ (\mathrm{m}^2)$$

水的深度 $z_1=2\mathrm{m}$，$z_2=1\mathrm{m}$；质量流率 $w_1=0$（无水源补充），$w_2=0.274\sqrt{z}\mathrm{kg/s}$

瞬时质量 $M=Az\rho=0.502\times1000z=502z(\mathrm{kg})$

由式(1-32) 可得
$$w_2+\frac{\mathrm{d}M}{\mathrm{d}\theta}=0$$
将已知数据代入上式，得
$$0.274\sqrt{z}+502\frac{\mathrm{d}z}{\mathrm{d}\theta}=0$$
上式分离变量得
$$\int_0^\theta\frac{0.274}{502}\mathrm{d}\theta=-\int_2^1\frac{\mathrm{d}z}{\sqrt{z}}$$
解得
$$\theta=1518\ (\mathrm{s})$$

如果图 1-8 所示的控制体内的流体是由 n 个不发生化学反应的组分构成，可对每个组分进行质量衡算，即
$$\omega_{i2}-w_{i1}+\frac{\mathrm{d}M_i}{\mathrm{d}\theta}=0 \tag{1-33}$$
式中 w_{i1}，w_{i2}——组分 i 输入和输出控制体的质量流率；

M_i——组分 i 在某瞬时的质量。

令 a_i 表示任一组分 i 的质量分数，则
$$a_i=\frac{w_i}{w} \tag{1-34}$$
将式(1-34) 代入式(1-33)，得
$$w_2a_{i2}-w_1a_{i1}+\frac{\mathrm{d}M_i}{\mathrm{d}\theta}=0 \tag{1-35}$$

对于 n 个组分的系统，可写出 $n-1$ 个上述形式的独立方程，加上 $\sum a_i=1$，共有 n 个方程，求解这些方程即可得到需求的未知量。

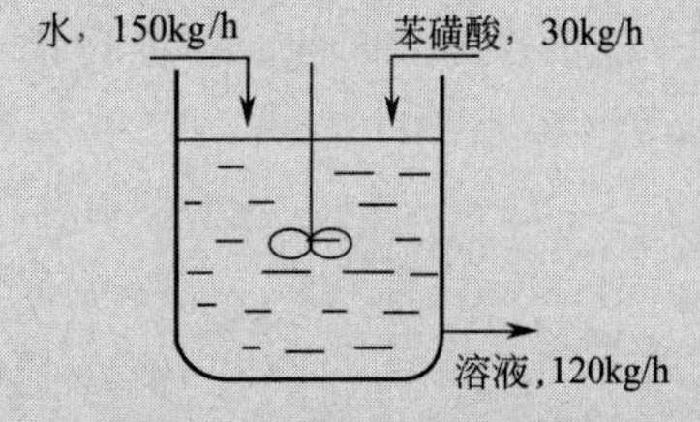

水，150kg/h　苯磺酸，30kg/h　溶液，120kg/h

图 1-9 【例 1-3】附图

【例 1-3】 化工生产中，经常需要将固体配成一定浓度的溶液。图 1-9 所示为一配料用的搅拌槽。水以 150kg/h 的流率、固体苯磺酸以 30kg/h 的流率加入搅拌槽中，制成溶液后，以 120kg/h 的流率流出容器。由于搅拌充分，槽内浓度各处均匀。开始时槽内预先已盛有 100kg 纯水。试计算 1h 后由槽中流出的溶液的质量分数。

解 设苯磺酸为 A 组分，水为 B 组分。依题意

$w_{A1}=30\mathrm{kg/h}$，$w_{B1}=150\mathrm{kg/h}$，$w_2=120\mathrm{kg/h}$，$w_1=150+30=180\mathrm{kg/h}$，当 $\theta=0$ 时 $M_0=100\mathrm{kg}$。

对苯磺酸做质量衡算，由式(1-33) 和式(1-35) 得
$$w_{A2}-w_{A1}+\frac{\mathrm{d}M_A}{\mathrm{d}\theta}=0 \tag{a}$$
$$w_2a_{A2}-w_{A1}+\frac{\mathrm{d}(Ma_A)}{\mathrm{d}\theta}=0 \tag{b}$$
由于搅拌充分，式(b) 中的 a_{A2} 等于 a_A，将微分项展开，得
$$120a_A-30+M\frac{\mathrm{d}a_A}{\mathrm{d}\theta}+a_A\frac{\mathrm{d}M}{\mathrm{d}\theta}=0 \tag{c}$$
做总质量衡算，由式(1-32) 得
$$w_2-w_1+\frac{\mathrm{d}M}{\mathrm{d}\theta}=0 \tag{d}$$
即
$$120-180+\frac{\mathrm{d}M}{\mathrm{d}\theta}=0 \tag{e}$$

得

$$\frac{dM}{d\theta}=60(kg/h) \tag{f}$$

积分式(f)，得

$$M=60\theta+M_0=60\theta+100 \tag{g}$$

将式(f) 和式(g) 代入式(c)，得

$$120a_A-30+(60\theta+100)\frac{da_A}{d\theta}+60a_A=0 \tag{h}$$

将式(h) 分离变量并积分

$$\int_0^{\theta}\frac{d\theta}{60\theta+100}=-\int_0^{a_A}\frac{da_A}{180a_A-30} \tag{i}$$

求解式(i)，得

$$a_A=\frac{1}{6}\left[1-\left(\frac{10}{6\theta+10}\right)^3\right] \tag{j}$$

将 $\theta=1h$ 代入式(j)，得

$$a_A=\frac{1}{6}\left[1-\left(\frac{10}{6\times1+10}\right)^3\right]=0.126$$

由式(j) 可知，当 $\theta\to\infty$ 时，$a_A=\frac{1}{6}$。即时间足够长以后，槽中原盛的水已不再有影响，槽中浓度达到输入时的浓度。

2. 总质量衡算的通用表达式

将质量守恒原理应用于控制体为任一宏观空间范围、有多个进出口且流动方向与控制面的法向存在夹角的情况，可以得出总质量衡算方程的一般形式。

考察图 1-10 所示的控制体，设其总体积为 V，控制面的总面积为 A，在控制面上任取一微元面积 dA，设在 dA 上流体的密度为 ρ，流速为 $\boldsymbol{u}$，dA 的法线方向为 $\boldsymbol{n}$，速度 $\boldsymbol{u}$ 与微元面积法线间夹角为 α，则流过此微元面积的质量流率为 $\rho u\cos\alpha dA$。

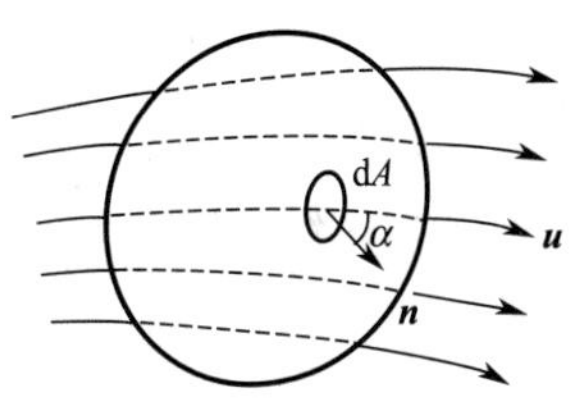

图 1-10 通过控制体的流动

流过整个控制面的质量流率为

$$w=\iint_A\rho u\cos\alpha dA \tag{1-36}$$

当流体由控制体内经控制面流出时，$\alpha<\pi/2$，$\cos\alpha>0$；反之，当流体经控制面流入控制体时，$\alpha>\pi/2$，$\cos\alpha<0$。因此，根据 $\iint_A\rho u\cos\alpha dA$ 的值可知：

(1) 为正值时，有质量的净输出；

(2) 为负值时，有质量的净输入；

(3) 为零值时，无质量的输入与输出。

式(1-36) 表示流体通过控制面外流的净质量流率，即输出与输入控制体的质量流率之差，用文字表达即为

$$\iint_A\rho u\cos\alpha dA=\text{输出质量流率}-\text{输入质量流率}$$

在控制体 V 内任取一微元体积 dV，其质量为 ρdV，对整个控制体进行体积分，可得整个控制体的瞬时质量 $M=\iiint_V\rho dV$。于是，控制体内的质量积累速率为

$$\frac{\mathrm{d}M}{\mathrm{d}\theta}=\frac{\mathrm{d}}{\mathrm{d}\theta}\iiint_V \rho \mathrm{d}V \tag{1-37}$$

依据质量守恒原理，将式(1-36) 与式(1-37) 联立，得

$$\iint_A \rho u \cos\alpha \mathrm{d}A+\frac{\mathrm{d}}{\mathrm{d}\theta}\iiint_V \rho \mathrm{d}V=0 \tag{1-38}$$

式(1-38) 即为总质量衡算方程的通用形式。

3. 化工流动系统

在化工生产中，经常遇到如图 1-11 所示的流体通过管路或容器的流动。此时，流体的流动方向与所通过的截面垂直，流体自截面 1 流入后从截面 2 流出。在此情况下，式(1-38) 左侧第 1 项可以写成

图 1-11　化工流动管路

$$\iint_A \rho u \cos\alpha \mathrm{d}A=\iint_{A_1} \rho u \cos\alpha \mathrm{d}A+\iint_{A_2} \rho u \cos\alpha \mathrm{d}A$$

参见图 1-11，流速 $\boldsymbol{u}$ 与截面 1 的法线平行但方向相反，而与截面 2 的法线方向相同，因此上式可写成

$$\iint_A \rho u \cos\alpha \mathrm{d}A=-\iint_{A_1} \rho u \mathrm{d}A+\iint_{A_2} \rho u \mathrm{d}A \tag{1-39}$$

若截面 A_1 和 A_2 上流体的密度分布均匀，分别以 ρ_1 和 ρ_2 表示，且流速取各相应截面的主体流速 u_b [参见式(1-14)]，则式(1-39) 变为

$$\iint_A \rho u \cos\alpha \mathrm{d}A=\rho_2 u_{b_2} A_2-\rho_1 u_{b_1} A_1 \tag{1-40}$$

将式(1-40) 代入式(1-38)，得

$$\rho_2 u_{b_2} A_2-\rho_1 u_{b_1} A_1+\frac{\mathrm{d}M}{\mathrm{d}\theta}=0 \tag{1-41}$$

对于稳态过程，$\frac{\mathrm{d}M}{\mathrm{d}\theta}=0$，因此

$$\rho_1 u_{b_1} A_1=\rho_2 u_{b_2} A_2 \tag{1-42}$$

或写成

$$\rho u_b A=\text{常数} \tag{1-43}$$

若流体不可压缩，$\rho=$常数，上式可简化为

$$u_b A=\text{常数} \tag{1-44}$$

习惯上，称式(1-41)～式(1-44) 为管内流动的连续性方程。

【例 1-4】 稳态下水连续地从一个变径管道内流过。已知粗管内径是细管的 2 倍，试求粗、细管内水的流速之比。

解　以下标 1 和 2 分别表示粗管和细管。质量衡算方程为

$$\rho_1 u_{b_1} A_1=\rho_2 u_{b_2} A_2$$

管的截面积 $A=\frac{1}{4}\pi d^2$，水是不可压缩流体 $\rho_1=\rho_2$，代入上式，得

$$u_{b_1}\frac{\pi}{4}d_1^2=u_{b_2}\frac{\pi}{4}d_2^2$$

由此得

$$\frac{u_{b_2}}{u_{b_1}}=\left(\frac{d_1}{d_2}\right)^2$$

因 $d_1=2d_2$，故 $$\frac{u_{b_2}}{u_{b_1}}=\left(\frac{2d_2}{d_2}\right)^2=4$$

由此可见，当体积流率一定时，流速与管径的平方成反比。

（二）总能量衡算

总能量衡算在化工管路计算、流体输送机械的选择以及流量测量等诸多方面有着广泛的应用。下面首先根据能量守恒原理推导总能量衡算方程的一般形式，然后介绍这一方程在化工流动系统中的应用。

1. 总能量衡算的通用方程

热力学第一定律指出，任何体系经过某一过程时，其体系能量的变化等于该体系从环境的吸热量减去它对外所做的功，即

$$\Delta E=\dot{Q}-\dot{W} \tag{1-45}$$

式中 $\dot{Q}$ 为单位质量（1kg）流体从外界的吸热量，$\dot{W}$ 为单位质量流体对外界所做的功，E 为单位质量流体具有的各种能量之和，三者的单位均为 J/kg。

对于如图 1-10 所示的控制体，热力学第一定律可以表述为：

流出的能量速率－流入的能量速率＋积累的能量速率＝从外界的吸热速率－对外界做功速率

由总质量衡算知，流体通过微元面积 dA 的净质量流率为 $\rho u\cos\alpha dA$。由于 E 表示单位质量流体具有的能量，故净流出的能量速率为 $\rho uE\cos\alpha dA$。按照与式(1-36) 同样的分析可知

$$\text{流出的能量速率}-\text{流入的能量速率}=\iint_A \rho uE\cos\alpha dA$$

为计算控制体内能量累积的速率，在控制体内任取一微元体积 dV，其质量为 ρdV，能量为 $E\rho dV$，则控制体内的总能量为 $E_t=\iiint_V E\rho dV$。于是

$$\text{能量累积速率}=\frac{dE_t}{d\theta}=\frac{d}{d\theta}\iiint_V \rho E dV$$

令 Q 表示控制体从外界的吸热速率，W 表示对外界做功速率，则控制体内的总能量衡算式为

$$\iint_A \rho uE\cos\alpha dA+\frac{dE_t}{d\theta}=Q-W \tag{1-46}$$

式中各项的单位均为 J/s，即能量速率。

控制体对外界做功速率 W 由两部分组成。其一是控制体内的输送机械的做功速率，以 W_e 表示。若输送机械对流体做功，例如泵，W_e 为负；反之，若流体通过机械对外做功，例如高能量的流体带动涡轮机的转轴转动，则 W_e 为正。其二为流体流动产生的流动功。设流体的比体积为 $v(m^3/kg)$，则由热力学可知，每千克流体所做的流动功为 pv，这也可以通过考察 pv 的量纲予以确认，即

$$[pv]=\frac{N}{m^2}\cdot\frac{m^3}{kg}=\frac{N\cdot m}{kg}=\frac{J}{kg}$$

由前面的分析可知，流体通过微元面积 dA 的净质量流率为 $\rho u\cos\alpha dA$，相应地所做流动功的速率为 $pv\cdot\rho u\cos\alpha dA$。于是，通过整个控制面的流体所做流动功的速率为 $\iint_A \rho u\cdot pv\cos\alpha dA$。流动功亦称 pv 功，它是一种可逆功。

综上所述，控制体对外界做功速率 W 为

$$W = W_e + \iint_A \rho u \cdot pv \cos\alpha \mathrm{d}A \tag{1-47}$$

下面讨论总能量衡算式(1-46) 中能量 E 的表达式。在化工流体流动中，通常涉及的能量是流体的内能、动能和位能。

内能：内能是物质内部所具有能量的总和，由分子与原子的运动以及彼此的相互作用而来。宏观上看，它取决于流体的状态。因此，内能是温度的函数。单位质量流体的内能以 U 表示，其 SI 单位为 J/kg。

动能：流体由于平动或旋转而具有的能量称为动能。如果质量为 M 的流体流动时全部质点以同一速度 u 运动，则流体的动能等于 $\frac{1}{2}Mu^2$，而单位质量流体的动能为 $\frac{1}{2}u^2$，其 SI 单位为 J/kg。

位能：流体质点受重力场的作用，在不同的位置具有不同的位能。因此流体质点位能的大小取决于它相对于任意基准平面的高度。质量为 M 的流体如果处于基准面以上的高度为 z，则其具有的位能为 Mgz，而单位质量流体的位能为 gz，其单位也为 J/kg。

由此可以得到

$$E = U + \frac{u^2}{2} + gz \tag{1-48}$$

将式(1-48) 及式(1-47) 代入式(1-46)，经整理后得

$$\iint_A \rho u \left(U + \frac{u^2}{2} + gz + pv\right) \cos\alpha \mathrm{d}A + \frac{\mathrm{d}E_t}{\mathrm{d}\theta} = Q - W_e \tag{1-49}$$

式(1-49) 为总能量衡算方程的又一种表达式。

2. 化工流动系统的总能量衡算

典型化工流动系统如图 1-12 所示。这是一个简单的控制体，只有一个进口和一个出口，且流动方向与管路截面垂直，系统中有换热器和流体输送机械。

将总能量衡算方程的通用表达式(1-49) 用于图 1-12 的简单系统。式中的面积分写成下述形式

$$\iint_A \rho u \left(U + \frac{u^2}{2} + gz + pv\right) \cos\alpha \mathrm{d}A = \iint_A \frac{\rho u^3 \cos\alpha}{2} \mathrm{d}A + \iint_A \rho u g z \cos\alpha \mathrm{d}A + \iint_A \rho u (U + pv) \cos\alpha \mathrm{d}A \tag{1-50}$$

引入函数 F 平均值 F_m 的概念，其定义为

$$F_m = \frac{1}{A} \iint_A F \mathrm{d}A \tag{1-51}$$

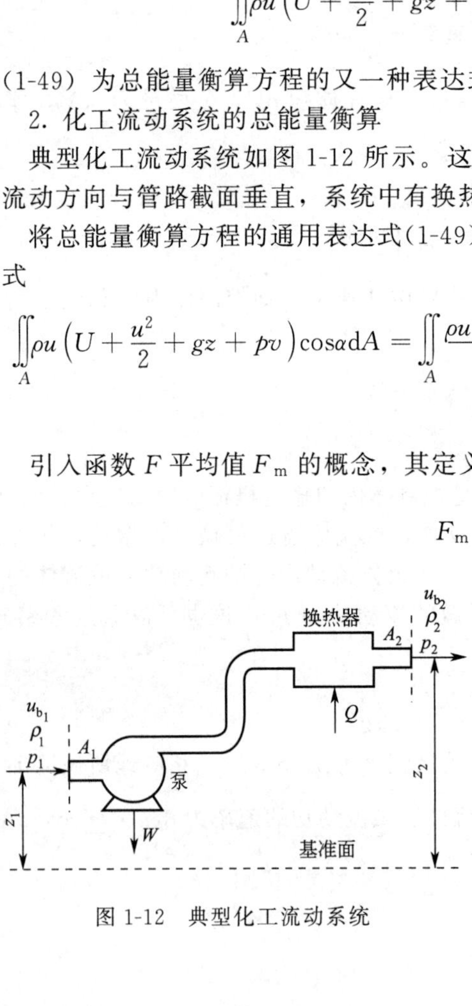

图 1-12 典型化工流动系统

式中 F 为某一连续函数或物理量。

根据上述定义，式(1-50) 右侧第 1 项可以写成

$$\iint_A \frac{\rho u^3 \cos\alpha}{2} \mathrm{d}A = \left(\frac{\rho u^3 \cos\alpha}{2}\right)_m A \tag{1-52}$$

又由于在进口及出口截面上流速与截面相垂直，故 $\cos\alpha = \pm 1$。假定同一截面上流体的密度为常数，则式(1-52) 可以写成

$$\iint_A \frac{\rho u^3 \cos\alpha}{2} \mathrm{d}A = \iint_{A_2} \frac{\rho u^3}{2} \mathrm{d}A - \iint_{A_1} \frac{\rho u^3}{2} \mathrm{d}A$$

$$= \frac{\rho_2}{2}(u^3)_{m_2} A_2 - \frac{\rho_1}{2}(u^3)_{m_1} A_1 \tag{1-53a}$$

同理，式(1-50) 右侧的另外两个积分项亦可化为

$$\iint_A \rho u g z \cos\alpha \mathrm{d}A = \rho_2 g (uz)_{m_2} A_2 - \rho_1 g (uz)_{m_1} A_1 \tag{1-53b}$$

$$\iint_A \rho u H \cos\alpha \mathrm{d}A = \rho_2 (uH)_{m_2} A_2 - \rho_1 (uH)_{m_1} A_1 \tag{1-53c}$$

式中 $H=U+pv$，为单位质量流体的焓。

由于 $w=\rho u_b A$，将其代入式(1-53a)～式(1-53c)，得

$$\iint_A \frac{\rho u^3 \cos\alpha}{2} \mathrm{d}A = \frac{w_2 (u^3)_{m_2}}{2u_{b_2}} - \frac{w_1 (u^3)_{m_1}}{2u_{b_1}} \tag{1-54a}$$

$$\iint_A \rho u g z \cos\alpha \mathrm{d}A = \frac{w_2 g (uz)_{m_2}}{u_{b_2}} - \frac{w_1 g (uz)_{m_1}}{u_{b_1}} \tag{1-54b}$$

$$\iint_A \rho u H \cos\alpha \mathrm{d}A = \frac{w_2 (uH)_{m_2}}{u_{b_2}} - \frac{w_1 (uH)_{m_1}}{u_{b_1}} \tag{1-54c}$$

将以上 3 式代入式(1-49)，得

$$\frac{w_2 (u^3)_{m_2}}{2u_{b_2}} + \frac{w_2 g (uz)_{m_2}}{u_{b_2}} + \frac{w_2 (uH)_{m_2}}{u_{b_2}} - \frac{w_1 (u^3)_{m_1}}{2u_{b_1}} - \frac{w_1 g (uz)_{m_1}}{u_{b_1}} - \frac{w_1 (uH)_{m_1}}{u_{b_1}} + \frac{\mathrm{d}E_t}{\mathrm{d}\theta} = Q - W_e \tag{1-55}$$

或写成增量形式为

$$\frac{1}{2}\Delta \frac{w(u^3)_m}{u_b} + g\Delta \frac{w(uz)_m}{u_b} + \Delta \frac{w(uH)_m}{u_b} + \frac{\mathrm{d}E_t}{\mathrm{d}\theta} = Q - W_e \tag{1-56}$$

在稳态下，输入与输出的质量流率相等，即 $w_1=w_2$，系统中亦无能量的累积，即 $\frac{\mathrm{d}E_t}{\mathrm{d}\theta}=0$，上式可简化为

$$\frac{1}{2}\Delta \frac{(u^3)_m}{u_b} + g\Delta \frac{(uz)_m}{u_b} + \Delta \frac{(uH)_m}{u_b} = \dot{Q} - \dot{W}_e \tag{1-57}$$

式(1-57) 中，每个截面上各点的高度和温度的变化并不明显，因此每一截面的高度可以中心点的高度 z 代之，焓可以截面上的平均焓值 H 代之。但应注意的是，截面上的速度分布非常明显，不能简单地用 u_b 代替。为此引入一速度分布的校正系数 α，即令

$$\frac{(u^3)_m}{2u_b} = \frac{u_b^2}{2\alpha} \tag{1-58}$$

于是式(1-57) 可以写成

$$\frac{1}{2}\Delta \frac{u_b^2}{\alpha} + g\Delta z + \Delta H = \dot{Q} - \dot{W}_e \tag{1-59}$$

式(1-59) 即为稳态流动时的总能量衡算式，各项的单位均为 J/kg。式中，$\dot{Q}=Q/w$，$\dot{W}_e=W_e/w$。

式(1-58) 中的速度分布校正系数 α 的值随流动形态而异。可以证明，层流时，$\alpha=1/2$；湍流时，α 随雷诺数（Re）的值改变，但接近于 1。

【例 1-5】 常温下的水稳态流过一绝热的水平直管道。实验测得水通过管道时产生的压力降 $p_1-p_2=40\text{kPa}$，其中 p_1 与 p_2 分别为进、出口处的压力。求由于压力降引起的水温升高值。

解 依题意，$\dot{W}_e=0$，$\dot{Q}=0$，$\Delta\dfrac{u_b^2}{2\alpha}=0$，$gz=0$

由式(1-59) 得

$$\Delta H=\Delta U+\Delta pv=0$$

对于不可压缩流体

$$\Delta U=c_v\Delta t\approx c_p\Delta t,\ \Delta pv=\Delta p/\rho$$

于是

$$\Delta H=c_p\Delta t+\frac{1}{\rho}\Delta p=0$$

即

$$\Delta t=-\frac{\Delta p}{\rho c_p}=\frac{p_1-p_2}{\rho c_p}=\frac{40\times10^3}{1000\times4183}=0.0096\ (℃)$$

二、微分衡算

上面讨论的总衡算方法，是由控制体外部（进出口及环境）有关流体物理量变化来考虑内部物理量的总体平均变化情况，而无法了解控制体内部流体物理量逐点的变化规律。例如对于流体流过管截面的流速情况，总质量衡算只能解决主体平均流速问题，而截面上各点的速度变化规律（速度分布）则无法求解。要进一步探讨动量、热量和质量传递规律问题，必须在流体微团尺度范围的控制体中进行微分衡算，导出微分衡算方程，然后在特定的边界和初始条件下求解微分方程，才能得到描述流体流动体系中每一点的有关物理量随空间位量和时间的变化规律。

微分衡算是在流体任一微分的体积单元即微元体中进行，故又称微观衡算。

微分衡算所依据的物理定律与总衡算一样，微分质量衡算依据质量守恒原理，微分能量衡算依据能量守恒原理即热力学第一定律，微分动量衡算依据动量守恒原理即牛顿第二运动定律。

在传递过程中，对单组分流体流动系统或不考虑组分浓度变化的多组分流体流动系统进行微分质量衡算所导出的方程称为连续方程，对流体流动系统进行微分能量衡算所导出的方程称为微分能量衡算方程或简称能量方程，对流体流动系统进行微分动量衡算所导出的方程称为运动方程，对组分浓度变化的多组分流体流动系统中某一组分进行微分质量衡算所导出的方程称为微分质量衡算方程或称对流扩散方程。

依据守恒原理运用微分衡算方法所导出的连续性方程、能量方程、运动方程和对流扩散方程统称为变化方程。描述分子传递的现象方程即牛顿黏性定律、傅里叶定律和费克定律又称本构方程。变化方程和本构方程是动量、热量和质量传递过程理论计算的基本方程。

【例 1-6】 试利用微分衡算方法，推导密度为 ρ 的不可压缩流体在空间上以速度 $\boldsymbol{u}$ 做三维稳态流动的微分质量衡算方程。

解 首先选择控制体。由于进行微分衡算，在流场中选取如图 1-13 所示的微元体，其边长为 dx、dy、dz，各边与坐标系的 x、y、z 轴相应平行。设流场中任一点 (x, y, z) 处的流速为 $\boldsymbol{u}$，则 $\boldsymbol{u}$ 在 x、y、z 方向上的分量分别为 u_x、u_y 和 u_z。

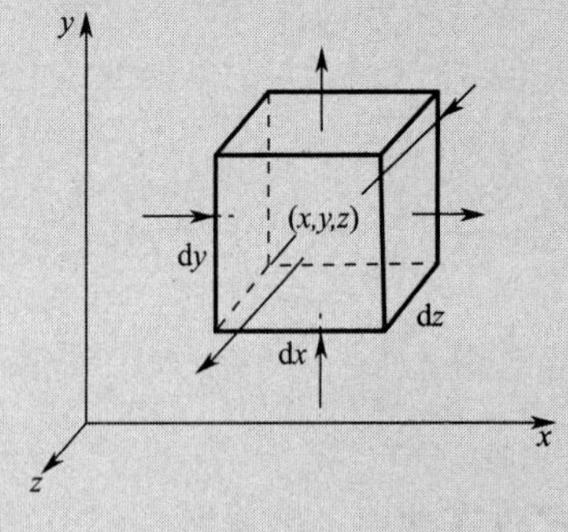

图 1-13 【例 1-6】附图

对于不可压缩流体的稳态流动，依据质量守恒原理，输入微元体的体积流率等于从微元体中输出的体积流率。输入与输出此微元体的体积流率可分别按 x、y 和 z 3 个方向考虑。

在 x 方向，输入微元体的体积流率为流速分量 u_x 与左侧面积 $dydz$ 的乘积，即

$$x\text{ 方向输入的体积流率}=u_x dydz \tag{a}$$

沿 x 方向从微元体右侧面输出的体积流率可用左侧面输入量与通过 dx 距离后的变化量表示，即

$$x\text{ 方向输出的体积流率}=u_x\mathrm{d}y\mathrm{d}z+\left(\frac{\partial u_x}{\partial x}\mathrm{d}x\right)\mathrm{d}y\mathrm{d}z \tag{b}$$

同理可得 y 方向和 z 方向输入与输出微元体的体积流率，即

$$y\text{ 方向输入的体积流率}=u_y\mathrm{d}x\mathrm{d}z \tag{c}$$

$$y\text{ 方向输出的体积流率}=u_y\mathrm{d}x\mathrm{d}z+\left(\frac{\partial u_y}{\partial y}\mathrm{d}y\right)\mathrm{d}x\mathrm{d}z \tag{d}$$

及

$$z\text{ 方向输入的体积流率}=u_z\mathrm{d}x\mathrm{d}y \tag{e}$$

$$z\text{ 方向输出的体积流率}=u_z\mathrm{d}x\mathrm{d}y+\left(\frac{\partial u_z}{\partial z}\mathrm{d}z\right)\mathrm{d}x\mathrm{d}y \tag{f}$$

总输入和总输出微元体的体积流率分别为 x、y、z 3 个方向输入和输出的体积流率之和，即

$$\text{输入微元体的体积流率}=u_x\mathrm{d}y\mathrm{d}z+u_y\mathrm{d}x\mathrm{d}z+u_z\mathrm{d}x\mathrm{d}y \tag{g}$$

$$\text{输出微元体的体积流率}=u_x\mathrm{d}y\mathrm{d}z+u_y\mathrm{d}x\mathrm{d}z+u_z\mathrm{d}x\mathrm{d}y+\frac{\partial u_x}{\partial x}\mathrm{d}x\mathrm{d}y\mathrm{d}z+\frac{\partial u_y}{\partial y}\mathrm{d}x\mathrm{d}y\mathrm{d}z+\frac{\partial u_z}{\partial z}\mathrm{d}x\mathrm{d}y\mathrm{d}z \tag{h}$$

由题设流动过程为稳态，则输入与输出微元体的体积流率相等，由式(g) 和式(h) 可得

$$\frac{\partial u_x}{\partial x}\mathrm{d}x\mathrm{d}y\mathrm{d}z+\frac{\partial u_y}{\partial y}\mathrm{d}x\mathrm{d}y\mathrm{d}z+\frac{\partial u_z}{\partial z}\mathrm{d}x\mathrm{d}y\mathrm{d}z=0$$

或

$$\frac{\partial u_x}{\partial x}+\frac{\partial u_y}{\partial y}+\frac{\partial u_z}{\partial z}=0 \tag{i}$$

上式即为不可压缩流体的微分质量衡算方程，是连续性方程的一种形式，描述流场中任一点的流速与位置之间的变化规律。

在传递过程的微分衡算中，微元体形状的选择需根据流体流动情况及问题的要求等确定，其原则是使微分衡算方程的推导过程简化。在动量、热量和质量传递过程中，有些情况是二维或一维的流动或传递过程，而且研究的物理量如流速、温度或浓度等在某些情况下沿容器的轴线、中心点等对称。例如流体在直圆管内流动，经过进口的一定距离后为平行于管轴的一维流动，而且流动截面上的速度分布沿管轴对称。传热和传质过程中的温度、浓度分布有时也出现轴对称或点（如圆心或球心）对称现象。在这些情况下推导微分衡算方程，为使问题简化，选择微元体可采用一微分厚度为 $\mathrm{d}r$ 的薄壳圆环体或一微分厚度为 $\mathrm{d}r$ 的薄壳球环体。

在薄壳体中进行衡分衡算过程称为薄壳衡算。

【例 1-7】 在一圆形直管中充满热导率为 k 的静止流体，管中心和内壁的温度均各自恒定，热量稳态地由管中心向管壁传递。试推导径向的热传导方程（忽略自然对流对传热的影响）。

解　依题意可知，热量传递过程为圆管内沿径向（r 方向）一维稳态导热过程，而且管截面各点温度分布沿管轴对称。为此，可在圆管内选择如图 1-14 所示的薄壳圆环进行微分热量衡算。

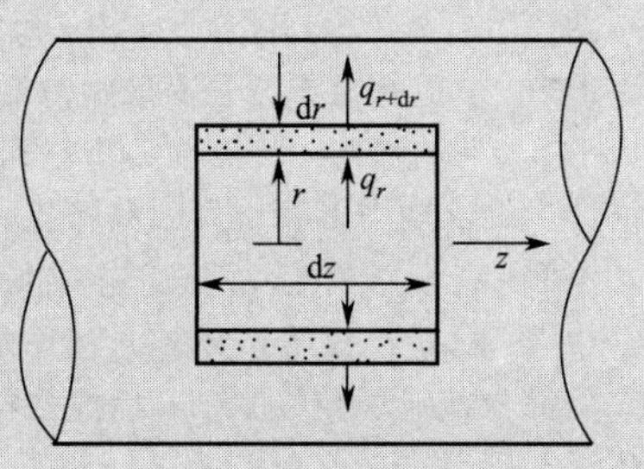

图 1-14　【例 1-7】附图

设微元体的径向厚度为 $\mathrm{d}r$，轴向长度为 $\mathrm{d}z$。薄壳内任一 r 处的温度为 t。

根据傅里叶定律，沿 r 方向以传热方式输入微元体的传热速率 q_r 为

$$q_r = -k \cdot 2\pi r \mathrm{d}z \frac{\mathrm{d}t}{\mathrm{d}r} \tag{a}$$

又沿 r 方向从微元体输出的传热速率 $q_{r+\mathrm{d}r}$ 为

$$q_{r+\mathrm{d}r} = -k \cdot 2\pi \mathrm{d}z \left[r \frac{\mathrm{d}t}{\mathrm{d}r} + \frac{\mathrm{d}}{\mathrm{d}r}\left(r \frac{\mathrm{d}t}{\mathrm{d}r} \right) \mathrm{d}r \right] \tag{b}$$

由于传热为稳态过程，输入与输出微元体的热速率相等，即 $q_r = q_{r+\mathrm{d}r}$。由式(a) 和式(b) 得

$$-k \cdot 2\pi \mathrm{d}z \frac{\mathrm{d}}{\mathrm{d}r}\left(r \frac{\mathrm{d}t}{\mathrm{d}r} \right) \mathrm{d}r = 0 \tag{c}$$

即

$$\frac{\mathrm{d}}{\mathrm{d}r}\left(r \frac{\mathrm{d}t}{\mathrm{d}r} \right) = 0 \tag{d}$$

上式即为圆管或圆柱体沿径向一维稳态导热的热传导方程，由薄壳圆环体进行微分热量衡算导出。故薄壳衡算为微分衡算中的一种形式。

习　题

1-1 20℃的水以主体平均流速 0.36m/s 流过内径为 3.8cm 的圆管，试确定水在管中的流型。

1-2 正庚烷的饱和蒸气压与温度的关系可由下式表示：

$$\lg p^0 = 6.926 - \frac{1284}{t+219}$$

式中 p^0 为饱和蒸气压，mmHg；t 为温度，℃。试将上式换算成 SI 单位的表达式。

1-3 黏性流体在圆管内做一维稳态流动，设 r 表示径向、y 表示由管壁指向中心的方向。已知温度 t 和组分 A 的质量浓度 ρ_A 的梯度均与流速 u_x 的梯度方向相同，试用“通量＝－扩散系数×浓度梯度”形式分别写出 r 和 y 两个方向动量、热量和质量传递三者的现象方程。

1-4 运动黏度 ν、热量扩散系数 α 和扩散系数 D_{AB} 分别用下述微分方程定义：

$$\nu = -\frac{\tau}{\mathrm{d}(\rho u_x)/\mathrm{d}y}, \qquad \alpha = -\frac{q/A}{\mathrm{d}(\rho c_p t)/\mathrm{d}y}, \qquad D_{AB} = -\frac{j_A}{\mathrm{d}\rho_A/\mathrm{d}y}$$

试分别对各式右侧进行量纲式运算，证明 ν、α 和 D_{AB} 具有相同的量纲 L^2T^{-1}（质量、长度、时间和温度的量纲符号分别为 M、L、T 和 θ）。

1-5 有一装满水的储槽，直径 1m、高 3m。现由槽底部的小孔向外排水。小孔的直径为 4cm，测得水流过小孔时的流速 u_0 与槽内水面高度 z 的关系为

$$u_0 = 0.62\sqrt{2gz}$$

试求放出 $1m^3$ 水所需的时间。又若槽中装满煤油，其他条件不变，放出 $1m^3$ 煤油所需时间有何变化？设水的密度为 $1000kg/m^3$；煤油的密度为 $800kg/m^3$。

1-6 一储槽中原盛有质量分数为 5%的盐水溶液 1000kg。今以 100kg/min 的质量流率向槽中加入纯水，同时以 100kg/min 的质量流率由槽中排出溶液。由于搅拌良好，槽内液体任一时刻可达到充分混合。试求 10min 后出口溶液的质量分数。由于槽中的溶液较稀，可视其密度不变，并可近似地认为溶液密度与水的密度（$\rho_水 = 1000kg/m^3$）相等。

1-7 一搅拌槽中原盛有质量分数 10%的盐水 2000kg。今以 100kg/min 的质量流率向槽中加入质量分数为 0.2%的盐水，同时以 60kg/min 的质量流率由槽中排出混合后的溶液。设搅拌良好，槽中溶液充分混合。试求槽中溶液质量分数降至 1%时所需的时间。

1-8 有一搅拌槽，原盛有质量分数为 50%的 Na_2SO_4 水溶液 100kg。今将质量分数为 15%的 Na_2SO_4 溶液以 12kg/min 的质量流率加入槽中，同时以 10kg/min 的质量流率由槽中取出溶液。设槽中液体充分混合。试求经历 10min 后搅拌槽中 Na_2SO_4 溶液的摩尔分数。计算中可忽略混合过程中溶液体积的变化。

1-9 压力为 $1.379\times10^5 N/m^2$、温度为 291.5K 的水以 2m/s 的平均流速经管道流入锅炉中进行加

热。生成的过热蒸汽以 10m/s 的平均流速离开锅炉。过热蒸汽的压力为 1.379×10^5N/m^2、温度为 432K，蒸汽出口位置较水的进口位置高 15m，水和蒸汽在管中流动的流型均为湍流。试求稳态操作状态下的加热速率。已知水在 1.379×10^5N/m^2、291.5K 条件下的焓值为 77kJ/kg；水蒸气在 1.379×10^5N/m^2、432K 条件下的焓值为 2793kJ/kg。

1-10 用泵将储槽中的水输送至吸收塔顶部。已知储槽中水的温度为 20℃，槽中水面至塔顶高度为 30m；输送管道绝热，其内径为 7.5cm，泵的输水流量为 0.8m^3/min，轴功率为 10kW。试求水输送至塔顶处的温度升高值 Δt。设 $\alpha=1$。

1-11 温度为 293K、压力为 1.20×10^5Pa 的空气以 0.5kg/s 的质量流率流入一内径为 100mm 的水平圆管。管内空气做湍流流动。管外有蒸汽加热，热流速率为 1×10^5J/s。设热量全部被空气吸收，在管的出口处空气的压力为 1.01325×10^5Pa。试求空气在管出口处的温度值。假设空气可视为理想气体，其平均比热容为 1.005kJ/(kg·K)。

1-12 直径为 1m 的圆筒形容器，内装有温度为 27℃、深度为 0.5m 的水。今以 1kg/s 的流率向容器中加水，直至水深为 2m 为止。假定加水过程充分混合，容器外壁绝热。水的平均比热容和密度分别为 $c_p=4183$J/(kg·℃)，$\rho=1000$kg/m^3。

(1) 若加水温度为 82℃，试计算混合后水的最终温度；

(2) 若加水温度为 27℃，如容器中装有蒸汽加热蛇管，加热器向水中的传热速率为

$$q=hA(t_v-t)$$

式中 $h=300$W/(m^2·℃)；$A=3$m^2；$t_v=110$℃，t 为任一瞬时容器内的水温。试求水所达到的最终温度。

1-13 处在高温环境下的立方形物体，由环境向物体内部进行三维稳态热传导，试用微分热量衡算方法导出热传导方程。设物体的热导率为 k，其值不受温度变化影响。

1-14 流体流入圆管进口的一段距离内的流动为轴对称沿径向 r 和轴向 z 的二维流动，试采用圆环体薄壳衡算方法，导出不可压缩流体在圆管进口段稳态流动的连续性方程。

1-15 一热导率为 k 的球体，球心处温度恒定并均匀地向周围环境稳态导热，试采用球环体薄壳衡算方法，导出球体内沿 r 方向的热传导方程。设 k 不随温度变化。

第一篇　动 量 传 递

在第一章中已经阐述了传递过程研究中的两种衡算方法——总衡算与微分衡算的概念及其简单应用。在工程实际中，总衡算可以解决诸如物料衡算、能量转换及消耗、设备受力等问题，这些内容在许多其他课程如化工单元操作中有详细讨论。本课程着重讨论微分动量、热量和质量衡算及其应用问题。通过微分衡算，建立描述动量、热量和质量传递的微分方程，并在特定的定解条件下求解，可以获得所描述体系中的有关物理量随空间位置和时间的逐点变化规律，进而求出动量、热量和质量传递的速率。

本篇重点讨论黏性流体动量传递的基本理论及其在工程上的应用。在化学工程中，动量传递理论不仅应用于与流体输送有关的单元操作过程中，而且它还是研究热量与质量传递的基础。本篇内容包括第二至第五章，共 4 章。第二章先推导动量传递的变化方程——等温体系的微分质量衡算方程与微分动量衡算方程，然后在第三章讨论运动方程的求解和应用，在第四章论述边界层流动，在第五章讨论湍流的基本理论。

第二章　动量传递概论与动量传递微分方程

本章重点讨论动量传递的基本概念、动量传递的基本方式、流体的连续性方程及动量传递微分方程的推导等问题。

第一节　动量传递概论

按照传递机理的不同，可将动量传递分为分子动量传递和涡流动量传递两种。前者指层流流动中分子的不规则热运动引起的分子迁移过程，后者为湍流运动中的微团脉动引起的涡流传递过程，二者统称为动量的扩散传递。此外，流体发生宏观运动引起的动量迁移过程称为对流动量传递。

一、动量的分子传递与涡流传递

（一）分子动量传递与传递系数

第一章曾经指出，在做层流运动的流体内部，由于分子不规则热运动的结果，会引起分子在各流层之间的交换。这种由微观分子热运动所产生的动量传递称为分子动量传递，其通量可表示为

$$\tau_{yx}=-\mu\frac{\mathrm{d}u_x}{\mathrm{d}y}=-\nu\frac{\mathrm{d}(\rho u_x)}{\mathrm{d}y} \tag{1-26}$$

式中 τ_{yx} 表示 x 方向的动量在 y 方向传递的通量；ν 表示动量扩散系数，负号表示动量通量的方向与速度梯度的方向相反，即动量朝向速度降低的方向传递。

动量扩散系数 ν 的单位为 m^2/s，它是分子种类、温度与压力的函数。为了更好地认识动量传递的概念，现以纯气体的层流流动为例，从气体分子运动论的观点来考察分子动量传递的机理以及气体分子运动参数与动量扩散系数的关系。

在层流流动的气体中，考察速度分别为 u_{x1} 和 u_{x2} 的两相邻气体层中的分子运动情况。设 $u_{x1}>u_{x2}$，两流体层之间的距离等于分子运动平均自由程 λ。若单位体积气体中的分子数为 n，

由于气体分子在空间三维方向上无规则运动，可假定各方向运动的分子数目各占$\frac{1}{3}$，则单位气体体积中有$\frac{n}{3}$的分子在垂直气体层的方向（y 方向）运动。令其平均速度取为 $\bar{v}$，每个分子的质量为 m，在单位时间单位面积上两气体层交换的分子数目为$\frac{1}{3}n\bar{v}$，而交换的动量通量为

$$\tau_{yx}=-\frac{1}{3}n\bar{v}m(\mathrm{u}_{x2}-\mathrm{u}_{x1})=-\frac{\lambda}{3}\mathrm{n}\,\bar{\mathrm{v}}\mathrm{m}\,\frac{\mathrm{u}_{x2}-\mathrm{u}_{x1}}{\lambda} \tag{2-1}$$

由于 λ 值很小，上式中的$\frac{u_{x2}-u_{x1}}{\lambda}$可近似用$\frac{\mathrm{d}u_x}{\mathrm{d}y}$代替。而单位体积内的分子数 n 乘以每个分子的质量 m 等于单位体积气体的质量 nm，即密度 ρ。将以上关系式代入式(2-1)，可得

$$\tau_{yx}=-\frac{\rho}{3}\bar{v}\lambda\,\frac{\mathrm{d}u_x}{\mathrm{d}y}=-\frac{1}{3}\bar{v}\lambda\,\frac{\mathrm{d}(\rho u_x)}{\mathrm{d}y}$$

将上式与式(1-26) 比较，可得

$$\nu=\frac{1}{3}\bar{v}\lambda$$

或

$$\mu=\frac{1}{3}\rho\bar{v}\lambda \tag{2-2}$$

由于分子运动平均速度 $\bar{v}$、分子运动平均自由程 λ 仅与分子的种类及状态有关，由上式可知，动量扩散系数 ν（或 μ）仅是分子种类、温度与压力的函数。

对于低密度气体的黏度，可采用下式计算：

$$\mu=2.6693\times10^{-6}\frac{\sqrt{MT}}{\Omega_{\mu}\sigma^2} \tag{2-3}$$

式中　μ——气体黏度，Pa·s；

T——热力学温度，K；

M——摩尔质量，kg/kmol；

σ——伦纳德-琼斯（Lennard-Jones）参数，称为平均碰撞直径，Å(1Å$=10^{-10}$m)；

Ω_{μ}——碰撞积分，它是无量纲温度参数 $T^*=kT/\varepsilon$ 的函数

$$\Omega_{\mu}=\frac{1.16145}{T^{*0.14874}}+\frac{0.52487}{\mathrm{e}^{0.77320T^*}}+\frac{2.16178}{\mathrm{e}^{2.43787T^*}} \tag{2-4}$$

式中　k——玻耳兹曼（Bolzmann）常数，$k=1.38066\times10^{-23}$J/K；

ε——分子间相互作用的特征能。附录 E 给出了某些纯物质的 σ 和 ε/k 值。

对于多组分、低密度混合气体的黏度，威尔克（Wilke）推荐使用下式计算：

$$\mu_{\mathrm{m}}=\sum_{i=1}^{N}\frac{x_i\mu_i}{\sum x_j\phi_{ij}} \tag{2-5a}$$

式中 x_i、x_j 分别是混合气体中组分 i、j 的摩尔分数，且

$$\phi_{ij}=\frac{1}{\sqrt{8}}\left(1+\frac{M_i}{M_j}\right)^{-1/2}\left[1+\left(\frac{\mu_i}{\mu_j}\right)^{1/2}\left(\frac{M_j}{M_i}\right)^{1/4}\right]^2 \tag{2-5b}$$

式(2-3)、式(2-5a)、式(2-5b) 仅适用于非极性气体和低密度气体混合物。当它们用于极性分子的气体时，必须加以修正。

有关纯液体黏度的知识远比对气体黏度的了解更具经验性，因为液体分子的运动理论远没有气体理论成熟。估算液体黏度的基团贡献法、经验关联式以及应用状态参数和临界参数的预

测方法等可参见有关文献。

液体的黏度随温度升高而减小。压力对液体黏度的影响很小，在工程应用上可忽略不计。

（二）涡流动量传递

当流体做湍流流动时，流体中充满涡流的微团，大小不等的微团在各流层之间交换，因此湍流中除分子微观运动引起的动量传递外，更主要的是由宏观的流体微团脉动产生的涡流传递。类似于分子动量传递，1877 年波希尼斯克（Boussinesq）提出了如下涡流传递通量的表达式

$$\tau_{yx}^{r}=-\varepsilon\frac{d(\rho u_x)}{dy} \tag{1-29}$$

式中 τ_{yx}^{r}——x 方向的动量在 y 方向上传递的涡流通量，N/m^2；

ε——涡流运动黏度或涡流动量扩散系数，m^2/s。

与运动黏度 ν 完全不同，涡流运动黏度 ε 随湍流强度、流道位置等因素改变，它不是流体物理性质的函数。涡流动量传递的详细内容将在第五章讨论。

【例 2-1】 试求 CO_2 在 101.3kPa、300K 下的黏度。实验值为 1.495×10^{-5} Pa·s。

解 查附录 E，CO_2 的伦纳德-琼斯参数 $\sigma=3.941\text{Å}$，$\varepsilon/k=195.2K$，故

$$kT/\varepsilon=300/195.2=1.537$$

由式(2-4) 得

$$\Omega_\mu=\frac{1.16145}{1.537^{0.14874}}+\frac{0.52487}{2.718^{0.77320\times1.537}}+\frac{2.16178}{2.718^{2.43787\times1.537}}=1.300$$

将以上数据及 CO_2 的摩尔质量 44.01kg/kmol 代入式(2-3)，得

$$\mu=2.6693\times10^{-6}\times\frac{\sqrt{44.01\times300}}{1.300\times3.941^2}=1.519\times10^{-5}\,(\text{Pa}\cdot\text{s})$$

计算值与实验值非常接近。

二、流体通过相界面的动量传递

在工程实际中，流体在相界面处或壁面处的动量传递有着特别重要的意义。例如，在流体输送管路阻力的计算、非均相流体混合物分离装置的设计、流体黏度的测量等许多方面都需要流体-壁面处动量传递的基本知识。

设一黏性流体以 u_0 的速度流过固体壁面，则流体通过壁面处的动量通量定义为

$$\tau_s=C_D\frac{\rho u_0^2}{2}=\frac{C_D}{2}u_0(\rho u_0-\rho u_s) \tag{2-6}$$

式中 τ_s——流体在壁面处传递的动量通量，或称壁面剪应力，Pa；

C_D——阻力系数；

$\frac{C_D}{2}u_0$——动量传递系数，m/s；

ρu_0——流体主体的动量浓度，$kg\cdot m/(m^3\cdot s)$；

ρu_s——壁面处的动量浓度，$kg\cdot m/(m^3\cdot s)$；

u_s——壁面处的流速，其值为零。

由式(2-6) 可知，流体在壁面处的动量传递通量可以表示为动量传递系数与推动力（动量浓度差）的乘积。

前已述及，在层流流动的流体内部，流体质点无宏观混合，各层流体之间的动量传递主要靠分子传递；而当流体做湍流流动时，动量的传递既有分子传递又有涡流传递。但研究发现，由于流体黏性的减速作用，湍流流动的流体在紧靠壁面处的流层中仍处于层流状态，其动量的传递为分子传递（这一内容将在后续章节详细讨论）。因此，在壁面处流体层中发生的动量传

递机理为分子传递，可用牛顿黏性定律表示，即

$$\tau_s = -\mu \frac{du_x}{dy}\bigg|_{y=0} \tag{2-7}$$

将式(2-6)与式(2-7)联立，得

$$C_D \frac{\rho u_0^2}{2} = -\mu \frac{du_x}{dy}\bigg|_{y=0} \tag{2-8}$$

由上式可知，阻力系数 C_D 的计算依赖于壁面处的速度梯度 $\frac{du_x}{dy}\big|_{y=0}$，而后者的求算需要预先已知流场中速度逐点变化的详细信息。

动量传递系数或阻力系数的求解是黏性流体动量传递研究的重点问题之一，这一内容将在后续章节详细讨论，本章先推导动量传递的微分方程。

【例 2-2】 20℃的水以 2m/s 的速度在一很长的水平平板壁面上做层流运动，在壁面附近的速度分布可表示为 $u_x = 2y^2 + 4.0\times10^2 y$，式中 y 为由壁面算起的垂直距离坐标。试求流体在壁面处传递的动量通量和阻力系数 C_D。

解 20℃水的物性为 $\rho = 998.2\text{kg/m}^3$，$\mu = 100.5\times10^{-5}\text{Pa}\cdot\text{s}$，

由式(2-7)得

$$\tau_s = \mu \frac{du_x}{dy}\bigg|_{y=0} = \mu \frac{d}{dy}(2y^2 + 4.0\times10^2 y)\bigg|_{y=0} = 4.0\times10^2\mu = 0.402(\text{Pa})$$

由式(2-8)得

$$C_D = \frac{2\mu \frac{du_x}{dy}\big|_{y=0}}{\rho u_0^2} = \frac{2\times0.402}{998.2\times2^2} = 2.01\times10^{-4}$$

注意，本题将式(2-7)和式(2-8)中的速度梯度前取"+"号，是由于壁面剪应力与速度梯度的方向一致的缘故。

第二节 描述流动问题的观点与时间导数

在推导流体流动的微分衡算方程之前，首先对推导方程采用的观点及物理量的时间导数等概念做一简单介绍。

一、欧拉观点与拉格朗日观点

在研究和分析流体流动时，常采用两种观点（或方法）——欧拉（Euler）观点与拉格朗日（Lagrange）观点。

（一）欧拉观点

欧拉观点以相对于坐标固定的流场内的任一空间点为研究对象，研究流体流经每一空间点的力学性质。如果每一点的流动规律都已经知道，则整个流场的运动规律也就知道了。其具体方法是，在流体运动的空间中取一位置、体积均固定的流体微元，对此流体微元依据守恒定律做相应的衡算，可以得到相应的微分方程。为了获得整个流场的运动规律，可以对微分方程积分。

采用欧拉观点进行微分衡算时，选取的衡算范围为一微分尺度的控制体（流体微元）。它的特点是体积、位置固定，输入和输出控制体的物理量随时间改变。

（二）拉格朗日观点

与欧拉观点不同，拉格朗日观点的着眼点不是流体空间上的固定点，而是流体运动的质点或微团，研究每个流体质点自始至终的运动过程。如果知道了每一个流体质点的运动规律，则整个流场的运动状况也就清楚了。在微分衡算中，拉格朗日方法是在运动的流体中选取任一质

量固定的流体微元，将守恒定律用于该流体微元，进行相应的微分衡算，从而得出描述物理量变化的微分方程。

采用拉格朗日观点进行微分衡算时，所选取的流体微元的特点是其质量固定，而位置和体积是随时间变化的。这是由于微元随流体一起运动，而流体在不同位置的状态不同，故微元的体积亦随之受到压缩或膨胀。

将上述流体微元称为微元系统，系统外的流体称为环境。

在微分衡算方程的推导过程中，这两种观点均可采用，但选择哪一种观点更为合适，则视问题的分析研究较为简化而定。本章推导连续性方程采用欧拉观点，而推导运动方程则采用拉格朗日观点。

二、物理量的时间导数

在动量、热量和质量传递过程中，众多物理量如密度、速度、温度等随时间的变化率是传递过程速率大小的量度。物理量的时间导数有 3 种——偏导数、全导数和随体导数。下面以测量大气的温度 t 随时间 θ 的变化为例说明。气温随空间位置和时间变化，可表示为 $t=t(x,y,z,\theta)$，t 为空间和时间的连续函数。

（一）偏导数$\frac{\partial t}{\partial \theta}$

为了测定大气的温度，可以将测温计装在观测站的某个空间位置，记录下不同时刻的空气温度。此时得到的温度随时间的变化以 $\partial t/\partial \theta$ 表示，称为温度 t 的偏导数。

（二）全导数$\frac{\mathrm{d}t}{\mathrm{d}\theta}$

测量大气温度也可采用下述方法：将测温计装在飞机上，飞机以一定的速度 $\boldsymbol{v}$ 在空间飞行，记录下不同时刻的空气温度。此时得到的温度随时间的变化以 $\mathrm{d}t/\mathrm{d}\theta$ 表示，称为温度 t 的全导数。

全导数的表达式可由对 t 进行全微分得到

$$\mathrm{d}t=\frac{\partial t}{\partial \theta}\mathrm{d}\theta+\frac{\partial t}{\partial x}\mathrm{d}x+\frac{\partial t}{\partial y}\mathrm{d}y+\frac{\partial t}{\partial z}\mathrm{d}z \tag{2-9}$$

上式中各项同除以 $\mathrm{d}\theta$，得

$$\frac{\mathrm{d}t}{\mathrm{d}\theta}=\frac{\partial t}{\partial \theta}+\frac{\partial t}{\partial x}\frac{\mathrm{d}x}{\mathrm{d}\theta}+\frac{\partial t}{\partial y}\frac{\mathrm{d}y}{\mathrm{d}\theta}+\frac{\partial t}{\partial z}\frac{\mathrm{d}z}{\mathrm{d}\theta} \tag{2-10}$$

式中$\frac{\mathrm{d}x}{\mathrm{d}\theta}=v_x$，$\frac{\mathrm{d}y}{\mathrm{d}\theta}=v_y$，$\frac{\mathrm{d}z}{\mathrm{d}\theta}=v_z$，分别表示飞机的运动速度 $\boldsymbol{v}$ 在 x、y、z 方向上的分量。

由此可见，全导数除与时间和位置有关外，还与观察者的运动速度有关。

（三）随体导数$\frac{\mathrm{D}t}{\mathrm{D}\theta}$

第 3 种测量大气温度的方法是：将测温计装在探空气球上，探空气球随空气一起漂动，其速度与周围大气的速度相同，记录下不同时刻的大气温度。如此获得的温度 t 随时间 θ 的变化称为随体导数（substantial derivative），亦称拉格朗日导数（Lagrangian derivative），以$\frac{\mathrm{D}t}{\mathrm{D}\theta}$表示。

随体导数$\frac{\mathrm{D}t}{\mathrm{D}\theta}$是全导数的一个特殊情况，即当 $v_x=u_x$、$v_y=u_y$、$v_z=u_z$ 时的全导数，其中 u_x、u_y、u_z 为流体的速度。故有

$$\frac{\mathrm{D}t}{\mathrm{D}\theta}=\frac{\partial t}{\partial \theta}+u_x\frac{\partial t}{\partial x}+u_y\frac{\partial t}{\partial y}+u_z\frac{\partial t}{\partial z} \tag{2-11}$$

一般地，随体导数的物理意义是流场中流体质点上的物理量（如温度）随时间和空间的变化率。因此，随体导数亦称为质点导数。

在传递过程的研究中，经常用到随体导数这一重要概念。

【例 2-3】 试写出大气压力 p 对时间的随体导数，并说明其物理意义。

解 大气压力随时间和空间位置变化，即 $p=p(x,y,z,\theta)$。p 对时间的随体导数为

$$\frac{\mathrm{D}p}{\mathrm{D}\theta}=\frac{\partial p}{\partial \theta}+u_x\frac{\partial p}{\partial x}+u_y\frac{\partial p}{\partial y}+u_z\frac{\partial p}{\partial z}$$

式中　$\frac{\partial p}{\partial \theta}$——大气压在空间固定点处随时间的变化；

$u_x\frac{\partial p}{\partial x}+u_y\frac{\partial p}{\partial y}+u_z\frac{\partial p}{\partial z}$——压力由一点移动到另一点时发生的变化。

因此，$\frac{\mathrm{D}p}{\mathrm{D}\theta}$的物理意义为：流体质点在 $\mathrm{d}\theta$ 时间内由空间的一点（x，y，z）移动到另一点（$x+\mathrm{d}x$，$y+\mathrm{d}y$，$z+\mathrm{d}z$）时大气压对时间的变化率。

第三节　连续性方程

在单组分等温流体系统（如水）或组成均匀的多组分混合物系统（如空气）中，运用质量守恒原理进行微分质量衡算，所得方程称为连续性方程。

一、连续性方程的推导

连续性方程的推导采用欧拉观点。如图 2-1 所示，在流场中的空间点 $M(x,y,z)$ 处取一微元控制体 $\mathrm{d}V=\mathrm{d}x\mathrm{d}y\mathrm{d}z$，其相应的各边分别与直角坐标系的 x、y、z 轴相平行。设 M 点处流体的速度为 $\boldsymbol{u}$，密度为 ρ，且 $\boldsymbol{u}$ 和 ρ 均为空间和时间的函数。

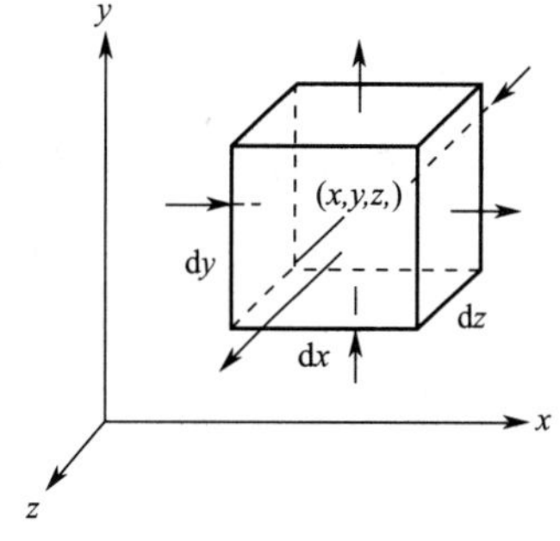

图 2-1　微分质量衡算

设在 M 点处流体的质量通量为 $\rho\boldsymbol{u}$，u_x、u_y、u_z 分别为 $\boldsymbol{u}$ 在坐标 x、y、z 方向的速度分量，则 $\rho\boldsymbol{u}$ 沿坐标 x、y、z 方向的分量分别为 ρu_x、ρu_y、ρu_z。

根据质量守恒原理对所选取的控制体进行质量衡算，得

流出质量流率－流入质量流率＋累积质量速率＝0

流入与流出微元控制体的质量流率可按 x、y、z 3 个方向分别考虑。

在 x 方向，流体经控制体的左侧面流入控制体的质量通量为 ρu_x，则质量流率为 $\rho u_x\mathrm{d}y\mathrm{d}z$；而由控制体右侧平面流出的质量通量则为 $\rho u_x+\frac{\partial(\rho u_x)}{\partial x}\mathrm{d}x$，故由右侧平面流出的质量流率为 $\left[\rho u_x+\frac{\partial(\rho u_x)}{\partial x}\mathrm{d}x\right]\mathrm{d}y\mathrm{d}z$。

于是，x 方向流出与流入微元控制体的质量流率之差为

$$\left[\rho u_x+\frac{\partial(\rho u_x)}{\partial x}\mathrm{d}x\right]\mathrm{d}y\mathrm{d}z-\rho u_x\mathrm{d}y\mathrm{d}z=\frac{\partial(\rho u_x)}{\partial x}\mathrm{d}x\mathrm{d}y\mathrm{d}z \tag{2-12a}$$

同理，可得 y 和 z 方向流出与流入微元控制体的质量流率之差分别为

$$\left[\rho u_y+\frac{\partial(\rho u_y)}{\partial y}\mathrm{d}y\right]\mathrm{d}x\mathrm{d}z-\rho u_y\mathrm{d}x\mathrm{d}z=\frac{\partial(\rho u_y)}{\partial y}\mathrm{d}x\mathrm{d}y\mathrm{d}z \tag{2-12b}$$

$$\left[\rho u_z+\frac{\partial(\rho u_z)}{\partial z}\mathrm{d}z\right]\mathrm{d}x\mathrm{d}y-\rho u_z\mathrm{d}x\mathrm{d}y=\frac{\partial(\rho u_z)}{\partial z}\mathrm{d}x\mathrm{d}y\mathrm{d}z \tag{2-12c}$$

控制体内任一时刻的流体质量为 $\rho\mathrm{d}x\mathrm{d}y\mathrm{d}z$，因此累积速率为

$$w=\frac{\partial \rho}{\partial \theta}\mathrm{d}x\mathrm{d}y\mathrm{d}z \tag{2-13}$$

将式(2-12a)～式(2-12c) 与式(2-13) 联立，可得如下微分质量衡算方程

$$\frac{\partial(\rho u_x)}{\partial x}+\frac{\partial(\rho u_y)}{\partial y}+\frac{\partial(\rho u_z)}{\partial z}+\frac{\partial \rho}{\partial \theta}=0 \tag{2-14a}$$

写成向量形式，为

$$\frac{\partial \rho}{\partial \theta}+\nabla\cdot(\rho \boldsymbol{u})=0 \tag{2-14b}$$

式(2-14) 即为流体流动时的微分质量衡算方程，亦称连续性方程。任何流体的流动均满足此方程，该式对于稳态流动或非稳态流动、理想流体或实际流体、不可压缩流体或可压缩流体、牛顿型流体或非牛顿型流体均适用。连续性方程是研究动量、热量和质量传递过程的最基本和最重要的微分方程之一。

二、对连续性方程的分析

将式(2-14a) 的各项展开，可得

$$\rho\left(\frac{\partial u_x}{\partial x}+\frac{\partial u_y}{\partial y}+\frac{\partial u_z}{\partial z}\right)+u_x\frac{\partial \rho}{\partial x}+u_y\frac{\partial \rho}{\partial y}+u_z\frac{\partial \rho}{\partial z}+\frac{\partial \rho}{\partial \theta}=0 \tag{2-15a}$$

可以看出，上式左侧的后 4 项为密度 ρ 的随体导数$\frac{\mathrm{D}\rho}{\mathrm{D}\theta}$，因此上式又可写成

$$\rho\nabla\cdot\boldsymbol{u}+\frac{\mathrm{D}\rho}{\mathrm{D}\theta}=0 \tag{2-15b}$$

式(2-15) 为连续性方程的又一表达形式。

密度对时间的随体导数$\frac{\mathrm{D}\rho}{\mathrm{D}\theta}$由两部分组成：一为密度随时间的局部导数$\frac{\partial \rho}{\partial \theta}$，表示密度在空间的一个固定点处随时间的变化；另一个为密度的对流导数 $u_x\frac{\partial \rho}{\partial x}+u_y\frac{\partial \rho}{\partial y}+u_z\frac{\partial \rho}{\partial z}$，表示密度由一点移动到另一点时所发生的变化。因此，$\frac{\mathrm{D}\rho}{\mathrm{D}\theta}$的物理意义为：流体质点在 $\mathrm{d}\theta$ 时间内由空间的一点 (x,y,z) 移动到另一点 $(x+\mathrm{d}x,\ y+\mathrm{d}y,\ z+\mathrm{d}z)$ 时流体密度对时间的变化率。

由于

$$\rho v\equiv 1 \tag{2-16}$$

式中 v 为流体的比体积。将上式对时间求随体导数，即

$$\rho\frac{\mathrm{D}v}{\mathrm{D}\theta}+v\frac{\mathrm{D}\rho}{\mathrm{D}\theta}=0$$

或写成

$$\frac{1}{v}\frac{\mathrm{D}v}{\mathrm{D}\theta}+\frac{1}{\rho}\frac{\mathrm{D}\rho}{\mathrm{D}\theta}=0 \tag{2-17}$$

将式(2-17) 代入式(2-15b)，可得

$$\frac{1}{v}\frac{\mathrm{D}v}{\mathrm{D}\theta}=\nabla\cdot\boldsymbol{u} \tag{2-18}$$

上式左侧的$\frac{1}{v}\frac{\mathrm{D}v}{\mathrm{D}\theta}$表示流体微元的体积膨胀速率或形变速率；右侧的$\nabla\cdot\boldsymbol{u}=\frac{\partial u_x}{\partial x}+\frac{\partial u_y}{\partial y}+\frac{\partial u_z}{\partial z}$则表示速度向量的散度，它是流体微元在 3 个坐标方向的线性形变速率之和。

某些特定情况下，连续性方程式(2-14) 可以简化。

例如，稳态流动时，$\partial\rho/\partial\theta=0$，式(2-14) 可简化为

$$\frac{\partial(\rho u_x)}{\partial x}+\frac{\partial(\rho u_y)}{\partial y}+\frac{\partial(\rho u_z)}{\partial z}=0 \tag{2-19}$$

又如，对于不可压缩流体，ρ=常数，此时无论是稳态流动还是非稳态流动，连续性方程均简化为

$$\frac{\partial u_x}{\partial x}+\frac{\partial u_y}{\partial y}+\frac{\partial u_z}{\partial z}=0 \tag{2-20}$$

或写成向量形式

$$\nabla \cdot \boldsymbol{u}=0 \tag{2-21}$$

在研究流体流动、传热与传质的过程中所遇到的流体多为不可压缩流体，故式(2-20) 是本书应用的最基本和最重要的方程之一。

【例 2-4】 某非稳态二维流场的速度分布为：$u_x=-2x-4\theta^2$，$u_y=2x+2y$。试证明该流体为不可压缩流体。

解 如流体不可压缩，则其速度分量 u_x、u_y、u_z 满足连续性方程 (2-20)。对于二维流动，$u_z=0$，该式化为

$$\frac{\partial u_x}{\partial x}+\frac{\partial u_y}{\partial y}=0$$

由题给条件得

$$\frac{\partial u_x}{\partial x}=-2,\frac{\partial u_y}{\partial y}=2$$

即

$$\frac{\partial u_x}{\partial x}+\frac{\partial u_y}{\partial y}=0$$

故该流体为不可压缩流体。

三、柱坐标与球坐标系的连续性方程

化工过程中所处理的流体大多为圆形管道或容器内的流动，此时采用柱坐标来表达微分衡算方程比直角坐标方便。又如流动系统为球形或球形的一部分时，宜采用球坐标系的方程。下面给出这两种坐标系对应于式(2-14) 的连续性方程的推导结果，其推导过程从略。

（一）柱坐标系

$$\frac{\partial \rho}{\partial \theta'}+\frac{1}{r}\frac{\partial}{\partial r}(\rho r u_r)+\frac{1}{r}\frac{\partial}{\partial \theta}(\rho u_\theta)+\frac{\partial}{\partial z}(\rho u_z)=0 \tag{2-22}$$

式中 θ' 为时间，r 为径向坐标，z 为轴向坐标，θ 为方位角，u_r、u_θ、u_z 分别为流速在柱坐标 r、θ、z 方向上的分量。

柱坐标与直角坐标的关系如图 2-2(a) 所示。

（二）球坐标系

$$\frac{\partial \rho}{\partial \theta'}+\frac{1}{r^2}\frac{\partial}{\partial r}(\rho r^2 u_r)+\frac{1}{r\sin\theta}\frac{\partial}{\partial \theta}(\rho u_\theta \sin\theta)+\frac{1}{r\sin\theta}\frac{\partial}{\partial \phi}(\rho u_\phi)=0 \tag{2-23}$$

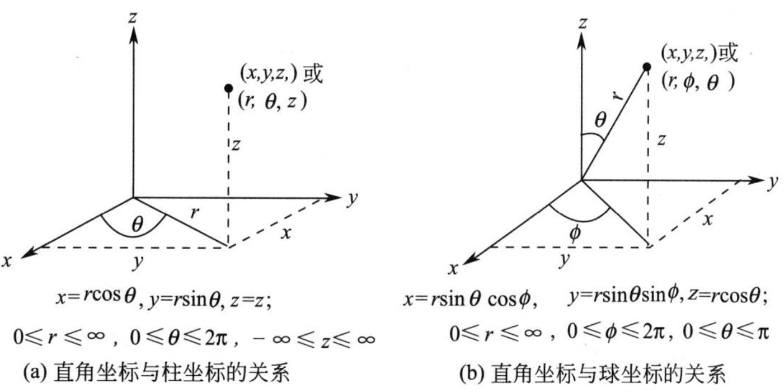

图 2-2　直角坐标与柱坐标、球坐标的关系

式中 r——径向坐标；

θ——余纬度；

ϕ——方位角；

u_r, u_ϕ, u_θ——流速在球坐标系（r,ϕ,θ）方向上的分量；

θ'——时间。

球坐标系与直角坐标系的关系如图 2-2(b) 所示。

应当注意，本书中柱坐标系和球坐标系所有微分衡算方程中的时间均以 θ' 表示，而 θ 则表示方位角或余纬度，使用时不要混淆。

第四节 运 动 方 程

通过微分动量衡算可以获得动量传递的基本方程——运动方程。将运动方程与连续性方程联立求解，可以获得许多流体流动问题的解。此外，运动方程在动量、热量和质量传递过程中也是求解大量有实际意义问题的基础方程。本节在推导运动方程时采用拉格朗日观点。

一、用应力表示的运动方程

（一）动量守恒定律在流体微元上的表达式

任何物体的运动都遵循动量守恒定律即牛顿第二运动定律，流体的运动也不例外。将牛顿第二运动定律应用于运动的流体时，可理解为：流体的动量随时间的变化率应等于作用在该流体上的诸外力向量之和。即

$$\boldsymbol{F}=\frac{\mathrm{d}(M\boldsymbol{u})}{\mathrm{d}\theta} \tag{2-24}$$

式中 $\boldsymbol{F}$——诸外力向量之和；

M——流体的质量；

$\boldsymbol{u}$——流体的速度向量；

θ——时间。

由于采用拉格朗日观点，在推导微分动量衡算方程时可在流场中选一固定质量的流体微元即微元系统，如图 2-3 所示，考察该微元系统随环境流体一起流动过程中的动量变化。

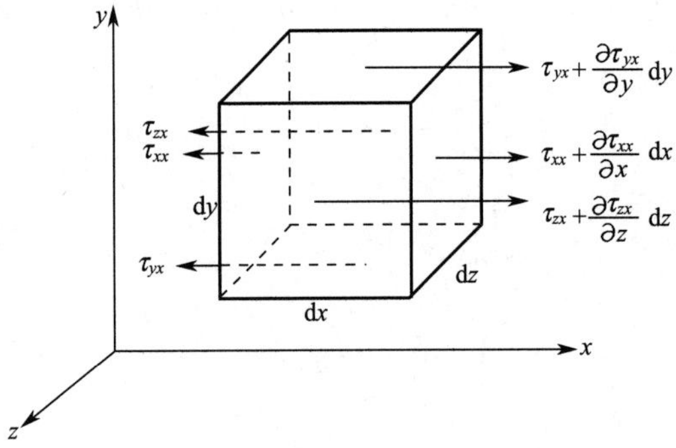

图 2-3 作用于流体微元 x 方向上的应力分量图

设在某一时刻 θ，此微元系统的体积为 $\mathrm{d}V=\mathrm{d}x\mathrm{d}y\mathrm{d}z$（注意其体积和位置是随时间改变的），将牛顿第二运动定律应用于此微元系统，得

$$\mathrm{d}\boldsymbol{F}=\rho\mathrm{d}x\mathrm{d}y\mathrm{d}z\frac{\mathrm{D}\boldsymbol{u}}{\mathrm{D}\theta} \tag{2-25}$$

式中 ρ 为流体的密度；$\frac{\mathrm{D}\boldsymbol{u}}{\mathrm{D}\theta}$ 为流体的加速度，之所以采用随体导数是应用了拉格朗日观点之缘故；$\mathrm{d}\boldsymbol{F}$ 为作用在微元系统上的合外力。

根据力学上的习惯，式(2-25) 右侧为质量与加速度的乘积，称为惯性力，记为 $\mathrm{d}\boldsymbol{F}_{\mathrm{i}}$。故该式又可写成

$$\mathrm{d}\boldsymbol{F}=\mathrm{d}\boldsymbol{F}_{\mathrm{i}}=\rho\mathrm{d}x\mathrm{d}y\mathrm{d}z\frac{\mathrm{D}\boldsymbol{u}}{\mathrm{D}\theta} \tag{2-26}$$

式(2-26) 为一向量方程，其在直角坐标系 x、y、z 方向上的分量分别为

$$\mathrm{d}F_x=\mathrm{d}F_{\mathrm{i}x}=\rho\mathrm{d}x\mathrm{d}y\mathrm{d}z\frac{\mathrm{D}u_x}{\mathrm{D}\theta} \tag{2-26a}$$

$$dF_y = dF_{iy} = \rho dx dy dz \frac{Du_y}{D\theta} \tag{2-26b}$$

$$dF_z = dF_{iz} = \rho dx dy dz \frac{Du_z}{D\theta} \tag{2-26c}$$

（二）作用在流体上的外力的分析

式(2-26) 左侧的 d$\boldsymbol{F}$ 为作用在微元系统上的合外力。在第一章流体平衡微分方程的推导中已提到，按作用力的性质，可将其划分为两类——体积力和表面力。下面对这两类力做更深入的讨论。

1. 体积力

体积力（body force）亦称质量力，是作用在所考察的流体整体上的外力。它本质上是一种非接触力。例如地球引力、带电流体所受的静电力、电流通过流体产生的电磁力等均为体积力。

令 $\boldsymbol{f}_B$ 表示单位质量流体所受的质量力，其在直角坐标 x、y、z 方向上的分量分别为 X、Y 和 Z，则

$$\boldsymbol{f}_B = X\boldsymbol{i} + Y\boldsymbol{j} + Z\boldsymbol{k} \tag{2-27}$$

根据上述定义，可知所考察的流体微元所受的质量力为

$$d\boldsymbol{F}_B = \boldsymbol{f}_B \rho dx dy dz = dF_{Bx}\boldsymbol{i} + dF_{By}\boldsymbol{j} + dF_{Bz}\boldsymbol{k} \tag{2-28}$$

式中　$d\boldsymbol{F}_B$——流体微元所受的质量力；

dF_{Bx}——x 方向上流体微元所受的质量力；

dF_{By}——y 方向上流体微元所受的质量力；

dF_{Bz}——z 方向上流体微元所受的质量力。

将式(2-28) 写成 x、y、z 方向上的分量方程，即

$$dF_{Bx} = X\rho dx dy dz \tag{2-29a}$$

$$dF_{By} = Y\rho dx dy dz \tag{2-29b}$$

$$dF_{Bz} = Z\rho dx dy dz \tag{2-29c}$$

如果所考察的流体微元仅处于重力场的作用之下，则 $\boldsymbol{f}_B = \boldsymbol{g}$。如果所选择的坐标系 x、y 为水平方向，z 为垂直向上，则 $X = Y = 0$，而 $Z = -g$。

2. 表面力

流体微元与其周围环境流体（有时可能是固体壁面）在界面上产生的相互作用力称为表面力（surface force）。表面力又称为机械力，本质上是一种接触力。流体的压力、由于黏性产生的剪切力均属表面力，以 $\boldsymbol{F}_S$ 表示。$\boldsymbol{F}_S$ 可以分解为两个分量：一个与作用表面相切，称为切向表面力或剪切力；另一个与作用表面相垂直，称为法向力。

单位面积上的表面力称为表面应力或机械应力，表面应力亦可分解为法向应力和剪应力，一般记为 τ。

图 2-4 给出了在一个指定平面（y-z 平面）上的法向应力和剪应力的表示方法，图中所标出的是流体微元在 y-z 平面上 3 个表面应力分量的作用情况。在这 3 个表面应力分量中，一个是法向应力分量 τ_{xx}，另外两个是剪应力分量 τ_{xy} 和 τ_{xz}。

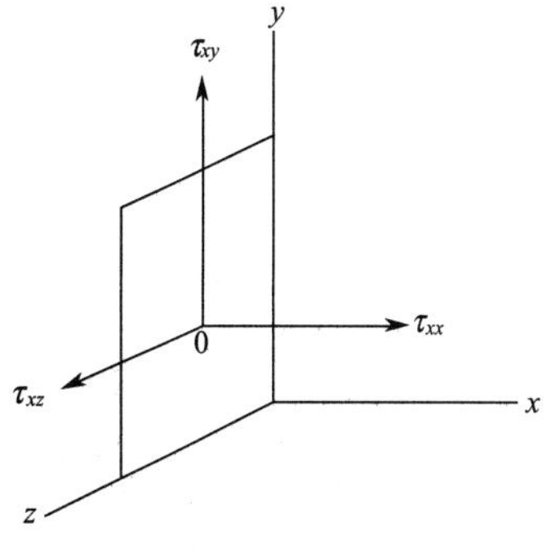

图 2-4　作用于流体微元 y-z 平面上的应力

上述这 3 个表面应力分量的下标含义如下：第一个下标 x 表示应力分量的作用面与 x 轴相垂直，第二个下标 x、y、z 分别表示应力分量的作用方向。由图 2-4 还可看出，具有相同下标的应力分量（如 τ_{xx}）表示法向应力分量。习惯上，法向应力的方向规定为：拉伸方向为正（向外为正），压缩方向为负（向内为负）。具有混合下标的应力分量（如 τ_{xy}，τ_{xz}）则表示剪应力分量。

当所考察的微元流体系统随周围环境流体一起运动时，在

界面上由于受到表面应力的作用，流体微元将会发生形变。

（三）用应力表示的运动方程

由前面的讨论可知，作用在流体微元系统上的合外力为体积力与表面力之和，即

$$\mathrm{d}\boldsymbol{F}=\mathrm{d}\boldsymbol{F}_{\mathrm{B}}+\mathrm{d}\boldsymbol{F}_{\mathrm{S}} \tag{2-30}$$

下面以图 2-3 所示的流体微元所受到的表面应力的情况为例进行讨论。图中示出的流体微元的 6 个表面上都受着与之毗邻的环境流体所作用的表面应力。每一个这样的表面应力在直角坐标系上又都可以分解成 3 个平行于 x、y、z 坐标轴的应力分量。在图 2-3 中仅示出了 x 方向上的这种表面应力分量。图 2-3 中的机械应力分量的下标含义同前。

首先考察微元流体系统在 x 方向上受到的体积力和表面力。显然

$$\mathrm{d}F_x=\mathrm{d}F_{\mathrm{B}x}+\mathrm{d}F_{\mathrm{S}x} \tag{2-31}$$

式中的 $\mathrm{d}F_{\mathrm{B}x}$ 已由式(2-29a) 给出，即

$$\mathrm{d}F_{\mathrm{B}x}=X\rho\mathrm{d}x\mathrm{d}y\mathrm{d}z \tag{2-29a}$$

参见图 2-3，以 x 轴的正方向为力的方向，则微元系统在 x 方向上受到的表面应力 $\mathrm{d}F_{\mathrm{S}x}$ 为

$$\begin{aligned}\mathrm{d}F_{\mathrm{S}x}=&\left[\left(\tau_{xx}+\frac{\partial\tau_{xx}}{\partial x}\mathrm{d}x\right)\mathrm{d}y\mathrm{d}z-\tau_{xx}\mathrm{d}y\mathrm{d}z\right]+\left[\left(\tau_{yx}+\frac{\partial\tau_{yx}}{\partial y}\mathrm{d}y\right)\mathrm{d}x\mathrm{d}z-\tau_{yx}\mathrm{d}x\mathrm{d}z\right]\\&+\left[\left(\tau_{zx}+\frac{\partial\tau_{zx}}{\partial z}\mathrm{d}z\right)\mathrm{d}x\mathrm{d}y-\tau_{zx}\mathrm{d}x\mathrm{d}y\right]\end{aligned} \tag{2-32}$$

将上式化简，可得

$$\mathrm{d}F_{\mathrm{S}x}=\left(\frac{\partial\tau_{xx}}{\partial x}+\frac{\partial\tau_{yx}}{\partial y}+\frac{\partial\tau_{zx}}{\partial z}\right)\mathrm{d}x\mathrm{d}y\mathrm{d}z \tag{2-33}$$

将式(2-29a) 及式(2-33) 代入式(2-31)，得

$$\mathrm{d}F_x=\rho X\mathrm{d}x\mathrm{d}y\mathrm{d}z+\left(\frac{\partial\tau_{xx}}{\partial x}+\frac{\partial\tau_{yx}}{\partial y}+\frac{\partial\tau_{zx}}{\partial z}\right)\mathrm{d}x\mathrm{d}y\mathrm{d}z \tag{2-34}$$

再将式(2-34) 代入式(2-26a) 中，整理后得

$$\rho\frac{\mathrm{D}u_x}{\mathrm{D}\theta}=\rho X+\frac{\partial\tau_{xx}}{\partial x}+\frac{\partial\tau_{yx}}{\partial y}+\frac{\partial\tau_{zx}}{\partial z} \tag{2-35a}$$

式(2-35a) 即为 x 方向上以应力表示的力-动量衡算方程。

采用与式(2-35a) 相同的推导步骤，可以得到 y、z 方向上以应力表示的力-动量衡算方程如下：

$$\rho\frac{\mathrm{D}u_y}{\mathrm{D}\theta}=\rho Y+\frac{\partial\tau_{xy}}{\partial x}+\frac{\partial\tau_{yy}}{\partial y}+\frac{\partial\tau_{zy}}{\partial z} \tag{2-35b}$$

$$\rho\frac{\mathrm{D}u_z}{\mathrm{D}\theta}=\rho Z+\frac{\partial\tau_{xz}}{\partial x}+\frac{\partial\tau_{yz}}{\partial y}+\frac{\partial\tau_{zz}}{\partial z} \tag{2-35c}$$

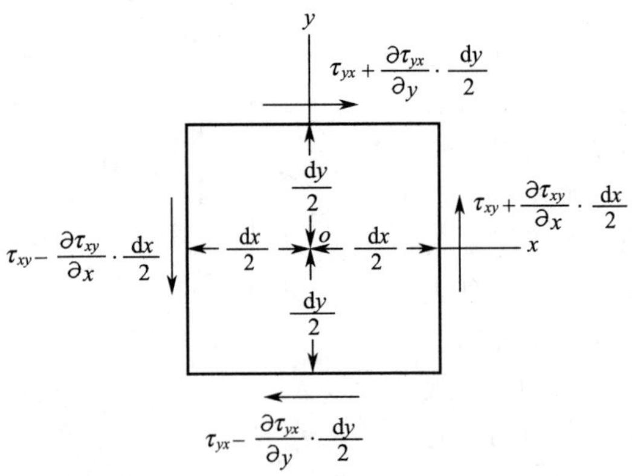

式(2-35) 亦称为以应力表示的黏性流体的运动方程，它是进一步推导奈维-斯托克斯 (Navier-Stokes) 方程的基础。

在式(2-35a)～式(2-35c) 中，共有 9 个表面应力。其中 3 个是法向应力，即 τ_{xx}、τ_{yy}、τ_{zz}；6 个是剪应力，即 τ_{xy}、τ_{yx}、τ_{zx}、τ_{xz}、τ_{yz}、τ_{zy}。这 6 个剪应力变量彼此并非相互独立的，通过下面的简单推导即可证明。

现将图 2-3 中的流体微元在 x-y 平面的一个相应的平面分离出来加以考察。环绕该平面四周作用的 4 个剪应力表示在图 2-5 中。由图

图 2-5　剪应力相对于旋转轴的力矩图

可见，假如有一根平行于 z 轴的轴线或 z 轴本身穿过该流体微元的形心 O 点时，显然，由于上述这 4 个剪应力相对于旋转轴线产生力矩，将会使流体微元围绕旋转轴旋转起来。由力学的知识可知，相对于旋转轴所产生的力矩应该等于流体微元的质量、旋转半径的平方以及角加速度三者的乘积。

应予指出的是：在图 2-5 所示的情况下，只有剪应力才能对旋转轴产生力矩。而法向应力和重力的作用是通过流体微元形心的，所以它们对旋转轴不会产生力矩。

令沿逆时针方向旋转的力矩为正，反之为负，则可以写出如下的力矩方程：

$$\begin{aligned}&\left[\left(\tau_{xy}+\frac{\partial\tau_{xy}}{\partial x}\cdot\frac{\mathrm{d}x}{2}\right)+\left(\tau_{xy}-\frac{\partial\tau_{xy}}{\partial x}\cdot\frac{\mathrm{d}x}{2}\right)\right](\mathrm{d}y\mathrm{d}z)\left(\frac{\mathrm{d}x}{2}\right)\\&-\left[\left(\tau_{yx}+\frac{\partial\tau_{yx}}{\partial y}\cdot\frac{\mathrm{d}y}{2}\right)+\left(\tau_{yx}-\frac{\partial\tau_{yx}}{\partial y}\cdot\frac{\mathrm{d}y}{2}\right)\right](\mathrm{d}z\mathrm{d}x)\left(\frac{\mathrm{d}y}{2}\right)\\&=\rho\mathrm{d}x\mathrm{d}y\mathrm{d}z\times\text{旋转半径}^2\times\text{角加速度}\end{aligned}\tag{2-36}$$

上式经简化后得

$$\tau_{xy}-\tau_{yx}=\rho\times\text{旋转半径}^2\times\text{角加速度}\tag{2-37}$$

当所考察的流体微元的体积趋近于 0 时，上式中的旋转半径也必然趋近于 0。这样，即使角加速度仍为一定值，式(2-37) 的右侧亦必趋近于 0。由此可知，当旋转轴平行于 z 轴时，可得如下关系：

$$\tau_{xy}=\tau_{yx}\tag{2-38}$$

同理，如果所采用的旋转轴平行于 x 轴和 y 轴（或采用 x 轴和 y 轴本身），亦可列出相应的力矩方程，获得下述两关系：

$$\tau_{yz}=\tau_{zy}\tag{2-39}$$

$$\tau_{zx}=\tau_{xz}\tag{2-40}$$

由此可知，上述 9 个表面应力分量中只有 6 个是独立的。因此，式(2-35) 的 3 个方程中，共有 3 个已知量：X，Y，Z；而未知量却有 10 个：ρ，u_x，u_y，u_z，τ_{xx}，τ_{yy}，τ_{zz}，τ_{xy}（或 τ_{yx}），τ_{yz}（或 τ_{zy}），τ_{xz}（或 τ_{zx}）。由上述 3 个方程解出 10 个未知量显然是不可能的。为使方程有解的可能，必须设法找出上述这些未知量之间的关系以及它们与已知量之间的关系，以减少独立变量的数目。前已述及，6 个表面应力彼此是独立的，因此在确定变量之间的关系时应着眼于表面应力与速度梯度（或称剪切速率）之间的内在联系，即应力与形变速率之间的关系，描述这种关系的方程称为本构方程。

二、牛顿型流体的本构方程

对于三维流动系统，可以从理论上推导应力与形变速率之间的关系，但其内容已超出本课程的范围。下面仅给出应力与形变速率之间关系的表达式，其推导过程可参见有关专著。

（一）剪应力

在第一章中曾经指出，对于牛顿型流体的一维流动，当速度梯度与 y 轴方向相同时，剪应力与剪切速率（或形变速率）成正比，即

$$\tau=\mu\frac{\mathrm{d}u_x}{\mathrm{d}y}\tag{2-41}$$

式中 τ——x 方向的剪应力分量；

μ——流体的黏度；

$\frac{\mathrm{d}u_x}{\mathrm{d}y}$——$x$ 方向的剪切速率或形变速率。

式(2-41) 仅适用于描述一维流动时剪应力与剪切速率之间的关系。对于三维流动，情况要复杂得多，每一个剪应力都与相应的两方向的形变速率有关。经分析推导，其关系为

$$\tau_{xy}=\tau_{yx}=\mu\left(\frac{\partial u_x}{\partial y}+\frac{\partial u_y}{\partial x}\right) \tag{2-42a}$$

$$\tau_{yz}=\tau_{zy}=\mu\left(\frac{\partial u_z}{\partial y}+\frac{\partial u_y}{\partial z}\right) \tag{2-42b}$$

$$\tau_{zx}=\tau_{xz}=\mu\left(\frac{\partial u_x}{\partial z}+\frac{\partial u_z}{\partial x}\right) \tag{2-42c}$$

（二）法向应力

由第一章对流体压力的讨论得知，当流体静止时，法向应力即为流体的静压力。当流体流动时，它是由两部分组成的：其一是流体的压力，它使流体微元承受压缩，发生体积形变；其二由流体的黏性作用引起，它使流体微元在法线方向上承受拉伸或压缩，发生线性形变。

法向应力与压力及形变速率之间的关系如下

$$\tau_{xx}=-p+2\mu\frac{\partial u_x}{\partial x}-\frac{2}{3}\mu\left(\frac{\partial u_x}{\partial x}+\frac{\partial u_y}{\partial y}+\frac{\partial u_z}{\partial z}\right) \tag{2-43a}$$

$$\tau_{yy}=-p+2\mu\frac{\partial u_y}{\partial y}-\frac{2}{3}\mu\left(\frac{\partial u_x}{\partial x}+\frac{\partial u_y}{\partial y}+\frac{\partial u_z}{\partial z}\right) \tag{2-43b}$$

$$\tau_{zz}=-p+2\mu\frac{\partial u_z}{\partial z}-\frac{2}{3}\mu\left(\frac{\partial u_x}{\partial x}+\frac{\partial u_y}{\partial y}+\frac{\partial u_z}{\partial z}\right) \tag{2-43c}$$

三、牛顿型流体的运动方程

将牛顿型流体的本构方程式(2-42) 及式(2-43) 代入式(2-35)，经简化后即可得运动方程的最终形式如下。

x 分量：

$$\rho\frac{\mathrm{D}u_x}{\mathrm{D}\theta}=\rho X-\frac{\partial p}{\partial x}+\mu\left(\frac{\partial^2 u_x}{\partial x^2}+\frac{\partial^2 u_x}{\partial y^2}+\frac{\partial^2 u_x}{\partial z^2}\right)+\frac{\mu}{3}\frac{\partial}{\partial x}\left(\frac{\partial u_x}{\partial x}+\frac{\partial u_y}{\partial y}+\frac{\partial u_z}{\partial z}\right) \tag{2-44a}$$

y 分量：

$$\rho\frac{\mathrm{D}u_y}{\mathrm{D}\theta}=\rho Y-\frac{\partial p}{\partial y}+\mu\left(\frac{\partial^2 u_y}{\partial x^2}+\frac{\partial^2 u_y}{\partial y^2}+\frac{\partial^2 u_y}{\partial z^2}\right)+\frac{\mu}{3}\frac{\partial}{\partial y}\left(\frac{\partial u_x}{\partial x}+\frac{\partial u_y}{\partial y}+\frac{\partial u_z}{\partial z}\right) \tag{2-44b}$$

z 分量：

$$\rho\frac{\mathrm{D}u_z}{\mathrm{D}\theta}=\rho Z-\frac{\partial p}{\partial z}+\mu\left(\frac{\partial^2 u_z}{\partial x^2}+\frac{\partial^2 u_z}{\partial y^2}+\frac{\partial^2 u_z}{\partial z^2}\right)+\frac{\mu}{3}\frac{\partial}{\partial z}\left(\frac{\partial u_x}{\partial x}+\frac{\partial u_y}{\partial y}+\frac{\partial u_z}{\partial z}\right) \tag{2-44c}$$

将以上 3 式写成向量形式，为

$$\rho\frac{\mathrm{D}\boldsymbol{u}}{\mathrm{D}\theta}=\rho\boldsymbol{f}_{\mathrm{B}}-\nabla p+\mu\nabla^2\boldsymbol{u}+\frac{1}{3}\mu\nabla(\nabla\cdot\boldsymbol{u}) \tag{2-44d}$$

式(2-44) 称为牛顿型流体的运动方程，或奈维-斯托克斯方程。该方程对稳态或非稳态流动、可压缩或不可压缩流体、理想或实际流体均适用。但需指出，本构方程是针对牛顿型流体而言的，故该方程仅适用于牛顿型流体。

将不可压缩流体的连续性方程式(2-20) 代入式(2-44)，可得不可压缩牛顿型流体在直角坐标系的运动方程如下。

x 分量：

$$\frac{\mathrm{D}u_x}{\mathrm{D}\theta}=u_x\frac{\partial u_x}{\partial x}+u_y\frac{\partial u_x}{\partial y}+u_z\frac{\partial u_x}{\partial z}+\frac{\partial u_x}{\partial \theta}=X-\frac{1}{\rho}\frac{\partial p}{\partial x}+\nu\left(\frac{\partial^2 u_x}{\partial x^2}+\frac{\partial^2 u_x}{\partial y^2}+\frac{\partial^2 u_x}{\partial z^2}\right) \tag{2-45a}$$

y 分量：

$$\frac{\mathrm{D}u_y}{\mathrm{D}\theta}=u_x\frac{\partial u_y}{\partial x}+u_y\frac{\partial u_y}{\partial y}+u_z\frac{\partial u_y}{\partial z}+\frac{\partial u_y}{\partial \theta}=Y-\frac{1}{\rho}\frac{\partial p}{\partial y}+\nu\left(\frac{\partial^2 u_y}{\partial x^2}+\frac{\partial^2 u_y}{\partial y^2}+\frac{\partial^2 u_y}{\partial z^2}\right) \tag{2-45b}$$

z 分量：

$$\frac{\mathrm{D}u_z}{\mathrm{D}\theta}=u_x\frac{\partial u_z}{\partial x}+u_y\frac{\partial u_z}{\partial y}+u_z\frac{\partial u_z}{\partial z}+\frac{\partial u_z}{\partial \theta}=Z-\frac{1}{\rho}\frac{\partial p}{\partial z}+\nu\left(\frac{\partial^2 u_z}{\partial x^2}+\frac{\partial^2 u_z}{\partial y^2}+\frac{\partial^2 u_z}{\partial z^2}\right) \tag{2-45c}$$

写成向量形式，为

$$\frac{\mathrm{D}\boldsymbol{u}}{\mathrm{D}\theta}=\boldsymbol{f}_{\mathrm{B}}-\frac{1}{\rho}\nabla p+\nu\nabla^2\boldsymbol{u} \tag{2-46}$$

式中 $\nu=\mu/\rho$ 为流体的运动黏度，或称动量扩散系数。

与连续性方程一样，在某些情况下，采用柱坐标或球坐标表示的奈维-斯托克斯方程比直角坐标更为方便。在此仅给出不可压缩流体在柱坐标系、球坐标系中的运动方程的推导结果，推导过程从略。

（1）柱坐标系

r 分量：

$$\begin{aligned}&\frac{\partial u_r}{\partial \theta'}+u_r\frac{\partial u_r}{\partial r}+\frac{u_\theta}{r}\frac{\partial u_r}{\partial \theta}-\frac{u_\theta^2}{r}+u_z\frac{\partial u_r}{\partial z}\\&\quad=X_r-\frac{1}{\rho}\frac{\partial p}{\partial r}+\nu\left\{\frac{\partial}{\partial r}\left[\frac{1}{r}\frac{\partial}{\partial r}(ru_r)\right]+\frac{1}{r^2}\frac{\partial^2 u_r}{\partial \theta^2}-\frac{2}{r^2}\frac{\partial u_\theta}{\partial \theta}+\frac{\partial^2 u_r}{\partial z^2}\right\}\end{aligned} \tag{2-47a}$$

θ 分量：

$$\begin{aligned}&\frac{\partial u_\theta}{\partial \theta'}+u_r\frac{\partial u_\theta}{\partial r}+\frac{u_\theta}{r}\frac{\partial u_\theta}{\partial \theta}+\frac{u_r u_\theta}{r}+u_z\frac{\partial u_\theta}{\partial z}\\&\quad=X_\theta-\frac{1}{\rho}\frac{1}{r}\frac{\partial p}{\partial \theta}+\nu\left\{\frac{\partial}{\partial r}\left[\frac{1}{r}\frac{\partial}{\partial r}(ru_\theta)\right]+\frac{1}{r^2}\frac{\partial^2 u_\theta}{\partial \theta^2}+\frac{2}{r^2}\frac{\partial u_r}{\partial \theta}+\frac{\partial^2 u_\theta}{\partial z^2}\right\}\end{aligned} \tag{2-47b}$$

z 分量：

$$\begin{aligned}&\frac{\partial u_z}{\partial \theta'}+u_r\frac{\partial u_z}{\partial r}+\frac{u_\theta}{r}\frac{\partial u_z}{\partial \theta}+u_z\frac{\partial u_z}{\partial z}\\&\quad=X_z-\frac{1}{\rho}\frac{\partial p}{\partial z}+\nu\left[\frac{1}{r}\frac{\partial}{\partial r}\left(r\frac{\partial u_z}{\partial r}\right)+\frac{1}{r^2}\frac{\partial^2 u_z}{\partial \theta^2}+\frac{\partial u_z}{\partial z^2}\right]\end{aligned} \tag{2-47c}$$

式中　θ'——时间；

r，θ，z——分别为径向坐标、方位角、轴向坐标；

u_r，u_θ，u_z——分别为 r，θ，z 方向上的速度分量；

X_r，X_θ，X_z——分别为 r、θ、z 方向上单位质量流体的质量力分量。

（2）球坐标系

r 分量：

$$\begin{aligned}&\frac{\partial u_r}{\partial \theta'}+u_r\frac{\partial u_r}{\partial r}+\frac{u_\theta}{r}\frac{\partial u_r}{\partial \theta}+\frac{u_\phi}{r\sin\theta}\frac{\partial u_r}{\partial \phi}-\frac{u_\theta^2+u_\phi^2}{r}\\&\quad=X_r-\frac{1}{\rho}\frac{\partial p}{\partial r}+\nu\left[\frac{1}{r^2}\frac{\partial}{\partial r}\left(r^2\frac{\partial u_r}{\partial r}\right)+\frac{1}{r^2\sin\theta}\frac{\partial}{\partial \theta}\left(\sin\theta\frac{\partial u_r}{\partial \theta}\right)+\frac{1}{r^2\sin^2\theta}\frac{\partial^2 u_r}{\partial \phi^2}\right.\\&\qquad\left.-\frac{2}{r^2}u_r-\frac{2}{r^2}\frac{\partial u_\theta}{\partial \theta}-\frac{2}{r^2}u_\theta\cot\theta-\frac{2}{r^2\sin\theta}\frac{\partial u_\phi}{\partial \phi}\right]\end{aligned} \tag{2-48a}$$

θ 分量：

$$\begin{aligned}&\frac{\partial u_\theta}{\partial \theta'}+u_r\frac{\partial u_\theta}{\partial r}+\frac{u_\theta}{r}\frac{\partial u_\theta}{\partial \theta}+\frac{u_\phi}{r\sin\theta}\frac{\partial u_\theta}{\partial \phi}+\frac{u_r u_\theta}{r}-\frac{u_\phi^2\cot\theta}{r}\\&\quad=X_\theta-\frac{1}{\rho}\frac{1}{r}\frac{\partial p}{\partial \theta}+\nu\left[\frac{1}{r^2}\frac{\partial}{\partial r}\left(r^2\frac{\partial u_\theta}{\partial r}\right)+\frac{1}{r^2\sin\theta}\frac{\partial}{\partial \theta}\left(\sin\theta\frac{\partial u_\theta}{\partial \theta}\right)+\frac{1}{r^2\sin^2\theta}\frac{\partial^2 u_\theta}{\partial \phi^2}\right.\\&\qquad\left.+\frac{2}{r^2}\frac{\partial u_r}{\partial \theta}-\frac{u_\theta}{r^2\sin^2\theta}-\frac{2\cos\theta}{r^2\sin^2\theta}\frac{\partial u_\phi}{\partial \phi}\right]\end{aligned} \tag{2-48b}$$

ϕ 分量：

$$\frac{\partial u_\phi}{\partial \theta'}+u_r\frac{\partial u_\phi}{\partial r}+\frac{u_\theta}{r}\frac{\partial u_\phi}{\partial \theta}+\frac{u_\phi}{r\sin\theta}\frac{\partial u_\phi}{\partial \phi}+\frac{u_r u_\phi}{r}+\frac{u_\theta u_\phi}{r}\cot\theta$$
$$=X_\phi-\frac{1}{\rho}\frac{1}{r\sin\theta}\frac{\partial p}{\partial \phi}+\nu\left[\frac{1}{r^2}\frac{\partial}{\partial r}\left(r^2\frac{\partial u_\phi}{\partial r}\right)+\frac{1}{r^2\sin\theta}\frac{\partial}{\partial \theta}\left(\sin\theta\frac{\partial u_\phi}{\partial \theta}\right)+\frac{1}{r^2\sin^2\theta}\frac{\partial^2 u_\phi}{\partial \phi^2}\right.$$
$$\left.-\frac{u_\phi}{r^2\sin^2\theta}+\frac{2}{r^2\sin\theta}\frac{\partial u_r}{\partial \phi}+\frac{2\cos\theta}{r^2\sin^2\theta}\frac{\partial u_\theta}{\partial \phi}\right] \tag{2-48c}$$

式中　θ'——时间；

r，θ，ϕ——表示径向坐标、余纬度、方位角；

u_r，u_θ，u_ϕ——r、θ、ϕ方向上的速度分量；

X_r，X_θ，X_ϕ——r、θ、ϕ方向上单位质量流体的质量力分量。

【例 2-5】 某不可压缩流体的速度场为 $u_x=ay$，$u_y=bx$，式中 a、b 为常数。若不计质量力，求此流场的压力分布。

解 因为 $u_x=ay$，$u_y=bx$，$u_z=0$ 为不可压缩流体的稳态二维流动，将速度分布及其导数代入不可压缩流体的运动方程式(2-45a) 和式(2-45b)，可得

$$-\frac{1}{\rho}\frac{\partial p}{\partial x}=u_y\frac{\partial u_x}{\partial y}=abx \tag{a}$$

$$-\frac{1}{\rho}\frac{\partial p}{\partial y}=u_x\frac{\partial u_y}{\partial x}=aby \tag{b}$$

将式(a)、式(b) 的两端分别乘以 $\mathrm{d}x$、$\mathrm{d}y$，然后相加，得

$$-\frac{1}{\rho}\left(\frac{\partial p}{\partial x}\mathrm{d}x+\frac{\partial p}{\partial y}\mathrm{d}y\right)=ab(x\mathrm{d}x+y\mathrm{d}y)$$

即

$$\mathrm{d}p=-ab\rho(x\mathrm{d}x+y\mathrm{d}y)$$

上式积分，得

$$p=-ab\rho\int(x\mathrm{d}x+y\mathrm{d}y)=-ab\rho\frac{x^2+y^2}{2}+C$$

式中 C 为积分常数。

四、对奈维-斯托克斯方程的分析

(一) 方程组的可解性

以直角坐标系下的奈维-斯托克斯方程式(2-44a)～式(2-44c) 为例讨论。对于等温流动(μ=常数)，方程中共有 5 个未知量，即 u_x、u_y、u_z、p、ρ。而方程亦有 5 个，即连续性方程式(2-14) 和运动方程式(2-44a)、式(2-44b)、式(2-44c)，以及流体的状态方程 $f(\rho,p)=0$。因此，原则上讲，奈维-斯托克斯方程是可以直接用数学方法求解的。

但事实上，到目前为止，还无法将奈维-斯托克斯方程的普遍解求出。其原因是方程组的非线性以及边界条件的复杂性，只有针对某些特定的简单情况才可能求得其解析解。

奈维-斯托克斯方程中的每一项都代表着作用在流体质点上的力。式(2-44) 中左侧一项 $\frac{\mathrm{D}\boldsymbol{u}}{\mathrm{D}\theta}$ 表示惯性力；右侧项中 $\boldsymbol{f}_\mathrm{B}$ 表示质量力，∇p 表示压力梯度，$\nu\nabla^2\boldsymbol{u}$ 表示黏性力。各项的单位均为 N/kg。4 种力中，对流体流动起决定作用的是惯性力和黏性力，而压力是在二者之间起平衡作用的力。

奈维-斯托克斯方程描述的是任一瞬时流体质点的运动规律。原则上讲，方程既适用于层流，也适用于湍流。但实际上只能直接用于层流，而不能直接求解湍流问题。这是由于在湍流中流体质点呈高频随机脉动，因此各物理量亦高频脉动，而无法追踪这些极为错综复杂的流体质点和旋涡的运动规律。故对于湍流问题，需要对式(2-44) 进行适当变换后才能找到求解方

法，这一内容将在第五章中讨论。

（二）初始条件与边界条件

对于具体的流动问题，在求解运动方程时需给定一定的初始及边界条件。初始条件系指 $\theta=0$ 时，在所考虑的问题中给出下述条件：

$$\boldsymbol{u}=\boldsymbol{u}(x,y,z),\quad p=p(x,y,z) \tag{2-49}$$

边界条件的形式很多，下面仅列出 3 种最常见的边界条件。

（1）静止固面：在静止固面上，由于流体具有黏性，$\boldsymbol{u}=0$。

（2）运动固面：在运动固面上，流体应满足 $\boldsymbol{u}_{流}=\boldsymbol{u}_{固}$。

（3）自由表面：自由表面指一个流动的液体暴露于气体（多为大气）中的部分界面。在自由表面上应满足

$$\tau_{ii}=-p_0,\ \tau_{ij}=0 \qquad (i,j=x,y,z) \tag{2-50}$$

上式表明，在自由表面上法向应力分量在数值上等于气体的压力，而剪应力分量等于零。

（三）关于重力项的处理

多数实际问题中，其体积力为重力，即奈维-斯托克斯方程式(2-44) 或式(2-45)、式(2-46)中的 $\boldsymbol{f}_{\mathrm{B}}$ 为单位质量流体的重力 $\boldsymbol{g}$（重力加速度）。

由第一章关于流体静力学的讨论可知，对于不可压缩流体的流动，式(1-7) 可改写为

$$X=\frac{1}{\rho}\frac{\partial p_{\mathrm{s}}}{\partial x} \tag{2-51a}$$

$$Y=\frac{1}{\rho}\frac{\partial p_{\mathrm{s}}}{\partial y} \tag{2-51b}$$

$$Z=\frac{1}{\rho}\frac{\partial p_{\mathrm{s}}}{\partial z} \tag{2-51c}$$

式中 p_{s} 为流体的静压力（static pressure）。

将以上 3 式代入不可压缩流体的奈维-斯托克斯方程式(2-45)，可得

$$\frac{\mathrm{D}u_x}{\mathrm{D}\theta}=-\frac{1}{\rho}\frac{\partial(p-p_{\mathrm{s}})}{\partial x}+\nu\left(\frac{\partial^2 u_x}{\partial x^2}+\frac{\partial^2 u_x}{\partial y^2}+\frac{\partial^2 u_x}{\partial z^2}\right) \tag{2-52a}$$

$$\frac{\mathrm{D}u_y}{\mathrm{D}\theta}=-\frac{1}{\rho}\frac{\partial(p-p_{\mathrm{s}})}{\partial y}+\nu\left(\frac{\partial^2 u_y}{\partial x^2}+\frac{\partial^2 u_y}{\partial y^2}+\frac{\partial^2 u_y}{\partial z^2}\right) \tag{2-52b}$$

$$\frac{\mathrm{D}u_z}{\mathrm{D}\theta}=-\frac{1}{\rho}\frac{\partial(p-p_{\mathrm{s}})}{\partial z}+\nu\left(\frac{\partial^2 u_z}{\partial x^2}+\frac{\partial^2 u_z}{\partial y^2}+\frac{\partial^2 u_z}{\partial z^2}\right) \tag{2-52c}$$

令

$$p_{\mathrm{d}}=p-p_{\mathrm{s}} \tag{2-53}$$

式中 p_{d} 称为流体的动力压力（dynamic pressure），简称动压力。它是流体流动所需要的压力。

将式(2-53) 代入式(2-52)，可得

$$\frac{\mathrm{D}u_x}{\mathrm{D}\theta}=-\frac{1}{\rho}\frac{\partial p_{\mathrm{d}}}{\partial x}+\nu\left(\frac{\partial^2 u_x}{\partial x^2}+\frac{\partial^2 u_x}{\partial y^2}+\frac{\partial^2 u_x}{\partial z^2}\right) \tag{2-54a}$$

$$\frac{\mathrm{D}u_y}{\mathrm{D}\theta}=-\frac{1}{\rho}\frac{\partial p_{\mathrm{d}}}{\partial y}+\nu\left(\frac{\partial^2 u_y}{\partial x^2}+\frac{\partial^2 u_y}{\partial y^2}+\frac{\partial^2 u_y}{\partial z^2}\right) \tag{2-54b}$$

$$\frac{\mathrm{D}u_z}{\mathrm{D}\theta}=-\frac{1}{\rho}\frac{\partial p_{\mathrm{d}}}{\partial z}+\nu\left(\frac{\partial^2 u_z}{\partial x^2}+\frac{\partial^2 u_z}{\partial y^2}+\frac{\partial^2 u_z}{\partial z^2}\right) \tag{2-54c}$$

写成向量形式为

$$\frac{\mathrm{D}\boldsymbol{u}}{\mathrm{D}\theta}=-\frac{1}{\rho}\nabla p_{\mathrm{d}}+\nu\nabla^2\boldsymbol{u} \tag{2-55}$$

式(2-54) 或式(2-55) 是以动压力梯度表示的运动方程，式中将不出现重力项。从物理意义上讲，如果从流体流动的压力中减去静压力则得动压力，而后者仅与流体的运动速度有关。

引入动压力可以使方程中不出现重力项，从而使方程的求解变得容易。但是这并不意味着重力在任何情况下都不对速度 $\boldsymbol{u}$ 发生影响，因为在求解实际问题时除了方程之外还必须考虑边界条件。在此必须区别两种情形：①如果边界条件中只包含速度而不包含压力，则引入变换式(2-53) 后，对边界条件不发生任何影响，此时重力同样不出现在边界条件中。由此可以确信，在这种情形下重力项的存在除对压力发生作用产生静压力外，不再对其他物理量包括速度 $\boldsymbol{u}$ 产生任何效应。②如果边界条件中出现压力，则引入式(2-53) 后，原来不包含 $\boldsymbol{g}$ 的边界条件中将出现 $\boldsymbol{g}$，重力通过边界条件又重新出现了，它仍将对速度起作用。例如，在自由表面上满足 $p=p_0$ 的条件，其中 p_0 为大气压，经过变换式(2-53) 后 $p_d=p_0-p_s$，使边界条件变得更复杂了。

通过上述讨论可知，只有在所述问题的边界条件中仅含速度时，采用以动压力梯度表示的运动方程求解才是有效的。通常封闭通道中的流体流动问题可采用此方程求解，而有自由表面的流动情况用此式是不适宜的。

最后应该指出，以动压力梯度表示的运动方程式(2-54) 仅适用于不可压缩流体。

习　　题

2-1 已知 101.3kPa、293K 下气体混合物的组成及其纯组分的黏度如下：

编号 i	组分	摩尔分数 x_i	摩尔质量 M_i/(g/mol)	黏度 μ_i/(Pa·s)
1	CO_2	0.133	44.01	1.462×10^{-5}
2	O_2	0.039	32.00	2.031×10^{-5}
3	N_2	0.828	28.02	1.754×10^{-5}

试求相同温度和压力下该混合物的黏度。实验值为 1.793×10^{-5} Pa·s。

2-2 20℃的水在半径为 r_i 的圆管内流动，测得壁面处的速度梯度为 $\left.\dfrac{\mathrm{d}u}{\mathrm{d}r}\right|_{r=r_i}=-1000\mathrm{m/(m\cdot s)}$，试求壁面处的动量通量。

2-3 对于下述各种运动情况，试采用适当坐标系的一般化连续性方程描述，并结合下述具体条件将一般化连续性方程加以简化，指出简化过程的依据：

(1) 在矩形截面管道内可压缩流体做稳态一维流动；

(2) 在平板壁面上不可压缩流体做稳态二维流动；

(3) 在平板壁面上可压缩流体做稳态二维流动；

(4) 在圆管中不可压缩流体做轴对称的轴向稳态流动；

(5) 不可压缩流体做球心对称的径向稳态流动。

2-4 有下列 3 种流场的速度向量表达式，试判断哪种流场为不可压缩流体的流动：

(1) $\boldsymbol{u}(x,y,\theta)=(x^2+2\theta)\boldsymbol{i}-(2xy-\theta)\boldsymbol{j}$；

(2) $\boldsymbol{u}(x,y,\theta)=-2x\boldsymbol{i}+(x+z)\boldsymbol{j}+(2x+2y)\boldsymbol{k}$；

(3) $\boldsymbol{u}(x,y,z)=2xy\boldsymbol{i}+2yz\boldsymbol{j}+2xz\boldsymbol{k}$。

2-5 圆筒形多孔管内不可压缩流体沿径向的流动可用如下速度分布描述：

$$u_r=-\frac{C}{r}\ (C\text{ 为常数}),\qquad u_\theta=u_z=0$$

试证明此速度分布满足连续性方程式。

2-6 对于在 r-θ 平面内的不可压缩流体的流动，r 方向的速度分量为 $u_r=-A\cos\theta/r^2$。试确定速度的 θ 分量。

2-7 已知不可压缩流体绕长圆柱体流动的速度分布可用下式表示：

$$u_r=\left(\frac{A}{r^2}-B\right)\cos\theta,\qquad u_\theta=\left(\frac{A}{r^2}+B\right)\sin\theta,\qquad u_z=0$$

试证以上速度分度满足连续性方程。

2-8 加速度向量可表示为$\frac{D\boldsymbol{u}}{D\theta}$，试写出直角坐标系中加速度分量的表达式，并指出何者为局部加速度项，何者为对流加速度项。

2-9 某流场的速度向量可表述为$\boldsymbol{u}(x,y)=5x\boldsymbol{i}-5y\boldsymbol{j}$，试写出该流场随体加速度向量$\frac{D\boldsymbol{u}}{D\theta}$的表达式。

2-10 某流场的速度向量可表述为$\boldsymbol{u}(x,y,z,\theta)=xyz\boldsymbol{i}+y\boldsymbol{j}-3z\theta\boldsymbol{k}$，试求点（2,1,2,1）的加速度向量。

2-11 试参照推导以应力分量表示的x方向的运动方程式(2-35a)

$$\rho\frac{Du_x}{D\theta}=\rho X+\frac{\partial\tau_{xx}}{\partial x}+\frac{\partial\tau_{yx}}{\partial y}+\frac{\partial\tau_{zx}}{\partial z}$$

的过程，导出y方向和z方向上的运动方程式(2-35b)和式(2-35c)，即

$$\rho\frac{Du_y}{D\theta}=\rho Y+\frac{\partial\tau_{xy}}{\partial x}+\frac{\partial\tau_{yy}}{\partial y}+\frac{\partial\tau_{zy}}{\partial z}$$

$$\rho\frac{Du_z}{D\theta}=\rho Z+\frac{\partial\tau_{xz}}{\partial x}+\frac{\partial\tau_{yz}}{\partial y}+\frac{\partial\tau_{zz}}{\partial z}$$

2-12 试根据式(2-35b)、式(2-35c)、式(2-42a)～式(2-42c)及式(2-43b)、式(2-43c)，推导y和z方向上流体的运动方程式(2-44b)和式(2-44c)。提示：参考式(2-44a)的推导过程。

2-13 某黏性流体的速度场为

$$\boldsymbol{u}=5x^2y\boldsymbol{i}+3xyz\boldsymbol{j}-8xz^2\boldsymbol{k}$$

已知流体的动力黏度$\mu=0.144\text{Pa}\cdot\text{s}$，在点（2,4,−6）处的法向应力$\tau_{yy}=-100\text{N/m}^2$。试求该点处的压力和其他法向应力与剪应力。

2-14 试将柱坐标系下不可压缩流体的奈维-斯托克斯方程在r、θ、z3个方向上的分量方程简化成欧拉方程（理想流体的运动微分方程）在3个方向上的分量方程。

2-15 某不可压缩流体在一无限长的正方形截面的水平管道中做稳态层流流动，此正方形截面的边界分别为$x=\pm a$和$y=\pm a$。有人推荐使用下式描述该管道中的速度分布：

$$u_z=-\frac{a^2}{4\mu}\frac{\partial p}{\partial z}\left[1-\left(\frac{x}{a}\right)^2\right]\left[1-\left(\frac{y}{a}\right)^2\right]$$

试问上述速度分布是否正确，即能否满足相关的微分方程和边界条件。

2-16 已知某流体流动的速度分布和压力分布可表示如下：

$$u_x=ay,\qquad u_y=bx,\qquad u_z=0,\qquad p=-\frac{1}{2}ab\rho\ (x^2+y^2)-\rho gz$$

其中，x、y坐标为水平方向，z坐标垂直向上。试证明上述流动满足连续性方程和运动方程。

第三章　动量传递方程的若干解

第二章导出的奈维-斯托克斯方程是描述黏性流体动量传递的基本方程。从本章开始，讨论该方程的求解问题。

在求解动量传递方程时，需要区分流体的两种流动状况——层流和湍流。因流动状况不同，方程的求解方法迥异。

对于简单的层流流动，可以直接求得方程的解析解。但对于较为复杂的层流流动，则需要采用近似求解或数值法求解。所谓近似求解是指通过比较动量传递方程中各项物理量的相对大小，将某些虽然不等于零但对流动影响较小的项忽略，使方程得以简化，然后再进行分析求解的方法。本章和第四章将讨论层流的求解问题。

对于工程上常见的湍流流动，即使是最简单的流动情况，也不能直接求出动量传递方程的解析解。关于湍流，将在第五章专门讨论。

第一节　曳力系数与范宁摩擦因数

第二章在论述流体在相界面处的动量传递时曾经指出，任何一个黏性流体在与相界面或壁面接触时，由于受到壁面的阻滞作用，将会改变其流动的结构，从而在流体与壁面之间发生动量传递现象，亦即壁面或相界面对流体流动产生阻力。流体与壁面之间的动量通量（壁面剪应力）为

$$\tau_s = C_D \frac{\rho u_0^2}{2} = \frac{C_D}{2} u_0 \ (\rho u_0 - \rho u_s) \tag{2-6}$$

上式是阻力系数 C_D 的一般定义式。在工程实际中，根据不同的流动方式，阻力系数有不同的表达式。

工程实际中的流体流动问题，按流动方式大致可分为两类：流体在封闭通道内的流动和流体围绕浸没物体的流动（绕流）。前者如化工管路中的流体流动，后者如流体在平板壁面上的流动、流体与固体粒子之间的相对运动、流体在填充床内的流动等。下面分别给出两种情况下阻力系数的定义式。

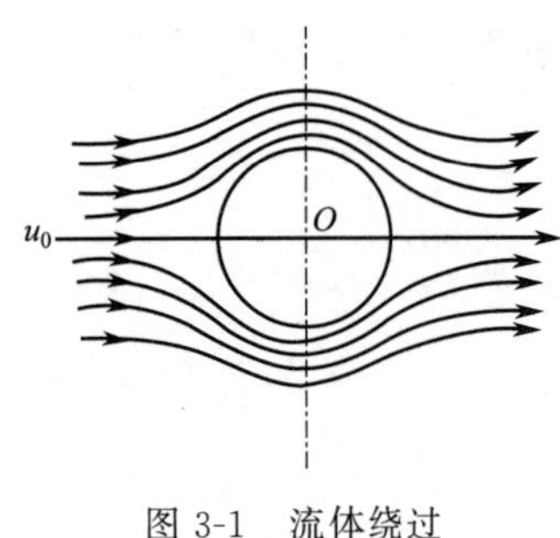

图 3-1　流体绕过圆柱物体的流动

一、绕流流动

前已述及，当一个黏性流体流过一个固体表面或围绕浸没物体流动时，由于流体的黏性以及壁面对流动的阻滞作用，流体的流动结构（速度分布与压力分布）发生改变。因此流体会受到来自壁面的阻力，也称流体对壁面施加的曳力（drag force）。

现以一个黏性流体绕过置于流场中的一根长圆柱体的流动为例进行讨论，如图 3-1 所示。流体对柱体施加的总曳力可用下式表示：

$$F_d = C_D \frac{\rho u_0^2}{2} A \tag{3-1}$$

式中　F_d——流体对物体施加的总曳力；

u_0——远离物体表面的流体速度；

A——物体表面的受力面积或与流体垂直方向上的投影面积；

C_D——曳力系数。

式(3-1) 称为牛顿阻力平方定律，$\frac{\rho u_0^2}{2}$为动能因子。

总曳力 F_d 由两部分组成：一部分是压力在物体表面上分布不均所引起的形体曳力（form drag），或称压差曳力，以 F_{df}表示；另一部分是物体表面上剪应力所引起的摩擦曳力（viscous drag 或 skin drag），以 F_{ds}表示。总曳力为形体曳力与摩擦曳力之和，即

$$F_d=F_{df}+F_{ds} \tag{3-1a}$$

将式(3-1) 写成如下形式：

$$C_D=\frac{2F_d}{\rho u_0^2 A} \tag{3-2}$$

上式即为总曳力系数（平均曳力系数）的定义式。

当压力在物体表面上均匀分布时（例如流体在平壁面上的流动），形体曳力不复存在，此时式(3-1) 与 C_D 的一般定义式(2-6) 相同，即

$$\tau_s=\frac{F_{ds}}{A}=C_D\frac{\rho u_0^2}{2} \tag{3-3}$$

如果上式中的 τ_s 随壁面位置变化，则称其为动量通量的局部值，常以 τ_{sx} 表示，相应的曳力系数称为局部曳力系数，以 C_{Dx}表示。在此情况下，式(3-3) 变为

$$\tau_{sx}=C_{Dx}\frac{\rho u_0^2}{2} \tag{3-4}$$

由式(3-1) 可知，绕流流动的曳力的求解最终归结于动量传递系数或曳力系数 C_D 的求解。通常，对于简单的层流流动，C_D 可通过动量传递微分方程解析求解；对于复杂层流，一般需要数值求解或实验测定；对于工程上更为复杂的湍流流动，一般需要所谓的半经验理论或实验确定。

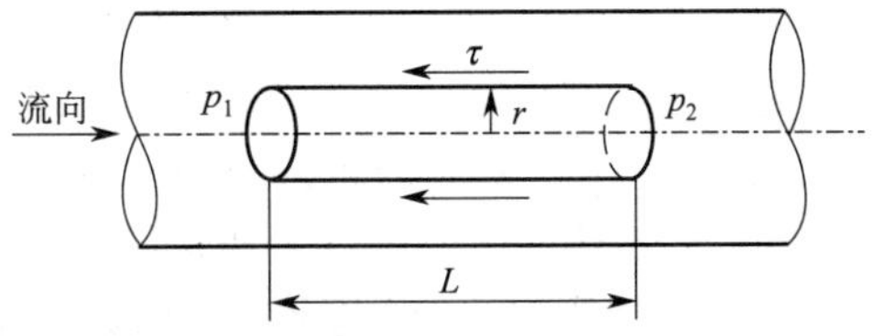

图 3-2 作用于圆管中流体上的力

二、封闭管道内的流动

许多工程流体流动特别是化工流体输送过程，流体是在封闭导管内部流动。流体在管道内的流动阻力表现为流体沿程压力的降低（压降）。

图 3-2 为黏性流体在一水平直圆管内做稳态流动的示意图。任取一长为 L、半径为 r 的流体元做力的分析。在此流体元上作用着两个方向相反的力：一个是促使流动的推动力 $(p_1-p_2)\pi r^2$，其方向与流动方向一致；另一个是流体的摩擦阻力 $\tau\cdot 2\pi rL$，与流动方向相反。在稳态下，流体不被加速，推动力与阻力在数值上相等，即

$$(p_1-p_2)\pi r^2=\tau\cdot 2\pi rL$$

令 $\Delta p=p_2-p_1$，代入上式，得

$$\tau=-\frac{\Delta p}{2L}r \tag{3-5}$$

在壁面处，$r=r_i=d/2$，式(3-5) 变为

$$\tau_s=-\frac{\Delta p}{2L}r_i=-\frac{\Delta p}{4L}d \tag{3-6}$$

将式(3-5) 与式(3-6) 联立，可得

$$\tau=\tau_s\frac{r}{r_i} \tag{3-7}$$

上式表明，剪应力沿径向为线性分布。

令

$$\Delta p_{\mathrm{f}}=-\Delta p=p_1-p_2 \tag{3-8}$$

则式(3-6) 可写成

$$\Delta p_{\mathrm{f}}=4\tau_{\mathrm{s}}\frac{L}{d} \tag{3-9}$$

式中 Δp_{f} 为管内流动的压力降。

式(3-9) 表明，管内流动的摩擦阻力（压力降）的求解依赖于壁面处的动量通量（壁面剪应力）。

对于管内流动，流体与管壁间的动量传递系数定义为

$$\tau_{\mathrm{s}}=f\frac{\rho u_{\mathrm{b}}^2}{2}=\frac{f}{2}u_{\mathrm{b}}(\rho u_{\mathrm{b}}-\rho u_{\mathrm{s}}) \tag{3-10}$$

式中 u_{b}——流体的平均流速；

f——范宁（Fanning）摩擦因数；

$\frac{f}{2}u_{\mathrm{b}}$——流体与壁面之间的动量传递系数；

u_{s}——壁面处流速（$u_{\mathrm{s}}=0$）。

式(3-10) 可写成如下形式：

$$f=\frac{2\tau_{\mathrm{s}}}{\rho u_{\mathrm{b}}^2} \tag{3-11}$$

式(3-11) 即为管内范宁摩擦因数的定义式。

将式(3-10) 代入式(3-9)，可得

$$\Delta p_{\mathrm{f}}=4f\frac{L}{d}\frac{\rho u_{\mathrm{b}}^2}{2} \tag{3-12}$$

式(3-12) 称为计算管内摩擦压降的达西（Darcy）公式。

由式(3-12) 可知，管内流动的摩擦压降的求解最终归结于动量传递系数或范宁摩擦因数 f 的求解。通常，对于简单的管内层流，f 可通过动量传递微分方程解析求解；对于工程上更为复杂的湍流流动，一般需要所谓的半经验理论或实验确定。

关于曳力系数 C_{D} 或范宁摩擦因数 f 的求解，将在本章及后续章节中详细讨论。

【例 3-1】 20℃的水以 0.02kg/s 的质量流率流过内径为 20mm 的水平管道，实验测得流体流过 20m 管长的压力降为 101.8Pa。试求：①范宁摩擦因数 f；②管壁处的动量通量 τ_{s}。

解 20℃水的物性为 $\mu=1.0\times10^{-3}\mathrm{Pa\cdot s}$，$\rho=1000\mathrm{kg/m^3}$。

$$u_{\mathrm{b}}=\frac{0.02}{(\pi/4)\times0.02^2\times1000}=0.0637\ (\mathrm{m/s})$$

由式(3-12) 得

$$f=\frac{1}{2}\frac{d}{L}\frac{\Delta p_{\mathrm{f}}}{\rho u_{\mathrm{b}}^2}=\frac{1}{2}\times\frac{0.02}{20}\times\frac{101.8}{1000\times0.0637^2}=0.0125$$

由式(3-11) 得

$$\tau_{\mathrm{s}}=f\frac{\rho u_{\mathrm{b}}^2}{2}=0.0125\times\frac{1000\times0.0637^2}{2}=0.0254\ (\mathrm{N/m^2})$$

第二节 平壁间与平壁面上的稳态层流

在求解微分衡算方程时，应适当地选择坐标系。坐标系的选择原则应使被研究的问题在选定的坐标系上具有对称性，以便减少独立的空间参数。在本章中求解运动方程时，对于平壁间

的流体流动采用直角坐标系，对于圆管中的流体流动采用柱坐标系，而对于绕过球体的爬流则采用球坐标系。

一、两平壁间的稳态层流

在工程实际中，经常遇到流体在两平壁间做平行稳态层流流动的问题，例如板式热交换器、各种平板式膜分离装置等。这类装置的特点是平壁的宽度远远大于两平壁间的距离，因此可以忽略平壁宽度方向流动的变化，即认为平壁为无限宽，流体在平壁间的流动仅为简单的一维流动。

图 3-3 为平壁间流动的示意图。设流体为不可压缩，且所考察的部位远离流道进、出口。由于流体仅沿 x 方向稳态流动，故 $u_y=u_z=0$。于是不可压缩流体的连续性方程式(2-20) 可简化为

$$\frac{\partial u_x}{\partial x}=0 \tag{3-13}$$

其次，考察 x 方向上不可压缩流体的奈维-斯托克斯方程式(2-45a)。由已知条件可知，$\frac{\partial u_x}{\partial \theta}=0$，$u_y=0$，$u_z=0$，$\frac{\partial u_x}{\partial x}=0$，故式(2-45a) 可简化为

$$\frac{1}{\rho}\frac{\partial p}{\partial x}=X+\nu\left(\frac{\partial^2 u_x}{\partial y^2}+\frac{\partial^2 u_x}{\partial z^2}\right) \tag{3-14}$$

或

$$\frac{\partial p}{\partial x}=\rho X+\mu\left(\frac{\partial^2 u_x}{\partial y^2}+\frac{\partial^2 u_x}{\partial z^2}\right) \tag{3-15}$$

如图 3-3 所示，由于流道是水平的，x 方向上单位质量流体的质量力 X 等于零。又由于高度为 $2y_0$ 的流道是无限宽的，可以认为 u_x 不随流道的宽度方向 z 而变，即$\frac{\partial u_x}{\partial z}=0$，由此得$\frac{\partial^2 u_x}{\partial z^2}=0$，于是式(3-15) 又可进一步简化为

$$\frac{\partial p}{\partial x}=\mu\left(\frac{\partial^2 u_x}{\partial y^2}\right) \tag{3-16a}$$

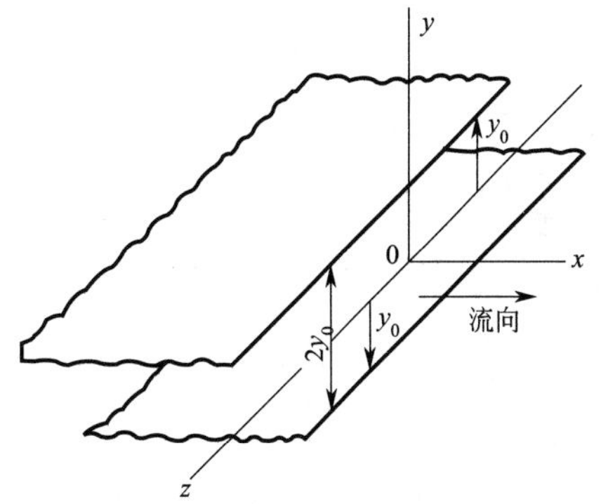

图 3-3　平壁间的稳态层流示意图

上式为一个二阶线性偏微分方程。为进一步对其简化，考察 y、z 两方向上的奈维-斯托克斯方程。

首先考察 z 方向上的奈维-斯托克斯方程式(2-45c)。由于 z 方向也是水平的，该方向上单位质量流体的质量力 $Z=0$。由稳态流动的条件或 $u_z=0$ 的条件均可推出 $\partial u_x/\partial\theta=0$。又由于 $u_z=0$，凡是含有 u_z 的各项均应等于零，因此，式(2-45c) 中的$\frac{1}{\rho}\frac{\partial p}{\partial z}$也等于零，或

$$\frac{\partial p}{\partial z}=0 \tag{3-16b}$$

同理，考察 y 方向上的奈维-斯托克斯方程式(2-45b)。由于 y 方向为垂直方向，该方向上单位质量流体的质量力 Y 不等于零，化简结果为

$$\frac{\partial p}{\partial y}=\rho Y=-\rho g \tag{3-16c}$$

下面讨论偏微分方程组式(3-16a)～式(3-16c) 的求解问题。先将式(3-16c) 对 y 积分，得

$$p(x,y)=-\rho g y+k(x) \tag{3-17}$$

将上式对 x 求偏导数，可得

$$\frac{\partial p}{\partial x}=\frac{\mathrm{d}k(x)}{\mathrm{d}x} \tag{3-17a}$$

上式表明，式(3-16a) 的左侧$\frac{\partial p}{\partial x}$仅是 x 的函数，与 y、z 无关。而式(3-16a) 的右侧由于 $\partial u_x/\partial x=0$ 和$\partial u_x/\partial z=0$，仅是数 y 的函数。因此，若式(3-16a) 成立，该式左右两侧必须等于同一常数，即

$$\frac{\mathrm{d}^2 u_x}{\mathrm{d}y^2}=\frac{1}{\mu}\frac{\partial p}{\partial x}=常数 \tag{3-18}$$

应当注意，上式中将式(3-16a) 的$\frac{\partial^2 u_x}{\partial y^2}$写成常导数是因为 u_x 只是 y 的函数；而右侧的 $\partial p/\partial x$虽然为常数，但因 $p=p(x, y)$，仍为偏导数。

实际上，由于平壁间的平行层流是无自由表面流道中的流动，亦可直接从以动压力表示的运动方程式(2-54a) 出发化简，其结果为

$$\frac{\mathrm{d}^2 u_x}{\mathrm{d}y^2}=\frac{1}{\mu}\frac{\mathrm{d}p_\mathrm{d}}{\mathrm{d}x}=常数 \tag{3-19}$$

式中 $\mathrm{d}p_\mathrm{d}/\mathrm{d}x$ 为 x 方向上流体的动压力梯度。

式(3-18) 或式(3-19) 为二阶线性常微分方程，所满足的边界条件为

(1) $y=y_0$：$u_x=0$ (3-20a)

(2) $y=0$：$\frac{\mathrm{d}u_x}{\mathrm{d}y}=0$ (3-20b)

边界条件 (1) 表示流体在壁面上不滑脱，边界条件 (2) 表示流动关于坐标轴 $y=0$ 对称。

将式(3-18) 积分，得

$$u_x=\frac{1}{2\mu}\frac{\partial p}{\partial x}y^2+C_1 y+C_2 \tag{3-21}$$

式中 C_1、C_2 为积分常数，由边界条件确定。

将边界条件 (1)、(2) 代入上式，得

$$C_1=0,\quad C_2=-\frac{1}{2\mu}\frac{\partial p}{\partial x}y_0^2$$

因此，平壁间流体做稳态层流的速度分布为

$$u_x=\frac{1}{2\mu}\frac{\partial p}{\partial x}(y^2-y_0^2) \tag{3-22}$$

式(3-22) 说明，不可压缩流体在平壁间做稳态平行层流时，如果忽略流道进、出口处的影响，则其速度分布呈抛物线形状。

由图 3-3 显见，当 $y=0$ 时速度最大，即

$$u_{\max}=-\frac{1}{2\mu}\frac{\partial p}{\partial x}y_0^2 \tag{3-23}$$

将式(3-22) 与式(3-23) 联立，可得 u_x 与 $u_{\max}$之间的关系如下：

$$u_x=u_{\max}\left[1-\left(\frac{y}{y_0}\right)^2\right] \tag{3-24}$$

工程实际中，常采用流体流过截面的平均流速表示速度的大小。为此，在流动方向上，取单位宽度的流通截面 $A=2y_0\times 1$，则通过该截面的体积流率 V_s 为

$$V_\mathrm{s}=2\int_0^{y_0}u_x\mathrm{d}y \tag{3-25}$$

将式(3-22) 代入上式积分，可得

$$V_s=-\frac{2}{3\mu}\frac{\partial p}{\partial x}y_0^3 \tag{3-26}$$

根据平均流速 u_b 的定义，可得

$$u_b=\frac{V_s}{A}=\frac{V_s}{2y_0}=-\frac{2}{3\mu}\frac{\partial p}{\partial x}\frac{y_0^3}{2y_0}=-\frac{1}{3\mu}\frac{\partial p}{\partial x}y_0^2 \tag{3-27}$$

将式(3-23) 与式(3-27) 进行比较，可得主体流速 u_b 与最大流速 u_{max}之间的关系如下：

$$u_b=\frac{2}{3}u_{max} \tag{3-28}$$

由式(3-27) 可得 x 方向上压力梯度$\partial p/\partial x$ 的表达式为

$$\frac{\partial p}{\partial x}=-\frac{3\mu u_b}{y_0^2} \tag{3-29}$$

所考察的流道为水平直管道，因此由上式可直接得到计算流动阻力 Δp_f 的表达式为

$$\frac{\Delta p_f}{L}=-\frac{\partial p}{\partial x}=-\frac{\Delta p}{L}=\frac{3\mu u_b}{y_0^2} \tag{3-30}$$

【例 3-2】 10℃的水以 $4m^3/h$ 的流率流过一宽 1m、高 0.1m 的矩形水平管道。假定流动已经充分发展，流动为一维，试求截面上的速度分布及通过每米长管道的压力降。已知 10℃水的黏度为 $1.307mN\cdot s/m^2$。

解　主体流速 $u_b=\dfrac{4}{1\times0.1\times3600}=0.0111$ (m/s)

为了判断此情况下流体的流型，需计算 Re。因流道为矩形，Re 中的几何尺寸应采用当量直径 d_e 替代，d_e 的值为

$$d_e=\frac{4\times\text{流通截面积}}{\text{润湿周边长度}}=\frac{4\times1\times0.1}{2\times(1+0.1)}=0.182\ \text{(m)}$$

$$Re=\frac{d_e u_b\rho}{\mu}=\frac{0.182\times0.0111\times1000}{1.307\times10^{-3}}=1546$$

故流动为层流，可采用式(3-24) 确定速度分布方程，即

$$u_x=u_{max}\left(1-\frac{y^2}{y_0^2}\right)=\frac{3}{2}u_b\left(1-\frac{y^2}{y_0^2}\right)=\frac{3}{2}\times0.0111\times\left(1-\frac{y^2}{0.05^2}\right)=6.66\times(0.0025-y^2)$$

每米长管道的压力降可利用式(3-30) 求得：

$$\frac{\Delta p_f}{L}=-\frac{\partial p}{\partial x}=\frac{3\mu u_b}{y_0^2}=\frac{3\times1.307\times10^{-3}\times0.0111}{0.05^2}=0.0174\ \text{(Pa/m)}$$

【例 3-3】 试推导平壁间稳态平行层流时的范宁摩擦因数的表达式。

解　流体在壁面处动量通量的定义式为

$$\tau_s=-\mu\left.\frac{du_x}{dy}\right|_{y=0}=\frac{f}{2}\rho u_b^2 \tag{a}$$

将式(3-28) 代入式(3-24)，可得

$$u_x=\frac{3}{2}u_b\left[1-\left(\frac{y}{y_0}\right)^2\right] \tag{b}$$

上式对 y 求导，并代入式(a)，得

$$\tau_s=-\frac{3}{2}\mu u_b\left(-\frac{2y_0}{y_0^2}\right)=\frac{3\mu u_b}{y_0}=\frac{f}{2}\rho u_b^2$$

移项得

$$f=\frac{6\mu}{\rho u_b y_0}=\frac{24\mu}{\rho u_b(4y_0)}=\frac{24\mu}{\rho u_b d_e}=\frac{24}{Re}$$

式中 $Re=\dfrac{d_e\rho u_b}{\mu}$ 是以平板通道的当量直径 $d_e=4y_0$ 表示的雷诺数。

二、竖直平壁面上的降落液膜流动

流体在竖直平壁面上呈膜状向下流动是化工过程经常遇到的一种流动方式，它涉及多种传热、传质过程，例如膜状冷凝、湿壁塔吸收等。如图 3-4 所示，液体在重力作用下沿一垂直放置的固体壁面成膜状向下流动。因液膜内流动速度很慢，为稳态层流流动。液膜的一侧紧贴壁面，另一侧为自由表面。下面从连续性方程和运动方程出发，求解液膜内的速度分布、主体平均流速及液膜厚度。

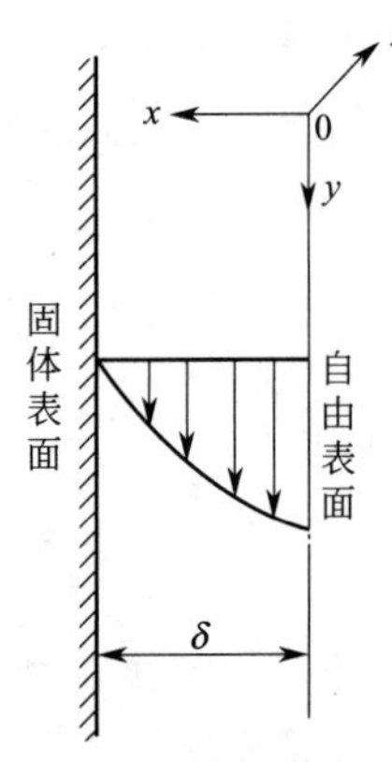

图 3-4 降落液膜的稳态层流流动

不可压缩流体的连续性方程为

$$\frac{\partial u_x}{\partial x}+\frac{\partial u_y}{\partial y}+\frac{\partial u_z}{\partial z}=0 \tag{2-20}$$

由于降落液膜为沿 y 方向的一维流动，$u_x=0$，$u_z=0$。于是上式可简化为

$$\frac{\partial u_y}{\partial y}=0 \tag{3-31}$$

y 方向不可压缩流体的运动方程为

$$\frac{\partial u_y}{\partial \theta}+u_x\frac{\partial u_y}{\partial x}+u_y\frac{\partial u_y}{\partial y}+u_z\frac{\partial u_z}{\partial z}=Y-\frac{1}{\rho}\frac{\partial p}{\partial y}+\nu\left(\frac{\partial^2 u_y}{\partial x^2}+\frac{\partial^2 u_y}{\partial y^2}+\frac{\partial^2 u_y}{\partial z^2}\right) \tag{2-45b}$$

由于是稳态流动，$\partial u_y/\partial\theta=0$；假定固体壁面很宽，$u_y$ 不随 z 而变，则$\partial u_y/\partial z=0$；液膜受重力作用下落，故 $Y=g$。将上述条件以及 $u_x=u_z=0$、$\partial u_y/\partial y=0$ 代入上式，方程可化简为

$$g-\frac{1}{\rho}\frac{\partial p}{\partial y}+\nu\frac{\partial^2 u_y}{\partial x^2}=0 \tag{3-32}$$

同理，化简 x 和 z 方向的运动方程可得

$$\frac{\partial p}{\partial x}=\frac{\partial p}{\partial z}=0 \tag{3-32a}$$

由上式可知，$p=f(y)$，即压力仅与 y 有关。但由于液膜外为自由表面，液面上流体压力与当地大气压相等，将此边界条件代入式(3-32a)，得

$$p=f(y)=p_a$$

即 p 亦与 y 无关，于是$\partial p/\partial y=0$，式(3-32) 变为

$$\mu\frac{\partial^2 u_y}{\partial x^2}+\rho g=0 \tag{3-33}$$

由于$\dfrac{\partial u_y}{\partial y}=0$，$\dfrac{\partial u_y}{\partial z}=0$，式(3-33) 中的偏导数$\dfrac{\partial^2 u_y}{\partial x^2}$可以写成常导数$\dfrac{\mathrm{d}^2 u_y}{\mathrm{d}x^2}$，于是式(3-33) 变为常微分方程

$$\mu\frac{\mathrm{d}^2 u_y}{\mathrm{d}x^2}+\rho g=0 \tag{3-34}$$

下面确定定解条件。在壁面处，液体黏附于壁面，流速为零；而液膜的外表面为自由表面，满足式(2-50)，即剪应力为零，故边界条件为

(1) $x=\delta$：$u_y=0$ (3-35a)

(2) $x=0$：$\dfrac{\partial u_y}{\partial x}=0$ $(\tau=0)$ (3-35b)

为求解降落液膜内的速度分布，将式(3-34) 分离变量积分，并代入边界条件 (1) 和 (2) 求出积分常数，最后得

$$u_y=\frac{\rho g}{2\mu}(\delta^2-x^2) \tag{3-36}$$

式(3-36) 即为液膜内速度分布方程，为抛物线形状。

液膜内的主体流速可如下求得：如图 3-4 所示，在 z 方向上取一单位宽度，并在液膜内的任意 x 处取微分长度 $\mathrm{d}x$，则通过微元面积 $\mathrm{d}A=\mathrm{d}x\times1$ 的流速为 u_y，体积流率为 $\mathrm{d}V_s=u_y\mathrm{d}x\times1$。于是通过单位宽度截面的体积流率为

$$V_s=\int_0^\delta u_y\mathrm{d}x\times1$$

根据主体平均流速的定义

$$u_b=\frac{V_s}{A}=\frac{\int_0^\delta u_y\mathrm{d}x\times1}{\delta\times1}$$

将式(3-36) 代入上式积分，可得

$$u_b=\frac{\rho g\delta^2}{3\mu} \tag{3-37}$$

由式(3-37) 可直接得到液膜厚度的计算式为

$$\delta=\left(\frac{3\mu u_b}{\rho g}\right)^{1/2} \tag{3-38}$$

【例 3-4】 某流体的运动黏度为 $2\times10^{-4}\mathrm{m^2/s}$，密度为 $800\mathrm{kg/m^3}$，欲使该流体沿宽为 1m 的垂直平壁下降的液膜厚度达到 2.5mm，则液膜下降的质量流率应为多少？

解 由式(3-37) 得

$$u_b=\frac{\rho g\delta^2}{3\mu}=\frac{g\delta^2}{3\nu}=\frac{9.81\times0.0025^2}{3\times(2\times10^{-4})}=0.102\ (\mathrm{m/s})$$

因此，单位宽度的质量流率为

$$w=u_b\rho\delta\times1=0.102\times800\times0.0025\times1=0.204\ (\mathrm{kg/s})$$

上述计算结果仅当液膜内流动为层流时才是正确的。因此需要验算流动的 Re 数。当量直径

$$d_e=4r_H=4\times\frac{\delta\times1}{1}=4\delta$$

故

$$Re=\frac{4\delta u_b\rho}{\mu}=\frac{4\times0.204}{800\times(2\times10^{-4})}=5.1$$

由此可知，流动确为层流，上述计算结果是正确的。

第三节 圆管与套管环隙间的稳态层流

一、圆管中的轴向稳态层流

流体在圆管中的流动问题在物理学、化学、生物学和工程科学中经常遇到。下面考察不可压缩流体在水平圆管中做稳态层流流动的情况，并设所考察的部位远离管道进、出口，且流动为沿轴向（z 方向）的一维流动，如图 3-5 所示。

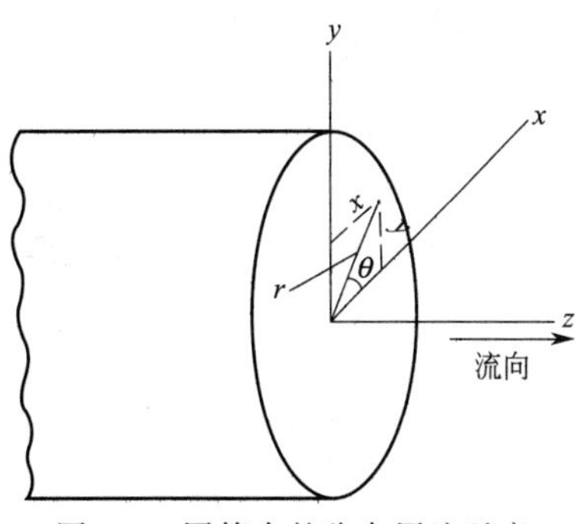

图 3-5 圆管中的稳态层流示意

对于管内流动问题，采用柱坐标系表示的连续性方程式(2-22) 和奈维-斯托克斯方程式 (2-47) 进行分析比较方便。柱坐标系表示的不可压缩流体的连续性方程式(2-22)

简化为

$$\frac{1}{r}\frac{\partial}{\partial r}(ru_r)+\frac{1}{r}\frac{\partial u_\theta}{\partial \theta}+\frac{\partial u_z}{\partial z}=0 \tag{3-39}$$

由于流体为沿 z 方向一维流动，即 $u_r=0$、$u_\theta=0$，式(3-39) 可简化为

$$\frac{\partial u_z}{\partial z}=0 \tag{3-40}$$

其次，化简柱坐标系的奈维-斯托克斯方程。由于流体在管内流动属无自由表面的情况，采用以动压力表示的奈维-斯托克斯方程求解更为方便。为此，将柱坐标系下的奈维-斯托克斯方程式(2-47) 写成下述形式。

r 分量：

$$\begin{aligned}&\frac{\partial u_r}{\partial \theta'}+u_r\frac{\partial u_r}{\partial r}+\frac{u_\theta}{r}\frac{\partial u_r}{\partial \theta}-\frac{u_\theta^2}{r}+u_z\frac{\partial u_r}{\partial z}\\&=-\frac{1}{\rho}\frac{\partial p_d}{\partial r}+\nu\left\{\frac{\partial}{\partial r}\left[\frac{1}{r}\frac{\partial}{\partial r}(ru_r)\right]+\frac{1}{r^2}\frac{\partial^2 u_r}{\partial \theta^2}-\frac{2}{r^2}\frac{\partial u_\theta}{\partial \theta}+\frac{\partial^2 u_r}{\partial z^2}\right\}\end{aligned} \tag{3-41a}$$

θ 分量：

$$\begin{aligned}&\frac{\partial u_\theta}{\partial \theta'}+u_r\frac{\partial u_\theta}{\partial r}+\frac{u_\theta}{r}\frac{\partial u_\theta}{\partial \theta}+\frac{u_r u_\theta}{r}+u_z\frac{\partial u_\theta}{\partial z}\\&=-\frac{1}{\rho r}\frac{\partial p_d}{\partial \theta}+\nu\left\{\frac{\partial}{\partial r}\left[\frac{1}{r}\frac{\partial}{\partial r}(ru_\theta)\right]+\frac{1}{r^2}\frac{\partial^2 u_\theta}{\partial \theta^2}+\frac{2}{r^2}\frac{\partial u_r}{\partial \theta}+\frac{\partial^2 u_\theta}{\partial z^2}\right\}\end{aligned} \tag{3-41b}$$

z 分量：

$$\begin{aligned}&\frac{\partial u_z}{\partial \theta'}+u_r\frac{\partial u_z}{\partial r}+\frac{u_\theta}{r}\frac{\partial u_z}{\partial \theta}+u_z\frac{\partial u_z}{\partial z}\\&=-\frac{1}{\rho}\frac{\partial p_d}{\partial z}+\nu\left[\frac{1}{r}\frac{\partial}{\partial r}\left(r\frac{\partial u_z}{\partial r}\right)+\frac{1}{r^2}\frac{\partial^2 u_z}{\partial \theta^2}+\frac{\partial^2 u_z}{\partial z^2}\right]\end{aligned} \tag{3-41c}$$

先考察 z 方向的奈维-斯托克斯方程。对于一维稳态流动，式(3-41c)中的$\partial u_z/\partial\theta'=0$，$u_r=0$，$u_\theta=0$；由于流动关于管轴对称，$\partial u_z/\partial\theta=0$，进而$\partial^2 u_z/\partial\theta^2=0$。将以上诸条件以及式(3-40)代入式(3-41c)，化简可得

$$\frac{\partial p_d}{\partial z}=\mu\left[\frac{1}{r}\frac{\partial}{\partial r}\left(r\frac{\partial u_z}{\partial r}\right)\right] \tag{3-42a}$$

同理，依次对 θ、r 方向的奈维-斯托克斯方程化简，可得

$$\frac{\partial p_d}{\partial \theta}=0 \tag{3-42b}$$

$$\frac{\partial p_d}{\partial r}=0 \tag{3-42c}$$

由式(3-42a)～式(3-42c) 可以看出，该式左侧的 p_d 仅是 z 的函数，与 θ、r 无关；而右侧由于$\partial u_z/\partial\theta=0$、$\partial u_z/\partial z=0$，$u_z$ 仅是 r 的函数。因此，可将式(3-42a) 写成常微分方程，即

$$\frac{1}{r}\frac{\mathrm{d}}{\mathrm{d}r}\left(r\frac{\mathrm{d}u_z}{\mathrm{d}r}\right)=\frac{1}{\mu}\frac{\mathrm{d}p_d}{\mathrm{d}z} \tag{3-43}$$

上式为二阶线性常微分方程。由于左侧 u_z 仅为 z 的函数，右侧 p_d 仅为 r 的函数，而 r 和 z 是两个独立的自变量，该式两侧应等于同一常数才能成立。因此，式(3-43) 又可写成

$$\frac{1}{r}\frac{\mathrm{d}}{\mathrm{d}r}\left(r\frac{\mathrm{d}u_z}{\mathrm{d}r}\right)=\frac{1}{\mu}\frac{\mathrm{d}p_d}{\mathrm{d}z}=\text{常数} \tag{3-44}$$

式(3-44) 的边界条件为

(1) $r=0$：$\dfrac{\mathrm{d}u_z}{\mathrm{d}r}=0$ (3-45a)

（2）$r=r_i$：$u_z=0$ (3-45b)

对式(3-44)积分求解，并代入边界条件（1）和（2），可得速度分布为

$$u_z=-\frac{1}{4\mu}\frac{dp_d}{dz}(r_i^2-r^2) \tag{3-46}$$

在管中心处 $r=0$，流体流速最大

$$u_{max}=-\frac{1}{4\mu}\frac{dp_d}{dz}r_i^2 \tag{3-47}$$

将式(3-46)与式(3-47)联立，可得

$$u_z=u_{max}\left[1-\left(\frac{r}{r_i}\right)^2\right] \tag{3-48}$$

根据管内主体流速的定义，可得

$$u_b=\frac{1}{A}\iint_A u_z dA=\frac{1}{\pi r_i^2}\iint_A u_{max}\left[1-\left(\frac{r}{r_i}\right)^2\right]dA=\frac{u_{max}}{2} \tag{3-49}$$

因此式(3-48)又可写成

$$u_z=2u_b\left[1-\left(\frac{r}{r_i}\right)^2\right] \tag{3-50}$$

将式(3-49)代入式(3-47)，可得 z 方向上的压力梯度 dp_d/dz 的表达式如下：

$$\frac{\Delta p_f}{L}=-\frac{dp_d}{dz}=\frac{8\mu u_b}{r_i^2}=\frac{32\mu u_b}{d^2} \tag{3-51}$$

式(3-51)称为哈根-泊稷叶（Hagen-Poiseuille）方程，是计算圆管内层流流动压降的基本方程。

流体在圆管中做稳态层流流动时的范宁摩擦因数 f 可由速度分布式(3-50)导出。为此需要先求出壁面剪应力 τ_s，由式(3-50)可得

$$\tau_s=-\mu\left.\frac{du_z}{dr}\right|_{r=r_i}=\frac{4\mu u_b}{r_i} \tag{3-52}$$

将上式代入 f 的定义式(3-11)，可得

$$f=\frac{2\tau_s}{\rho u_b^2}=\frac{8\mu}{\rho r_i u_b}=\frac{16\mu}{d u_b \rho}=\frac{16}{Re} \tag{3-53}$$

化工设计计算中常用摩擦系数 λ，λ 与 f 的关系为

$$f=\frac{\lambda}{4} \tag{3-53a}$$

【例 3-5】 毛细管黏度计测量流体黏度的原理是使被测流体在一细长的圆管（毛细管）中做稳态层流流动，测定流体流过整个圆管的压力降，从而求出流体的黏度。已知甘油在 299.6K 下流过长度为 0.3048m、内径为 0.00254m 的水平毛细圆管，在体积流率 $1.878\times10^{-6}\,m^3/s$ 时测得压降为 2.76×10^5 Pa。已知 299.6K 时甘油的密度为 $1261kg/m^3$，试求甘油的黏度。

解 由式(3-51)得

$$\mu=\frac{r_i^2\Delta p_f}{8u_b L} \tag{a}$$

式中 $r_i=\frac{0.00254}{2}=0.00127$ (m)，$\Delta p_f=2.76\times10^5$ (Pa)，

$u_b=\frac{4V_s}{\pi d^2}=\frac{4\times1.878\times10^{-6}}{3.14\times0.00254^2}=0.371$ (m/s)，$L=0.3048$ (m)

将以上各值代入式(a)，得

$$\mu=\frac{0.00127^2\times2.76\times10^5}{8\times0.371\times0.3048}=0.492\ (\text{Pa}\cdot\text{s})$$

校核流动的雷诺数

$$Re=\frac{du_b\rho}{\mu}=\frac{0.00254\times0.371\times1261}{0.492}=2.42$$

此流动确为层流，因此计算是正确的。

二、套管环隙间的轴向稳态层流

流体在两根同心套管环隙空间沿轴向的流动在物料的加热或冷却时经常遇到，例如套管换热器。如图 3-6 所示，有两根同心套管，内管的外半径为 r_1，外管的内半径为 r_2，不可压缩流体在两管环隙间沿轴向稳态流过。设所考察的部位远离进、出口，求解套管环隙内的速度分布、主体流速以及压力降的表达式。

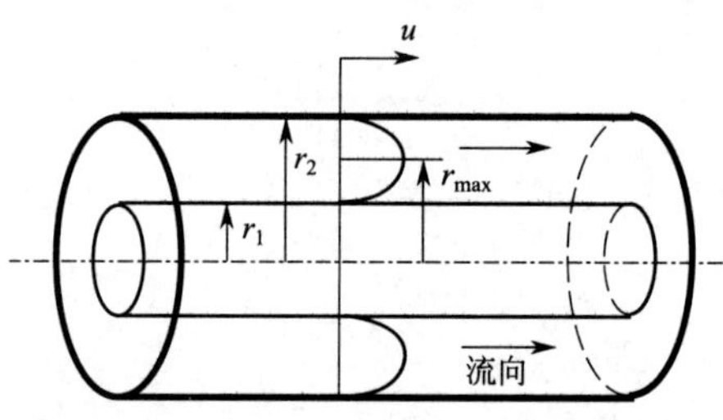

图 3-6 套管环隙中的稳态层流

此时，由柱坐标系的连续性方程和运动方程的分析可知，描述圆管层流流动的运动方程式(3-44)仍适用，即

$$\frac{1}{r}\frac{\mathrm{d}}{\mathrm{d}r}\left(r\frac{\mathrm{d}u_z}{\mathrm{d}r}\right)=\frac{1}{\mu}\frac{\mathrm{d}p_d}{\mathrm{d}z}=\text{常数} \tag{3-44}$$

但边界条件变为

(1) $r=r_1$: $u_z=0$

(2) $r=r_2$: $u_z=0$

(3) $r=r_{max}$: $u_z=u_{max}$, $\dfrac{\mathrm{d}u_z}{\mathrm{d}r}=0$

式中 r_{max} 为环隙截面上最大流速 u_{max} 处与管中心的距离。

对式(3-44) 进行第一次积分，并代入边界条件 (3)，可得

$$r\frac{\mathrm{d}u_z}{\mathrm{d}r}=\frac{1}{2\mu}\frac{\mathrm{d}p_d}{\mathrm{d}z}(r^2-r_{max}^2) \tag{3-54}$$

根据边界条件 (1)，对上式进行第二次积分，得速度分布为

$$u_z=\frac{1}{2\mu}\frac{\mathrm{d}p_d}{\mathrm{d}z}\left(\frac{r^2-r_1^2}{2}-r_{max}^2\ln\frac{r}{r_1}\right) \tag{3-55}$$

再根据边界条件 (2)，对式(3-54) 进行第二次积分，可得速度分布的另一表达式为

$$u_z=\frac{1}{2\mu}\frac{\mathrm{d}p_d}{\mathrm{d}z}\left(\frac{r^2-r_2^2}{2}-r_{max}^2\ln\frac{r}{r_2}\right) \tag{3-56}$$

将式(3-55) 与式(3-56) 联立，可得

$$r_{max}=\sqrt{\frac{r_2^2-r_1^2}{2\ln(r_2/r_1)}} \tag{3-57}$$

为求得套管环隙内流动的主体流速 u_b，可在套管环隙截面上任取一微元面积 $\mathrm{d}A=r\mathrm{d}r\mathrm{d}\theta$，在该微元面上的流速为 u_z，则

$$u_b=\frac{1}{A}\iint_A u_z\,\mathrm{d}A=\frac{2\pi}{\pi(r_2^2-r_1^2)}\int_{r_1}^{r_2}u_z r\,\mathrm{d}r$$

将式(3-55) 或式(3-56) 代入上式积分，整理得

$$u_b=-\frac{1}{8\mu}\frac{\mathrm{d}p_d}{\mathrm{d}z}(r_2^2+r_1^2-2r_{max}^2) \tag{3-58}$$

于是，z 方向上的压力降可表示为

$$\frac{\Delta p_f}{L}=-\frac{\mathrm{d}p_d}{\mathrm{d}z}=8\mu u_b\left(\frac{1}{r_2^2+r_1^2-2r_{max}^2}\right) \tag{3-59}$$

【例 3-6】 常压下，温度为 45℃的空气以 $10m^3/h$ 的体积流率流过水平套管环隙，套管的内管外径为 50mm，外管内径为 100mm，试求：(1) 空气最大流速处的径向距离；(2) 单位长度的压力降；(3) 空气在套管截面上的最大流速；(4) $r=r_1$ 及 $r=r_2$ 处的剪应力。

解 常压下 45℃空气的物性值 $\rho=1.11kg/m^3$，$\mu=1.94\times10^{-5}$ Pa·s。为确定流动形态，先计算流动的 Re 数。套管环隙为非圆形管道，其当量直径可按下式计算：

$$d_e=d_2-d_1=100-50=50\ \text{(mm)}$$

$$u_b=\frac{V_s}{A}=\frac{10/3600}{(\pi/4)\times(0.1^2-0.05^2)}=0.472\ \text{(m/s)}$$

$$Re=\frac{0.05\times0.472\times1.11}{1.94\times10^{-5}}=1350\ \text{(为层流流动)}$$

(1) 空气最大流速处的径向距离

$$r_{max}=\sqrt{\frac{r_2^2-r_1^2}{2\ln(r_2/r_1)}}=\sqrt{\frac{0.05^2-0.025^2}{2\times\ln(0.05/0.025)}}=0.0368\ \text{(m)}$$

(2) 单位长度的压力降

$$\frac{\Delta p_f}{L}=8\mu u_b\left(\frac{1}{r_2^2+r_1^2-2r_{max}^2}\right)$$

$$=8\times(1.94\times10^{-5})\times0.472\times\frac{1}{0.05^2+0.025^2-2\times0.0368^2}=0.176\ \text{(Pa/m)}$$

(3) 空气在套管截面上的最大流速

由式(3-56) 得

$$u_{max}=\frac{1}{2\mu}\frac{\mathrm{d}p}{\mathrm{d}z}\left(\frac{r_{max}^2-r_2^2}{2}-r_{max}^2\ln\frac{r_{max}}{r_2}\right)$$

$$=\frac{-0.176}{2\times(1.94\times10^{-5})}\times\left(\frac{0.0368^2-0.05^2}{2}-0.0368^2\ln\frac{0.0368}{0.05}\right)=0.716\ \text{(m/s)}$$

(4) $r=r_1$ 及 $r=r_2$ 处的剪应力

由牛顿黏性定律 $\tau=-\mu\frac{\mathrm{d}u_z}{\mathrm{d}r}$，在内管壁处速度梯度与 r 方向相同，故

$$\tau_{s1}=\mu\left.\frac{\mathrm{d}u_z}{\mathrm{d}r}\right|_{r=r_1} \tag{a}$$

而在外管壁处速度梯度与 r 方向相反，故

$$\tau_{s2}=-\mu\left.\frac{\mathrm{d}u_z}{\mathrm{d}r}\right|_{r=r_2} \tag{b}$$

将套管环隙的速度分布式代入式(a) 和式(b)，可得

$$\tau_{s1}=\frac{1}{2}\frac{\mathrm{d}p}{\mathrm{d}z}\left(\frac{r_1^2-r_{max}^2}{r_1}\right)=\frac{1}{2}\times(-0.176)\times\frac{0.025^2-0.0368^2}{0.025}=2.567\times10^{-3}\ \text{(Pa)}$$

$$\tau_{s2}=-\frac{1}{2}\frac{\mathrm{d}p}{\mathrm{d}z}\left(\frac{r_2^2-r_{max}^2}{r_2}\right)=-\frac{1}{2}\times(-0.176)\times\frac{0.05^2-0.0368^2}{0.05}=2.017\times10^{-3}\ \text{(Pa)}$$

三、同心套管环隙间的周向稳态层流

流体在两个转动的长同心圆筒环隙间的周向稳态流动（θ 方向）也是一种常见的流体流动形式。旋转黏度计就是依此原理制成的。

(一) 速度分布

图 3-7 所示为两个垂直的同轴圆筒，内筒的直径为 a，外筒的直径为 b，在两筒的环隙间充满不可压缩流体。当内筒以角速度 ω_1、外筒以角速度 ω_2 旋转时，将带动流体沿圆周方向绕轴线做层流流动，当转速稳定后，流动为稳态。若圆筒足够长，端效应可以忽略。

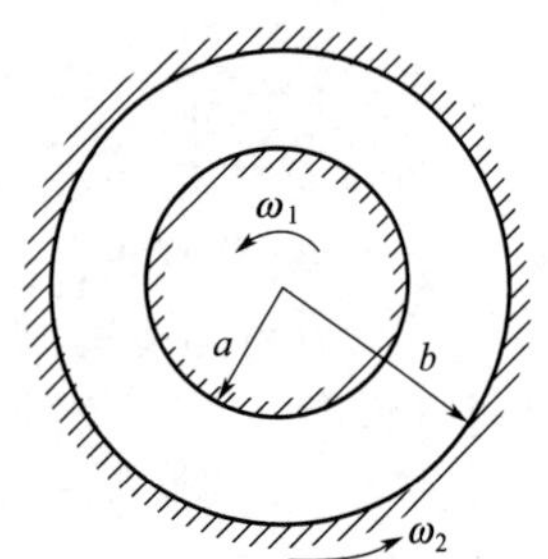

图 3-7 两同心套管环隙间流体的周向流动

对此流动问题，采用柱坐标系的连续性方程与运动方程求解较为方便。柱坐标系不可压缩流体的连续性方程为

$$\frac{1}{r}\frac{\partial}{\partial r}(ru_r)+\frac{1}{r}\frac{\partial u_\theta}{\partial\theta}+\frac{\partial u_z}{\partial z}=0 \tag{3-39}$$

对于只沿 θ 方向的一维流动，$u_r=0$，$u_z=0$。因此式(3-39) 可化简为

$$\frac{\partial u_\theta}{\partial\theta}=0 \tag{3-60}$$

再考察柱坐标系的运动方程式(3-41)。对于稳态流动，$\frac{\partial u_\theta}{\partial\theta'}=0$；由于流动关于旋转轴对称，$u_\theta$ 与 p 均不随 θ 而变，即 $\frac{\partial u_\theta}{\partial\theta}=0$，$\frac{\partial p}{\partial\theta}=0$；其次，由于圆筒足够长，筒的端效应可忽略，也即 u_θ 不随 z 而变，故 $\frac{\partial u_\theta}{\partial z}=0$；又由于 r、θ 坐标为水平方向，故 $X_r=0$，$X_\theta=0$，$X_z=g$。将以上条件分别代入柱坐标系的运动方程式(3-41)，简化后得以下结果。

r 方向：
$$\frac{u_\theta^2}{r}=\frac{1}{\rho}\frac{\partial p}{\partial r} \tag{3-61a}$$

z 方向：
$$g-\frac{1}{\rho}\frac{\partial p}{\partial z}=0 \tag{3-61b}$$

θ 方向：
$$\frac{\partial}{\partial r}\left[\frac{1}{r}\frac{\partial}{\partial r}(ru_\theta)\right]=0 \tag{3-61c}$$

式(3-61a) 表明，流体在旋转过程中，其离心力 $\frac{u_\theta^2}{r}$ 与径向压力梯度 $\frac{1}{\rho}\frac{\partial p}{\partial r}$ 相平衡；式(3-61b)表明，流体所受重力 g 与轴向压力梯度 $\frac{1}{\rho}\frac{\partial p}{\partial z}$ 相平衡。正是由于这些力的相互平衡，才得以维持流体做稳态旋转运动。

由于 $\frac{\partial u_\theta}{\partial\theta}=0$ 及 $\frac{\partial u_\theta}{\partial z}=0$，式(3-61c) 可以写成常微分的形式，即

$$\frac{\mathrm{d}}{\mathrm{d}r}\left[\frac{1}{r}\frac{\mathrm{d}}{\mathrm{d}r}(ru_\theta)\right]=0 \tag{3-62}$$

边界条件为

(1) $r=a$：$u_\theta=a\omega_1$ (3-63a)

(2) $r=b$：$u_\theta=b\omega_2$ (3-63b)

式(3-62) 的通解为

$$u_\theta=\frac{c_1}{2}r+\frac{c_2}{r}$$

式中 c_1、c_2 为积分常数。上式代入边界条件 (1) 和 (2)，可得

$$c_1=\frac{2(\omega_2b^2-\omega_1a^2)}{b^2-a^2} \tag{3-64}$$

$$c_2=\frac{(\omega_1-\omega_2)a^2b^2}{b^2-a^2} \tag{3-65}$$

因此速度分布方程为

$$u_\theta=\frac{\omega_2 b^2-\omega_1 a^2}{b^2-a^2}r+\frac{(\omega_1-\omega_2)a^2b^2}{b^2-a^2}\frac{1}{r} \tag{3-66}$$

（二）旋转黏度计原理

在柱坐标中，θ 方向上的剪应力与形变速率的关系为

$$\tau_{r\theta}=-\mu\left[r\frac{\partial}{\partial r}\left(\frac{u_\theta}{r}\right)+\frac{1}{r}\frac{\partial u_r}{\partial\theta}\right] \tag{3-67}$$

由于 $u_r=0$，上式变为

$$\tau_{r\theta}=-\mu r\frac{\partial}{\partial r}\left(\frac{u_\theta}{r}\right) \tag{3-68}$$

又由于 u_θ 与 θ、z 无关，上式又可写成

$$\tau_{r\theta}=-\mu r\frac{\mathrm{d}}{\mathrm{d}r}\left(\frac{u_\theta}{r}\right) \tag{3-69}$$

将速度分布方程式(3-66) 代入上式，求导得

$$\tau_{r\theta}=-2\mu\frac{\omega_1-\omega_2}{b^2-a^2}\frac{a^2b^2}{r^2} \tag{3-70}$$

通常，在旋转黏度计中，内筒固定不动，即 $\omega_1=0$，外筒以角速度 ω_2 转动。因此，作用于外圆筒内壁上的剪应力为

$$\tau_{r\theta}\big|_{r=b}=2\mu\frac{\omega_2 a^2}{b^2-a^2} \tag{3-71}$$

设旋转黏度计圆筒长为 L，则作用于外筒内壁上的摩擦力为

$$F_\mathrm{s}=\tau_{r\theta}\big|_{r=b}\cdot 2\pi bL=\frac{4\mu\omega_2\pi ba^2L}{b^2-a^2} \tag{3-72}$$

由式(3-72) 可得外筒绕轴旋转的力矩为

$$M_\mathrm{or}=F_\mathrm{s}b=\frac{4\mu\omega_2\pi b^2a^2L}{b^2-a^2} \tag{3-73}$$

式(3-73) 给出了旋转黏度计中转矩与转速及动力黏度之间的关系。将式(3-73) 写成如下形式：

$$\mu=\frac{M_\mathrm{or}(b^2-a^2)}{4\omega_2\pi b^2a^2L} \tag{3-74}$$

当测定某液体的黏度时，规定外圆筒转速 ω_2，测定相应的转动力矩 M_or，由式(3-74) 可计算待测液体的黏度。

【例 3-7】 旋转黏度计的内筒及外筒半径分别为 50mm 和 50.5mm，外筒以恒定转速 $n=$ 360 转/min 转动，液体在两筒的间隙的深度为 50mm 时测得其扭矩为 0.45N·m。试确定该液体的动力黏度。

解　外筒转动的角速度为

$$\omega_2=\frac{2\pi n}{60}=\frac{3.14\times360}{30}=37.68\ (\mathrm{s}^{-1})$$

由式(3-74) 可得

$$\mu=\frac{M_\mathrm{or}(b^2-a^2)}{4\omega_2\pi b^2a^2L}=\frac{0.45\times(0.0505^2-0.05^2)}{4\times37.68\times3.14\times0.0505^2\times0.05^2\times0.05}=0.15\ (\mathrm{Pa\cdot s})$$

第四节　爬　　流

前两节所讨论的运动方程的解析解法仅适用于为数不多的简单流动问题，远不能满足工程

实际的需要。本节及下一节讨论运动方程的另外一种解析方法——近似求解法。

根据第二章对运动方程的分析可知，方程的每一项都代表着作用在流体质点上的力，其中对流动起决定作用的是惯性力和黏性力，而压力是在二者之间起平衡作用的一种力。因此，如果一个流动问题的黏性力远大于惯性力即黏性力起主导作用时，则从物理上说，可以将运动方程中的惯性力项全部或部分地略去，得到简化的线性方程。本节对爬流的处理即属于此种情况。

反之，如果一个流动问题的惯性力远大于黏性力时，似乎可以全部略去黏性力，得到无黏性的理想流体的运动方程，下一节将要讨论的势流即属于此种情况。但需要特别指出，这样的处理仅适用于远离物面的流动区域，这是因为在物面附近的区域仍存在着较大的黏性力，必须单独处理。关于这方面的内容将在第四章边界层理论中详细讨论。

对于惯性力和黏性力量级相当的流动情况，二者必须同时保留，采用数值计算方法求解奈维-斯托克斯方程。

本节先讨论惯性力可忽略的流动情况——爬流。

一、爬流的概念与爬流运动方程

爬流，又称蠕动流（creeping flow），指非常低速的流动。微细粒子在流体中的自由沉降、气溶胶粒子的运动以及某些润滑问题均属于典型的爬流问题。

下面通过对不可压缩流体的运动方程做适当处理建立爬流时的运动方程。以 x 方向的运动方程式(2-45a) 为例讨论：

$$\rho\left(u_x\frac{\partial u_x}{\partial x}+u_y\frac{\partial u_x}{\partial y}+u_z\frac{\partial u_x}{\partial z}+\frac{\partial u_x}{\partial \theta}\right)=\rho X-\frac{\partial p}{\partial x}+\mu\left(\frac{\partial^2 u_x}{\partial x^2}+\frac{\partial^2 u_x}{\partial y^2}+\frac{\partial^2 u_x}{\partial z^2}\right) \tag{2-45a}$$

上式左侧 4 项 $\left(\rho u_x\frac{\partial u_x}{\partial x},\ \rho u_y\frac{\partial u_x}{\partial y},\ \rho u_z\frac{\partial u_x}{\partial z},\ \rho\frac{\partial u_x}{\partial \theta}\right)$ 为惯性力，以 u 代表流体的特征速度、l 代表特征尺寸，则各惯性力的量纲均为 $\frac{\rho u^2}{l}$；右侧黏性力项 $\left(\mu\frac{\partial^2 u_x}{\partial x^2},\ \mu\frac{\partial^2 u_x}{\partial y^2},\ \mu\frac{\partial^2 u_x}{\partial z^2}\right)$ 的量纲均为 $\mu\frac{u}{l^2}$。因此惯性力与黏性力之比为 $\frac{\rho u^2\cdot l^{-1}}{\mu u\cdot l^{-2}}=\frac{\rho u l}{\mu}=Re$。由此可知，对于流体黏性较大、特征尺寸较小或流速非常低的情况，Re 数很小，即黏性力起主导作用。因此，严格说来，爬流是 Re 数非常低的流动。

由本节开始的讨论可知，当 Re 很低时，作为零级近似，可将运动方程中的各惯性力项全部略去。重力亦可视为一种惯性力，因此亦可略去。于是式(2-45a)～式(2-45c) 可简化为

$$\frac{\partial p}{\partial x}=\mu\left(\frac{\partial^2 u_x}{\partial x^2}+\frac{\partial^2 u_x}{\partial y^2}+\frac{\partial^2 u_x}{\partial z^2}\right) \tag{3-75a}$$

$$\frac{\partial p}{\partial y}=\mu\left(\frac{\partial^2 u_y}{\partial x^2}+\frac{\partial^2 u_y}{\partial y^2}+\frac{\partial^2 u_y}{\partial z^2}\right) \tag{3-75b}$$

$$\frac{\partial p}{\partial z}=\mu\left(\frac{\partial^2 u_z}{\partial x^2}+\frac{\partial^2 u_z}{\partial y^2}+\frac{\partial^2 u_z}{\partial z^2}\right) \tag{3-75c}$$

或写成

$$\nabla p=\mu\nabla^2\boldsymbol{u} \tag{3-76}$$

连续性方程仍为

$$\nabla\cdot\boldsymbol{u}=0 \tag{2-21}$$

式(3-76) 与式(2-21) 构成了不可压缩流体做爬流流动时的线性偏微分方程组。共有 4 个方程，可解出 4 个未知量 u_x、u_y、u_z 和 p。

二、粒子在流体中的沉降与斯托克斯定律

斯托克斯（Stokes）定律描述粒子以极低雷诺数（$Re<1$）在流体中沉降时的运动规律。

如图 3-8 所示，一个半径为 r_0 的球形粒子在静止的无界黏性不可压缩流体中以速度 u_0 做匀速直线运动。由于流动的雷诺数（Re）很低，可由爬流的运动方程出发，求出流体受粒子干扰后的速度分布、压力分布以及球形粒子所受的曳力。

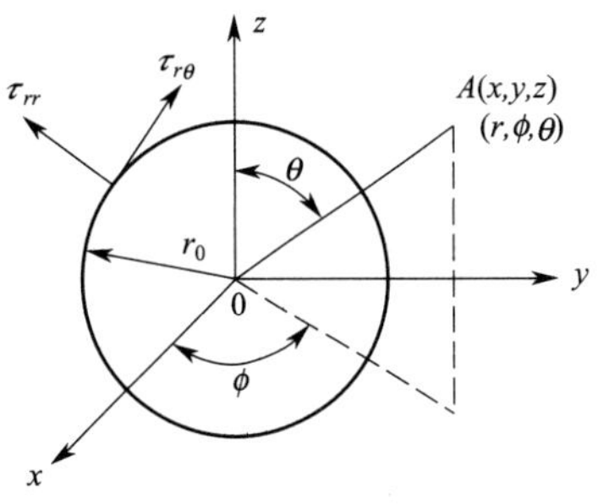

图 3-8　流体绕过球体的爬流流动

根据伽利略相对性原理，上述问题等价于无穷远处速度为 u_0 的黏性不可压缩流体绕过球形粒子的稳态流动。

求解上述流动问题时，采用球坐标系的连续性方程与运动方程更为方便。首先，由于流动是稳态的，式(2-23) 和式(2-48) 中所有与时间有关的各项均为零，即$\frac{\partial}{\partial\theta'}=0$；又由于流动关于 z 轴对称，可知$\frac{\partial}{\partial\phi}=0$ 以及 $u_\phi=0$。于是，连续性方程式(2-23) 与运动方程式(2-48) 可简化为

$$\frac{\partial u_r}{\partial r}+\frac{1}{r}\frac{\partial u_\theta}{\partial\theta}+\frac{2u_r}{r}+\frac{u_\theta\cot\theta}{r}=0 \tag{3-77a}$$

$$\frac{\partial p}{\partial r}=\mu\left(\frac{\partial^2 u_r}{\partial r^2}+\frac{1}{r^2}\frac{\partial^2 u_r}{\partial\theta^2}+\frac{2}{r}\frac{\partial u_r}{\partial r}+\frac{\cot\theta}{r^2}\frac{\partial u_r}{\partial\theta}-\frac{2}{r^2}\frac{\partial u_\theta}{\partial\theta}-\frac{2u_r}{r^2}-\frac{2\cot\theta}{r^2}u_\theta\right) \tag{3-77b}$$

$$\frac{1}{r}\frac{\partial p}{\partial\theta}=\mu\left(\frac{\partial^2 u_\theta}{\partial r^2}+\frac{1}{r^2}\frac{\partial^2 u_\theta}{\partial\theta^2}+\frac{2}{r}\frac{\partial u_\theta}{\partial r}+\frac{\cot\theta}{r^2}\frac{\partial u_\theta}{\partial\theta}+\frac{2}{r^2}\frac{\partial u_r}{\partial\theta}-\frac{u_\theta}{r^2\sin^2\theta}\right) \tag{3-77c}$$

边界条件为

（1）$r=r_0$（球面上）：$u_r=0$，$u_\theta=0$　(3-78a)

（2）$r=\infty$：$u_r=u_0\cos\theta$，$u_\theta=-u_0\sin\theta$，$p=p_0$　(3-78b)

式(3-77a)～式(3-77c) 是由 3 个偏微分方程构成的线性偏微分方程组，用来确定 3 个未知量 $u_r(r,\theta)$、$u_\theta(r,\theta)$ 和 $p(r,\theta)$。上述方程可采用分离变量法求解，具体步骤读者可参阅有关著作。下面仅给出求解结果：

$$u_r=u_0\left[1-\frac{3}{2}\left(\frac{r_0}{r}\right)+\frac{1}{2}\left(\frac{r_0}{r}\right)^3\right]\cos\theta \tag{3-79a}$$

$$u_\theta=-u_0\left[1-\frac{3}{4}\left(\frac{r_0}{r}\right)-\frac{1}{4}\left(\frac{r_0}{r}\right)^3\right]\sin\theta \tag{3-79b}$$

$$p=p_0-\frac{3}{2}u_0\frac{\mu}{r_0}\left(\frac{r_0}{r}\right)^2\cos\theta \tag{3-79c}$$

从式(3-79a)～式(3-79c) 出发，可计算球粒子所受的曳力，即流体受到的阻力。该曳力由两部分组成：其一是法向应力（从下面的推导可知实际上是压力的作用）在球体表面上引起的压差曳力；另一个是球体表面上剪应力引起的摩擦曳力。二者均可由相应的应力在整个球面上进行积分得到。

在球坐标下，与式(2-42) 及式(2-43) 相对应的牛顿型流体的本构方程为

$$\tau_{rr}=-p+2\mu\frac{\partial u_r}{\partial r} \tag{3-80a}$$

$$\tau_{r\theta}=\mu\left(\frac{1}{r}\frac{\partial u_r}{\partial\theta}+\frac{\partial u_\theta}{\partial r}-\frac{u_\theta}{r}\right) \tag{3-80b}$$

$$\tau_{r\phi}=\mu\left(\frac{1}{r\sin\theta}\frac{\partial u_r}{\partial\phi}+\frac{\partial u_\phi}{\partial r}-\frac{u_\phi}{r}\right) \tag{3-80c}$$

对于本流动问题，$u_\phi=0$，$\frac{\partial}{\partial\phi}=0$，故由式(3-80c) 知 $\tau_{r\phi}=0$。

下面先求出球体表面上的$\tau_{rr}\big|_{r=r_0}$及$\tau_{r\theta}\big|_{r=r_0}$值。首先，由于流体具有黏性，在球面上 $u_r=$

0，$u_\theta=0$，于是在球面上有

$$\left.\frac{\partial u_r}{\partial\theta}\right|_{r=r_0}=0,\quad \left.\frac{\partial u_\theta}{\partial\theta}\right|_{r=r_0}=0$$

其次，由连续性方程式(3-77a) 可以推出，在球面上$\left.\frac{\partial u_r}{\partial r}\right|_{r=r_0}=0$。将以上各式代入式(3-80a)、式(3-80b)，经化简得

$$\tau_{rr}|_{r=r_0}=-p|_{r=r_0} \tag{3-81a}$$

$$\tau_{r\theta}|_{r=r_0}=\left(\mu\frac{\partial u_\theta}{\partial r}-\frac{u_\theta}{r}\right)_{r=r_0} \tag{3-81b}$$

将速度分布方程式(3-79) 代入上式，求导，并令 $r=r_0$，可得

$$\tau_{rr}|_{r=r_0}=\frac{3}{2}\mu\frac{u_0}{r_0}-p_0\cos\theta \tag{3-82a}$$

$$\tau_{r\theta}|_{r=r_0}=-\frac{3}{2}\mu\frac{u_0}{r_0}\sin\theta \tag{3-82b}$$

由于整个流动关于 z 轴对称，与 z 轴垂直的方向的合力为零；又因粒子与流体在 z 方向上做相对运动，作用在球体上的力全部沿 z 轴方向。将球面上的应力$\tau_{rr}|_{r=r_0}$及$\tau_{r\theta}|_{r=r_0}$沿 z 方向在整个球表面上积分即为球体所受的曳力：

$$\begin{aligned}F_\mathrm{d}&=\iint_A(\tau_{rr}|_{r=r_0}\cos\theta-\tau_{r\theta}|_{r=r_0}\sin\theta)\mathrm{d}A\\&=2\pi r_0^2\int_0^\pi(\tau_{rr}|_{r=r_0}\cos\theta-\tau_{r\theta}|_{r=r_0}\sin\theta)\sin\theta\mathrm{d}\theta\\&=2\pi\mu r_0u_0+4\pi\mu r_0u_0=6\pi\mu r_0u_0\\&=F_\mathrm{df}+F_\mathrm{ds}\end{aligned} \tag{3-83}$$

式(3-83) 称为斯托克斯方程，它表明流体对球体所施加的曳力与 u_0、球体半径 r_0 及流体黏度 μ 均成正比。由式(3-83) 可知，在总曳力中，2/3 为摩擦曳力，1/3 为形体曳力。

由绕流流动的曳力系数的定义可得爬流流动时的曳力系数为

$$C_\mathrm{D}=\frac{2F_\mathrm{d}}{\rho u_0^2A}=\frac{2\times6\pi\mu r_0u_0}{\rho u_0^2\pi r_0^2}=\frac{24}{Re} \tag{3-84}$$

式中 $Re=\frac{d\rho u_0}{\mu}$是以球粒子直径 d 表示的雷诺数。实验证明，当 $Re<1$ 时，式(3-84) 的结果与实验值吻合得很好。

斯托克斯方程是将运动方程做零级近似即全部忽略惯性力后求得的结果。为了减小求解的误差，奥森（Oseen）将运动方程做一级近似即保留部分惯性项后求解，其结果为

$$C_\mathrm{D}=\frac{24}{Re}\left(1+\frac{3}{16}Re\right) \tag{3-85}$$

奥森公式的应用范围略宽，在 $Re<5$ 的范围内都较准确。随着 Re 数的变大，爬流的条件不再成立。此时，试图从理论上求解是相当困难的。图 3-9 给出了球粒子在流体中沉降时曳力系数随 Re 变化的实验结果曲线，图中还给出了长圆柱体和圆盘状物体的曳力系数随 Re 变化的曲线。

【例 3-8】 直径为 80μm、密度为 3000kg/m^3 的固体球粒子在 25℃的水中自由沉降，试求其沉降速度。水的黏度为 0.8973mPa·s。

解 固体粒子在黏性流体中降落的过程中，开始时将处于加速状态，当达到稳定后，粒子的运动速度将趋于定值。此定值称为沉降速度。

达到稳态时，作用于粒子上的合外力即重力、浮力与阻力的代数和等于零，为

$$\frac{4}{3}\pi r_0^3\rho_s g=\frac{4}{3}\pi r_0^3\rho g+6\pi\mu u_0 r_0 \tag{a}$$

式中 r_0 为球粒子半径，ρ_s 为球粒子密度，ρ 为流体密度。

由式(a) 可以解出

$$u_0=\frac{2r_0^2(\rho_s-\rho)g}{9\mu}=\frac{2\times(40\times10^{-6})^2\times(3000-996.9)\times9.81}{9\times(0.8973\times10^{-3})}=7.786\times10^{-3}\ (\text{m/s})$$

校核流动形态：

$$Re=\frac{du_0\rho}{\mu}=\frac{(80\times10^{-6})\times(7.786\times10^{-3})\times996.9}{0.8973\times10^{-3}}=0.692\ (<1)$$

因此上述计算是正确的。

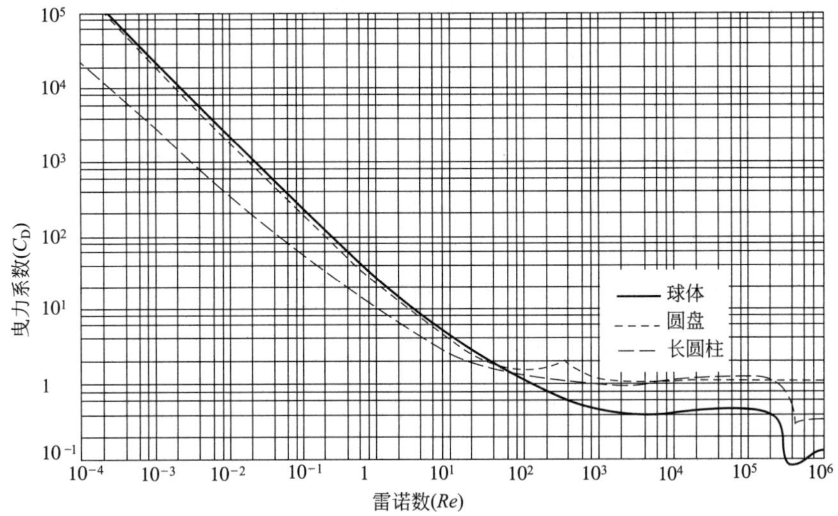

图 3-9　流体流过球粒子时 C_D-Re 关系曲线

第五节　势　　流

与爬流的情形相反，对于大 Re 数的流动问题，黏性力的作用远小于惯性力。此时除了贴近物体壁面的区域不能忽略黏性力的影响外，流动的大部分区域可按理想流体处理。研究理想流体流动的学科称为理论流体动力学，在航空航天、水利工程等领域应用广泛。例如，在研究流体绕过沉浸物体流动的问题时，理想流体的理论可以用来解决压力分布等问题。

一、理想流体的运动方程

理想流体的黏度 $\mu=0$，可将直角坐标系的运动方程式(2-44a)～式(2-44c) 简化而得，即

$$u_x\frac{\partial u_x}{\partial x}+u_y\frac{\partial u_x}{\partial y}+u_z\frac{\partial u_x}{\partial z}+\frac{\partial u_x}{\partial\theta}=X-\frac{1}{\rho}\frac{\partial p}{\partial x} \tag{3-86a}$$

$$u_x\frac{\partial u_y}{\partial x}+u_y\frac{\partial u_y}{\partial y}+u_z\frac{\partial u_y}{\partial z}+\frac{\partial u_y}{\partial\theta}=Y-\frac{1}{\rho}\frac{\partial p}{\partial y} \tag{3-86b}$$

$$u_x\frac{\partial u_z}{\partial x}+u_y\frac{\partial u_z}{\partial y}+u_z\frac{\partial u_z}{\partial z}+\frac{\partial u_z}{\partial\theta}=Z-\frac{1}{\rho}\frac{\partial p}{\partial z} \tag{3-86c}$$

上述方程称为欧拉（Euler）方程，写成向量形式为

$$\frac{D\boldsymbol{u}}{D\theta}=\boldsymbol{f}_{\mathrm{B}}-\frac{1}{\rho}\nabla p \tag{3-86d}$$

连续性方程仍为

$$\frac{\partial u_x}{\partial x}+\frac{\partial u_y}{\partial y}+\frac{\partial u_z}{\partial z}=0 \tag{2-20}$$

式(3-86) 与式(2-20) 构成了理想流体运动的偏微分方程组，共有 4 个方程，可解出 4 个未知量 u_x、u_y、u_z 和 p。但由于欧拉方程是非线性的，求解时需要引入速度势函数的概念以及较多的场论方面的知识。因此本节仅扼要介绍欧拉方程求解的基本思路。

二、流体的旋度与速度势函数

(一) 流体的旋度

流体运动时，流体质点除了沿着一定的路径做平动之外，还可能产生形变和旋转运动。描述流体质点旋转性质的物理量称为流体的旋度，其定义为

$$\mathrm{rot}\boldsymbol{u}=\nabla\times\boldsymbol{u}=\left(\frac{\partial u_z}{\partial y}-\frac{\partial u_y}{\partial z}\right)\boldsymbol{i}+\left(\frac{\partial u_x}{\partial z}-\frac{\partial u_z}{\partial x}\right)\boldsymbol{j}+\left(\frac{\partial u_y}{\partial x}-\frac{\partial u_x}{\partial y}\right)\boldsymbol{k} \tag{3-87}$$

旋度为一向量。若流体 $\mathrm{rot}\boldsymbol{u}=0$，则该流动称为无旋流动；反之为有旋流动。研究表明，对于在重力场作用下的理想不可压缩流体而言，如果初始流动是有旋的，则将一直保持有旋状态；如果初始流动是无旋的，则将一直保持无旋状态。

(二) 速度势函数

为简单起见，先以流体沿 x、y 方向的二维流动为例讨论。在此情况下，$u_z=0$，$\frac{\partial}{\partial z}=0$。当流动无旋时，式(3-87) 变为

$$\mathrm{rot}\boldsymbol{u}=\left(\frac{\partial u_y}{\partial x}-\frac{\partial u_x}{\partial y}\right)\boldsymbol{k}=0 \tag{3-88}$$

即

$$\frac{\partial u_y}{\partial x}-\frac{\partial u_x}{\partial y}=0 \tag{3-89}$$

上式表明，u_x 与 u_y 以某种方式相关联。令

$$u_x=\frac{\partial\varphi(x,y)}{\partial x} \tag{3-90a}$$

则由式(3-89) 和式(3-90a) 可得

$$\frac{\partial u_x}{\partial y}=\frac{\partial^2\varphi}{\partial x\partial y}=\frac{\partial u_y}{\partial x}$$

或

$$\frac{\partial}{\partial x}\left(\frac{\partial\varphi}{\partial y}-u_y\right)=0$$

上式积分，得

$$u_y-\frac{\partial\varphi}{\partial y}=\text{常数}$$

令积分常数等于零，则

$$u_y=\frac{\partial\varphi(x,y)}{\partial y} \tag{3-90b}$$

式(3-90a)、式(3-90b) 中的 $\varphi(x, y)$ 称为速度势函数。引入 φ 的主要目的在于将速度变量 u_x、u_y 用一个变量 φ 代替，从而使方程的求解得以简化。

由上述 φ 的定义可知，速度势函数存在的唯一条件是流动必须是无旋的。因此，在三维无旋流动中，也存在相应的速度势函数 $\varphi(x,y,z)$，即

$$u_x=\frac{\partial\varphi}{\partial x}\quad(3\text{-}90\text{a}),\qquad u_y=\frac{\partial\varphi}{\partial y}\quad(3\text{-}90\text{b}),\qquad u_z=\frac{\partial\varphi}{\partial z}\quad(3\text{-}90\text{c})$$

速度势函数 φ 与速度向量 $\boldsymbol{u}$ 的关系为

$$\boldsymbol{u}=u_x\boldsymbol{i}+u_y\boldsymbol{j}+u_z\boldsymbol{k}=\frac{\partial\varphi}{\partial x}\boldsymbol{i}+\frac{\partial\varphi}{\partial y}\boldsymbol{j}+\frac{\partial\varphi}{\partial z}\boldsymbol{k}=\nabla\boldsymbol{\phi} \tag{3-91}$$

即速度势函数的梯度为流体的速度向量。

三、势流的求解

所谓势流，是指理想流体的无旋流动。下面讨论势流的求解问题。将速度势函数的定义式［式(3-90a)～式(3-90c)］代入不可压缩流体的连续性方程式(2-20) 中，可得

$$\frac{\partial^2\varphi}{\partial x^2}+\frac{\partial^2\varphi}{\partial y^2}+\frac{\partial^2\varphi}{\partial z^2}=0 \tag{3-92}$$

这是一个二阶线性偏微分方程，通常称为拉普拉斯（Laplace）方程。线性方程的一个突出特点是解的可叠加性，即如果 φ_1、φ_2、…、φ_n 是方程式(3-92) 的解，则其解的任一线性组合

$$\varphi=C_1\varphi_1+C_2\varphi_2+\cdots+C_n\varphi_n \tag{3-93}$$

为方程式(3-92) 的通解。

当求出 φ 后，再按式(3-90) 求出速度分布 u_x、u_y 和 u_z。流体的压力分布可通过理想不可压缩流体的欧拉方程式(3-86) 求出。

下面考察理想不可压缩流体的欧拉方程式(3-86) 的求解问题。为方便起见，设流动为稳态，将式(3-86a) 的左侧写成下述形式：

$$\begin{aligned}&u_x\frac{\partial u_x}{\partial_x}+u_y\frac{\partial u_x}{\partial y}+u_z\frac{\partial u_x}{\partial z}\\&=u_x\frac{\partial u_x}{\partial x}+u_y\frac{\partial u_y}{\partial x}-u_y\frac{\partial u_y}{\partial x}+u_y\frac{\partial u_x}{\partial y}+u_z\frac{\partial u_z}{\partial x}-u_z\frac{\partial u_z}{\partial x}+u_z\frac{\partial u_x}{\partial z}\\&=\frac{\partial(u_x^2/2)}{\partial x}+\frac{\partial(u_y^2/2)}{\partial x}+\frac{\partial(u_z^2/2)}{\partial x}+u_y\left(\frac{\partial u_x}{\partial y}-\frac{\partial u_y}{\partial x}\right)+u_z\left(\frac{\partial u_x}{\partial z}-\frac{\partial u_z}{\partial x}\right)\end{aligned}$$

或

$$\frac{\partial}{\partial x}\left(\frac{u_x^2+u_y^2+u_z^2}{2}\right)+u_y\left(\frac{\partial u_x}{\partial y}-\frac{\partial u_y}{\partial x}\right)+u_z\left(\frac{\partial u_x}{\partial z}-\frac{\partial u_z}{\partial x}\right)$$

令上式第一项中 $u_x^2+u_y^2+u_z^2=u^2$，式中 u 为速度向量的数值。于是式(3-86a) 可以写成

$$\frac{\partial(u^2/2)}{\partial x}+u_y\left(\frac{\partial u_x}{\partial y}-\frac{\partial u_y}{\partial x}\right)+u_z\left(\frac{\partial u_x}{\partial z}-\frac{\partial u_z}{\partial x}\right)=X-\frac{1}{\rho}\frac{\partial p}{\partial x} \tag{3-94a}$$

同理，y、z 方向的欧拉方程亦可写成

$$\frac{\partial(u^2/2)}{\partial y}+u_x\left(\frac{\partial u_y}{\partial x}-\frac{\partial u_x}{\partial y}\right)+u_z\left(\frac{\partial u_y}{\partial z}-\frac{\partial u_z}{\partial y}\right)=Y-\frac{1}{\rho}\frac{\partial p}{\partial y} \tag{3-94b}$$

$$\frac{\partial(u^2/2)}{\partial z}+u_x\left(\frac{\partial u_z}{\partial z}-\frac{\partial u_z}{\partial x}\right)+u_y\left(\frac{\partial u_z}{\partial y}-\frac{\partial u_y}{\partial z}\right)=Z-\frac{1}{\rho}\frac{\partial p}{\partial z} \tag{3-94c}$$

将式(3-94a)～式(3-94c) 与式(3-87) 对比可知，当流动无旋时，3 式左侧括号中的各项均等于零。因此有

$$\frac{\partial(u^2/2)}{\partial x}=X-\frac{1}{\rho}\frac{\partial p}{\partial x} \tag{3-95a}$$

$$\frac{\partial(u^2/2)}{\partial y}=Y-\frac{1}{\rho}\frac{\partial p}{\partial y} \tag{3-95b}$$

$$\frac{\partial(u^2/2)}{\partial z}=Z-\frac{1}{\rho}\frac{\partial p}{\partial z} \tag{3-95c}$$

写成向量形式为

$$\nabla\left(\frac{u^2}{2}\right)=\boldsymbol{f}_{\mathrm{B}}-\frac{1}{\rho}\nabla p \tag{3-95d}$$

如果仅考虑重力场作用下的流动，则 $\boldsymbol{f}_{\mathrm{B}}=\boldsymbol{g}$。取 x、y 的坐标为水平方向，z 的坐标为垂

直向上，则

$$\boldsymbol{f}_{\mathrm{B}}=\boldsymbol{g}=-g\boldsymbol{k} \tag{3-96}$$

由于重力场为有势场，令单位质量流体所具有的势能为 Ω，则

$$\mathrm{d}\Omega=-g\mathrm{d}z \tag{3-97}$$

或写成向量形式为

$$\nabla\Omega=\frac{\mathrm{d}\Omega}{\mathrm{d}z}\boldsymbol{k}=-g\boldsymbol{k} \tag{3-98}$$

将式(3-98) 和式(3-96) 代入式(3-95d)，可得

$$\nabla\left(\frac{u^2}{2}\right)+\frac{1}{\rho}\nabla p-\nabla\Omega=0 \tag{3-99}$$

或

$$\nabla\left(\frac{u^2}{2}+\frac{p}{\rho}-\Omega\right)=0 \tag{3-100}$$

即

$$\frac{u^2}{2}+\frac{p}{\rho}-\Omega=\text{常数} \tag{3-101}$$

将式(3-97) 对 z 积分，得

$$\Omega=-gz+\text{常数} \tag{3-102}$$

将上式代入式(3-101)，可得

$$\frac{u^2}{2}+\frac{p}{\rho}+gz=\text{常数} \tag{3-103}$$

式(3-103) 即著名的伯努利 (Bernoulli) 方程。

综上所述，势流求解的一般途径是：先由式(3-92) 求出 φ 后，再按式(3-90) 求出速度分布 u_x、u_y 和 u_z，最后将其代入伯努利方程式(3-103) 中求得压力分布。

在工程实际中，势流常用于预测流场的压力分布、流量的测量等。如图 3-10 所示，当流体以势流绕过一长圆柱体流动时，由于理想流体无黏性，当它流过圆柱体时，在柱体表面处滑脱。

为考察势流流动内部的压力与速度分布规律，在流动的水平方向上任取两点，在两点间列伯努利方程

$$\frac{\rho u_1^2}{2}+p_1=\frac{\rho u_2^2}{2}+p_2=\frac{\rho u_0^2}{2}+p_0=\text{常数} \tag{3-104}$$

式中 u_1，p_1——点 1 处的流速与压力；

u_2，p_2——点 2 处的流速与压力；

u_0，p_0——远离物面的流速与压力。

在图 3-10 所示的点 A 处，设其压力为 p，由于流体的流速为零，由式(3-104) 可知该点的压力为

$$p=p_0+\frac{\rho u_0^2}{2} \tag{3-105}$$

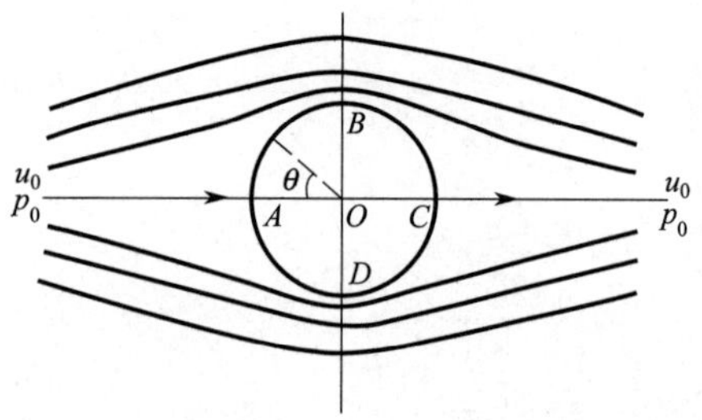

式(3-105) 中的 p 称为停滞压力 (stagnation pressure)。在点 B 和点 D 处，流速达到最大，压力则降到最小；而在点 C 处，流速又恢复为零，压力亦为 p。由图可见，由于柱体前、后的流动完全对称，压力在柱体前、后的作用亦完全对称，其结果是流体对柱体未施加任何曳力。

图 3-10 理想流体沿长圆柱体的绕流流动

应当注意，上述情况只针对理想流体而言，实际并不存在。实际流体由于存在黏性，在壁面不可能产生滑脱现象。

【例 3-9】 一流体绕过半径为 r_0 的长圆柱体做有势流动，其速度势函数 φ 可表示为

$$\varphi=u_0\left[1+\left(\frac{r_0}{r}\right)^2\right]r\cos\theta$$

式中 u_0 为远离柱体的流速。已知柱坐标系的速度势函数表达式为

$$u_r=\frac{\partial\varphi}{\partial r},\ u_\theta=\frac{1}{r}\frac{\partial\varphi}{\partial\theta}$$

试求 (1) 各速度分量 u_r，u_θ；(2) 不计质量力影响，求柱表面的压力分布。已知远离圆柱的流体压力为 p_0。

解 (1) 速度分量 u_r，u_θ 由于该流动为沿 r、θ 方向的二维流动，故 $u_z=0$。

$$u_r=\frac{\partial\varphi}{\partial r}=\frac{\partial}{\partial r}\left\{u_0\left[1+\left(\frac{r_0}{r}\right)^2\right]r\cos\theta\right\}=u_0\left[1-\left(\frac{r_0}{r}\right)^2\right]\cos\theta \tag{a}$$

$$u_\theta=\frac{1}{r}\frac{\partial\varphi}{\partial\theta}=\frac{1}{r}\frac{\partial}{\partial\theta}\left\{u_0\left[1+\left(\frac{r_0}{r}\right)^2\right]r\cos\theta\right\}=-u_0\left[1+\left(\frac{r_0}{r}\right)^2\right]\sin\theta \tag{b}$$

(2) 柱表面的压力分布

$$u^2=u_r^2+u_\theta^2=u_0^2\left\{\left[1-\left(\frac{r_0}{r}\right)^2\right]^2\cos^2\theta+\left[1+\left(\frac{r_0}{r}\right)^2\right]^2\sin^2\theta\right\} \tag{c}$$

在柱表面 $r=r_0$ 处，由式(c) 得

$$u^2=4u_0^2\sin^2\theta \tag{d}$$

由于不计重力影响，由伯努利方程［式(3-103)］可得

$$\frac{1}{2}\rho u^2+p=\frac{1}{2}\rho u_0^2+p_0 \tag{e}$$

将式(d) 代入式(e)，可得

$$p=\frac{1}{2}\rho u_0^2(1-4\sin^2\theta)+p_0$$

第六节　平面流与流函数的概念

一、平面流的概念

在工程实际中经常会遇到这样的流动体系，其一个方向的尺度要比另外两个方向的尺度大得多，例如用于流体输送的矩形管道、流体在一个较宽的平壁面的流动等。对于这种流动问题，由于流体的物理量在一个方向上无变化或变化很小，常常可以将其按二维平面流处理。

以直角坐标系的稳态不可压缩流体的平面流为例，设流动仅沿 x、y 方向，即 $u_z=0$，$\frac{\partial}{\partial z}=0$，则连续性方程式(2-20) 和运动方程式(2-45a)～式(2-45c) 可简化为

$$\frac{\partial u_x}{\partial x}+\frac{\partial u_y}{\partial y}=0 \tag{3-106}$$

$$u_x\frac{\partial u_x}{\partial x}+u_y\frac{\partial u_x}{\partial y}=X-\frac{1}{\rho}\frac{\partial p}{\partial x}+\nu\left(\frac{\partial^2 u_x}{\partial x^2}+\frac{\partial^2 u_x}{\partial y^2}\right) \tag{3-106a}$$

$$u_x\frac{\partial u_x}{\partial x}+u_y\frac{\partial u_x}{\partial y}=Y-\frac{1}{\rho}\frac{\partial p}{\partial y}+\nu\left(\frac{\partial^2 u_y}{\partial x^2}+\frac{\partial^2 u_y}{\partial y^2}\right) \tag{3-106b}$$

上述 3 个式子是非线性二阶偏微分方程组，其求解往往是很复杂的。对某些流动问题，将上述方程做适当简化后，结合流函数的概念可以进行解析求解。本节先给出流函数的定义及其性质，平面流的求解问题将在下一章的边界层理论中详细讨论。

二、流函数

不可压缩流体平面流动的连续性方程为

$$\frac{\partial u_x}{\partial x}+\frac{\partial u_y}{\partial y}=0 \tag{3-106}$$

该方程与式(3-89) 类似，故可令

$$u_x=\frac{\partial \Psi(x,y)}{\partial y} \tag{3-107a}$$

将式(3-107a) 代入式(3-106)，可得

$$\frac{\partial u_x}{\partial x}=-\frac{\partial u_y}{\partial y}=\frac{\partial^2 \Psi(x,y)}{\partial y \partial x}$$

或

$$\frac{\partial}{\partial y}\left(\frac{\partial \Psi}{\partial x}+u_y\right)=0$$

上式积分，得 $u_y+\frac{\partial \Psi}{\partial y}=$常数

令积分常数等于零，则

$$u_y=-\frac{\partial \Psi(x,y)}{\partial x} \tag{3-107b}$$

式(3-107a) 和式(3-107b) 中的 $\Psi(x,y)$称为流函数。引入 Ψ 的主要目的在于将速度变量 u_x、u_y 用一个变量 Ψ 代替，从而使方程的求解得以简化。

由上述 Ψ 的定义可知，只有不可压缩流体的二维平面流动才满足流函数存在的条件。因此，不管是稳态还是非稳态流动、有旋还是无旋流动、理想流体还是黏性流体流动等，只要满足不可压缩平面流的条件，均存在流函数。

如果流体沿 x、y 方向的平面流动$\left(u_z=0，\frac{\partial}{\partial z}=0\right)$为无旋流动，则

$$\frac{\partial u_y}{\partial x}-\frac{\partial u_x}{\partial y}=0 \tag{3-89}$$

将流函数的定义式［式(3-107a)，式(3-107b)］代入上式，得

$$\frac{\partial^2 \Psi}{\partial x^2}+\frac{\partial^2 \Psi}{\partial y^2}=0 \tag{3-107}$$

式(3-108) 表明，在不可压缩流体的平面无旋流动中，流函数满足拉普拉斯方程。因此，对于平面无旋流动特别是理想流体平面无旋流动问题的求解，既可以采用速度势函数满足的方程式(3-92)，也可以采用式(3-108)。关于采用流函数方法求解二维平壁面上的黏性流动问题将在下一章中讨论。

【例 3-10】 某不可压缩流体做二维无旋流动时的流函数可表示为：$\Psi=x^2-y^2$ (m^2/s)。试求：(1) 速度势函数 φ；(2) 不计质量力时的压力分布。

解 (1) 求速度势函数 φ

由定义
$$\frac{\partial \varphi}{\partial x}=u_x=\frac{\partial \Psi}{\partial y}=-2y$$

上式对 x 积分，得
$$\varphi=-2xy+f(y) \tag{a}$$

而
$$\frac{\partial \varphi}{\partial y}=u_y=-\frac{\partial \Psi}{\partial x}=-2x \tag{b}$$

将式(a) 对 y 求偏导数，并代入式(b)，得

$$\frac{\partial \varphi}{\partial y}=-2x+f'(y)=-2x$$

故

$$f'(y)=0$$

$$\varphi=-2xy$$

（2）不计质量力，求流场压力分布

$$u_x=\frac{\partial \Psi}{\partial y}=-2y,\ u_y=-\frac{\partial \Psi}{\partial x}=-2x$$

任一点的速度值为

$$u^2=u_x^2+u_y^2=4(x^2+y^2) \tag{c}$$

当不计重力影响时，势流的伯努利方程为

$$p_0+\frac{1}{2}\rho u_0^2=p+\frac{1}{2}\rho u^2=C\ （常数）$$

将式(c)代入上式，得

$$p=C-\frac{1}{2}\rho u^2=C-2\rho(x^2+y^2)$$

习　题

3-1　血液在水平毛细直圆管中做稳态层流流动时，壁面附近形成一薄的无红血细胞的血浆层，其余的中心区域为血液主体流动区，如本题附图所示。在流动范围内，两层流体均可视为牛顿型流体。已知血液的总流率为 Q，血浆层和血液主体层的黏度分别为 μ_p 和 μ_B。

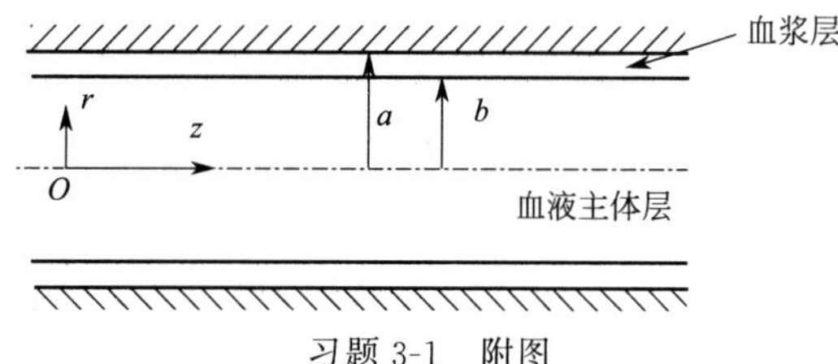

习题 3-1　附图

设血浆层和血液主体层的流速分别为 u_p 和 u_B，试证明管内速度分布方程为

$$u_p=\frac{2Q}{\pi a^2}\frac{1-r^2/a^2}{1-\lambda^4+\lambda^4\mu_p/\mu_B} \quad (b\leqslant r\leqslant a)$$

$$u_B=\frac{2Q}{\pi a^2}\frac{1-\lambda^2+(\mu_p/\mu_B)(\lambda^2-r^2/a^2)}{1-\lambda^4+\lambda^4\mu_p/\mu_B} \quad (0\leqslant r\leqslant b)$$

式中，$\lambda=b/a$，Q 为体积流率

$$Q=Q_p+Q_B=\frac{\pi a^3\tau_s}{4\mu_p}\left(1-\lambda^4+\frac{\mu_p}{\mu_B}\lambda^4\right)$$

τ_s 为壁面剪应力。

3-2　温度为 20℃ 的甘油以 10kg/s 的质量流率流过宽度为 1m、高度为 0.1m 的矩形截面管道，流动已充分发展，试求：（1）甘油在流道中心处的流速与离中心 25mm 处的流速；（2）通过单位管长的压降；（3）管壁面处的剪应力。已知 20℃ 时甘油密度 $\rho=1261\text{kg/m}^3$，黏度 $\mu=1499\text{cP}$。

3-3　流体在两块无限大平板间做一维稳态层流，试求截面上等于主体速度 u_b 的点距壁面的距离。又如流体在圆管内做一维稳态层流时，该点与管壁的距离为若干？

3-4　黏性流体在两块无限大平板之间做稳态层流流动，上板移动速度为 U_1，下板移动速度为 U_2，设两板距离为 $2h$，试求流体速度分布式。提示：在建立坐标系时，将坐标原点取在两平行板的中心。

3-5　如本题附图所示，两平行的水平平板间有两层互不相溶的不可压缩流体，这两层流体的密度、动力黏度和厚度分别为 ρ_1、μ_1、h_1 和 ρ_2、μ_2、h_2，设两板静止，流体在常压力梯度作用下发生层流运动，试求流体的速度分布。

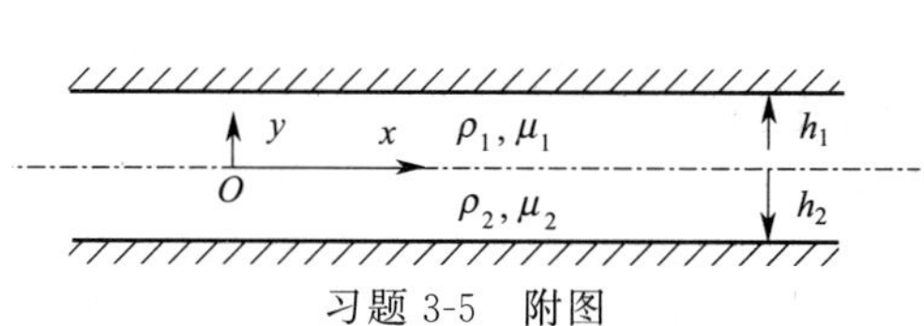

习题 3-5　附图

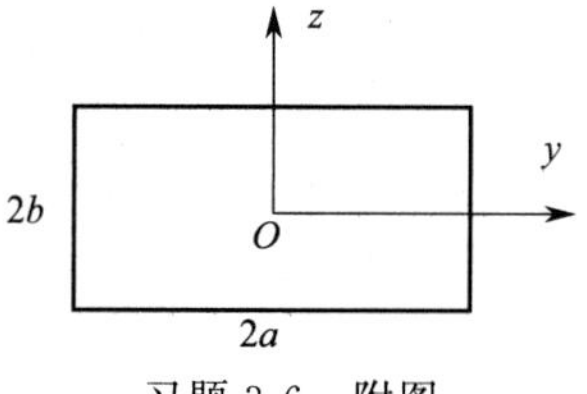

习题 3-6　附图

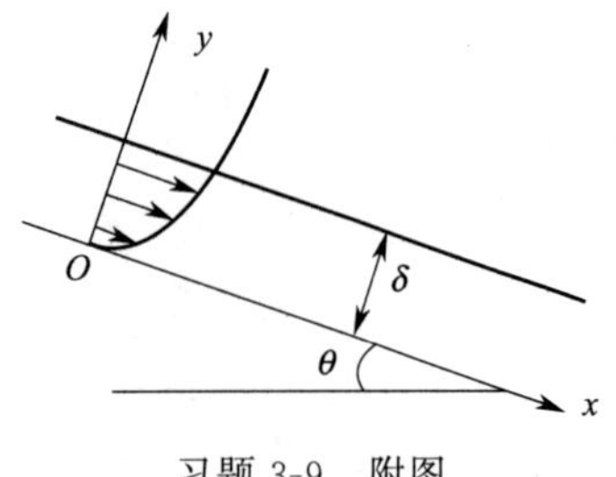

习题 3-9 附图

3-6 如本题附图所示，黏性不可压缩流体在无限长的矩形截面管道中做稳态层流运动，设矩形的边长分别为 $2a$ 和 $2b$，试求此管流的速度分布。

3-7 某流体以 0.15kg/s 的质量流率沿宽为 1m 的垂直平壁呈膜状下降，已知流体的运动黏度为 $1\times10^{-4}\text{m}^2/\text{s}$，密度为 1000kg/m^3。试求流动稳定后形成的液膜厚度。

3-8 试推导不可压缩流体在圆管中做一维稳态层流时管壁面剪应力 τ_s 与主体平均速度 u_b 的关系式。

3-9 如本题附图所示，液膜沿倾角为 θ 的斜面向下做稳态流动，液膜厚度 δ 为常数，试求液膜的速度分布式。

3-10 黏性流体沿垂直圆柱体的外表面以稳态的层流液膜向下流动，如本题附图所示，试求该流动的速度分布。该液体的密度和黏度分别为 ρ 和 μ。

3-11 气液两相在湿壁塔内呈稳态逆流流动，如本题附图所示。假定液相和气相的速度仅沿径向变化，试分别求气相和液相的速度分布。

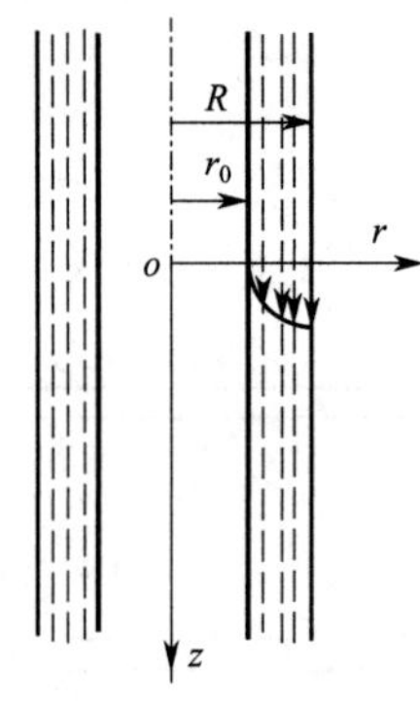

习题 3-10 附图

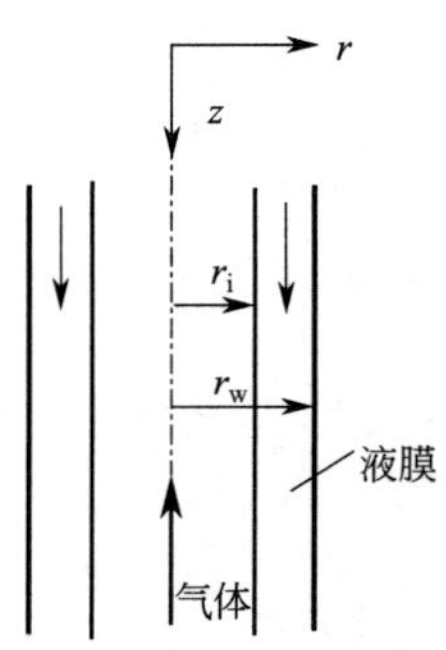

习题 3-11 附图

3-12 温度为 0℃的水，以 2kg/h 的质量流率流过内径为 10mm 的水平圆管，试求流动充分发展后：(1) 流体在管截面中心点处的流速和剪应力；(2) 流体在壁面至中心半距离点处的流速和剪应力；(3) 壁面处的剪应力。已知 0℃时水的黏度为 $\mu=1.79\times10^{-3}\text{Pa}\cdot\text{s}$，$\rho=1000\text{kg/m}^3$。

3-13 黏性不可压缩流体在无限长的椭圆截面管道中做稳态层流运动，设椭圆的长、短轴分别为 a 和 b，试求此管流的速度分布。[提示：可设 u_z 具有如下形式速度分布 $u_z=A\left(1-\dfrac{x^2}{a^2}-\dfrac{y^2}{b^2}\right)$，其中 A 为待定常数]

3-14 常压下，温度为 45℃的空气以 $10\text{m}^3/\text{h}$ 的体积流率流过水平套管环隙，套管的内管外径为 50mm、外管内径为 100mm，试求：(1) 空气最大流速处的径向距离；(2) 单位长度的压力降；(3) 内外管间中点处空气的流速；(4) 空气在环隙截面的最大流速；(5) $r=r_1$ 及 $r=r_2$ 处的剪应力。

3-15 试证明，对于流体在套管环隙中的稳态层流流动，当内管外半径 $r_1\to0$ 时，其速度分布式(3-55)或式(3-56) 可简化为圆管层流的速度分布式，即

$$u_z=-\frac{1}{4\mu}\frac{\mathrm{d}p_d}{\mathrm{d}z}(r_2^2-r^2)$$

3-16 半径为 r_0 的无限长圆柱体以恒定角速度 ω 在无限流体中绕自身轴做旋转运动。设流体不可压缩，试从一般柱坐标的运动方程出发导出本流动问题的运动方程，并求速度分布与压力分布的表达式。

3-17 有一球形固体颗粒，其直径为 0.1mm，在常压和 30℃的静止空气中沉降，已知沉降速度为 0.01m/s，试求：(1) 距颗粒中心 $r=0.3\text{mm}$、$\theta=\pi/4$ 处空气与球体之间的相对速度；(2) 颗粒表面出现最大剪应力处的 θ 值（弧度）和最大剪应力值；(3) 空气对球体施加的形体曳力、摩擦曳力和总曳力。已知 30℃空气的物性为：$\rho=1.165\text{g/m}^3$，$\mu=1.86\times10^{-5}\text{Pa}\cdot\text{s}$。

3-18 空气中等速下落水滴的球半径应小于多少尺寸时才能当作斯托克斯解处理？并求其下降速度

的最大可能值。已知空气的运动黏度 $\nu=1.33\times10^{-5}\mathrm{m^2/s}$，水与空气的密度比为 770。

3-19 为测量某液体的黏度，可令已知直径为 d 的小球在该液体中沉降。开始时小球加速运动，然后逐渐达到一恒定的速度，即沉降速度。测定小球在液体中的沉降速度 u_0，即可求出流体的黏度。试推导计算液体黏度的表达式。

3-20 已知某不可压缩流体做平面流动时的速度分量 $u_x=3x$，$u_y=-3y$。试求出此情况下的流函数。

3-21 某不可压缩流体做二维流动时的流函数可用下式表示：

$$\Psi=x^2+y^2 \qquad (\mathrm{m^2/s})$$

试求出点（2,4）处的速度值。

3-22 已知平面流动的速度分布 $u_x=x^2+2x-4y$，$u_y=-2xy-2y$。试确定：（1）此流动是否满足不可压缩流体的连续性方程；（2）流动是否有旋；（3）如存在速度势函数和流函数，将其求出。

3-23 已知平面流的流函数 $\Psi=3x^2y-y^3$，试证明速度大小与点的矢径 r 的平方成正比，并求速度势函数。

3-24 试求与速度势 $\varphi=2x-5xy+3y+4$ 相对应的流函数 Ψ，并求流场中点（-2,5）的压力梯度（忽略质量力）。

3-25 某平面流可用流函数表示为：$\Psi=x+x^2-y^2$。试求（1）与此相对应的速度势函数 φ；（2）忽略质量力，求点（-2,4）和点（3,5）之间的压力差。

第四章 边界层流动

从第三章的讨论可知，动量传递微分方程的解析解为数甚少，远远不能满足工程实际的需要。而小雷诺数（Re）下的爬流流动也只能包括一部分实际问题，例如重力沉降、润滑理论等。工程实际中绝大部分流动问题属于大 Re 数的情形。这是因为自然界中最常见的流体是水和空气，它们的黏性都很小，如果与流动相关物体的特征尺寸及流体的特征速度都不太小，则 Re 数可以达到很高的数值。由此可见，研究大 Re 数的流动问题具有重要的实际意义。

与爬流的情形相反，大 Re 数的流动问题表现为流体的惯性力远远大于黏性力。那么是否也可以忽略黏性力的影响，而将奈维-斯托克斯方程简化成理想流体的欧拉方程呢？大量的实验研究表明，答案是否定的。如果完全忽略黏性力的影响，就会导致与实际情况不相符的错误结果。

这里当然会产生这样的疑问：为什么对于雷诺数很小的流体可以忽略惯性力的影响，而对于雷诺数很大的流体却不能忽略黏性力的影响？这个问题直到德国力学家普朗特（Prandtl）提出边界层理论之后才获得了令人满意的解决。多年来，边界层理论已经发展成为流体动力学中最重要的学说之一。在过程工程领域，边界层理论除了与流体动力过程直接相关外，也与传热过程和传质过程密切相关。

第一节 边界层的概念

一、普朗特边界层理论的要点

边界层学说是普朗特于 1904 年提出的，其理论要点为：当实际流体沿固体壁面流动时，紧贴壁面的一层流体由于黏性作用将黏附在壁面上而不“滑脱”，即在壁面上的流速为零；而由于流动的 Re 数很大，流体的流速将由壁面处的零值沿着与流动相垂直的方向迅速增大，并在很短的距离内趋于一定值。换言之，在壁面附近区域存在着一薄的流体层，在该层流体中与流动相垂直方向上的速度梯度很大。这样的一层流体称为边界层。在边界层内，绝不能忽略黏性力的作用。而在边界层以外的区域，流体的速度梯度则很小，几乎可视为零，因此在该区域中完全可以忽略黏性力的作用，将其视为理想流体的流动。普朗特的边界层理论已被大量的实验研究证实。

综上所述，对于大雷诺数的流动问题，可以将整个流动划分为两个性质截然不同的区域。其一为紧贴物体壁面的非常薄的一层区域，称为边界层。在边界层内，即使流体的黏性很小，但由于速度梯度很大，依牛顿黏性定律可知，黏性剪应力为黏度与速度梯度的乘积，故黏性力也可能达到较大的数值。因此在这层流体内惯性力和黏滞力的量级相同，二者均不能忽略。其二为边界层之外的流动区域，称为外部流动区域。在外部流动区域，物面对流动的阻滞作用大大削弱，因而速度梯度极小，故可将黏性力全部略去，近似按理想流体的势流处理。关于势流的内容，第三章已详细讨论。

二、边界层的形成过程

现以一黏性流体沿平板壁面的流动说明边界层的形成过程。如图 4-1 所示，一流体以均匀的来流速度 u_0 流近壁面，当它流到平板前缘时，紧贴壁面的流体将停滞不动，流速为零，从而在垂直于流动的方向上建立起一个速度梯度。与此速度梯度相应的剪应力将促使靠近壁面的一层流体的流速减慢，开始形成边界层。由于剪应力对其外的流体持续作用，促使更多的流层速度减慢，从而使边界层的厚度增加。靠近壁面的流体的流速分布如图 4-1 所示。由图可以看出，速度梯度大的薄层流体即构成了边界层。

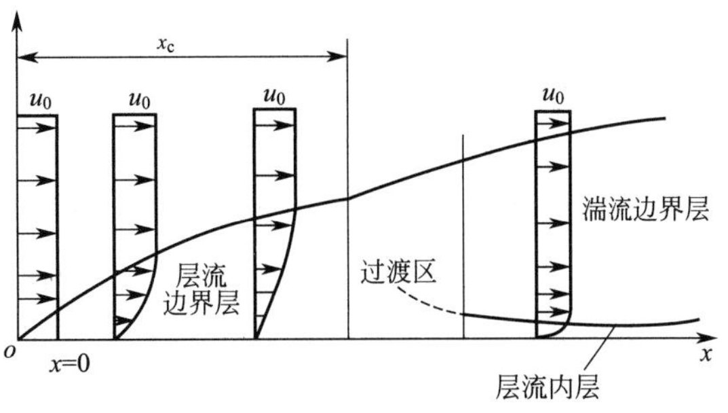

图 4-1　平板壁面上边界层的形成

随着流体沿平板的向前流动，边界层在壁面上逐渐加厚。在平板前部的一段距离内，边界层的厚度较小，流体维持层流流动，相应的边界层称为层流边界层。流体沿壁面的流动经过这段距离后，边界层中的流动形态由层流经一过渡区逐渐转变为湍流，此时的边界层称为湍流边界层。在湍流边界层中，壁面附近仍存在着一个极薄的流体层，维持层流流动，这一薄层流体称为层流内层或层流底层。在与壁面相垂直的方向上，在层流内层与湍流边界层之间，流体的流动既非层流又非完全湍流，称为缓冲层或过渡层。

由层流边界层开始转变为湍流边界层的距离称为临界距离，以 x_c 表示。x_c 的大小与壁面前缘的形状、壁面的粗糙度、流体的性质以及流速等因素有关。例如，壁面愈粗糙、前缘愈钝，则 x_c 愈短。对于平板壁面上的流动，雷诺数的定义为

$$Re_x=\frac{xu_0\rho}{\mu} \tag{4-1}$$

式中　x——由平板前缘算起的流动距离；

u_0——流体（或外部区域）的来流速度。

相应地，以临界距离表示的临界雷诺数定义为

$$Re_{x_c}=\frac{x_c u_0\rho}{\mu} \tag{4-2}$$

实验表明，对于光滑的平板壁面，边界层由层流开始转变为湍流的临界雷诺数范围为 $2\times10^5<Re_{x_c}<3\times10^6$。为方便起见，通常可取 $Re_{x_c}=5\times10^5$。

化工过程中经常遇到的是流体在导管内的流动。管内流动同样也形成边界层。

如图 4-2(a) 所示，当一黏性流体以均匀流速 u_0 流进水平圆管时，由于流体的黏性作用，在管内壁面处形成边界层，并逐渐加厚。在距管进口的某一段距离处，边界层在管中心汇合，此后便占据管的全部截面，边界层厚度即维持不变。据此可将管内的流动分为两个区域：一是边界层汇合以前的区域，称为进口段流动；另一是边界层汇合以后的流动，称为充分发展的流动。

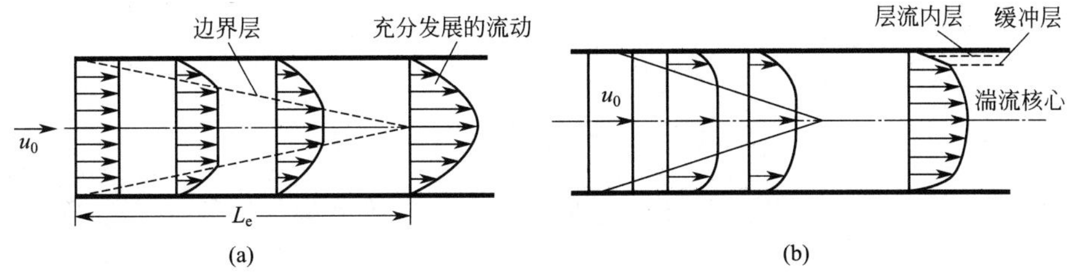

图 4-2　圆管进口附近的边界层

管内边界层的形成与发展有两种情形：其一是 u_0 较小，进口段形成的层流边界层直接在管中心汇合，而后达到充分发展的层流流动，如图 4-2(a) 所示；其二是 u_0 较大，在进口段内首先形成层流边界层，然后逐渐过渡到湍流边界层，再在管中心汇合，形成充分发展的湍流，如图 4-2(b) 所示。

与平板壁面上的湍流边界层类似，在管内的湍流边界层以及充分发展了的湍流区域内，径向上也存在着流动形态迥异的 3 层流体——靠近壁面的一薄层流体为层流内层（层流底层），其外为缓冲层，再外才是湍流主体。

由于在管内流动充分发展后流动的形态不再随流动距离 x 变化，以 x 定义的雷诺数已不再有意义。因此，对于充分发展的管内流动，判别流动形态的雷诺数定义为

$$Re=\frac{du_b\rho}{\mu} \tag{4-3}$$

式中　d——管径；

u_b——主体流速或平均流速。

实验证明，当 $Re<2000$ 时，管内流动维持层流。

三、边界层厚度的定义

按照前述的边界层理论，当流体以大 Re 数流过物体壁面时，可以将整个流动划分为两个性质截然不同的区域，即壁面附近的边界层区域和边界层外的外部流动区域。这两个区域的边界可以通过边界层厚度予以划分。

对图 4-1 所示的平板边界层而言，在与流动相垂直的方向上，速度由壁面处的零值变化到边界层外的来流速度 u_0，理论上需要无限长的距离。但实验观察发现，速度的这一变化是有渐近性质的。也就是说，速度梯度在壁面附近区域的变化极大，然后经过很短的距离便趋近于零。因此，为了定义边界层厚度，通常人为规定：当流体的流速沿壁面的法向达到外部流速的 99%时的距离为边界层厚度，通常以 δ 表示。即

$$\delta=y\big|_{\frac{u_x}{u_0}=99\%} \tag{4-4}$$

需要指出，边界层厚度 δ 随流体的性质（如密度与黏度)、来流速度 u_0 以及流动距离 x 而变化。例如，从图 4-1 可以看到，在板的前缘 $x=0$ 处，$\delta=0$；随着距离 x 的增加，边界层逐渐增厚。关于边界层厚度的计算，稍后将要详细讨论。

对于管内流动，在边界层未汇合以前，边界层厚度的定义和影响因素与平板壁面相同。但流动充分发展后，边界层厚度为管的内半径，即

$$\delta=r_i \tag{4-5}$$

通常，边界层厚度 δ 约在 10^{-3}m 的量级。尽管其数值很小，对于研究流体流动的阻力、传热速率和传质速率却有着非常重要的意义。

【例 4-1】 有一牛顿型流体以 5.0m/s 的速度稳定地流过一水平平板壁面。已知流体的密度为 1000kg/m^3，动力黏度为 0.01Pa・s。设临界雷诺数 $Re_{x_c}=5.0\times10^5$，试判断距平板前缘 0.6m 和 1.2m 两处的边界层是层流边界层还是湍流边界层?

解　(1) $x_1=0.6$m 处

$$Re_{x_1}=\frac{x_1u_0\rho}{\mu}=\frac{0.5\times5\times1000}{0.01}=3.0\times10^5\ (<Re_{x_c}\text{为层流边界层})$$

(2) $x_2=1.2$m 处

$$Re_{x_2}=2Re_{x_1}=6.0\times10^5\ (>Re_{x_c}\text{为湍流边界层})$$

第二节　普朗特边界层方程

一、普朗特边界层方程的推导

从本节开始讨论层流边界层的求解问题。首先研究平板壁面上层流边界层的求解方法。尽管平板壁面上的层流边界层流动在化工领域并不常见，但其研究思路或求解方法对其他较复杂

的边界层问题的求解有着重要的启示作用。

将不可压缩流体的奈维-斯托克斯方程式(2-45a)、式(2-45b)、式(2-45c) 用于描述平板层流边界层内的流动时，可以根据边界层流动的特点将其简化。简化后的运动方程称为普朗特边界层方程。

为简单起见，仅考察不可压缩流体在一无限平壁面上稳态流动的情形。流体自平板前缘至临界距离 x_c 内形成的边界层为二维层流流动。取流动方向为坐标 x，与壁面相垂直的方向为坐标 y。由于流动为稳态，$\frac{\partial u_x}{\partial \theta}=0$，$\frac{\partial u_y}{\partial \theta}=0$；又由于已假定平板为无限宽，流速在 z 方向上无变化，即$\frac{\partial u_x}{\partial z}=0$，$\frac{\partial u_y}{\partial z}=0$；在边界层流动中，重力对流动的影响要比黏性力和惯性力小得多，可以忽略不计。因此，不可压缩流体的运动方程式(2-45) 和连续性方程式(2-20) 可分别简化为

$$u_x \frac{\partial u_x}{\partial x}+u_y \frac{\partial u_x}{\partial y}=-\frac{1}{\rho}\frac{\partial p}{\partial x}+\frac{\mu}{\rho}\left(\frac{\partial^2 u_x}{\partial x^2}+\frac{\partial^2 u_x}{\partial y^2}\right) \tag{4-6a}$$

$$u_x \frac{\partial u_y}{\partial x}+u_y \frac{\partial u_y}{\partial y}=-\frac{1}{\rho}\frac{\partial p}{\partial y}+\frac{\mu}{\rho}\left(\frac{\partial^2 u_y}{\partial x^2}+\frac{\partial^2 u_y}{\partial y^2}\right) \tag{4-6b}$$

$$\frac{\partial u_x}{\partial x}+\frac{\partial u_y}{\partial y}=0 \tag{4-7}$$

上述 3 个方程构成了二阶非线性偏微分方程组，仍需要进一步简化才能分析求解。下面根据平板边界层流动的若干重要性质进一步化简方程式(4-6a) 与式(4-6b)。

平板上边界层流动有哪些特点？实验研究表明，大 Re 数下的边界层流动有以下两个重要性质：

(1) 与物体的特征尺寸相比，边界层的厚度 δ 要小得多；

(2) 边界层内黏性力与惯性力的量级相同。

根据边界层流动的这两个重要性质，可以采用所谓的数量级分析方法对式(4-6a)、式(4-6b) 进行化简，亦即在边界层内对式(4-6a)、式(4-6b) 中包含的每一项进行量级的比较、分析，保留那些对流动有重要影响的项，忽略那些较次要的高阶小项，从而使方程得以简化。在进行量级分析之前，首先对该方法做两点说明：①数量级分析（以下简称量阶分析）需要预先选取一个标准量阶，其他物理量的量阶都是相对标准量阶而言的，当标准量阶改变后，其他物理量的量阶随之改变；②所谓量阶不是指该物理量的具体数值，而是指该量在整个区域内相对于标准量阶而言的平均水平。

在对边界层流动的分析中，选取如下两个标准量阶：①取 x 为距离的标准量阶，外流速度 u_0 为流速的标准量阶，以符号 O 表示，写成 $x=O(1)$，$u_0=O(1)$，这也意味着这两个物理量的量阶相当；②取边界层厚度 δ 为另一个标准量阶，由于 δ 很小，以符号 $\delta=O(\delta)$ 表示。显然，标准量阶 $O(1)$ 与 $O(\delta)$ 不在同一个量阶水平上，通常 $O(1)$ 是 $O(\delta)$ 的 10^3 倍。

在选定了标准量阶后，可以将其他物理量的量阶进行比较。

(1) u_x：u_x 由壁面处的零值变化至边界层外缘处的 u_0，故其与 x 或 u_0 的量阶相同，即 $u_x=O(1)$。

(2) $\frac{\partial u_x}{\partial x}$：将$\frac{\partial u_x}{\partial x}$写成差分形式，即$\frac{\partial u_x}{\partial x}\approx\frac{\Delta u_x}{\Delta x}=\frac{O(1)}{O(1)}=O(1)$。

(3) $\frac{\partial^2 u_x}{\partial x^2}$：$\frac{\partial^2 u_x}{\partial x^2}\approx\frac{\Delta u_x}{(\Delta x)^2}=\frac{O(1)}{O(1)O(1)}=O(1)$。

(4) y：在边界层范围内距离 y 由壁面处的零值变化至边界层外缘处的δ，故 y 的量阶为 $y=O(\delta)$。

（5）u_y：由不可压缩流体的连续性方程$\frac{\partial u_x}{\partial x}+\frac{\partial u_y}{\partial y}=0$可知，由于$\frac{\partial u_x}{\partial x}=O(1)$，$\frac{\partial u_y}{\partial y}$的量阶亦必为O(1)，即$\frac{\partial u_y}{\partial y}=O(1)$；又由于$y=O(\delta)$，$u_y$的量阶亦必为$O(\delta)$，即$u_y=O(\delta)$。

（6）$\frac{\partial u_x}{\partial y}$：$\frac{\partial u_x}{\partial y}\approx\frac{\Delta u_x}{\Delta y}=\frac{O(1)}{O(\delta)}=O\left(\frac{1}{\delta}\right)$。

（7）$\frac{\partial^2 u_x}{\partial y^2}$：$\frac{\partial^2 u_x}{\partial y^2}\approx\frac{\Delta u_x}{(\Delta y)^2}=\frac{O(1)}{O(\delta^2)}=O\left(\frac{1}{\delta^2}\right)$。

将以上各式代入式(4-6a)，并进行量阶的比较：

$$u_x\frac{\partial u_x}{\partial x}+u_y\frac{\partial u_x}{\partial y}=-\frac{1}{\rho}\frac{\partial p}{\partial x}+\frac{\mu}{\rho}\left(\frac{\partial^2 u_x}{\partial x^2}+\frac{\partial^2 u_x}{\partial y^2}\right) \tag{4-6a}$$

量阶：　(1) (1)　$(\delta)\left(\frac{1}{\delta}\right)$　　(1)　$\left(\frac{1}{\delta^2}\right)$

通过量阶比较可知：首先，式(4-6a)右侧括号内第一项$\frac{\partial^2 u_x}{\partial x^2}$的量阶远小于第二项$\frac{\partial^2 u_x}{\partial y^2}$的量阶，故可将第一项从方程中消去，这意味着忽略了$x$方向的黏性力变化；其次，由于左侧两个惯性力的量阶均为O(1)，根据前述的边界层流动的特点可知，在边界层内惯性力与黏性力同阶，故右侧的黏性力项$\frac{\mu}{\rho}\frac{\partial^2 u_x}{\partial y^2}$的量阶必为O(1)，即

$$\frac{\mu}{\rho}\frac{\partial^2 u_x}{\partial y^2}=O(1)$$

由此可得

$$\frac{\mu}{\rho}=\nu=O(\delta^2)$$

这表明，欲获得边界层流动，流体的黏度需要非常低的数值。

最后，由于式(4-6a)中的各项的量阶均为O(1)，而压力又是在惯性力与黏性力之间起平衡作用的被动力，因此$\frac{1}{\rho}\frac{\partial p}{\partial x}$的量阶亦应为O(1)。

同样，也可以对式(4-6b)进行量阶分析，可得

$$u_x\frac{\partial u_y}{\partial x}+u_y\frac{\partial u_y}{\partial y}=-\frac{1}{\rho}\frac{\partial p}{\partial y}+\frac{\mu}{\rho}\left(\frac{\partial^2 u_y}{\partial x^2}+\frac{\partial^2 u_y}{\partial y^2}\right) \tag{4-6b}$$

量阶　(1)(δ)　(δ)(1)　　$(\delta^2)(\delta)$　$\left(\frac{1}{\delta}\right)$

由对式(4-6b)的量阶分析可知，除$\frac{1}{\rho}\frac{\partial p}{\partial y}$一项外，其余各项的量阶均小于或等于$O(\delta)$，故$\frac{1}{\rho}\frac{\partial p}{\partial y}$的量阶也小于或等于$O(\delta)$。

对比式(4-6a)和式(4-6b)可知，式(4-6a)中各项的量阶均为O(1)，而式(4-6b)各项的量阶均为$O(\delta)$，因此式(4-6b)可以略去。物理上这意味着y方向的运动方程较次要，可忽略不计。

进一步比较式(4-6a)与式(4-6b)中的压力项还可发现，由于$\frac{1}{\rho}\frac{\partial p}{\partial x}=O(1)$，而$\frac{1}{\rho}\frac{\partial p}{\partial y}=O(\delta)$，因此$\frac{\partial p/\partial y}{\partial p/\partial x}=\frac{O(\delta)}{O(1)}=O(\delta)$，即$\frac{\partial p}{\partial y}=O(\delta)$。这意味着在边界层内压力沿物面法线方向的变化非常小，即

$$\frac{\partial p}{\partial y}\approx 0 \tag{4-8}$$

换言之，沿流动法线方向上流体的压力梯度可忽略，即压力可穿过边界层保持不变。根据理想流体理论，边界层外部边界上的压力分布是确定的。于是边界层内的压力变成了已知函数。

综上所述，式(4-6a) 与式(4-6b) 最终可简化为

$$u_x\frac{\partial u_x}{\partial x}+u_y\frac{\partial u_x}{\partial y}=-\frac{1}{\rho}\frac{\partial p}{\partial x}+\frac{\mu}{\rho}\frac{\partial^2 u_x}{\partial y^2} \tag{4-9}$$

不可压缩流体的连续性方程仍为

$$\frac{\partial u_x}{\partial x}+\frac{\partial u_y}{\partial y}=0 \tag{4-7}$$

式(4-9) 称为普朗特边界层方程。与简化前的奈维-斯托克斯方程相比，该式大为简化。式(4-9) 与式(4-7) 组成了一个二阶非线性偏微分方程组，共有 2 个方程，2 个未知量 u_x 和 u_y（其中的压力 p 为已知)，采用适当的数学方法可以求解。

式(4-9) 与式(4-7) 应满足的边界条件为

(1) 在壁面上，$y=0$：$u_x=0$ 及 $u_y=0$

(2) 在边界层外缘处，$y=\delta$：$u_x=u_0$

根据边界层内流速渐近地趋于外部流速 u_0 的性质，边界条件 (2) 亦可用下面的条件来代替，即

(2)′ $y=\infty$：$u_x=u_0$

因方程式(4-9) 的解具有渐近性，它在 $y=\delta$ 处的值与 $y=\infty$ 的值相差无几，故采用 $y=\delta$ 或 $y=\infty$ 处 $u_x=u_0$ 的边界条件所得的解相差不大。通常将具有边界条件 (2) 的边界层理论称为有限厚度理论，具有边界条件 (2)′的边界层理论则称为渐近理论。

应当指出，上面导出的普朗特边界层方程仅适用于平板壁面上或楔形物面上的边界层流动。实际问题中，流体流过的物面大多为弯曲表面。对于曲面物体上的边界层方程推导，需要采用正交曲线坐标系。有关这方面的内容，读者可参阅流体力学的专著。

下面通过简单的量阶分析给出边界层厚度 δ 的量阶。为此，令 x 为由平板前缘算起的距离，则以 x 为特征尺寸表达的雷诺数 Re_x 为

$$Re_x=\frac{xu_0}{\nu}$$

由量阶分析可知，$Re_x=\mathrm{O}\left(\frac{1}{\delta^2}\right)$，故得

$$\delta=\mathrm{O}\left(\frac{1}{Re_x^{1/2}}\right)$$

或

$$\frac{\delta}{x}=\mathrm{O}\left(\frac{1}{Re_x^{1/2}}\right)$$

由上式可知，Re_x 愈大，边界层厚度 δ 就愈小。

【例 4-2】 20℃的水以 1m/s 的流速在一光滑平板壁面上流过，形成层流边界层。试估算距平板前缘 1.0m 处的边界层厚度 δ 的量阶值。

解 20℃水的运动黏度为 $\nu=0.01\mathrm{cm}^2/\mathrm{s}$。当流速 $u_0=1\mathrm{m/s}$ 时，δ 的量阶为

$$\mathrm{O}(\delta)=\mathrm{O}(x)\cdot\mathrm{O}\left(\frac{1}{Re_x^{1/2}}\right)=\mathrm{O}(1)\cdot\mathrm{O}\left[\frac{1}{\left(\frac{(1)(1)}{0.01\times10^{-4}}\right)^{1/2}}\right]=\mathrm{O}(10^{-3})\mathrm{m}$$

即 δ 的量阶为 10^{-3}m。

二、平板层流边界层的精确解

（一）平板层流边界层的精确解

边界层方程经适当变换后求得的解析解称为方程的精确解。下面以简单的平板壁面上的层流边界层为例，求普朗特边界层方程式(4-9) 的精确解。

前已述及，边界层外的流动可视为理想流体的势流，可用伯努利方程描述。在边界层外的水平高度上，有

$$p+\frac{\rho u_0^2}{2}=常数 \tag{4-10}$$

上式两侧分别对 x 求导，可得

$$\frac{\mathrm{d}p}{\mathrm{d}x}+\rho u_0\frac{\mathrm{d}u_0}{\mathrm{d}x}=0 \tag{4-11}$$

u_0 为常数，故由上式可知

$$\frac{\mathrm{d}p}{\mathrm{d}x}=0 \tag{4-12}$$

根据边界层流动的特点，$\partial p/\partial y=0$，即压力可穿过边界层保持不变，故在边界层内式(4-12) 依然成立。因此式(4-9) 变为

$$u_x\frac{\partial u_x}{\partial x}+u_y\frac{\partial u_x}{\partial y}=\nu\frac{\partial^2 u_x}{\partial y^2} \tag{4-13}$$

连续性方程仍为

$$\frac{\partial u_x}{\partial x}+\frac{\partial u_y}{\partial y}=0 \tag{4-7}$$

这是一个二阶非线性偏微分方程组，利用流函数 Ψ 可将其化为常微分方程。第三章中已给出流函数 Ψ 的定义为

$$u_x=\frac{\partial \Psi}{\partial y} \tag{3-107a}$$

$$u_y=-\frac{\partial \Psi}{\partial x} \tag{3-107b}$$

将式(3-107a) 和式(3-107b) 代入式(4-13)，可得

$$\frac{\partial \Psi}{\partial y}\frac{\partial^2 \Psi}{\partial x\partial y}-\frac{\partial \Psi}{\partial x}\frac{\partial^2 \Psi}{\partial y^2}=\nu\frac{\partial^3 \Psi}{\partial y^3} \tag{4-14}$$

应当注意，由于流函数自动满足连续性方程式(4-7)，上述偏微分方程组简化成了单一的偏微分方程。其相应的边界条件变为

（1）$y=0$：$\frac{\partial \Psi}{\partial y}=0$

（2）$y=0$：$\frac{\partial \Psi}{\partial x}=0$

（3）$y=\infty$：$\frac{\partial \Psi}{\partial y}=u_0$

式(4-14) 为三阶非线性偏微分方程，欲单纯利用数学方法求其解析解往往是很困难的。布拉休斯（Blasuis）根据平板边界层流动的物理特点，结合数学分析，提出了采用“相似变换”的方法求解普朗特边界层方程式(4-14)。在此不准备讨论相似变换的基本原理与求解的全过程，仅扼要地说明求解思路，并给出解的结果。

通过相似变换，可用一个无量纲的位置变量 $\eta(x,y)$ 来代替 x 和 y 两个自变量，其关系为

$$\eta(x,y)=y\sqrt{\frac{u_0}{\nu x}} \tag{4-15}$$

$\eta(x,y)$ 为一无量纲自变量。而流函数 Ψ 为有量纲变量，其单位为 m/s·m。为便于方程的求解，将流函数 Ψ 亦转化为无量纲形式。为此，令

$$f(\eta)=\frac{\Psi}{\sqrt{u_0\nu x}} \tag{4-16}$$

或写成

$$\Psi=\sqrt{u_0\nu x}f(\eta) \tag{4-17}$$

由式(4-17) 可知，Ψ 是 $f(\eta)$ 和 x 的函数，而 $f(\eta)$ 又是 x 和 y 的函数。

为了将式(4-14) 转换为以无量纲位置变量 $\eta(x,y)$ 和无量纲流函数 $f(\eta)$ 表达的形式，分别计算 Ψ 的各阶导数：

(1) $$\frac{\partial\Psi}{\partial y}=\sqrt{u_0\nu x}\frac{\mathrm{d}f}{\mathrm{d}\eta}\left[\frac{\partial}{\partial y}\left(y\sqrt{\frac{u_0}{\nu x}}\right)\right]=u_0\frac{\mathrm{d}f}{\mathrm{d}\eta}=u_0f' \tag{4-18}$$

(2) $$\frac{\partial^2\Psi}{\partial y^2}=u_0\frac{\mathrm{d}^2f}{\mathrm{d}\eta^2}\frac{\partial\eta}{\partial y}=u_0\sqrt{\frac{u_0}{\nu x}}f'' \tag{4-19}$$

(3) $$\frac{\partial^3\Psi}{\partial y^3}=\frac{u_0^2}{\nu x}f''' \tag{4-20}$$

(4) $$\frac{\partial\Psi}{\partial x}=f(\eta)\frac{\partial}{\partial x}(\sqrt{u_0\nu x})+\sqrt{u_0\nu x}\frac{\mathrm{d}f}{\mathrm{d}\eta}\frac{\partial\eta}{\partial x}=\frac{1}{2}\sqrt{\frac{u_0\nu}{x}}(f-\eta f') \tag{4-21}$$

(5) $$\frac{\partial^2\Psi}{\partial x\partial y}=u_0f''\left(-\frac{1}{2}y\sqrt{\frac{u_0}{\nu x^3}}\right)=-\frac{1}{2}\frac{u_0}{x}\eta f'' \tag{4-22}$$

将式(4-18)～式(4-22) 代入式(4-14)，经简化后得

$$2f'''+ff''=0 \tag{4-23}$$

相应的边界条件变为

(1) $\eta=0$：$f'=0$

(2) $\eta=0$：$f=0$

(3) $\eta=\infty$：$f'=1$

$f(\eta)$ 所满足的方程式(4-23) 是一个三阶非线性常微分方程，其形式虽然十分简单，但却无法得到封闭形式的分析解。布拉休斯采用级数衔接法近似地求出了式(4-23) 的解，其后许多研究者又用数值方法求出了该方程的解。在此仅给出级数解的最后结果，关于求解的详细步骤可参阅有关专著：

$$f=0.16603\eta^2-4.5943\times10^{-4}\eta^5+2.4972\times10^{-6}\eta^8-1.4277\times10^{-8}\eta^{11}+\cdots \tag{4-24}$$

为便于应用，可将式(4-24) 列成表格形式，见表 4-1。

(二) 边界层厚度与曳力系数

应用式(4-24) 或表 4-1，可求出边界层内的速度分布、边界层厚度、摩擦曳力及曳力系数等许多物理量。

根据流函数的定义及式(4-18)、式 (4-21) 可得

$$u_x=\frac{\partial\Psi}{\partial y}=u_0f' \tag{4-25}$$

$$u_y=-\frac{\partial\Psi}{\partial x}=\frac{1}{2}\sqrt{\frac{u_0\nu}{x}}(\eta f'-f) \tag{4-26}$$

因此，对于给定的位置 (x, y)，可由式(4-24) 或表 4-1 求出对应的 η、f 和 f'，再由式(4-25) 和式(4-26) 求出相应的 u_x 和 u_y。

由边界层厚度的定义可知，当 $u_x/u_0=0.99$ 时，离壁面的法向距离 y 即为边界层厚度 δ。参见表 4-1，当 $u_x/u_0=0.99155$ 时，$\eta=5.0$。由式(4-15) 可得

表 4-1 无量纲流函数 $f(\eta)$ 及其导数

$\eta=y\sqrt{\frac{u_0}{\nu x}}$	f	$f'=\frac{u_x}{u_0}$	f''	$\eta=y\sqrt{\frac{u_0}{\nu x}}$	f	$f'=\frac{u_x}{u_0}$	f''
0	0	0	0.33206	4.6	2.88826	0.98269	0.02948
0.2	0.00664	0.06641	0.33199	4.8	3.08534	0.98779	0.02187
0.4	0.02656	0.13277	0.33147	5.0	3.28329	0.99155	0.01591
0.6	0.05974	0.19894	0.33008	5.2	3.48189	0.99425	0.01134
0.8	0.10611	0.26471	0.32739	5.4	3.68094	0.99616	0.00793
1.0	0.16557	0.32979	0.32301	5.6	3.88031	0.99748	0.00543
1.2	0.23795	0.39378	0.31659	5.8	4.07990	0.99838	0.00365
1.4	0.32298	0.45627	0.30787	6.0	4.27964	0.99898	0.00240
1.6	0.42032	0.51676	0.29667	6.2	4.47948	0.99937	0.00155
1.8	0.52952	0.57477	0.28293	6.4	4.67938	0.99961	0.00098
2.0	0.65003	0.62977	0.26675	6.6	4.87931	0.99977	0.00061
2.2	0.78120	0.68132	0.24835	6.8	5.07928	0.99987	0.00037
2.4	0.92230	0.72899	0.22809	7.0	5.27926	0.99992	0.00022
2.6	1.07252	0.77246	0.20646	7.2	5.47925	0.99996	0.00013
2.8	1.23099	0.81152	0.18401	7.4	5.67924	0.99998	0.00007
3.0	1.39682	0.84605	0.16136	7.6	5.87924	0.99999	0.00004
3.2	1.56911	0.87609	0.13913	7.8	6.07923	1.00000	0.00002
3.4	1.74696	0.90177	0.11788	8.0	6.27923	1.00000	0.00001
3.6	1.92954	0.92333	0.09809	8.2	6.47923	1.00000	0.00001
3.8	2.11605	0.94112	0.08013	8.4	6.67923	1.00000	0.00000
4.0	2.30576	0.95552	0.06424	8.6	6.87923	1.00000	0.00000
4.2	2.49806	0.96696	0.05025	8.8	7.07923	1.00000	0.00000
4.4	2.69238	0.97587	0.03897				

$$\delta=5.0\sqrt{\frac{\nu x}{u_0}} \tag{4-27}$$

上式亦可写为

$$\frac{\delta}{x}=5.0Re_x^{-1/2} \tag{4-28}$$

式(4-28) 即为平板壁面上层流边界层厚度的计算式。

为确定流体沿平板壁面流动时产生的摩擦曳力，需要首先求出壁面处的剪应力。剪应力 τ 随流动距离 x 变化，故以符号 τ_{sx} 表示，称为局部剪应力。根据剪应力的定义，可得

$$\tau_{sx}=\mu\frac{\partial u_x}{\partial y}\bigg|_{y=0}$$

由式(4-19)

$$\frac{\partial u_x}{\partial y}\bigg|_{y=0}=\frac{\partial^2\Psi}{\partial y^2}\bigg|_{y=0}=u_0\sqrt{\frac{u_0}{\nu x}}f''(0)$$

故

$$\tau_{sx}=\mu u_0\sqrt{\frac{u_0}{\nu x}}f''(0)=0.33206\rho u_0^2Re_x^{-1/2} \tag{4-29}$$

距平板前缘 x 处的局部摩擦曳力系数为

$$C_{Dx}=\frac{2\tau_x}{\rho u_0^2}=0.664Re_x^{-1/2} \tag{4-30}$$

流体流过长度为 L、宽度为 b 的平板壁面所受的总曳力 F_d 为

$$F_d=b\int_0^L\tau_{sx}\mathrm{d}x \tag{4-31}$$

应当指出，流体流过平板壁面时，由于压力在壁面上分布均匀，总曳力 F_d 为摩擦曳力 F_{ds}，而形体曳力 F_{df} 则可忽略不计。将式(4-29)代入式(4-31)，积分可得

$$F_d = 0.332\mu b u_0 \sqrt{\frac{u_0}{\nu}}\int_0^L \frac{dx}{\sqrt{x}} = 0.664b\sqrt{\mu\rho L u_0^3} \tag{4-32}$$

平均曳力系数 C_D 为

$$C_D=\frac{2F_d}{\rho u_0^2 A}=\frac{2\times 0.664b\sqrt{\mu\rho L u_0^3}}{\rho u_0^2 bL}$$

上式整理得

$$C_D=1.328Re_L^{-1/2} \tag{4-33}$$

式(4-32)表明，摩擦曳力与来流速度 u_0 的 3/2 次方成正比。前已述及，在小 Re 数的爬流流动中，摩擦阻力与 u_0 的 1 次方成正比。因此大 Re 数的摩擦曳力较大。另一方面，由式(4-29)可知，壁面摩擦曳力以 $1/\sqrt{x}$ 的规律沿壁面衰减。这是因为在平板下游边界层较厚，壁面的剪切力相应地较小，因此曳力较前缘为小。

布拉休斯精确解的上述结果在层流范围内与实验数据符合得很好。

【例 4-3】 25℃的空气在常压下以 6m/s 的速度流过一薄平板壁面。试求距平板前缘 0.15m 处的边界层厚度 δ，并计算该处 y 方向上距壁面 1mm 处的 u_x、u_y 及 u_x 在 y 方向上的速度梯度 $\partial u_x/\partial y$ 值。已知空气的运动黏度为 $1.55\times10^{-5}\,m^2/s$，密度为 $1.185kg/m^3$。$Re_{x_c}=5\times10^5$。

解 首先计算距平板前缘 0.15m 处的雷诺数，确定流型：

$$Re_x=\frac{u_0 x}{\nu}=\frac{6\times0.15}{1.55\times10^{-5}}=5.806\times10^4 \ (<5\times10^5\text{，流动在层流边界层范围内})$$

(1) 计算边界层厚度

由式(4-28)可得

$$\delta=5xRe_x^{-1/2}=5\times0.15\times(5.806\times10^4)^{-1/2}=3.11\times10^{-3}(m)=3.11(mm)$$

(2) 计算 y 方向上距壁面 1mm 处的 u_x，u_y 及 $\frac{\partial u_x}{\partial y}$

已知 $x=0.15m$，$y=0.001m$，由式(4-15)得

$$\eta=y\sqrt{\frac{u_0}{\nu x}}=0.001\times\sqrt{\frac{6}{(1.55\times10^{-5})\times0.15}}=1.606$$

查表 4-1，当 $\eta=1.6$ 时

$$f=0.420,\qquad f'=0.517,\qquad f''=0.297$$

由式(4-25)得

$$u_x=u_0 f'=6\times0.517=3.102\ (m/s)$$

由式(4-26)得

$$u_y=\frac{1}{2}\sqrt{\frac{u_0\nu}{x}}(\eta f'-f)=\frac{1}{2}\sqrt{\frac{6\times(1.55\times10^{-5})}{0.15}}\times(1.606\times0.517-0.420)$$

$$=0.00511\ (m/s)$$

再由式(4-19)可得

$$\frac{\partial u_x}{\partial y}=\frac{\partial^2\Psi}{\partial y}=u_0\sqrt{\frac{u_0}{\nu x}}f''=6\times\sqrt{\frac{6}{(1.55\times10^{-5})\times0.15}}\times0.297=2.86\times10^3\ (s^{-1})$$

第三节　边界层积分动量方程

前一节的普朗特边界层方程只对少数几种简单的流动情形如平板、楔形物体等才能获得精确解。工程实际中所遇到的大量问题是很复杂的，直接求解普朗特边界层方程一般来说相当困难。为此人们不得不考虑采用近似法求解。本节介绍一种计算量较小、工程上应用广泛的积分动量方程法。该法是由冯·卡门（Von Kármán）于 1921 年首先提出的，其后由波尔豪森（Pohlhausen）具体地加以实现。其基本思路是：首先对边界层进行微分动量衡算，导出一个边界层积分动量方程，然后用一个只依赖于 x 的单参数速度剖面 $u_x(y)$ 近似地代替真实速度侧形 $u_x(x,y)$，将其代入边界层积分动量方程中积分求解，从而可以得到若干有意义的物理量如边界层厚度、曳力系数的表达式。下面具体阐述这种方法。

一、边界层积分动量方程的推导

如图 4-3 所示，密度为 ρ、黏度为 μ 的不可压缩流体在光滑壁面上稳态流动。设边界层外的来流速度为 u_0，距平板前缘位置 x 处的边界层厚度为 δ。

在距壁面前缘位置 x 处取一微元控制体 $\mathrm{d}V=\delta\mathrm{d}x\times1$，如图 4-3 所示，它由 x 和 $x+\mathrm{d}x$ 处的两个无限邻近的边界层横截面 1-2 和 3-4、壁面 1-4 以及外流区与边界层的界面 2-3 组成，在板的宽度方向取单位厚度。

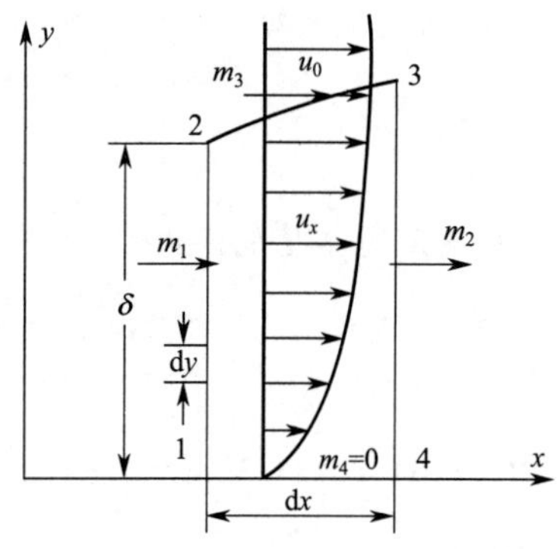

图 4-3　边界层积分动量方程的推导

将动量守恒原理应用于微元控制体 $\mathrm{d}V$，可得

$$\sum \boldsymbol{F}=\frac{\mathrm{d}(m\boldsymbol{u})}{\mathrm{d}\theta} \tag{4-34}$$

仅考虑 x 方向上的分量则为

$$\sum F_x=\frac{\mathrm{d}(mu_x)}{\mathrm{d}\theta} \tag{4-35}$$

上式左侧为 x 方向作用于微元控制体 $\mathrm{d}V$ 上的合外力，右侧为微元控制体在 x 方向上的动量变化速率。下面首先按微元控制体的 4 个控制面分别考察其动量变化情况。

（1）1-2 截面。流体由该控制面流入。以对流方式流入的质量流率和动量流率可分别做如下计算：在沿壁面的法向距离 y 处取一微分高度 $\mathrm{d}y$，则通过微元截面 $\mathrm{d}y\times1$ 流入的质量流率为 $\rho u_x\mathrm{d}y\times1$，而通过该截面流入的动量流率为 $u_x\cdot\rho u_x\mathrm{d}y\times1=\rho u_x^2\mathrm{d}y\times1$。因此，通过整个1-2 截面的质量流率和动量流率分别为

$$m_1=\int_0^\delta \rho u_x\mathrm{d}y\times1$$

$$J_1=\int_0^\delta \rho u_x^2\mathrm{d}y\times1$$

（2）3-4 截面。流体由该控制面流出。以对流方式流出的质量流率和动量流率分别为

$$m_2=m_1+\frac{\partial m_1}{\partial x}\mathrm{d}x=m_1+\frac{\partial}{\partial x}\left(\int_0^\delta \rho u_x\mathrm{d}y\times1\right)\mathrm{d}x$$

$$J_2=J_1+\frac{\partial J_1}{\partial x}\mathrm{d}x=J_1+\frac{\partial}{\partial x}\left(\int_0^\delta \rho u_x^2\mathrm{d}y\times1\right)\mathrm{d}x$$

（3）1-4 截面。在此截面没有流体质量和动量的流入与流出，故

$$m_4=0$$

$$J_4=0$$

（4）2-3 截面。根据质量守恒原理，稳态下由此截面流入的质量流率应为 3-4 截面与 1-2

截面的质量流率之差，即

$$m_3 = m_2 - m_1 = \frac{\partial}{\partial x}\left(\int_0^\delta \rho u_x \mathrm{d}y \times 1\right)\mathrm{d}x$$

由于 2-3 截面取在边界层外缘处，此处的流体均以 u_0 的速度流入控制体内，于是从该截面流入的动量流率为

$$J_3 = u_0 m_3 = \frac{\partial}{\partial x}\left(\int_0^\delta u_0 \rho u_x \mathrm{d}y \times 1\right)\mathrm{d}x$$

因此，整个微元控制体内的净动量变化速率为流出与流入之差，即

$$\begin{aligned}\frac{\mathrm{d}(mu_x)}{\mathrm{d}\theta} &= J_2 - J_1 - J_3 = \frac{\partial}{\partial x}\left(\int_0^\delta \rho u_x^2 \mathrm{d}y \times 1\right)\mathrm{d}x - \frac{\partial}{\partial x}\left(\int_0^\delta \rho u_0 u_x \mathrm{d}y \times 1\right)\mathrm{d}x \\ &= \frac{\partial}{\partial x}\left[\int_0^\delta \rho u_x (u_x - u_0)\mathrm{d}y\right]\mathrm{d}x \end{aligned} \tag{4-36}$$

其次，考察作用在 x 方向上的控制体的力（取坐标 x 方向为正）。

(1) 作用在 1-4 截面（壁面）上的力为剪应力引起的摩擦曳力，即

$$-\tau_s \mathrm{d}x \times 1 = -\tau_s \mathrm{d}x$$

(2) 作用在 1-2 截面上的压力为

$$p\delta \times 1 = p\delta$$

(3) 作用在 3-4 截面上的压力为

$$-\left[p\delta + \frac{\partial(p\delta)}{\partial x}\mathrm{d}x\right] \times 1 = -p\delta - \frac{\partial(p\delta)}{\partial x}\mathrm{d}x$$

(4) 作用在 2-3 截面上的力，因该截面与理想流体接壤，无剪应力，仅存在着流体的压力，即

$$p\frac{\partial\delta}{\partial x}\mathrm{d}x \times 1 = p\frac{\partial\delta}{\partial x}\mathrm{d}x$$

因此，作用在整个微元控制体 x 方向上的合外力为

$$\sum F_x = p\delta - p\delta - \frac{\partial(p\delta)}{\partial x}\mathrm{d}x + p\frac{\partial\delta}{\partial x}\mathrm{d}x - \tau_x \mathrm{d}x = -\left(\delta\frac{\partial p}{\partial x} + \tau_s\right)\mathrm{d}x \tag{4-37}$$

将式(4-36) 和式(4-37) 代入式(4-35)，可得

$$\rho\frac{\partial}{\partial x}\int_0^\delta (u_0 - u_x)u_x \mathrm{d}y = \delta\frac{\partial p}{\partial x} + \tau_s \tag{4-38}$$

由于推导过程中假定流体仅沿 x 方向流动，式(4-38) 亦可写成如下常微分的形式：

$$\rho\frac{\mathrm{d}}{\mathrm{d}x}\int_0^\delta (u_0 - u_x)u_x \mathrm{d}y = \delta\frac{\mathrm{d}p}{\mathrm{d}x} + \tau_s \tag{4-39}$$

式(4-39) 称为卡门边界层积分动量方程。在推导过程中并没有规定边界层内流体流动的形态，故该式无论对于层流边界层还是湍流边界层均适用。但求解时要分别代入与流动形态相对应的速度分布式。此外，式(4-39) 还可用于曲面物体边界层。

对于平板壁面的层流边界层，上一节已经得出，在边界层内 $\mathrm{d}p/\mathrm{d}x=0$，故式(4-39) 变为

$$\rho\frac{\mathrm{d}}{\mathrm{d}x}\int_0^\delta (u_0 - u_x)u_x \mathrm{d}y = \tau_s \tag{4-40}$$

从上式很容易看出，如果已知速度 u_x 沿 y 方向的分布，即 $u_x = u_x(y)$，则可将其代入式(4-40)的左侧积分，而右侧的 τ_s 亦可通过 $u_x = u_x(y)$ 的微分求出，进而可以获得边界层厚度、曳力系数等一些有用的物理量。

但从理论上讲，速度侧形 $u_x = u_x(y)$ 的求取需求解运动方程与连续性方程。为了避开这一问题，可以预先假定一个速度分布，将其代入式(4-40)中求解，然后再将其结果与实验数据比较。

如果二者吻合，则说明所假定的速度分布正确。因此，将这种求解方法称为近似解。显然，所假定的速度分布方程愈接近真实情况，其结果就愈可靠。

【例 4-4】 从普朗特边界层方程式(4-9)出发，推导边界层积分动量方程式(4-39)。

解 普朗特边界层方程为

$$u_x\frac{\partial u_x}{\partial x}+u_y\frac{\partial u_x}{\partial y}=-\frac{1}{\rho}\frac{\partial p}{\partial x}+\frac{\mu}{\rho}\frac{\partial^2 u_x}{\partial y^2} \tag{a}$$

将式(a) 在 $y=0\sim\delta$ 范围内对 y 积分，先积分左侧，即

$$\begin{aligned}\int_0^\delta\left(u_x\frac{\partial u_x}{\partial x}+u_y\frac{\partial u_x}{\partial y}\right)\mathrm{d}y&=\int_0^\delta\left(u_x\frac{\partial u_x}{\partial x}\right)\mathrm{d}y+\int_0^\delta\left(u_y\frac{\partial u_x}{\partial y}+u_x\frac{\partial u_y}{\partial y}\right)\mathrm{d}y-\int_0^\delta\left(u_x\frac{\partial u_y}{\partial y}\right)\mathrm{d}y\\&=\int_0^\delta\left(u_x\frac{\partial u_x}{\partial x}\right)\mathrm{d}y+(u_xu_y)\big|_0^\delta-\int_0^\delta\left(u_x\frac{\partial u_y}{\partial y}\right)\mathrm{d}y\end{aligned} \tag{b}$$

由连续性方程

$$\frac{\partial u_x}{\partial x}+\frac{\partial u_y}{\partial y}=0$$

可得

$$\frac{\partial u_x}{\partial x}=-\frac{\partial u_y}{\partial y} \tag{c}$$

积分上式得

$$u_y\big|_0^\delta=\int_0^\delta\frac{\partial u_y}{\partial y}\mathrm{d}y=-\int_0^\delta\frac{\partial u_x}{\partial x}\mathrm{d}y$$

故有

$$(u_xu_y)\big|_0^\delta=u_x\big|_0^\delta\cdot u_y\big|_0^\delta=-u_0\int_0^\delta\frac{\partial u_x}{\partial x}\mathrm{d}y \tag{d}$$

将式(c)、式(d) 代入式(b)，可得

$$\begin{aligned}\int_0^\delta\left(u_x\frac{\partial u_x}{\partial x}+u_y\frac{\partial u_x}{\partial y}\right)\mathrm{d}y&=\int_0^\delta 2u_x\frac{\partial u_x}{\partial x}\mathrm{d}y+(u_xu_y)\big|_0^\delta\\&=\int_0^\delta 2u_x\frac{\partial u_x}{\partial x}\mathrm{d}y-u_0\int_0^\delta\frac{\partial u_x}{\partial x}\mathrm{d}y\\&=\frac{\partial}{\partial x}\int_0^\delta u_x(u_x-u_0)\mathrm{d}y\end{aligned} \tag{e}$$

式(a) 右侧积分，即

$$\int_0^\delta\left(-\frac{1}{\rho}\frac{\partial p}{\partial x}+\frac{\mu}{\rho}\frac{\partial^2 u_x}{\partial y^2}\right)\mathrm{d}y=-\frac{1}{\rho}\int_0^\delta\frac{\partial p}{\partial x}\mathrm{d}y+\nu\int_0^\delta\frac{\partial^2 u_x}{\partial y^2}\mathrm{d}y \tag{f}$$

式中，由于$\frac{\partial p}{\partial x}$在 $y=0\sim\delta$ 范围内与 y 无关，故

$$-\frac{1}{\rho}\int_0^\delta\frac{\partial p}{\partial x}\mathrm{d}y=-\frac{1}{\rho}\frac{\partial p}{\partial x}\delta \tag{g}$$

$$\begin{aligned}\nu\int_0^\delta\frac{\partial^2 u_x}{\partial y^2}\mathrm{d}y&=\nu\frac{\partial u_x}{\partial y}\bigg|_0^\delta=\nu\frac{\partial u_x}{\partial y}\bigg|_{y=\delta}-\nu\frac{\partial u_x}{\partial y}\bigg|_{y=0}\\&=0-\nu\frac{\partial u_x}{\partial y}\bigg|_{y=0}=-\nu\tau_s\end{aligned} \tag{h}$$

将式(g)、式(h) 代入式(f)，得

$$-\frac{1}{\rho}\int_0^\delta\frac{\partial p}{\partial x}\mathrm{d}y+\nu\int_0^\delta\frac{\partial^2 u_x}{\partial y^2}\mathrm{d}y=-\frac{1}{\rho}\frac{\partial p}{\partial x}\delta-\nu\tau_s \tag{i}$$

由式(e) 和式(i) 得

$$\frac{\partial}{\partial x}\int_0^\delta u_x(u_x-u_0)\mathrm{d}y=-\frac{1}{\rho}\frac{\partial p}{\partial x}\delta-\nu\tau_s$$

即

$$\rho\frac{\partial}{\partial x}\int_0^\delta u_x(u_0-u_x)\mathrm{d}y=\delta\frac{\partial p}{\partial x}+\tau_s$$

二、平板层流边界层的近似解

下面仍以不可压缩流体在平板壁面上的稳态层流边界层为例，讨论边界层积分动量方程的求解问题。

(一) 边界层内速度侧形的确定

根据大量的实验观察和测量可知，平板层流边界层内的速度侧形可近似用 n 次多项式函数逼近，即

$$u_x=\sum_{i=0}^{n}a_iy^i \tag{4-41}$$

式中 $a_i(i=0,1,2,\cdots,n)$ 为待定系数。a_i 可通过速度侧形 u_x 在边界层边界上所满足的条件确定。

(1) 速度侧形在边界层外部边界 $y=\delta$ 处应满足的条件　由于在该处边界层内的速度与外部来流速度 u_0 相衔接，速度的各阶导数均应等于零，即

$$y=\delta,\quad u_x=u_0,\quad \frac{\partial u_x}{\partial y}=0,\quad \frac{\partial^2 u_x}{\partial y^2}=0,\quad \frac{\partial^3 u_x}{\partial y^3}=0,\quad \cdots\cdots \tag{4-42}$$

(2) 速度侧形在壁面上应满足的条件　首先，黏性流体在壁面上满足不滑脱条件，即 $u_x=0$；其次，将普朗特边界层方程式(4-13) 应用于壁面 $y=0$ 处，由于在壁面上 $u_x=0$，$u_y=0$，将其代入式(4-13)，得$\dfrac{\partial^2 u_x}{\partial y^2}=0$。

为了考察三阶导数在壁面处的变化情况，将普朗特边界层方程对 y 求偏导数，可得

$$u_x\frac{\partial^2 u_x}{\partial y\partial x}+\frac{\partial u_x}{\partial x}\frac{\partial u_x}{\partial y}+u_y\frac{\partial^2 u_x}{\partial y^2}+\frac{\partial u_x}{\partial y}\frac{\partial u_y}{\partial y}=\nu\frac{\partial^3 u_x}{\partial y^3}$$

即

$$u_x\frac{\partial^2 u_x}{\partial y\partial x}+u_y\frac{\partial^2 u_x}{\partial y^2}+\frac{\partial u_x}{\partial y}\left(\frac{\partial u_x}{\partial x}+\frac{\partial u_y}{\partial y}\right)=\nu\frac{\partial^3 u_x}{\partial y^3}$$

对于不可压缩流体，上式左侧括号内的项等于零。将上式应用于壁面 $y=0$ 处，可得

$$\frac{\partial^3 u_x}{\partial y^3}=0$$

同理，可以考察到更高阶导数在壁面处也存在上述情况。

综上所述，速度侧形在壁面上应满足的条件为

$$y=0,\qquad u_x=0,\qquad \frac{\partial^2 u_x}{\partial y^2}=0,\qquad \frac{\partial^3 u_x}{\partial y^3}=0,\ \cdots\cdots \tag{4-43}$$

为了确定 n 次多项式函数式(4-41) 中的待定系数 a_0、a_1、a_2、…、a_n，可以从式(4-42) 与式(4-43) 中选取 $n+1$ 个最重要的边界条件，将其代入式(4-41)，得到含有 $n+1$ 个未知量 $(a_0,a_1,a_2,\cdots,a_n)$ 的代数方程组，求解该方程组即可得 a_0、a_1、a_2、…、a_n。下面以一次至四次多项式为例说明求解过程。

1. 线性多项式

$$u_x=a_0+a_1y \tag{4-44}$$

从式(4-42) 和式(4-43) 中选择两个边界条件：

(1) $y=0$：$u_x=0$

(2) $y=\delta$：$u_x=u_0$

代入式(4-44)，立即可得 $a_0=0$，$a_1=u_0/\delta$。因此速度侧形为

$$\frac{u_x}{u_0}=\frac{y}{\delta} \tag{4-44a}$$

2. 二次多项式

$$u_x=a_0+a_1y+a_2y^2 \tag{4-45}$$

选择 3 个边界条件：

(1) $y=0$：$u_x=0$

(2) $y=\delta$：$u_x=u_0$

(3) $y=\delta$：$\dfrac{\partial u_x}{\partial y}=0$

将以上边界条件代入式(4-45)，可得

$$a_0=0$$

$$a_1\delta+a_2\delta^2=u_0$$

$$a_1+2a_2\delta=0$$

求解以上线性方程组，得 $a_0=0$，$a_1=2u_0/\delta$，$a_2=-u_0/\delta^2$。因此用二次多项式表示的速度侧形为

$$\frac{u_x}{u_0}=2\left(\frac{y}{\delta}\right)-\left(\frac{y}{\delta}\right)^2 \tag{4-45a}$$

3. 三次多项式

$$u_x=a_0+a_1y+a_2y^2+a_3y^3 \tag{4-46}$$

需选择 4 个边界条件：

(1) $y=0$：$u_x=0$

(2) $y=\delta$：$u_x=u_0$

(3) $y=\delta$：$\dfrac{\partial u_x}{\partial y}=0$

(4) $y=0$：$\dfrac{\partial^2 u_x}{\partial y^2}=0$

将以上边界条件代入式(4-46)，可得

$$a_0=0$$

$$a_2=0$$

$$a_1\delta+a_3\delta^3=u_0$$

$$a_1+3a_3\delta^2=0$$

求解以上线性方程组，得 $a_0=0$，$a_1=\dfrac{3u_0}{2\delta}$，$a_2=0$，$a_3=-\dfrac{u_0}{2\delta^3}$。因此用三次多项式表示的速度侧形为

$$\frac{u_x}{u_0}=\frac{3}{2}\left(\frac{y}{\delta}\right)-\frac{1}{2}\left(\frac{y}{\delta}\right)^3 \tag{4-46a}$$

4. 四次多项式

$$u_x=a_0+a_1y+a_2y^2+a_3y^3+a_4y^4 \tag{4-47}$$

需选择 5 个边界条件：

(1) $y=0$：$u_x=0$

(2) $y=\delta$：$u_x=u_0$

(3) $y=\delta$：$\dfrac{\partial u_x}{\partial y}=0$

(4) $y=0$：$\dfrac{\partial^2 u_x}{\partial y^2}=0$

(5) $y=\delta$：$\dfrac{\partial^2 u_x}{\partial y^2}=0$

将以上边界条件代入式(4-47)，可得

$$\frac{u_x}{u_0}=2\left(\frac{y}{\delta}\right)-2\left(\frac{y}{\delta}\right)^3+\left(\frac{y}{\delta}\right)^4 \tag{4-47a}$$

应当注意，在用式(4-42) 和式(4-43) 的边界条件确定边界层内的速度侧形时，越靠前的边界条件越重要，应该首先满足。此外，如上所选定的多项式速度分布与真实速度侧形的接近程度需要用实验结果检验。

(二) 平板层流边界层的近似解

现以最常用的三次多项式所求得的速度侧形为例说明边界层积分动量方程的求解方法。将式(4-46a) 代入式(4-40) 积分求解，得

$$\begin{aligned}\rho\frac{\mathrm{d}}{\mathrm{d}x}\int_0^\delta(u_0-u_x)u_x\mathrm{d}y&=\rho\frac{\mathrm{d}}{\mathrm{d}x}\int_0^\delta u_0^2\left(\frac{u_x}{u_0}\right)\left(1-\frac{u_x}{u_0}\right)\mathrm{d}y\\&=\rho u_0^2\frac{\mathrm{d}}{\mathrm{d}x}\int_0^\delta\left[\frac{3}{2}\left(\frac{y}{\delta}\right)-\frac{1}{2}\left(\frac{y}{\delta}\right)^3\right]\left[1-\frac{3}{2}\left(\frac{y}{\delta}\right)+\frac{1}{2}\left(\frac{y}{\delta}\right)^3\right]\mathrm{d}y\\&=\tau_s\end{aligned}$$

积分得

$$\frac{39}{280}\rho u_0^2\frac{\mathrm{d}\delta}{\mathrm{d}x}=\tau_s \tag{4-48}$$

应予指出，在动量积分方程左侧对 y 进行积分时，δ 作为常数处理。但在求 x 的微分时，δ 为 x 的函数，即 $\delta=\delta(x)$。

式(4-48) 右侧的 τ_s 可由牛顿黏性定律并通过对式(4-46a) 求 y 的导数获得，即

$$\tau_s=\mu\left.\frac{\mathrm{d}u_x}{\mathrm{d}y}\right|_{y=0}=\mu\left[\frac{3}{2}\left(\frac{u_0}{\delta}\right)-\frac{3}{2}\left(\frac{u_0}{\delta^3}\right)y^2\right]_{y=0}=\frac{3}{2}\frac{\mu u_0}{\delta} \tag{4-49}$$

将式(4-49) 代入式(4-48)，化简可得

$$\delta\mathrm{d}\delta=\frac{140}{13}\frac{\mu}{\rho u_0}\mathrm{d}x \tag{4-50}$$

这是一个一阶常微分方程，边界条件为 $x=0$，$\delta=0$。将上式积分求解，得

$$\delta=4.64\sqrt{\frac{\mu x}{\rho u_0}}=4.64\sqrt{\frac{\nu x}{u_0}} \tag{4-51}$$

将上式写成无量纲形式为

$$\frac{\delta}{x}=4.64Re_x^{-1/2} \tag{4-52}$$

式中

$$Re_x=\frac{xu_0\rho}{\mu}=\frac{xu_0}{\nu}$$

下面确定流体沿平板壁面流动时产生的摩擦曳力。为此先求壁面的局部壁面剪应力 τ_{sx}。将式(4-51) 代入式(4-49)，得

$$\tau_{sx}=\frac{3}{2}\frac{\mu u_0}{4.64\sqrt{\nu x/u_0}}=0.323\rho u_0^2Re_x^{-1/2} \tag{4-53}$$

距平板前缘 x 处的局部摩擦曳力系数为

$$C_{Dx}=\frac{2\tau_{sx}}{\rho u_0^2}=0.646Re_x^{-1/2} \tag{4-54}$$

流体流过长为 L、宽为 b 的平板壁面所受的总曳力 F_d 为

$$F_d=b\int_0^L\tau_{sx}\mathrm{d}x=0.323\mu bu_0\sqrt{\frac{u_0}{\nu}}\int_0^L\frac{\mathrm{d}x}{\sqrt{x}}=0.646b\sqrt{\mu\rho Lu_0^3} \tag{4-55}$$

平均曳力系数 C_D 为

$$C_D=\frac{2F_d}{u_0^2\rho A}=\frac{2\times0.646b\sqrt{\mu\rho Lu_0^3}}{\rho u_0^2 bL}$$

上式整理得

$$C_D=1.292Re_L^{-1/2} \tag{4-56}$$

式中

$$Re_L=\frac{\rho u_0 L}{\mu}$$

对于前面给出的其他多项式速度侧形，亦可进行与之相类似的计算。为了将近似解的结果与本章第二节的精确解相比较，表 4-2 给出了选取一次至四次多项式的速度分布方程以及用三角函数 $\sin\left(\frac{\pi}{2}\frac{y}{\delta}\right)$表示的速度分布方程计算的结果。由表 4-2 可以看出，与精确解相比，动量积分方程法一般来说可以给出令人满意的结果。除线性分布及二次函数外，曳力及曳力系数的结果相当准确，与精确解的相对误差小于 3%。

表 4-2　平板层流边界层近似解与精确解的比较

$\frac{u_x}{u_0}$	$\frac{\delta}{x}Re_x^{1/2}$	$\frac{\tau_{sx}}{\rho u_0^2}Re_x^{1/2}$	$C_DRe_L^{1/2}$	$\frac{u_x}{u_0}$	$\frac{\delta}{x}Re_x^{1/2}$	$\frac{\tau_{sx}}{\rho u_0^2}Re_x^{1/2}$	$C_DRe_L^{1/2}$
$\frac{y}{\delta}$	3.46	0.289	1.155	$2\left(\frac{y}{\delta}\right)-2\left(\frac{y}{\delta}\right)^3+\left(\frac{y}{\delta}\right)^4$	5.83	0.343	1.372
$2\left(\frac{y}{\delta}\right)-\left(\frac{y}{\delta}\right)^2$	5.48	0.365	1.460	$\sin\left(\frac{\pi}{2}\frac{y}{\delta}\right)$	4.79	0.327	1.310
$\frac{3}{2}\left(\frac{y}{\delta}\right)-\frac{1}{2}\left(\frac{y}{\delta}\right)^3$	4.64	0.323	1.292	精确解	5.0	0.332	1.328

最后应予指出的是，在应用上述公式进行运算时，流体所处的位置应该距平板前缘足够远，即 x（或 L）值远较边界层厚度 δ 为大的地方。

【例 4-5】 常压下温度为 20℃的空气以 5m/s 的流速流过一块宽 1m 的平板壁面。试求距平板前缘 0.5m 处的边界层厚度及进入边界层的质量流率，并计算这一段平板壁面的曳力系数和所受的摩擦曳力。设临界雷诺数 $Re_{x_c}=5\times10^5$。

解　空气在 0.1MPa 和 20℃下的物性值为 $\mu=1.81\times10^{-5}\mathrm{N\cdot s/m^2}$，$\rho=1.205\mathrm{kg/m^3}$。

计算 $x=0.5$m 处的雷诺数：

$$Re_x=\frac{xu_0\rho}{\mu}=\frac{0.5\times5\times1.205}{1.81\times10^{-5}}=1.664\times10^5\ (<Re_{x_c})$$

故距平板前缘 0.5m 处的边界层为层流边界层。

(1) 求边界层厚度 δ　由式(4-52) 得

$$\delta=4.64xRe_x^{-1/2}=4.64\times0.5\times(1.664\times10^5)^{-1/2}=0.00569\ (\mathrm{m})$$

(2) 求进入边界层的质量流率　在任意位置 x 处，进入边界层内的质量流率 w_x 可根据下式求出：

$$w_x=\int_0^\delta \rho u_x b\,\mathrm{d}y \tag{a}$$

式中 b 为平板的宽度；u_x 为距平板垂直距离 y 处空气的流速。

层流边界层内的速度分布可采用式(4-46a) 表示：

$$u_x=u_0\left[\frac{3}{2}\left(\frac{y}{\delta}\right)-\frac{1}{2}\left(\frac{y}{\delta}\right)^3\right] \tag{b}$$

将式(b) 代入式(a) 积分，并代入已知数据，得

$$w_x=\int_0^\delta \rho u_0\left[\frac{3}{2}\left(\frac{y}{\delta}\right)-\frac{1}{2}\left(\frac{y}{\delta}\right)^3\right]b\,\mathrm{d}y=\frac{5}{8}\rho u_0 b\delta$$

$$w_x=\frac{5}{8}\times 1.205\times 5\times 1\times 0.00569=0.0214\ (\mathrm{kg/s})$$

（3）求曳力系数及曳力　由式(4-56) 得

$$C_D=1.292Re_L^{-1/2}=1.292\times(1.664\times 10^5)^{-1/2}=0.00317$$

$$F_d=C_D\frac{\rho u_0^2}{2}bL=0.00317\times\frac{1.205\times 5^2}{2}\times 1\times 0.5=0.0239\ (\mathrm{N})$$

第四节　管道进口段内的流体流动

根据本章第一节所述，流体在管道内的流动可分为性质截然不同的两部分——管道进口段内的流动和边界层在管中心汇合后充分发展的流动。关于管内充分发展的层流流动，第三章已做了详细讨论；而对于管内湍流的内容，将在第六章中阐述。本节重点讨论管道进口段内的流动问题。

前已述及，管内边界层的形成与发展有两种情况：一是进口段形成的层流边界层直接在管中心汇合，而后达到充分发展的层流流动；二是在进口段内首先形成层流边界层，然后逐渐过渡到湍流边界层，再在管中心汇合后形成充分发展的湍流。下面仅讨论较为简单的前一种即进口段为层流边界层的情况。

与平板壁面上的边界层的形成过程类似，管道进口段内的边界层亦为二维流动。考察不可压缩流体在圆管内做稳态流动的情况，由于流动沿管轴对称，即 $u_\theta=0$，$\frac{\partial}{\partial\theta}=0$，重力的影响很小而可忽略，则柱坐标系的运动方程式(2-47) 可简化为

$$u_r\frac{\partial u_r}{\partial r}+u_z\frac{\partial u_r}{\partial z}=-\frac{1}{\rho}\frac{\partial p}{\partial r}+\nu\left\{\frac{\partial}{\partial r}\left[\frac{1}{r}\frac{\partial}{\partial r}(ru_r)\right]+\frac{\partial^2 u_r}{\partial z^2}\right\} \tag{4-57a}$$

及

$$u_r\frac{\partial u_z}{\partial r}+u_z\frac{\partial u_z}{\partial z}=-\frac{1}{\rho}\frac{\partial p}{\partial z}+\nu\left[\frac{1}{r}\frac{\partial}{\partial r}\left(r\frac{\partial u_z}{\partial r}\right)+\frac{\partial^2 u_z}{\partial z^2}\right] \tag{4-57b}$$

这是一个非线性二阶偏微分方程组，采用分析方法求解是相当困难的。郎海尔（Langhaar）根据圆管进口段边界层流动的特点，并结合实验数据，对圆管进口段边界层做了详细分析，将复杂的二维流动近似为仅沿轴向 z 的一维流动，并将式(4-57b) 左侧的惯性力项近似为 z 的线性函数，得到了一个描述圆管进口段边界层流动的简化方程。在此仅给出求解的最后结果：

$$\frac{u_z}{u_0}=\frac{I_0[\gamma(z)]-I_0[(r/r_i)\gamma(z)]}{I_2[\gamma(z)]} \tag{4-58}$$

式中 I_0 和 I_2 分别是第一类修正的贝塞尔函数（Bessel function），可从有关的特殊函数手册中查得；r 和 r_i 分别是距管中心的距离坐标和管半径；$\gamma(z)$ 是 $(z/d)/Re$ 的函数，如图 4-4 所示，$Re=\frac{du_b\rho}{\mu}$为管内流动的雷诺数。

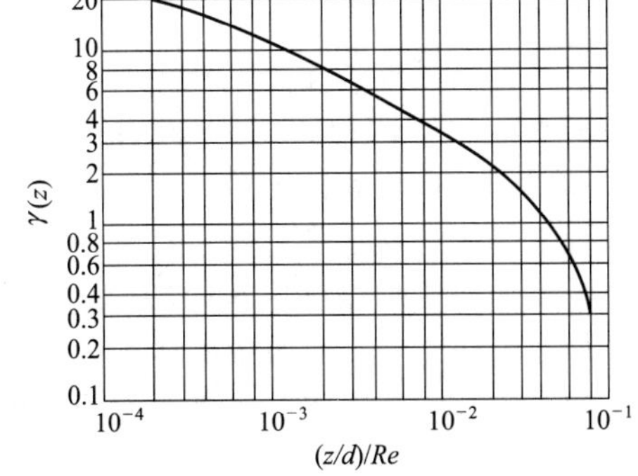

图 4-4　$\gamma(z)$ 与 $(z/d)/Re$ 的关系图

郎海尔还给出了计算流动进口段长度的表达式

$$\frac{L_e}{d}=0.0575Re \tag{4-59}$$

式中 d 为管内径。

式(4-59) 是用理论分析方法导出的，它与实验结果非常一致。

工程实际中，更为重要的是进口段的流动阻力

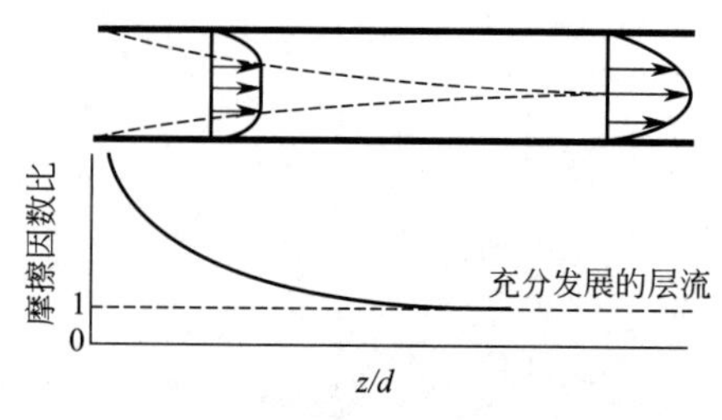

图 4-5　圆管进口段内范宁摩擦因数随轴向距离的变化

或范宁摩擦因数的求解问题。郎海尔的研究结果表明，范宁摩擦因数 f 在管的进口附近是最高的，其后沿流动方向平缓地减小，最后趋于流动充分发展后的不变值。图 4-5 绘出了圆管进口段区域层流流动时的范宁摩擦因数随轴向距离变化的定性结果。

管道进口段摩擦阻力较大的原因有二：其一为进口附近速度梯度较大，此速度梯度沿流动方向逐渐减小，而当流动充分发展时变为常数；其二是由于流体流动的连续性，使得边界层外部的流体流速增大。换言之，边界层外部的流体流速并非一直保持进口处的流速 u_0，而是沿轴向逐渐变大。于是，由于管中心流体的加速，会产生一个附加的流动阻力。

对于管道进口段内湍流边界层的理论分析以及进口段长度，目前尚无适当的计算公式。一些实验研究表明，管内湍流边界层的进口段长度大致出现在距进口端管长至少 50 倍管径的位置处。

第五节　边界层分离

本章前几节主要讨论了平板壁面上或水平管道进口段内的边界层流动问题。这些问题的共同特点是沿壁面法线方向上流体的压力变化可以忽略不计。也就是说，压力可以穿过边界层不变，或者说边界层对压力的分布没有影响。本节讨论另一类更广泛的边界层流动问题，即黏性流体流过曲面物体时边界层的形成过程及其特点。

与平板壁面上的边界层类似，当一个黏性流体流过曲面物体例如圆柱体时，在物体表面附近也形成边界层。但在某些情况下，如物体表面曲率较大时，常常会出现边界层与固体壁面相脱离的现象，此时壁面附近的流体将发生倒流并产生旋涡，导致流体能量大量损失。这种现象称为边界层分离，它是黏性流体流动时产生能量损失的重要原因之一。

现以黏性流体绕过一无限长圆柱体的流动为例讨论边界层是如何形成、发展与分离的。首先回顾一下在第三章中曾经分析过的理想流体绕过无限长圆柱体流动的情况，如图 3-10 所示。由于理想流体无黏性，当它流过圆柱体时，在柱体表面处滑脱。根据伯努利方程，在流场的任一点处，流速愈小，流体压力愈大。例如当流体到达如图 3-10 所示的 A 点即停滞点或驻点（stagnation point）时，流速为零，流体的压力 p 最大。由于流体是不可压缩的，后继的流体质点在 A 点处流体高压力的作用下，只好将其部分压力能转变为动能，并被迫改变原来的运动方向，绕过圆柱体继续向下游流去。由此可见，停滞点是一个奇异点，简称奇点。前曾指出，由于柱体前、后的流动完全对称，压力在柱体前、后的作用亦完全对称，其结果是流体对柱体未施加任何曳力。

但是，当黏性流体绕圆柱体流动时，情况就大不相同了，如图 4-6 所示。为讨论的方便，图 4-6 中仅绘出了柱体上侧壁面附近的部分流动区域。

如图所示，当黏性流体以大 Re 数绕过圆柱体流动时，由于流体的黏性作用，沿柱体表面的法线上将建立起速度边界层，且沿流动方向逐渐加厚。在 B 点之前的上游区，外流区域中的势流流动处于加速减压的状态，根据压力可以穿过边界层不变的特点可知边界层内的流体亦处于加速减压之下。所减少的压力能，一部分转变为流体的动能，另外一部分用于克服由于黏性流动产生的摩擦阻力。B 点之前的上游区，压力梯度 $\mathrm{d}p/\mathrm{d}x<0$，故为顺压区。在顺压区的边界层内，一方面压力梯度 $\mathrm{d}p/\mathrm{d}x$ 推动流体向前流动，另一方面流体的黏性作用阻止流体的流动。但由于流体的 Re 数大，压力梯度的作用大于黏性力的作用，故在此区域流体始终是向

前流动的。

但在 B 点以后的下游区，其流动状况就大不相同了。在此区域内，外部势流及边界层内的流动均处于减速加压状态下，即沿流动方向流速递减，压力递增，$\mathrm{d}p/\mathrm{d}x>0$，称为逆压区。在逆压区的边界层内，逆压梯度 $\mathrm{d}p/\mathrm{d}x>0$，与流体的黏性作用方向一致，二者均阻止流体向前流动。在二者的双重作用下，边界层内流体的流速愈来愈慢，以至于在壁面附近的某一点 P 处，流体质点的动能消耗殆尽而停滞下来，形成一个新的停滞点 P。在 P 点处，流体速度为零，但该点的压力较上游大。

由于流体是不可压缩的，后继的流体质点因 P 点处的高压不能接近该点，被迫脱离壁面和原来的流向向下游流去。这种边界层脱离壁面的现象称为边界层分离，P 点则称为分离点。

这样，在 P 点下游的壁面区域便形成了一个流体的空白区。在逆压区的逆压梯度作用下，必然会有倒流的流体来补充这一空白区，显然，这些倒流的流体不能靠近处于高压下的 P 点而被迫倒退回来，由此 P 点下游的区域产生流体的旋涡。在回流区与主流区之间存在一个分界面，如图 4-6 所示。

应予指出，由于产生边界层分离，在分离点以后的流动状况将大大改观，随之而来的是压力分布的改变，它转而又使引起边界层分离的条件发生变化。换言之，最终的分离点的位置将取决于最终的压力分布和速度分布，而不是取决于最初的流动条件。

参见图 4-6，在分离点 P 以前的壁面附近，流体的流动是向前的，因此，在壁面上 $\mathrm{d}u_x/\mathrm{d}y>0$；而在 P 点以后，流体产生倒流现象，于是在壁面上 $\mathrm{d}u_x/\mathrm{d}y<0$。由此可以推知，在 P 点处，$\mathrm{d}u_x/\mathrm{d}y=0$。也就是说，分离点是指速度分布曲线在物面处的切线变为与表面垂直的那一点。

由上述讨论可知，产生边界层分离的必要条件有两个：一是物面附近的流动区域中存在逆压梯度，二是流体的黏性。二者缺一不可。如果仅有流体的黏性而无逆压梯度，则流体不会倒流回来，例如流体沿平壁面上的流动即属于此；反之，如果仅存在逆压梯度而无黏性力作用，也不会产生边界层分离，例如前述的理想流体绕过柱体的流动即属于此。还应指出，即使两个因素都有，也不一定产生边界层分离。边界层分离与否，还要看物体表面的曲率或逆压梯度的大小。

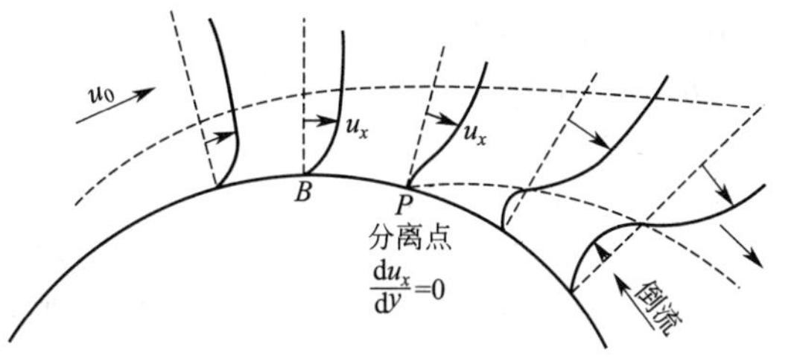

图 4-6 黏性流体流过圆柱体表面时产生边界层分离示意

现仍以图 4-6 所示的流动为例，进一步讨论流动的 Re 数对分离点位置的影响。若流体的流速较小或 Re 数较小，在圆柱体表面上形成的边界层可能为层流边界层。此时，流体的惯性力较小，流体克服逆压和摩擦阻力的能力较小，则分离点将向上游区移动。例如，实验测定表明，当 $Re=1.9\times10^5$ 时，分离点约在 $\theta=85°$的位置处，如图 4-7(a) 所示。

另一方面，若流体的流速较大，在圆柱体表面上形成的边界层可能为湍流边界层。在此情况下，由于流体的惯性力较大，流体克服逆压和摩擦阻力的能力较大，则分离点将向下游区移动。例如，当 $Re=6.7\times10^5$ 时，实验测定湍流边界层中的分离点可移至 $\theta=140°$的位置处，如图 4-7(b) 所示。

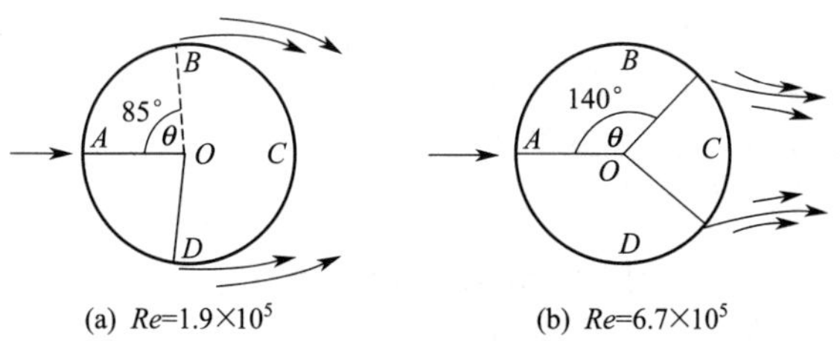

(a) $Re=1.9\times10^5$　　(b) $Re=6.7\times10^5$

图 4-7 Re 数对分离点位置的影响

边界层分离是产生形体曳力 F_{df} 的主要原因。边界层分离时产生大量的旋涡，消耗了流体能量。分离点越靠前，形体曳力越大。由于湍流边界层中的分离点较层流边界层的分离点延迟产生，可以预料，湍流边界层分离的尾流必然较小，从而其形体曳力 F_{df} 也较小。当然，这并不意味着湍流边界层的总曳力 F_d 比层流边界层小，只是指由物体前、后的压差引起的形体曳力 F_{df} 较小而已。

在多数情况下，像由圆柱体这样具有凸起形状的物体所产生的总曳力，主要是由物体前、后的压差引起的形体曳力，也称为压差曳力。只有在 Re 数较低时，因物体表面剪应力引起的摩擦曳力才显得重要。但是，当流体流过流线型物体或平板壁面时，其总曳力 F_d 主要为摩擦曳力 F_{ds}，而非形体曳力 F_{df}。

化工流体输送过程中，流体流经管件、阀门、管路突然扩大与突然缩小以及管路的进出口等局部地方，由于流向的改变和流道的突然变化等原因，都会出现边界层的分离现象。目前，对于因边界层分离产生的形体曳力的计算主要依靠经验方法，完全依靠理论求解是困难的。

工程上，为减小边界层分离造成的流体能量的损失，常常将物体做成流线型，如飞机的机翼、轮船的船体等均为流线形状。

习　题

4-1 常压下温度为 20℃的水以 5m/s 的流速流过一光滑平面表面，试求由层流边界层转变为湍流边界层的临界距离 x_c 值的范围。

4-2 流体在圆管中流动时，“流动已经充分发展”的含义是什么？在什么条件下会发生充分发展的层流，又在什么条件下会发生充分发展的湍流？

4-3 已知二维平面层流流动的速度分布为 $u_x=u_0(1-e^{cy})$，$u_y=u_{y0}(u_{y0}<0)$，式中 c 为常数。试证明该速度分布是普朗特边界层方程式(4-13) 的正确解，并以流动参数表示 c。

4-4 常压下温度为 30℃的空气以 10m/s 的流速流过一光滑平板表面，设临界雷诺数 $Re_{x_c}=3.2\times10^5$，试判断距离平板前缘 0.4m 及 0.8m 两处的边界层是层流边界层还是湍流边界层？求出层流边界层相应点处的边界层厚度。

4-5 20℃的水以 0.1m/s 的流速流过一长为 3m、宽为 1m 的平板壁面。试求：(1) 距平板前缘 0.1m 位置处沿法向距壁面 2mm 点的流速 u_x、u_y；(2) 局部曳力系数 C_{Dx} 及平均曳力系数 C_D；(3) 流体对平板壁面施加的总曳力。设 $Re_{x_c}=5\times10^5$。已知水的动力黏度为 $\mu=100.5\times10^{-5}\text{Pa}\cdot\text{s}$，密度为 $\rho=998.2\text{kg/m}^3$。

4-6 20℃的水以 1m/s 的流速流过宽度为 1m 的光滑平板表面，试求：(1) 距离平板前缘 $x=0.15$m 及 $x=0.3$m 两点处的边界层的厚度；(2) $x=0\sim0.3$m 一段平板表面上的总曳力。设 $Re_{x_c}=5\times10^5$。

4-7 空气在 20℃下以 0.15m/s 的速度流经一相距 25mm 的两平行光滑平板之间。求距离入口多远处两平板上的边界层相汇合。已知 20℃的空气物性为 $\rho=1.205\text{kg/m}^3$，$\mu=1.81\times10^{-5}\text{Pa}\cdot\text{s}$。

4-8 不可压缩流体稳态流过平板壁面，形成层流边界层，在边界层内速度分布为：

$$\frac{u_x}{u_0}=\frac{3}{2}\left(\frac{y}{\delta}\right)-\frac{1}{2}\left(\frac{y}{\delta}\right)^3$$

式中 δ 为边界层厚度，$\delta=4.64xRe_x^{-1/2}$。试求边界层内 y 方向速度分布的表达式 u_y。

4-9 常压下温度为 20℃的空气以 6m/s 的流速流过平板表面，试求临界点处的边界层厚度、局部曳力系数以及在该点处通过单位宽度 ($b=1$m) 边界层截面的质量流率。设 $Re_{x_c}=5\times10^5$。

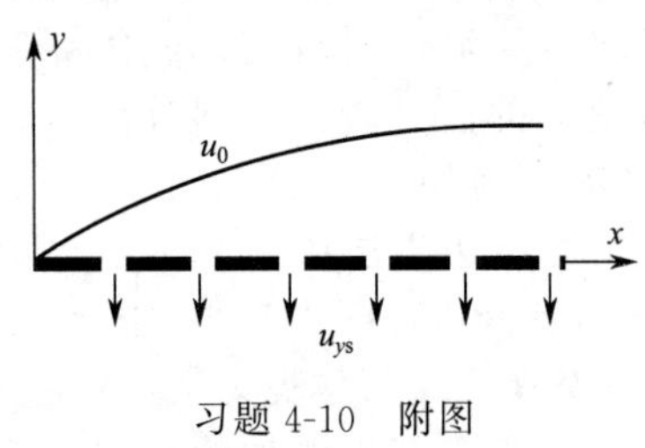

习题 4-10　附图

4-10 如本题附图所示，不可压缩黏性流体以层流流过一平板壁面，设平板边界层外的来流速度为 u_0，板面上有连续分布的小孔，通过小孔吸气，使流体以速度 u_{ys}（为常数）沿小孔从平板壁面流出。试从普朗特边界层方程出发，证明这种吸允壁面的平板边界层的积分动量方程为

$$\frac{\partial}{\partial x}\int_0^\delta \frac{u_x}{u_0}\left(1-\frac{u_x}{u_0}\right)\mathrm{d}y+\frac{u_{ys}}{u_0}=\frac{\tau_s}{\rho u_0^2}$$

4-11 20℃的水以 2m/s 的速度在平板上流动，试求离平板前缘 0.2m、离板面垂直距离 1×10^{-3}m 处的流速。已知水的运动黏度 $\nu=1.006\times10^{-6}\text{m}^2/\text{s}$，$Re_{x_c}=5\times10^5$。

4-12　101.3kPa、20℃的空气以15m/s的速度在平壁上流动。试求在$Re=1\times10^5$处：(1) 边界层厚度；(2) 局部曳力系数与平均曳力系数；(3) 壁面处的速度梯度；(4) 速度分布。已知空气的运动黏度$\nu=15.06\times10^{-6}\text{m}^2/\text{s}$，$Re_{x_c}=5\times10^5$。

4-13　常压下40℃的空气以12m/s的流速流过长度为0.15m、宽度为1m的光滑平板，试求平板上、下两面总共承受的曳力。设$Re_{x_c}=5\times10^5$。

4-14　某黏性流体以速度u_0稳态流过平板壁面，形成层流边界层，在边界层内流体的剪应力不随y方向变化。试求：(1) 从适当的边界条件出发，确定边界层内速度分布的表达式$u_x=u_x(y)$；(2) 从卡门边界层积分动量方程$\rho\frac{\text{d}}{\text{d}x}\int_0^\delta u_x(u_0-u_x)\text{d}y=\mu\left.\frac{\text{d}u_x}{\text{d}y}\right|_{y=0}$出发，确定$\delta$的表达式。

4-15　设平板层流边界层的速度分布为$u_x/u_0=1-\text{e}^{-y/\delta}$，试用边界层积分动量方程推导边界层厚度和平板阻力系数的计算式。式中，$\delta=\delta(x)$是边界层厚度，u_0是无穷远处来流速度。

4-16　某黏性流体以速度u_0稳态流过平板壁面，形成层流边界层，已知在边界层内流体的速度分布描述为：$u_x=a+b\sin cy$

试求：(1) 采用适当的边界条件，确定上式中的待定系数a、b和c，并求速度分布的表达式；(2) 用边界层积分动量方程推导边界层厚度和平板阻力系数的计算式。

4-17　常压下283K的空气以0.5m/s的流速流入内径为20mm的圆管。试利用平板边界层厚度的计算式和公式(4-59)估算进口段长度，并对计算结果进行比较，分析其不同的原因。

4-18　已知不可压缩流体在一很长的平板壁面上形成的层流边界层中，壁面上的速度梯度为$k=\left.\frac{\partial u_x}{\partial y}\right|_{y=0}$。设流动为稳态，试从普朗特边界层方程出发，证明壁面附近的速度分布可用下式表示：

$$u_x=\frac{1}{2\mu}\frac{\partial p}{\partial x}y^2+ky$$

式中$\partial p/\partial x$为沿板长方向的压力梯度，y为由壁面算起的距离坐标。

4-19　如本题附图所示，不可压缩黏性流体沿半径为r_0的无限长圆柱体表面做两维轴对称稳态流动，在柱面上形成层流边界层。设边界层外的来流速度u_0为常数，不计质量力的影响，试从一般连续性方程和运动方程出发，证明该流动的层流边界层方程为

$$u_z\frac{\partial u_z}{\partial z}+u_r\frac{\partial u_z}{\partial y}=\frac{\nu}{y+r_0}\frac{\partial}{\partial y}\left[(y+r_0)\frac{\partial u_z}{\partial y}\right]$$

及

$$\frac{\partial u_z}{\partial z}+\frac{1}{y+r_0}\frac{\partial[(y+r_0)u_r]}{\partial y}=0$$

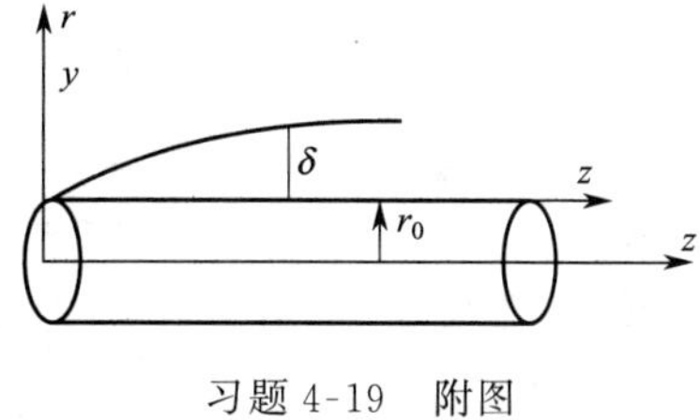

习题4-19　附图

4-20　不可压缩流体以u_0的速度流入宽为b、高为2h的矩形通道（b≫a），从进口开始形成速度边界层。已知边界层的厚度可近似按$\delta=5.48\sqrt{\nu x/u_0}$估算，式中x为沿流动方向的距离。试根据上述条件，导出计算流动进口段长度L_e的表达式。

4-21　当流体绕过物体运动时，在什么情况下会出现“逆向压力梯度”？是否在存在逆向压力梯度的条件下一定会发生边界层分离？为什么？

第五章　湍　　流

前两章重点讨论了层流流动的求解问题。然而，在工程实际中，特别是化工流体输送以及伴有流动的传热、传质过程，以湍流流动居多，因此研究湍流的特性及其运动规律有着更普遍和更重要的意义。

与层流相比，湍流流动无论在现象、规律还是处理方法上都有着很大的差别。湍流理论主要研究以下两方面的问题：①揭示湍流产生的原因；②研究已经形成的湍流运动的规律，以便解决工程实际问题。但遗憾的是，由于湍流运动的复杂性，截至目前还没有一个完整的理论能够满意地解决湍流流动的所有问题。

本章先介绍湍流的若干特点、湍流的起因以及湍流的表征方法，然后探讨应用奈维-斯托克斯方程求解湍流问题的基本途径，最后介绍圆管内湍流的求解问题以及量纲分析在动量传递研究中的应用。

第一节　湍流的特点、起因及表征

一、湍流的特点

前已述及，层流从宏观上来说是一种有规则的流体流动，即流体的质点是有规则地层层向下游流动；而湍流则是杂乱无章地在各个方向以大小不同的流速运动，流体的质点强烈地混合，但总的或平均的流动方向还是向前的。流体质点的这种不规则运动，使得其除在主流方向运动之外还存在各个方向的附加脉动，亦即在流场的任意空间位置上流体的流速与压力等物理量均随时间 θ 呈随机的高频脉动。因此，质点的脉动是湍流最基本的特点。

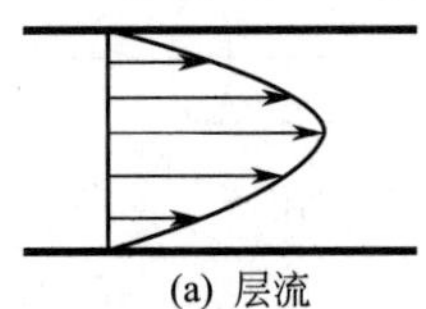

(a) 层流

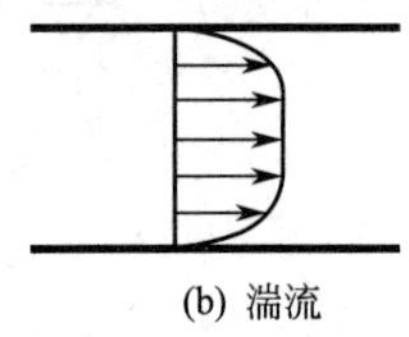

(b) 湍流

图 5-1　圆管中流体的速度分布

其次，由于湍流流体质点之间的相互碰撞，流体层之间的应力急剧增加。这种由于质点碰撞与混合产生的湍流应力较之由于流体黏性产生的黏性应力要大得多。由此可以推知，湍流流动阻力要远远大于层流阻力。这是湍流的又一特点。

湍流的另一特点是，由于质点的高频脉动与混合，在与流动垂直的方向上流体的速度分布较层流均匀。图 5-1(a)、(b) 分别表示流体在圆管中做层流流动和湍流流动的速度分布。由图可见，在大部分区域湍流速度分布较层流均匀，但在管壁附近湍流的速度梯度较层流陡峭。

二、湍流的起因

流体做湍流流动时，由于质点的运动是随机的，在流体内部将产生各种尺度的旋涡（或称微团）。这些旋涡在各个方向上做高频脉动。因此，流体由层流转变为湍流，需具备如下两个必要条件：①旋涡的形成；②旋涡形成后脱离原来的流层或流束，进入邻近的流层或流束。

旋涡的形成主要取决于如下因素。其一是流体的黏性。由于黏性作用，具有不同流速的相邻流体层之间将产生剪切力。例如，对于某一流层而言，速度比它大的流层施加于它的剪切力是顺流向的，而速度比它小的流层施加于它的剪切力则是逆流向的。因此，原流层所承受的这两种方向相反的剪切力便有构成力矩从而产生旋涡的倾向。其二是流层的波动。参见图 5-2，如在流动着的流体中，由于某种原因，流层发生轻微的波动，则流层凸起的地方将因微小流束截面的减小而使流速增大；反之，在凹入的地方，将因微小流束截面的增大而使流速减小。依伯努利方程，流速的增大将引起压力的减小，而流速的减小将引起压力的增大。这样一来，轻微波动的流层就将承受如图 5-2(a) 所示的横向压力（图中的“＋”号表示加压区，“－”号表示减压区）。显然，这种横向压力将促使流层的波动幅度更加增大，如图 5-2(b) 所示。最终在横向压力和剪应力的综合作用下，促成旋涡的生成，如图 5-2(c) 所示。除此之外，还有两个原因促成旋涡的形成：其一是边界层的分离，另一个原因是，当流体流过某些尖缘处时，也促成旋涡的形成，如图 5-3 所示。

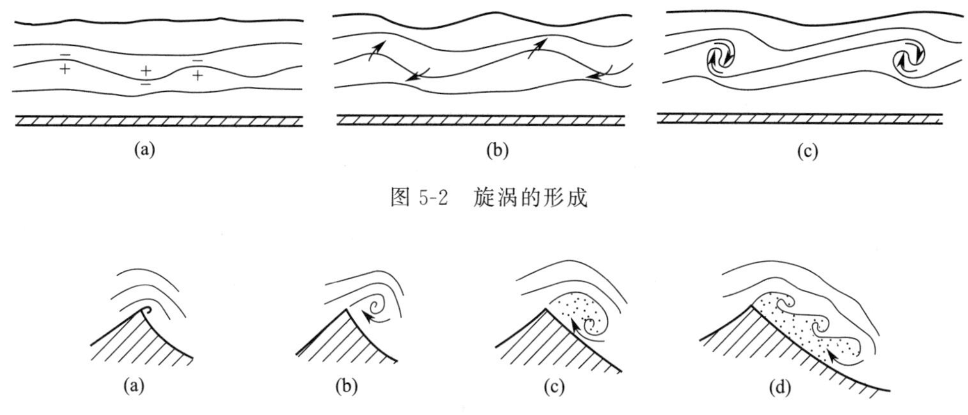

图 5-2　旋涡的形成

图 5-3　尖缘处旋涡的形成

现在进一步分析旋涡形成以后脱离原流层的问题。由于旋涡的存在，旋涡附近各流层的速度分布将有所改变，如图 5-4 所示。若将旋涡视为类似于旋转柱体，则必有茹可夫斯基（Zhoukowski）升力施加于旋涡，推动它进入邻近的流层。如图所示，当流动方向由左向右而旋涡顺时针旋转时，旋涡即会产生上升的倾向。但在这一过程中必须克服两种阻力：一个是旋涡起动和加速过程中的惯性力，另一个是在旋涡运动过程中的形体阻力和摩擦阻力。在开始脱离原流层的一瞬间，旋涡的形体阻力和摩擦阻力均为零，而惯性阻力则具有一定的数值。此后，旋涡旋转速度逐渐加快，旋涡即会脱离原流层而上升，此时形体阻力和摩擦阻力又开始占有一定的份额。由此可见，形成的旋涡并非一定脱离原流层，只有当旋涡的旋转强度达到一定数值后，亦即旋涡受到的升力大到足以克服上述阻力时，旋涡才有可能脱离原流层而进入新流层。

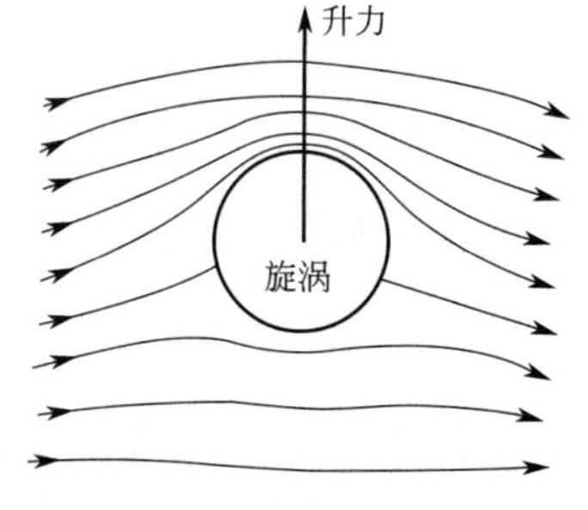

图 5-4　旋涡上的升力

当在某些流层中形成旋涡且旋涡脱离原流层进入新流层后，整个流动的内部结构就会完全改观。根据流体流动的连续性，各流层之间必然会产生旋涡的交换。这种旋涡的不断交换，就形成了通常所说的湍流。

由上述分析可知：流体的黏性既是形成旋涡的一个重要因素，同时它又会对旋涡的运动加以阻挠。因此黏性对流体的湍动既起着促进作用又起着制约作用。此外，微小的波动是形成旋涡的重要条件之一，所以湍流现象的产生不仅与流动的内在因素（如流速大、易于发生波动等）有关，同时也与外界因素有关。

关于湍流起因的定量分析，需要应用较多的稳定性理论方面的数学知识，读者可参阅有关专著。

三、湍流的表征

(一) 时均量与脉动量

如上所述，湍流中任一位置上的流体质点，除了在主流方向上的运动之外，还有各方向上附加的极不规则的脉动，且随时间而变。图 5-5 示出了这种流动的典型图像。图中曲线表示某一位置处流体质点的速度在 x 方向上的分量随时间的变化情况。其他两个方向的速度分量亦随时间而变。由图可以看出，这种表面上似乎是杂乱无章的速度，若按一段时间（一般数秒即可）统计平均起来，则其值是恒定的，任一点上的速度在 x、y、z 方向上的分量只是围绕着相应的平均值上下波动。据此，可将任意一点的速度分解成两部分：一是按时间平均而得的恒定值，称为时均速度（time mean velocity）；另一个是因脉动而高于或低于时均速度的部分，称为脉动速度（fluctuating velocity）。

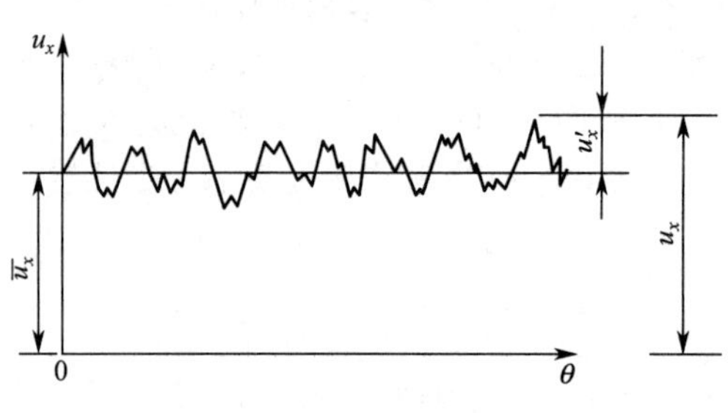

图 5-5 湍流中的速度脉动

在直角坐标系上，令 x、y、z 方向上流体质点的瞬时速度分别为 u_x、u_y、u_z，时均速度分别为$\bar{u}_x$、$\bar{u}_y$、$\bar{u}_z$，脉动速度分别为 u'_x、u'_y、u'_z，则它们之间的关系如下：

$$u_x=\bar{u}_x+u'_x \tag{5-1a}$$

$$u_y=\bar{u}_y+u'_y \tag{5-1b}$$

$$u_z=\bar{u}_z+u'_z \tag{5-1c}$$

除流速之外，湍流中的其他物理量如温度、压力、密度等也都是脉动的，亦可采用同样的方法来表征。如压力可以写成

$$p=\bar{p}+p' \tag{5-2}$$

上述时均值的定义可以用数学公式表达。以 x 方向为例，时均速度$\bar{u}_x$ 可以表达为

$$\bar{u}_x=\frac{1}{\theta_1}\int_0^{\theta_1}u_x\mathrm{d}\theta \tag{5-3}$$

式中 θ_1 是能使$\bar{u}_x$ 不随时间而变的一段时间。由于湍流中速度脉动的频率很高，一般只需数秒即可满足上述要求。

从微观上讲，所有湍流流动应属非稳态过程，因为流场中各物理量均随时间而变。通常所说的稳态湍流系指这些物理量的时均值不随时间变化。另一方面，由于湍流流动的质点沿各个方向的脉动是随机的，微观上湍流流动都应该是三维的。但从物理量的时均值意义上讲，一维湍流是指物理量的时均值仅沿一个坐标方向变化。但其他两个方向的脉动速度仍然存在。例如，沿 x 方向的一维湍流的定义为

$$u_x=\bar{u}_x+u'_x$$

$$u_y=u'_y$$

$$u_z=u'_z$$

湍流瞬时流速值可以用热线风速仪或激光测速仪测定，而常规的速度测量仪表如毕托管只能测定流速的时均值。

(二) 湍流强度

可以证明，湍流脉动速度的时均值为零，例如

$$\overline{u'_x}=\frac{1}{\theta_1}\int_0^{\theta_1}u'_x\mathrm{d}\theta=\frac{1}{\theta_1}\int_0^{\theta_1}(u_x-\bar{u}_x)\mathrm{d}\theta=0 \tag{5-4}$$

尽管脉动速度的时均值为零，脉动速度的大小仍反映了湍流的一些重要特性。例如，在流

场的任一点处，单位体积流体具有的时均动能为

$$\bar{E}_k=\frac{1}{2}\rho\left[\overline{(\bar{u}_x+u_x')^2+(\bar{u}_y+u_y')^2+(\bar{u}_z+u_z')^2}\right]$$

按时均值的定义，将上式展开，并注意到 $\overline{u_x u_x'}=0$，可得

$$\bar{E}_k=\frac{1}{2}\rho(\bar{u}_x^2+\bar{u}_y^2+\bar{u}_z^2+\overline{u_x'^2}+\overline{u_y'^2}+\overline{u_z'^2})$$

由此可见，湍流流体中任一质点的总动能不但与时均速度的大小有关，还与脉动速度的大小有关。这表明脉动量的均方根值 $(\overline{u_x'^2}+\overline{u_y'^2}+\overline{u_z'^2})^{1/2}$ 是一个重要的物理量。据此可引出湍流强度的一般定义为

$$I=\frac{\sqrt{(\overline{u_x'^2}+\overline{u_y'^2}+\overline{u_z'^2})/3}}{|\boldsymbol{u}|} \tag{5-5}$$

式中 $|\boldsymbol{u}|$ 为湍流中任一点处流速的数值。

对于沿 x 方向的一维湍流，式(5-5) 可写成

$$I=\frac{\sqrt{(\overline{u_x'^2}+\overline{u_y'^2}+\overline{u_z'^2})/3}}{\bar{u}_x} \tag{5-6}$$

如果 x、y 和 z 3 个方向上的湍流同性，则 3 个方向上的速度脉动分量 u_x'、u_y'、u_z' 的乘方值应该相等，即 $\overline{u_x'^2}=\overline{u_y'^2}=\overline{u_z'^2}$，于是式(5-6) 又可简化为

$$I=\frac{\sqrt{\overline{u_x'^2}}}{\bar{u}_x} \tag{5-7}$$

湍流强度是表征湍流特性的一个重要参数，其值因湍流状况不同而异。例如，流体在圆管中做湍流流动时，I 值范围为 0.01～0.1；而在尾流、自由射流这样的高湍动情况下，I 的数值有时可达 0.4。

【例 5-1】 用热线风速仪测定湍流流场中某一点的瞬时流速值如下（以毫秒计的相等时间间隔）：

u_x/(cm/s)：77，78，75，75，70，73，78，83，81，77，72

试计算该点处的时均速度及湍流强度。

解 （1）时均速度　近似采用算术平均值计算，即

$$\bar{u}_x=\frac{\sum u_x}{11}=76.3\ (\text{cm/s})$$

（2）脉动速度　由式(5-1)，脉动速度为

$$u_x'=u_x-\bar{u}_x$$

将题给各 u_x 值代入上式，得

u_x'/(cm/s)	0.7	1.7	−1.3	−1.3	−6.3	−3.3	1.7	6.7	4.7	0.7	−4.3
$u_x'^2$/(cm²/s²)	0.49	2.89	1.69	1.69	39.69	10.89	2.89	44.89	22.09	0.49	18.49

故

$$\overline{u_x'^2}=\frac{\sum u_x'^2}{11}=13.29$$

即

$$\sqrt{\overline{u_x'^2}}=\sqrt{13.29}=3.65$$

则湍流强度为

$$I=\frac{\sqrt{\overline{u_x'^2}}}{\bar{u}_x}=\frac{3.65}{76.3}=0.048$$

第二节　湍流时的运动方程

第二章曾经指出，连续性方程与运动方程不能直接用于求解湍流流动问题，这是由于湍流流动极不规则，每一质点的速度都随时间和空间随机地变化着。对于这类随机现象，人们对每点的真实速度并不感兴趣，而是将注意力集中在该点的平均运动上。因此，可以根据上一节提出的时均值的概念即将流场中任一点的瞬时物理量分解为时均值和脉动值，然后应用统计平均的方法从奈维-斯托克斯方程出发，研究平均运动的变化规律。工程上感兴趣的和实验测量出的物理量如速度、流动阻力等也都是平均意义下的数值，因此这样的处理方法完全能满足实际的需要。

一、雷诺方程

根据上述讨论可知，对连续性方程和运动方程进行时均值转换意味着考察各方程在 θ_1 时间内物理量的平均变化情况，从而获得描述湍流流动时物理量的时均值所满足的方程。此转换过程称为雷诺转换，转换后的方程称为雷诺方程。

在进行雷诺转换之前，先列出时均值运算的有关法则。设 f_1 和 f_2 代表湍流流场中的两个物理量，且 $f_1=\bar{f}_1+f_1'$，$f_2=\bar{f}_2+f_2'$ 则有

（ⅰ）$\bar{\bar{f}}_1=\bar{f}_1$

（ⅱ）$\overline{f_1+f_2}=\bar{f}_1+\bar{f}_2$

（ⅲ）$\overline{\bar{f}_1\cdot f_2}=\bar{f}_1\cdot\bar{f}_2$

（ⅳ）$\bar{f}_1'=0$

（ⅴ）$\overline{f_1\cdot f_2}=\bar{f}_1\cdot\bar{f}_2+\overline{f_1'\cdot f_2'}$

（ⅵ）$\overline{\dfrac{\partial f_1}{\partial x}}=\dfrac{\partial\bar{f}_1}{\partial x}$，$\overline{\dfrac{\partial f_1}{\partial y}}=\dfrac{\partial\bar{f}_1}{\partial y}$，$\overline{\dfrac{\partial f_1}{\partial z}}=\dfrac{\partial\bar{f}_1}{\partial z}$

以上时均值运算法则很容易由时均值的定义式(5-3) 及定积分的性质予以证明。

下面先对连续性方程做时均值转换。为方便起见，考察不可压缩流体稳态流动的情况。连续性方程为

$$\frac{\partial u_x}{\partial x}+\frac{\partial u_y}{\partial y}+\frac{\partial u_z}{\partial z}=0 \tag{2-20}$$

对上式各项取时均值，即

$$\overline{\frac{\partial u_x}{\partial x}+\frac{\partial u_y}{\partial y}+\frac{\partial u_z}{\partial z}}=\bar{0}$$

根据时均值法则（ⅱ），可得

$$\overline{\frac{\partial u_x}{\partial x}}+\overline{\frac{\partial u_y}{\partial y}}+\overline{\frac{\partial u_z}{\partial z}}=0$$

再由法则（ⅵ），显见

$$\frac{\partial\bar{u}_x}{\partial x}+\frac{\partial\bar{u}_y}{\partial y}+\frac{\partial\bar{u}_z}{\partial z}=0 \tag{5-8}$$

上式表明，湍流时的时均速度仍满足连续性方程。

其次，考察不可压缩流体稳态流动的运动方程。为使转换过程中及转换后的方程各项的物理意义更为明确，采用以应力表示的运动方程式(2-35)。在 x 方向

$$\rho\left(u_x\frac{\partial u_x}{\partial x}+u_y\frac{\partial u_x}{\partial y}+u_z\frac{\partial u_x}{\partial z}\right)=\rho X+\frac{\partial\tau_{xx}}{\partial x}+\frac{\partial\tau_{yx}}{\partial y}+\frac{\partial\tau_{zx}}{\partial z} \tag{2-35a}$$

将连续性方程式(2-20) 两侧乘以 ρu_x，得

$$\rho u_x\left(\frac{\partial u_x}{\partial x}+\frac{\partial u_y}{\partial y}+\frac{\partial u_z}{\partial z}\right)=0 \tag{5-9}$$

将式(2-35a) 与式(5-9) 相加，可得

$$\rho\left[\frac{\partial u_x^2}{\partial x}+\frac{\partial(u_y u_x)}{\partial y}+\frac{\partial(u_z u_x)}{\partial z}\right]=\rho X+\frac{\partial \tau_{xx}}{\partial x}+\frac{\partial \tau_{yx}}{\partial y}+\frac{\partial \tau_{zx}}{\partial z}$$

对上式两侧各项取时均值，并依次运用时均值法则（ⅱ)、(ⅵ)，得

$$\rho\left[\frac{\partial \overline{u_x^2}}{\partial x}+\frac{\partial(\overline{u_y u_x})}{\partial y}+\frac{\partial(\overline{u_z u_x})}{\partial z}\right]=\rho X+\frac{\partial \bar{\tau}_{xx}}{\partial x}+\frac{\partial \bar{\tau}_{yx}}{\partial y}+\frac{\partial \bar{\tau}_{zx}}{\partial z}$$

再利用法则（ⅴ)，可得

$$\rho\left[\frac{\partial \bar{u}_x^2}{\partial x}+\frac{\partial(\bar{u}_y\,\bar{u}_x)}{\partial y}+\frac{\partial(\bar{u}_z\,\bar{u}_x)}{\partial z}\right]+\frac{\partial(\overline{u_x'^2})}{\partial x}+\frac{\partial(\overline{u_y'u_x'})}{\partial y}+\frac{\partial(\overline{u_z'u_x'})}{\partial z}=\rho X+\frac{\partial \bar{\tau}_{xx}}{\partial x}+\frac{\partial \bar{\tau}_{yx}}{\partial y}+\frac{\partial \bar{\tau}_{zx}}{\partial z} \tag{5-10}$$

将上式左侧含脉动量的各项移至方程右侧，得

$$\rho\left(\bar{u}_x\frac{\partial \bar{u}_x}{\partial x}+\bar{u}_y\frac{\partial \bar{u}_x}{\partial y}+\bar{u}_z\frac{\partial \bar{u}_x}{\partial z}\right)=\rho X+\frac{\partial}{\partial x}(\bar{\tau}_{xx}-\rho\,\overline{u_x'^2})+\frac{\partial}{\partial y}(\bar{\tau}_{yx}-\rho\overline{u_x'u_y'})+\frac{\partial}{\partial z}(\bar{\tau}_{zx}-\rho\overline{u_x'u_z'}) \tag{5-11a}$$

同理，y 方向和 z 方向上不可压缩流体稳态流动的运动方程亦可转换为

$$\rho\left(\bar{u}_x\frac{\partial \bar{u}_y}{\partial x}+\bar{u}_y\frac{\partial \bar{u}_y}{\partial y}+\bar{u}_z\frac{\partial \bar{u}_y}{\partial z}\right)=\rho Y+\frac{\partial}{\partial x}(\bar{\tau}_{xy}-\rho\overline{u_x'u_y'})+\frac{\partial}{\partial y}(\bar{\tau}_{yy}-\rho\,\overline{u_y'^2})+\frac{\partial}{\partial z}(\bar{\tau}_{zy}-\rho\overline{u_y'u_z'}) \tag{5-11b}$$

$$\rho\left(\bar{u}_x\frac{\partial \bar{u}_z}{\partial x}+\bar{u}_y\frac{\partial \bar{u}_z}{\partial y}+\bar{u}_z\frac{\partial \bar{u}_z}{\partial z}\right)=\rho Z+\frac{\partial}{\partial x}(\bar{\tau}_{xz}-\rho\overline{u_x'u_z'})+\frac{\partial}{\partial y}(\bar{\tau}_{yz}-\rho\overline{u_y'u_z'})+\frac{\partial}{\partial z}(\bar{\tau}_{zz}-\rho\,\overline{u_z'^2}) \tag{5-11c}$$

式(5-11a)～式(5-11c) 即为不可压缩流体做稳态湍流运动的时均运动方程，又称为雷诺方程。

二、雷诺应力

现以 x 方向为例讨论雷诺方程的意义。比较式(2-35a) 与式(5-11a) 可以发现，方程左侧二者的形式完全相同。不过，经时均转换后，式(5-11a) 中的速度均以时均值代替了原来的瞬时值。但方程右侧的应力除用时均值代替原来的瞬时值外，并多出如下 3 项：$-\rho\,\overline{u_x'^2}$，$-\rho\overline{u_y'u_x'}$，$-\rho\,\overline{u_z'u_x'}$。这 3 项为湍流所特有，均与脉动速度的大小有关，其单位为 $[(\mathrm{kg/m^3})\cdot(\mathrm{m/s})^2]=[\mathrm{N/m^2}]$。这表明，流体做湍流运动时所产生的应力除了与层流中相同的一部分（即由于速度梯度引起的黏性应力）之外，还存在着附加的一部分应力，即法向附加应力 $-\rho\,\overline{u_x'^2}$ 和两个切向附加应力 $-\rho\overline{u_y'u_x'}$、$-\rho\overline{u_z'u_x'}$。这 3 个应力均是由于流体质点的脉动引起的，称为雷诺应力或湍流应力。在湍流中，雷诺应力要比黏性应力大得多。因此，对湍流而言，在许多场合仅考虑雷诺应力而忽略黏性应力。

以 $\overline{\tau^r}$ 表示雷诺应力，则 x 方向的 3 个雷诺应力为

$$\overline{\tau_{xx}^{r}}=-\rho\,\overline{u_x'^2} \tag{5-12a}$$

$$\overline{\tau_{yx}^{r}}=-\rho\overline{u_x'u_y'} \tag{5-12b}$$

$$\overline{\tau_{zx}^{r}}=-\rho\overline{u_x'u_z'} \tag{5-12c}$$

因此，湍流流动中的总应力为黏性应力与雷诺应力之和。以 x 方向为例，则

$$\overline{\tau_{xx}^{t}}=\bar{\tau}_{xx}+\overline{\tau_{xx}^{r}} \tag{5-13a}$$

$$\overline{\tau_{yx}^{t}}=\bar{\tau}_{yx}+\overline{\tau_{yx}^{r}} \quad (5\text{-}13b)$$

$$\overline{\tau_{zx}^{t}}=\bar{\tau}_{zx}+\overline{\tau_{zx}^{r}} \quad (5\text{-}13c)$$

式中$\bar{\tau}_{ij}$ $(i,j=x,y)$ 是由于时均速度梯度引起的黏性应力。

三维湍流时，共有 9 个雷诺应力，其中 3 个为法向应力，其余 6 个为剪应力。可用如下应力矩阵表示

$$\begin{bmatrix} \overline{\tau_{xx}^{r}} & \overline{\tau_{yx}^{r}} & \overline{\tau_{zx}^{r}} \\ \overline{\tau_{xy}^{r}} & \overline{\tau_{yy}^{r}} & \overline{\tau_{zy}^{r}} \\ \overline{\tau_{xz}^{r}} & \overline{\tau_{yz}^{r}} & \overline{\tau_{zz}^{r}} \end{bmatrix} \quad (5\text{-}14)$$

通过雷诺转换，将复杂湍流的真实运动代以时均运动，从而使问题大为简化。但是雷诺方程中未知量数多于方程个数。因此，需要确定各雷诺应力亦即脉动速度与时均速度之间的关系。这方面的工作主要沿两个方向进行：一个是湍流的统计学说，它无疑是一条正确的途径，但迄今为止还未达到能够直接有效地解决工程实际问题的水平；另一个方向是湍流的半经验理论，它是根据一些假设及实验结果建立雷诺应力与时均速度之间的关系。后者尽管在理论上有很大的欠缺，但在工程技术中得到了广泛的应用。

第三节　湍流的半经验理论

前已述及，湍流的半经验理论是通过对湍流的机理做出某些假设并结合实验结果建立雷诺应力与时均速度之间的关系，从而建立起描述湍流运动的封闭方程组，即方程组的变量个数等于方程数。本节扼要介绍两个常用的半经验理论。

一、波希尼斯克的湍应力公式

早在 1877 年，波希尼斯克（Boussinesq）曾经仿照层流流动中的牛顿黏性定律提出了雷诺应力与时均速度之间的关系。对于 x 方向的一维湍流，这一关系可写成

$$\overline{\tau_{yx}^{r}}=\rho\varepsilon\frac{\mathrm{d}\bar{u}_x}{\mathrm{d}y} \quad (5\text{-}15)$$

式中 $\overline{\tau_{yx}^{r}}=-\rho\overline{u_y'u_x'}$；

ρ——流体的密度；

ε——涡流运动黏度，又称表观运动黏度；

$\frac{\mathrm{d}\bar{u}_x}{\mathrm{d}y}$——时均速度梯度。

式(5-15) 中的涡流运动黏度 ε 与层流中的运动黏度 ν 的量纲相同，其单位均为 m^2/s。但二者有着本质的区别。ε 不是流体性质的函数，而是取决于流道中流体的位置、流速以及壁面粗糙度等因素的一个系数。目前还无法直接从理论上求解，只能通过实验数据确定。正是由于这一原因，虽然有了关系式(5-15)，还是很难确定雷诺应力与时均速度的关系。

二、普朗特混合长理论

雷诺应力是由宏观流体团的随机脉动引起，而黏性应力则是由分子的微观运动所致，二者在传递机理上十分相似。因此，可以仿照分子运动论中建立黏性应力和速度梯度之间关系的方法研究湍流中雷诺应力和时均速度之间的关系。基于这样的设想，普朗特（Prandtl）提出了混合长理论。下面以简单的 x 方向的一维稳态湍流来说明普朗特混合长理论的要点。此一维流动可以表达为

$$\bar{u}_x=\bar{u}_x(y)$$

$$\bar{u}_y=\bar{u}_z=0$$

普朗特假定：在湍流运动中，流体微团的脉动与分子的随机运动相似，即在一定距离 l' 内脉动的流体微团将不和其他流体微团相碰，因而可以保持自己的动量不变。只是在走了 l' 的距离后才和那里的流体团掺混，改变了自身的动量。l' 称为普朗特混合长（Prandtl mixing length）。

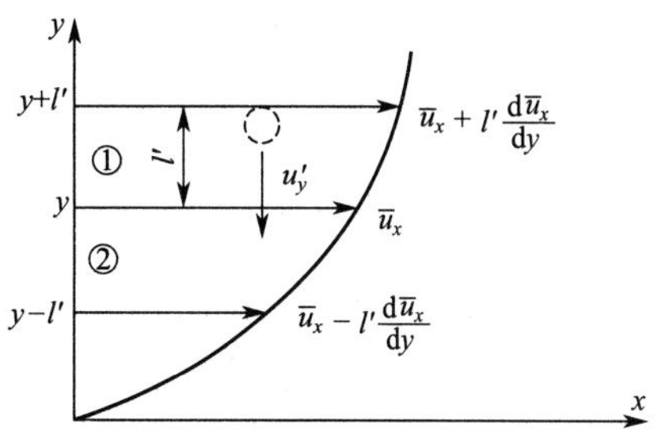

图 5-6 湍流时的普朗特混合长

如图 5-6 所示，在流体中任取两个平行于 x 轴的流体层，其边界分别为（$y,y+l'$）和（$y-l',y$）。因为在 y 方向存在速度脉动，在 y 截面上下两层流体①与②之间将交换动量，从而产生湍流应力。设在①层中有一流体微团以 $u'_y<0$ 的速度沿 y 方向向下脉动了 l' 距离，进入②层中，此时将使②层流体中获得动量通量为 $\rho u'_y\left(\bar{u}_x+l'\frac{\mathrm{d}\bar{u}_x}{\mathrm{d}y}\right)$；另一方面，如果②层内的流体微团以 $u'_y>0$ 的速度脉动进入①层，则将使②层流体失去动量通量 $\rho u'_y\left(\bar{u}_x-l'\frac{\mathrm{d}\bar{u}_x}{\mathrm{d}y}\right)$。于是，单位时间单位面积上②层流体内动量（即动量通量）改变的平均值为

$$\overline{\rho u'_y\left(\bar{u}_x+l'\frac{\mathrm{d}\bar{u}_x}{\mathrm{d}y}\right)-\rho u'_y\left(\bar{u}_x-l'\frac{\mathrm{d}\bar{u}_x}{\mathrm{d}y}\right)}=\rho\,\overline{u'_y l'\frac{\mathrm{d}\bar{u}_x}{\mathrm{d}y}} \tag{5-16}$$

由于雷诺应力表示湍流动量交换的通量，式(5-16) 代表的量即为雷诺应力 $\overline{\tau^{\mathrm{r}}_{yx}}$，于是有

$$\overline{\tau^{\mathrm{r}}_{yx}}=-\rho\,\overline{u'_x u'_y}=\rho\,\overline{u'_y l'\frac{\mathrm{d}\bar{u}_x}{\mathrm{d}y}} \tag{5-17}$$

由式(5-17) 可以看出

$$u'_x\propto l'\frac{\mathrm{d}\bar{u}_x}{\mathrm{d}y} \tag{5-18}$$

式(5-18) 表明，脉动速度与时均速度梯度成正比。

令 $\varepsilon=\overline{u'_y l'}$，并利用时均值法则（ⅲ），式(5-17) 可以写成

$$\overline{\tau^{\mathrm{r}}_{yx}}=\rho\varepsilon\frac{\mathrm{d}\bar{u}_x}{\mathrm{d}y} \tag{5-15}$$

式(5-15) 即为波希尼斯克的湍应力公式(5-15)。

为了获得脉动速度 u'_y 与时均速度的关系，普朗特又假定 u'_x 与 u'_y 同阶，即

$$u'_y\propto u'_x \tag{5-19}$$

由式(5-18) 可得

$$u'_y\propto l'\frac{\mathrm{d}\bar{u}_x}{\mathrm{d}y} \tag{5-20}$$

这一假定的合理性可做下述直观解释。设两个流体微团由于 y 方向的脉动速度 u'_y 的作用分别从 $y+l'$ 层和 $y-l'$ 层进入 y 层。$y+l'$ 层内流体微团的速度为 $\bar{u}_x+l'\frac{\mathrm{d}\bar{u}_x}{\mathrm{d}y}$，进入 y 层后使 y 层内流体产生沿 x 轴正方向的脉动速度为 $u'_x=l'\frac{\mathrm{d}\bar{u}_x}{\mathrm{d}y}$；同样地，$y-l'$ 层内流体团进入 y 层后使 y 层内流体产生沿 x 轴负方向的脉动速度为 $u'_x=l'\frac{\mathrm{d}\bar{u}_x}{\mathrm{d}y}$。这样，这两个流体微团将以相对速度 $2u'_y$ 向相反的方向运动。远离的结果就使得一部分空间空了出来。为了填补这一空间，四周流体纷纷进入，于是便产生了脉动速度 u'_y。从脉动速度分量 u'_y 的产生过程很容易理解 u'_y 与 u'_x 成正比。因为 u'_x 越大，产生的空间越大，填补空间的速度也越快，即 u'_y 越大。

将式(5-18)、式(5-20)代入式(5-17)，并利用时均值法则（ⅲ），得

$$\overline{\tau_{yx}^{r}} \propto \rho \overline{l'^2}\left(\frac{d\bar{u}_x}{dy}\right)^2$$

或写成

$$\overline{\tau_{yx}^{r}} = c_1 \rho \overline{l'^2}\left(\frac{d\bar{u}_x}{dy}\right)^2 \tag{5-21}$$

式中 c_1 为比例系数。

令 $l^2 = c_1 \overline{l'^2}$，$l$ 与 l' 仅差一常数，习惯上亦称 l 为混合长，因此

$$\overline{\tau_{yx}^{r}} = \rho l^2 \left(\frac{d\bar{u}_x}{dy}\right)^2 \tag{5-22}$$

由于 $\overline{\tau_{yx}^{r}}$ 的正负号随 $\frac{d\bar{u}_x}{dy}$ 的符号而变，式(5-22) 又可写成

$$\overline{\tau_{yx}^{r}} = \rho l^2 \left|\frac{d\bar{u}_x}{dy}\right| \frac{d\bar{u}_x}{dy} \tag{5-23}$$

式(5-23) 即为由普朗特混合长理论导出的雷诺应力与时均速度间的关系式。式中的 l 作为模型参数，需要通过实验确定。

乍看起来，式(5-23) 未必比式(5-15) 优越，只不过是用普朗特混合长 l 代替了涡流运动黏度 ε。l 仍是一个未知量。其实不然，将式(5-23) 与式(5-15) 比较，可得

$$\varepsilon = l^2 \left|\frac{d\bar{u}_x}{dy}\right| \tag{5-24}$$

由上式可知，ε 是 l 和 $d\bar{u}_x/dy$ 的函数。前曾指出，ε 是与位置、流速等因素有关的一个系数。这样，通过式(5-24) 就将位置与流速二者分离开来。实验证实 l 基本上与流速无关，又因为 l 有着长度的量纲，因此，在某些情况下，假定 l 主要随流道位置变化是合理的。诚然，l 与 μ 不同，它也不是流体性质的函数。但混合长 l 比 ε 易于估计。例如，l 的数值总不会大于流道尺寸，且在壁面处它的值应趋于零，等等。

除了普朗特混合长理论以外，目前许多研究者基于对湍流结构的分析提出了若干相应的半经验理论，例如泰勒（Taylor）的涡量扩散理论、冯·卡门（Von Kármán）的相似理论等，在此不做详细讨论。

第四节　无界固体壁面上的稳态湍流

本节利用普朗特混合长理论处理无界固体壁面附近的稳态湍流问题。设不可压缩的黏性流体在无界固体壁面上做稳态湍流流动，如图 5-7 所示。在壁面上任取一点为坐标原点，x 轴与壁面重合，y 轴垂直于壁面且指向流体内部。显然时均运动速度与坐标 x 无关，即 $\bar{u}_x = \bar{u}_x(y)$，因此动量传递仅在 y 方向进行。

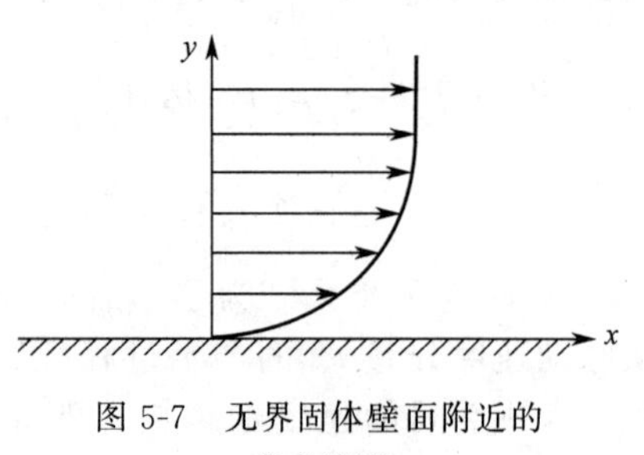

图 5-7　无界固体壁面附近的稳态湍流

根据湍流运动的连续性方程式(5-8) 可知

$$\frac{\partial \bar{u}_x}{\partial x} = 0$$

又动量传递仅在 y 方向进行，因此所有物理量在 x、z 方向不变化，即 $\partial/\partial x = 0$，$\partial/\partial z = 0$。故 y、z 方向的雷诺方程式(5-11b) 及式(5-11c) 的各项均为零。而 x 方向的雷诺方程式(5-11a) 可简化为

$$\frac{\partial}{\partial y}(\bar{\tau}_{yx}-\rho\overline{u'_x u'_y})=0 \tag{5-25}$$

由于$\bar{\tau}_{yx}=\mu\frac{\mathrm{d}\bar{u}_x}{\mathrm{d}y}$及$\overline{\tau^{\mathrm{r}}_{yx}}=-\rho\overline{u'_x u'_y}$，式(5-25) 又可写成

$$\mu\frac{\mathrm{d}^2\ \bar{u}_x}{\mathrm{d}y^2}+\frac{\mathrm{d}\ \overline{\tau^{\mathrm{r}}_{yx}}}{\mathrm{d}y}=0 \tag{5-26}$$

为简单起见，以下的推导均略去物理量的上、下标。将式(5-26) 沿 y 积分，得

$$\mu\frac{\mathrm{d}u}{\mathrm{d}y}+\tau^{\mathrm{r}}=C \tag{5-27}$$

式中 C 为积分常数，可由下述边界条件确定：

$$y=0,\qquad \tau^{\mathrm{r}}=0(u'_x=0,u'_y=0),\qquad \tau=\mu\frac{\mathrm{d}u}{\mathrm{d}y}=\tau_{\mathrm{s}}$$

将上述边界条件代入式(5-27)，可得 $C=\tau_{\mathrm{s}}$。因此，式(5-27) 可写成

$$\mu\frac{\mathrm{d}u}{\mathrm{d}y}+\tau^{\mathrm{r}}=\tau_{\mathrm{s}} \tag{5-28}$$

下面讨论式(5-28) 的求解问题。前曾指出，当流体做湍流流动时，在壁面附近的区域内存在一极薄的层流内层，然后经过一很薄的缓冲层过渡后发展成为湍流主体。因此，在求解式(5-28) 时，不同区域因传递机理不同，应分别考虑。在层流内层，流体的黏性应力起主导作用，τ^{r} 很小，可以忽略；在湍流主体，质点的脉动引起的雷诺应力远远大于黏性应力，因此可以完全忽略黏性应力的作用；而在层流内层与湍流主体之间的缓冲层内，黏性应力与雷诺应力起同等重要的作用，当 Re 数很大时缓冲层的厚度很小，可以忽略不计，此时可以认为层流内层和湍流主体的边界直接接壤。下面分别求解式(5-28) 在层流内层和湍流主体区内的解。

1. 层流内层

在层流内层，方程式(5-28) 可简化为

$$\mu\frac{\mathrm{d}u}{\mathrm{d}y}=\tau_{\mathrm{s}} \tag{5-29}$$

将上式分离变量积分，可得

$$u=\frac{\tau_{\mathrm{s}}}{\mu}y+C_1$$

考虑到边界条件 $y=0$，$u=0$ 后，可得积分常数 $C_1=0$，于是

$$u=\frac{\tau_{\mathrm{s}}}{\mu}y \tag{5-30}$$

为方便起见，可将式(5-30) 写成无量纲形式。为此引入摩擦速度 u^* 及摩擦距离 y^* 的概念，即令

$$u^*=\sqrt{\frac{\tau_{\mathrm{s}}}{\rho}} \tag{5-31}$$

$$y^*=\frac{\nu}{u^*}=\frac{\nu}{\sqrt{\tau_{\mathrm{s}}/\rho}} \tag{5-32}$$

之所以将 u^* 和 y^* 称为摩擦速度和摩擦距离，是由于二者分别有着［LT^{-1}］和［L］的量纲。依上述定义，式(5-30) 可以写成

$$\frac{u}{u^*}=\frac{y}{y^*}$$

上式左侧为无量纲速度，记为 u^+；右侧为无量纲距离，记为 y^+。即

$$u^{+}=\frac{u}{u^{*}} \tag{5-33}$$

$$y^{+}=\frac{y}{y^{*}} \tag{5-34}$$

于是层流内层中速度分布可写成

$$u^{+}=y^{+} \tag{5-35}$$

2. 湍流主体

在湍流主体内，雷诺应力起主导作用，黏性应力可忽略，式(5-28) 可简化为

$$\tau^{r}=\tau_{s}$$

将普朗特混合长理论获得的结果即式(5-22) 代入上式，可得

$$\rho l^{2}\left(\frac{\mathrm{d}u}{\mathrm{d}y}\right)^{2}=\tau_{s}$$

将式(5-31) 代入上式，得

$$l\frac{\mathrm{d}u}{\mathrm{d}y}=u^{*} \tag{5-36}$$

为了求解式(5-36)，需要根据问题的特点对混合长做出假设。根据实验观察，普朗特假设 l 与流体的黏性无关，而 l 为长度的量纲，于是很自然地假设

$$l=Ky \tag{5-37}$$

式中 K 为待定的比例常数。当 $y=0$，$l=0$，即 $\tau^{r}=0$。这与固体壁面上雷诺应力等于零的事实是吻合的。

将式(5-37) 代入式(5-36)，得

$$\frac{\mathrm{d}u}{\mathrm{d}y}=\frac{u^{*}}{K}\frac{1}{y}$$

积分上式，可得

$$u=\frac{u^{*}}{K}\ln y+C_{2} \tag{5-38}$$

式中 C_2 为积分常数，可由下述边界条件确定：在层流内层与湍流主体接壤的边界 $y=\delta_e$ 上，$u=u_e$。由此可定出 C_2 为

$$C_{2}=u_{e}-\frac{u^{*}}{K}\ln\delta_{e}$$

将上式代入式(5-38)，可得

$$\frac{u}{u^{*}}=\frac{1}{K}\ln\frac{y}{\delta_{e}}+\frac{u_{e}}{u^{*}} \tag{5-39}$$

写成无量纲形式，为

$$u^{+}=\frac{1}{K}\ln y^{+}+C_{3} \tag{5-40}$$

式中 $C_{3}=-\frac{1}{K}\ln\frac{\delta_{e}u^{*}}{\nu}+\frac{u_{e}}{u^{*}}$，它是若干未知参数的组合，其中 δ_e、u_e 与壁面情况有关，亦需由实验确定。

式(5-40) 表明，湍流主体内的速度分布可用对数形式的曲线来描述，它和层流流动的速度分布在结构上有很大差别。

应当指出，上面讨论的无界固体壁面上的湍流流动是一种理想化了的情况，实际上并不存在，它只是壁面附近流动的一种近似表示。尽管如此，由它揭示出来的湍流区域中的对数速度分布却有普遍意义。大量实验研究表明，不仅流体在管内、槽内湍流的速度分布满足这一规律，而且二维湍流边界层内的速度分布也大致具有这种形式。

第五节 圆管中的湍流

圆管中的湍流流动在工程实际中占有特别重要的地位。这不仅因为它在流体输送中应用得非常广泛，而且它所揭示的规律也有助于理解更复杂条件下的湍流流动。

本节先研究光滑圆管内的湍流，包括管内湍流的通用速度分布方程和流动阻力的计算；然后讨论管壁粗糙度的影响。

一、圆管稳态湍流的通用速度分布方程

考察不可压缩流体在水平圆管内做稳态湍流流动的情况。设流体的密度为 ρ，圆管直径为 d，并设所考察的部位远离进、出口，如图 5-8 所示。图中坐标 x 取为沿流动方向，坐标 y 取为由管壁算起的法向距离。

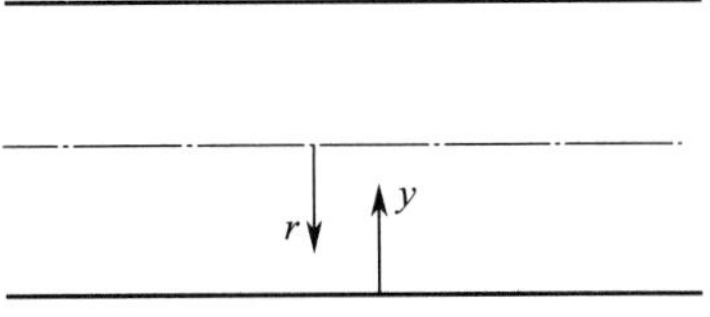

图 5-8 圆管内径向坐标 r 与 y 的关系

尼古拉则（Nikurades）等人对不可压缩黏性流体在细长光滑圆管内的湍流流动做了大量的实验研究。实验结果表明，圆管中湍流核心区的速度分布与无界固体壁面上的速度分布式(5-40）的形式完全相同，也是对数形式的速度剖面。对于光滑圆管，当取 $K=0.4$、$C_3=5.5$ 时，用式(5-40）绘出的曲线与实验值基本一致。

图 5-9 是应用尼古拉则（Nikurades）和莱查德（Reichardt）的实验数据绘制的 u^+ 与 $\ln y^+$ 的关系曲线。图中靠左侧的曲线是用式(5-35）拟合实验数据的结果，显然这一层流体为层流内层；而靠右侧的直线是用式(5-40）拟合数据点的结果，此层流体为湍流核心；处于中间范围的数据采用上述二式均不合适，但为方便起见，仍采用式(5-40）的形式进行近似拟合。由此可将图中的数据划分为 3 个区域，即层流内层、缓冲层与湍流主体。各流体层拟合的公式分别为

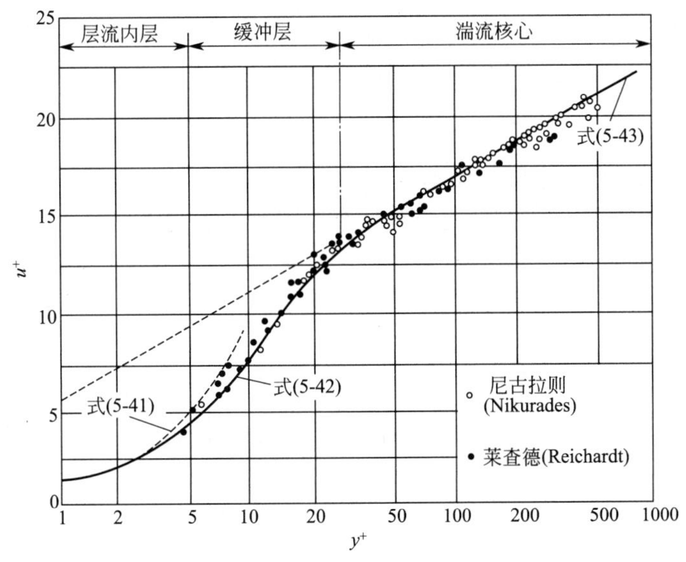

图 5-9 圆管中湍流流动的通用速度分布

（1）层流内层（$0\leqslant y^+\leqslant 5$）

$$u^+=y^+ \tag{5-41}$$

（2）缓冲层（$5\leqslant y^+\leqslant 30$）

$$u^+ = 5.0\ln y^+ - 3.05 \tag{5-42}$$

（3）湍流主体（$y^+ \geqslant 30$）

$$u^+ = 2.5\ln y^+ + 5.5 \tag{5-43}$$

式(5-41)～式(5-43) 即为光滑圆管湍流时的通用速度分布方程。这是一个半经验公式，它存在着明显的局限性和不足，例如用式(5-43) 计算管中心的速度梯度时并不为零，而实际在管中心的速度梯度必等于零。尽管如此，上述通用速度分布方程完全能够满足工程计算的要求。

当摩擦速度（或壁面剪应力）已知，则可通过式(5-41)～式(5-43) 求出各流体层的厚度。

对于层流内层，$y^+ \leqslant 5$，故其厚度 δ_b 为

$$\delta_b = 5\frac{\nu}{u^*} \tag{5-44a}$$

缓冲层（$y^+ \leqslant 30$）厚度 δ_m 为

$$\delta_m = 30\frac{\nu}{u^*} - \delta_b \tag{5-44b}$$

三流体层厚度之和为管半径 r_i，因此湍流核心厚度 δ_c 为

$$\delta_c = r_i - \delta_b - \delta_m \tag{5-44c}$$

此外，圆管中稳态湍流的速度分布亦可用如下形式的经验公式近似地表示：

$$u = u_{max}\left(\frac{y}{r_i}\right)^{1/n} = u_{max}\left(1 - \frac{r}{r_i}\right)^{1/n}$$

式中指数 n 随流动的 Re 数变化。在 $Re = 1\times10^5$ 左右，$n=7$，则上式可写成

$$u = u_{max}\left(1 - \frac{r}{r_i}\right)^{1/7} \tag{5-45}$$

式(5-45) 称为湍流的 1/7 次方定律。流体输送中较常遇到的 Re 值范围在 1×10^5 左右，故可采用此式计算。但它只是近似的，特别是不能表达壁面处的情况。在壁面处其速度梯度 $\frac{du}{dr} \to \infty$，显然与实际不符。

二、光滑圆管中的速度分布与流动阻力

根据摩擦速度的定义式(5-31)，可将范宁摩擦因数 f 的定义式写成如下形式：

$$\frac{f}{2} = \frac{\tau_s}{\rho u_b^2} = \left(\frac{u^*}{u_b}\right)^2 \tag{5-46}$$

或

$$\frac{u^*}{u_b} = \sqrt{\frac{f}{2}} \tag{5-47}$$

由此可知，为求得 f，需要先求出圆管截面的主体平均速度 u_b。根据定义

$$u_b = \frac{1}{\pi r_i^2}\int_0^{r_i} u \cdot 2\pi(r_i - y)\mathrm{d}(r_i - y) = \int_0^{r_i} 2u\left(1 - \frac{y}{r_i}\right)\mathrm{d}\left(1 - \frac{y}{r_i}\right) \tag{5-48}$$

由于层流内层和缓冲层非常薄，在积分上式求算 u_b 时可以用式(5-43) 代替整个速度剖面，所产生的误差可忽略不计。将式(5-43) 代入式(5-48) 积分，可得

$$u_b = u^*\left(2.5\ln\frac{r_i}{\nu}u^* + 1.75\right) \tag{5-49}$$

上式亦可写成

$$\frac{u_b}{u^*}=2.5\ln\left(\frac{r_i u_b}{\nu}\frac{u^*}{u_b}\right)+1.75=2.5\ln\left(\frac{Re}{2}\frac{u^*}{u_b}\right)+1.75 \tag{5-50}$$

此外，由式(5-43) 可求出管轴上的最大速度 u_{max} 为

$$\frac{u_{max}}{u^*}=2.5\ln\frac{r_i u^*}{\nu}+5.5 \tag{5-51}$$

式(5-51) 与式(5-49) 相减，得

$$\frac{u_{max}-u_b}{u^*}=3.75 \tag{5-52}$$

式(5-52) 称为速度衰减定律。该式是两式相减的结果，从中消去了与壁面状况有关的积分常数，故该式适用于任何壁面条件。

尼古拉则的实验结果为

$$\frac{u_{max}-u_b}{u^*}=4.07 \tag{5-52}$$

比较可知，二者非常接近。

将式(5-47) 代入式(5-50)，经整理得

$$\frac{1}{\sqrt{f}}=1.768\ln(Re\sqrt{f})-0.601 \tag{5-53}$$

式(5-53) 是以普朗特混合长理论为基础并结合尼古拉则的实验结果导出的范宁摩擦因数 f 的计算公式，通常称为卡门公式，它适用于光滑管中的湍流流动。雷诺数的适用范围为：$Re<3.4\times10^6$。

尼古拉则的实验结果为

$$\frac{1}{\sqrt{f}}=1.737\ln(Re\sqrt{f})-0.40 \tag{5-54}$$

可见二者相当接近。

式(5-54) 通常称为普朗特公式，它为一隐函数形式。下面给出几个常用的显式形式的经验公式：

布拉休斯（Blasius）的经验方程为

$$f=0.079Re^{-1/4} \quad (\text{适用范围：}3\times10^3<Re<1\times10^5) \tag{5-55}$$

另一个常用的经验式为

$$f=0.046Re^{-1/5} \quad (\text{适用范围：}5\times10^3<Re<2\times10^5) \tag{5-56}$$

以及下面的经验公式

$$f=0.00140+\frac{0.125}{Re^{0.32}} \quad (\text{适用范围：}3\times10^3<Re<3\times10^6) \tag{5-57}$$

现将几个常用的求算 f 的公式示于图 5-10 中。图 5-10 中还绘出了求算层流区 f 的关系曲线，即

$$f=\frac{16}{Re} \tag{3-53}$$

由图 5-10 可以看出，直到 $Re=1\times10^5$，式(5-53) 和式(5-55) 都与实验数据很一致。但当 $Re>1\times10^5$ 时，式(5-55) 就愈来愈与实验结果偏离，而式(5-53) 仍然与实验结果保持一致。由此亦可看出，式(5-53) 这样的对数方程还可以扩展用于雷诺数更大的场合。

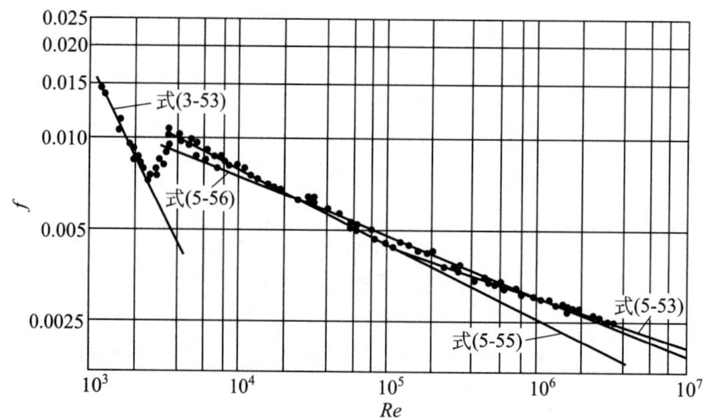

图 5-10　光滑管中范宁摩擦因数 f 的求算图

【例 5-2】 293K 的水流过内径为 0.06m 的光滑水平圆管。已知水的主体流速为 20m/s，试求距管壁 0.02m 处的速度、剪应力及混合长 l 的值。已知 293K 下水的物性值如下：$\mu=1\times10^{-3}\mathrm{N\cdot s/m^2}$，$\rho=998\mathrm{kg/m^3}$，$\nu=1.002\times10^{-6}\mathrm{m^2/s}$。

解 流动的雷诺数为 $Re=\dfrac{du_b\rho}{\mu}=\dfrac{0.06\times20\times998}{1\times10^{-3}}=1.198\times10^6$，由式(5-57) 计算 $f=0.0028$，再将 f 值代入式(5-47)，得

$$u^*=20\times\sqrt{0.0028/2}=0.748\ (\mathrm{m/s})$$

又由式(5-34) 可得

$$y^+=\frac{yu^*}{\nu}=\frac{0.02\times0.748}{1.002\times10^{-6}}=1.493\times10^4(>30)$$

故由式(5-43) 得

$$u^+=2.5\ln y^++5.5=2.5\ln(1.493\times10^4)+5.5=29.53$$

由式(5-33)$u^+=\dfrac{u}{u^*}$，距管壁 0.02m 处的速度为

$$u=u^+u^*=29.53\times0.748=22.09\ (\mathrm{m/s})$$

由式(5-31) $u^*=\sqrt{\tau_s/\rho}$ 得

$$\tau_s=(u^*)^2\rho=0.748^2\times998=558.38\ (\mathrm{N/m^2})$$

而 $\tau=\tau_s\left(1-\dfrac{y}{r_i}\right)$，其中 $r_i=\dfrac{0.06}{2}=0.03\mathrm{m}$，故距管壁 0.02m 处的剪应力为

$$\tau=558.38\times\left(1-\frac{0.02}{0.03}\right)=186.13\ (\mathrm{N/m^2})$$

将式(5-43) 两侧同乘以 u^*，可得

$$u=2.5u^*\ln y^++5.5u^*$$

对 y^+ 求导数，得

$$\frac{\mathrm{d}u}{\mathrm{d}y^+}=\frac{2.5u^*}{y^+}$$

因为 $y=\dfrac{\nu}{u^*}y^+$，$y^+=\dfrac{u^*y}{\nu}$，故

$$\frac{\mathrm{d}u}{\mathrm{d}y}=\frac{\mathrm{d}u}{\mathrm{d}\left(\dfrac{\nu}{u^*}y^+\right)}=\frac{u^*}{\nu}\frac{\mathrm{d}u}{\mathrm{d}y^+}$$

$$\frac{\mathrm{d}u}{\mathrm{d}y}=\frac{u^*}{\nu}\frac{2.5u^*}{y^+}=\frac{2.5u^*}{y}$$

而 $\tau=\rho l^2\left(\frac{\mathrm{d}u}{\mathrm{d}y}\right)$，所以混合长 l 为

$$l=\sqrt{\frac{\tau}{\rho}}\cdot\left(\frac{\mathrm{d}u}{\mathrm{d}y}\right)^{-1}=\sqrt{\frac{\tau}{\rho}}\cdot\left(\frac{2.5u^*}{y}\right)^{-1}=\sqrt{\frac{186.13}{998}}\times\left(\frac{2.5\times0.748}{0.02}\right)^{-1}=0.00462\ (\mathrm{m})$$

三、粗糙管中的速度分布与流动阻力

前面讨论了光滑圆管内的湍流流动。但是，工程实际中所用的管子多数不能认为是光滑的，或多或少地都有一定的粗糙度。因此研究管壁粗糙程度对湍流流动的影响具有重要的实际意义。

管壁的粗糙程度通常可用绝对粗糙度或相对粗糙度表示。绝对粗糙度系指壁面凸出部分的平均高度，以 e 表示；相对粗糙度定义为绝对粗糙度与管径的比值，即 e/d。

尼古拉则对于内壁面由砂粒组成的粗糙管进行了大量细致的实验研究，对于相对粗糙度为 0.2%～5%的各种情形测定了范宁摩擦因数 f 和速度剖面，其实验结果示于图 5-11 中。

由图 5-11 中可以看出：

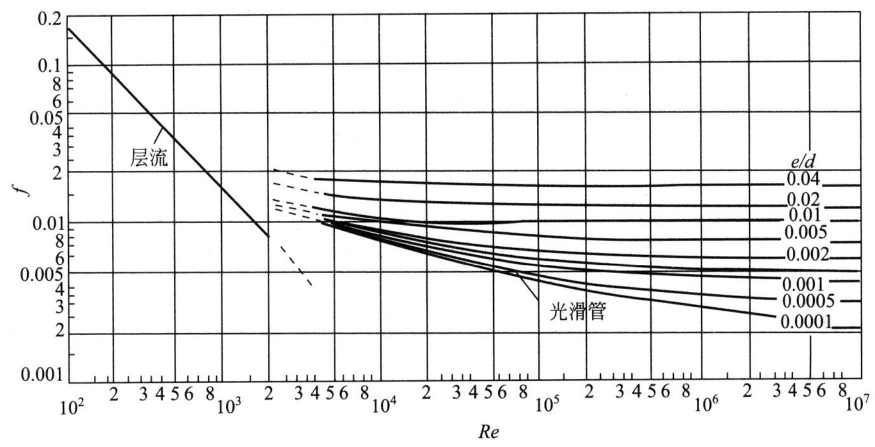

图 5-11 粗糙管内范宁摩擦系数

① 在层流区，粗糙管与光滑管的阻力系数相同，壁面粗糙度的影响可以忽略不计。此时，流体充满糙峰之间的间隙，而内部流层则平滑地流过有效直径为 $d-2e$ 的管道。

② 在过渡区，临界雷诺数与相对粗糙度 e/d 的大小无关（仍约为 2000），过渡状态几乎也与相对粗糙度无关。

③ 在湍流区，对于每一个相对粗糙度 e/d，都存在着一个对应的较小的雷诺数区域，在此区域内粗糙管的流动阻力与光滑管的相同，即 f 仅与雷诺数有关。当雷诺数增大到某一数值时，粗糙管的 $f\sim Re$ 曲线便与光滑管的 $f\sim Re$ 曲线产生偏离。此时，f 既与 Re 有关，又与 e/d 有关。e/d 越大，这种偏离发生得越早，即发生偏离的雷诺数越小。当雷诺数超过某一数值后，f 变成与 Re 数无关的某一常数。此时 f 仅与 e/d 的大小有关。而且，e/d 愈大，f 也愈大。在此区域内，流动阻力与流速的平方成正比，称为阻力平方区。

由上述讨论可知，粗糙度对层流和过渡区几乎没有任何影响。因此，对于圆管内的层流或过渡区流动，可以不必区分光滑管和粗糙管。但对于圆管内的湍流，就必须加以区分，因为此时粗糙度严重地影响阻力系数的数值。

不同的粗糙度呈现出不同的湍流流动，其范宁摩擦因数 f 与绝对粗糙度 e 以及层流内层厚

度 δ_b 之间的比值密切相关。因此，在考察管壁粗糙度对湍流的影响时，可以引入参数 e/δ_b。

由层流内层厚度的计算公式(5-44a) 可知

$$\delta_b \propto \nu/u^*$$

因此

$$\frac{e}{\delta_b} \propto \frac{eu^*}{\nu}$$

也就是说，参数 e/δ_b 可以用 eu^*/ν 代替。

下面根据湍流区 f 与粗糙度的关系，将粗糙管内的湍流流动分成 3 种不同的类型，分别进行讨论。

(1) 水力光滑管　此时

$$0 \leqslant \frac{eu^*}{\nu} \leqslant 5, f = f(Re)$$

粗糙峰全部埋藏在层流内层内，对湍流核心区的流动不发生影响。在此情况下，粗糙管和光滑管没有区别，所以称为水力光滑管。在水力光滑管内，f 仅与 Re 有关，而与粗糙度无关。

(2) 过渡区圆管　此时

$$5 \leqslant \frac{eu^*}{\nu} \leqslant 70,\ f = f\left(Re, \frac{e}{d}\right)$$

部分粗糙峰伸出层流内层区，当流体流过这些粗糙峰时会产生附加的形体阻力并出现旋涡，因此粗糙管的流体阻力大于光滑管。f 既与 Re 有关，也与粗糙度有关。

(3) 完全粗糙管　此时

$$\frac{eu^*}{\nu} \geqslant 70,\ f = f\left(\frac{e}{d}\right)$$

所有的粗糙峰几乎全部伸出层流内层区，形成流体的旋涡，其阻力的绝大部分是形体阻力，因此流动阻力与流速的平方成正比。

下面扼要地讨论这 3 种流动状态下的速度分布和范宁摩擦因数 f 的求解问题。前面曾指出，湍流对数型速度分布曲线中的 K 与壁面情况无关。因此，对于粗糙管，对数型速度分布仍然有效。将式(5-40) 写成下面的形式：

$$\frac{u}{u^*} = \frac{1}{K}\ln y + C \tag{5-58}$$

对于圆管湍流，$K=0.4$，而 C 与壁面条件有关。为了将粗糙度的影响考虑进去，可将上式改写成下述形式：

$$\frac{u}{u^*} = \frac{1}{K}\ln\frac{y}{e} + B \tag{5-59}$$

对于水力光滑管，上式应和光滑管的速度分布式(5-43) 相同。将式(5-59) 与式(5-43) 比较，可得

$$B = 5.5 + 2.5\ln\frac{eu^*}{\nu} \tag{5-60}$$

此时的速度分布和摩擦系数与光滑圆管完全相同。

对于完全粗糙管，式(5-59) 中的系数 B 应取 8.5，故速度分布为

$$\frac{u}{u^*} = 2.5\ln\frac{y}{e} + 8.5 \tag{5-61}$$

下面进一步推导计算范宁摩擦因数 f 的公式。在式(5-61) 中，令 $y=r_i$ 则 $u=u_{max}$，即

$$\frac{u_{max}}{u^*} = 2.5\ln\frac{r_i}{e} + 8.5 \tag{5-62}$$

将上式代入速度衰减定律式(5-52)，可得

$$\frac{u_b}{u^*}=2.5\ln\frac{r_i}{e}+8.5-3.75=2.5\ln\frac{r_i}{e}+4.75 \tag{5-63}$$

再将范宁摩擦因数 f 与 u^* 的关系式(5-47) 代入上式，整理可得

$$\frac{1}{\sqrt{f}}=1.77\ln\frac{r_i}{e}+3.66 \tag{5-64}$$

上式在很大的 Re 数范围内与实验数据符合得很好。

过渡区的流动比较复杂，目前还不能用理论分析的方法求解其速度分布和流体阻力。

【例 5-3】 20℃的水以 1.524m/s 的流速流过内径为 0.0508m 的粗糙水平圆管，管壁的相对粗糙度为 $e/d=0.015$。试求距管壁 0.0191m 处的速度及剪应力。已知 20℃水的物性值为 $\mu=1\times10^{-3}\text{N}\cdot\text{s/m}^2$，$\rho=998\text{kg/m}^3$。

解

$$\nu=\frac{\mu}{\rho}=\frac{1\times10^{-3}}{998}=1.002\times10^{-6}\ (\text{m}^2/\text{s})$$

$$Re=\frac{du_b}{\nu}=\frac{0.0508\times1.524}{1.002\times10^{-6}}=7.73\times10^4>2000$$

故为管内湍流。

由 $Re=7.73\times10^4$ 及 $e/d=0.015$，查图 5-11 得

$$f=0.011$$

故

$$u^*=u_b\sqrt{f/2}=1.524\times\sqrt{0.011/2}=0.113\ (\text{m/s})$$

$$\frac{eu^*}{\nu}=\frac{0.015du^*}{\nu}=\frac{0.015\times0.0508\times0.113}{1.002\times10^{-6}}=85.93>70$$

故该流动为完全粗糙管中的湍流。

由式(5-61) 可求得 $y=0.0191\text{m}$ 处的流速为

$$u=u^*\left(2.5\ln\frac{y}{e}+8.5\right)=0.113\times\left(2.5\times\ln\frac{0.0191}{0.015\times0.0508}+8.5\right)=1.87\ (\text{m/s})$$

由式(5-31) 可得壁面处的剪应力为

$$\tau_s=u^{*2}\rho=0.113^2\times998=12.74\ (\text{N/m}^2)$$

于是 $y=0.0191\text{m}$ 处的剪应力由式(3-7) 得

$$\tau=\tau_s\frac{r}{r_i}=\tau_s\left(1-\frac{y}{r_i}\right)=12.74\times\left(1-\frac{0.0191}{0.0254}\right)=3.16\ (\text{N/m}^2)$$

第六节 平板壁面上湍流边界层的近似解

第四章中曾经指出，边界层积分动量方程［式(4-40)］既适用于层流边界层也适用于湍流边界层。本节讨论用该方程求解平板壁面上湍流边界层的问题。

与层流边界层的计算类似，需要选取一个尽可能接近真实的单参数速度剖面。对于湍流边界层而言，有两点与层流不同：①湍流边界层的速度剖面与层流不同；②τ_s 不能通过直接微分湍流的速度剖面求出，因为 τ_s 是在层流内层区，而速度剖面是在湍流核心区。因此必须采用经验的或半经验的公式。

从本章第四节和第五节的讨论可知，固体壁面上湍流的速度分布以对数形式表达为好，但如果将其代入积分动量方程中积分既冗长又复杂，因此这里采用一种较为简单的指数形式的速度剖面，即布拉休斯的 1/7 次方定律。这是一个经验方程，在平壁上的速度分布表达式为

$$\frac{u_x}{u_0}=\left(\frac{y}{\delta}\right)^{1/7} \tag{5-65}$$

式中 δ——湍流边界层厚度；

u_0——边界层外的来流速度。

与式(5-65) 相对应的壁面剪应力公式为

$$\frac{\tau_s}{\rho u_0^2} = 0.023\left(\frac{\delta u_0}{\nu}\right)^{-1/4} \tag{5-66}$$

对于平板壁面，式(5-65) 适用的范围为：$1\times10^6 < Re_x < 2\times10^7$。应该注意，式(5-65) 当 $y\to0$ 时不存在。

现将边界层积分动量方程式(4-40) 写成如下形式：

$$\rho\frac{d}{dx}\int_0^\delta (u_0-u_x)u_x dy = \rho u_0^2\frac{d\delta}{dx}\int_0^1\left(1-\frac{u_x}{u_0}\right)\frac{u_x}{u_0}d\left(\frac{y}{\delta}\right) = \tau_s \tag{5-67}$$

将式(5-65) 代入式(5-67) 积分，可得

$$\frac{d\delta}{dx} = \frac{72}{7}\frac{\tau_s}{\rho u_0^2}$$

再将式(5-66) 代入上式，得

$$\frac{d\delta}{dx} = \frac{72}{7}\times0.023\left(\frac{\delta u_0}{\nu}\right)^{-1/4} \tag{5-68}$$

这是一个一阶常微分方程，边界条件为：$x=0$，$\delta=0$。对上式积分求解，得

$$\frac{\delta}{x} = 0.376Re_x^{-1/5} \tag{5-69}$$

下面推导 F_d 的表达式。将式(5-66) 中的 τ_s 视为局部值，以 τ_{sx} 表示之，则该式可写为

$$\tau_{sx} = 0.023\left(\frac{\delta u_0\rho}{\mu}\right)^{-1/4}\rho u_0^2 \tag{5-70}$$

式(5-69) 亦可写成

$$\delta = 0.376\left(\frac{xu_0\rho}{\mu}\right)^{-1/5}x \tag{5-71}$$

将式(5-71) 代入式(5-70)，得

$$\tau_{sx} = 0.0294\left(\frac{\rho u_0 x}{\mu}\right)^{-0.2} \tag{5-72}$$

当流体在一宽度为 b、长度为 L 的平板壁面上流过时，对板面施加的总曳力 F_d（主要由摩擦曳力 F_{ds} 构成）可表示为

$$F_d = b\int_0^L \tau_{sx}dx \tag{5-73}$$

将式(5-72) 代入式(5-73) 积分，可得

$$F_d = 0.0368bu_0^{9/5}\rho^{4/5}\mu^{1/5}L^{4/5} \tag{5-74}$$

将式(5-74) 代入平均曳力系数 C_D 的定义式(3-2)，整理可得

$$C_D = 0.0736Re_L^{-1/5} \tag{5-75}$$

式中 $Re_L = Lu_0\rho/\mu$。

式(5-74)、式(5-75) 的适用范围为 $5\times10^5 < Re_L < 1\times10^7$。

应该注意，以上推导是假定湍流边界层由 $x=0$ 处开始形成，显然这与实际情况不符。如果将平板壁面前缘附近的层流边界层段（$x=0\sim x_c$）考虑在内，对式(5-75) 进行修正，则可得到更为准确的结果：

$$C_D = \frac{0.455}{(\lg Re_L)^{2.58}} - \frac{A}{Re_L} \tag{5-76}$$

式中常数 A 是临界雷诺数 Re_{x_c} 的函数，计算时可由表 5-1 查得。

表 5-1　$A \sim Re_{x_c}$ 之间的关系

Re_{x_c}	3×10^5	5×10^5	1×10^6	5×10^6
A	1050	1700	3300	8700

【例 5-4】 293K 的水以 0.20m/s 的流速流过一块长度为 8m 的平板。已知临界雷诺数 $Re_{x_c}=5\times10^5$。试分别求距平板前缘 1m 及 5m 处的边界层厚度，并求在该两点处距板面垂直距离为 10mm 处的 x 方向上流体的速度。已知水的 $\mu=1\times10^{-3}\text{Pa}\cdot\text{s}$，$\rho=998\text{kg/m}^3$。

解　已知 $Re_{x_c}=5\times10^5$，故层流边界层与湍流边界层分界处的 x_c 为

$$x_c=\frac{Re_{x_c}\mu}{u_0\rho}=\frac{(5\times10^5)\times(1\times10^{-3})}{0.20\times998}=2.5\ (\text{m})$$

(1) 在 $x=1\text{m}$ 处　为层流边界层，该处边界层厚度 δ 可由式(4-52) 计算，即

$$\delta=4.64\sqrt{\frac{\mu x}{\rho u_0}}=4.64\times\sqrt{\frac{(1\times10^{-3})\times1}{998\times0.20}}=0.0104\ (\text{m})$$

再由式(4-46a) 计算距板面 10mm 处 x 方向的流速：

$$u=u_0\left[\frac{3}{2}\left(\frac{y}{\delta}\right)-\frac{1}{2}\left(\frac{y}{\delta}\right)^3\right]=0.20\times\left[\frac{3}{2}\times\left(\frac{0.01}{0.0104}\right)-\frac{1}{2}\times\left(\frac{0.01}{0.0104}\right)^3\right]=0.1996\ (\text{m/s})$$

(2) 在 $x=5\text{m}$ 处　为湍流边界层，其厚度 δ 可由式(5-71) 计算：

$$\delta=0.376x\left(\frac{xu_0\rho}{\mu}\right)^{-1/5}=0.376\times5\times\left(\frac{5\times0.20\times998}{1\times10^{-3}}\right)^{-1/5}=0.119\ (\text{m})$$

该点距板面 10mm 处 x 方向上流体的速度可由湍流边界层速度分布方程式(5-65) 计算：

$$u_x=u_0\left(\frac{y}{\delta}\right)^{1/7}=0.20\times\left(\frac{0.01}{0.119}\right)^{1/7}=0.140\ (\text{m/s})$$

第七节　量纲分析在动量传递中的应用

截止到目前，本篇所讨论的大部分内容限定在用运动方程处理一些相对简单的流动问题，包括流动的速度分布以及黏性流体的流动阻力等。在工程技术领域，许多重要的流动问题是相当复杂的，不可能完全用理论分析的方法解决。这类问题包括两个方面：其一是描述问题的数学模型可以建立，但求解困难；其二是问题的影响因素太多，不可能用数学方程描述。在这种情况下，就需要采用实验方法解决。

本节将要讨论解决复杂流动问题的另一种途径——量纲分析法的理论基础。从下面的讨论可知，量纲分析作为简化实验工作的一种手段，并不能代替实验工作。

一、奈维-斯托克斯方程的量纲分析

量纲分析法是通过对描述某一过程或现象的物理量进行量纲分析，将物理量组合为无量纲变量，然后借助实验数据建立这些无量纲变量间的关系式。

任何物理量都有其量纲，在量纲分析中必须把某些量纲规定为基本量纲，而其他量纲则可由基本量纲来表示。在 SI 单位制中，将长度 l、时间 θ 和质量 m 的量纲作为基本量纲，分别以 [L]、[T] 和 [M] 表示。与动量传递有关的一些重要物理量均可用 M、L 和 T 表示其量纲，如速度、压力、密度及黏度的量纲分别为 $[\text{LT}^{-1}]$、$[\text{ML}^{-1}\text{T}^{-2}]$、$[\text{ML}^{-3}]$ 及 $[\text{ML}^{-1}\text{T}^{-1}]$。量纲分析法的基础是量纲一致性的原则。也就是说，任何由物理定律导出的方程，其各项的量纲是相同的。

对于流动问题的数学方程已建立但不能求解的情况，通过对模型方程做量纲分析，可以得知各变量间应该如何组合。下面以不可压缩流体的运动方程为例讨论。为此，写出不可压缩流

体流动的奈维-斯托克斯方程在 x 方向的分量如下：

$$u_x \frac{\partial u_x}{\partial x}+u_y \frac{\partial u_x}{\partial y}+u_z \frac{\partial u_x}{\partial z}+\frac{\partial u_x}{\partial \theta}=X-\frac{1}{\rho}\frac{\partial p}{\partial x}+\nu\left(\frac{\partial^2 u_x}{\partial x^2}+\frac{\partial^2 u_x}{\partial y^2}+\frac{\partial^2 u_x}{\partial z^2}\right) \tag{2-45a}$$

令 x 的正方向为垂直向下，则 $X=g$。

显然，上式各项的量纲相同，单位均为 N/kg。若用一个特征速度 u 和一个特征长度 l 分别表示方程中所有的速度分量 u_x、u_y、u_z 以及所有的距离坐标 x、y、z，则可将式(2-45a)写成量纲方程，即

$$\left[\frac{u^2}{l}\right]=\left[g-\frac{p}{\rho l}+\frac{\nu u}{l^2}\right] \tag{5-77}$$

上式表示量纲相等而非数值相等。现将式(5-77) 中的各项均除以$\frac{u^2}{l}$，则方程变为无量纲的，即

$$[1]=\left[\frac{gl}{u^2}-\frac{p}{\rho u^2}+\frac{\nu}{ul}\right] \tag{5-78}$$

上式仅仅表示 3 个无量纲变量间的函数关系，于是可以写成

$$\frac{p}{\rho u^2}=f\left(\frac{u^2}{gl},\frac{ul}{\nu}\right) \tag{5-79}$$

显而易见，式(5-79) 中的无量纲数$\frac{ul}{\nu}$为人们所熟知的雷诺数（Re）。其他 2 个无量纲数中$\frac{u^2}{gl}$称为弗鲁德数（Froude number），以 Fr 表示；$\frac{p}{\rho u^2}$称为欧拉数（Euler number），以 Eu 表示。因此，式(5-79) 可写成

$$Eu=f(Fr,Re) \tag{5-80}$$

式中 Eu、Fr、Re 分别反映压力、重力、流体黏性对流体流动的影响。

在某些特定情况下，一些影响可以忽略。如对于理想流体的流动，黏性的影响可以忽略，若再忽略重力影响，则式(5-80) 变为

$$Eu=\frac{p}{\rho u^2}=\text{常数} \tag{5-81}$$

上式可视为伯努利方程的一种简化形式。

又如，当实际流体在封闭管道中流动或流体流过完全浸没的物体时，重力的影响可忽略，此时式(5-80) 变为

$$\frac{p}{\rho u^2}=f(Re) \tag{5-82}$$

由于流动阻力表现为压力能的损失，对于圆管中的层流流动，比较式(5-82) 与式(3-53)，可得

$$f=f_1(Re) \tag{5-83}$$

同理，对于绕流问题，比较式(5-82) 与式(3-84)，亦可得

$$C_D=f_1(Re) \tag{5-84}$$

上两式表明，流动的阻力系数是 Re 的函数。

由第二章讨论知，式(2-45a) 的左侧各项表示惯性力，右侧各项分别表示重力、压力与黏性力，由此可知各无量纲数的物理意义如下：

$$Eu=\frac{p}{u^2\rho}=\frac{\text{压力}}{\text{惯性力}} \tag{5-85}$$

$$Fr=\frac{u^2}{gL}=\frac{\text{惯性力}}{\text{重力}} \tag{5-86}$$

$$Re = \frac{uL}{\nu} = \frac{惯性力}{黏性力} \tag{5-87}$$

因此，量纲分析除可以将有量纲的物理量转变为无量纲特征数以外，还可以解释所获得的特征数的物理意义。对于特定的流动问题，组成这些无量纲特征数的物理量是可以变化的。也就是说，所采用的特征长度、特征速度等因具体问题而异。例如，对于管内流动，特征速度和特征长度分别是平均速度和管内径；而对于平板边界层流动，二者分别为主体区流速 u_0 和距板前沿的距离 x。因此，为避免混淆，在引入任何一个无量纲特征数时，都应对所用的特征长度和特征速度做出明确的规定。

二、伯金汉 π 定理

许多复杂流动问题不能用适当的数学方程予以描述。在此情况下，可以应用伯金汉（Buckingham）提出的 π 定理进行分析。

若影响某一复杂流动过程的物理变量有 n 个，即 x_1、x_2、…、x_n，则表达为一般的函数关系时为

$$f = (x_1, x_2, \cdots, x_n) = 0 \tag{5-88}$$

设这些物理变量中有 m 个基本量纲，则该过程可用 $N=n-m$ 个量纲为一数群所表示的关系式来描述，即

$$F(\pi_1, \pi_2, \cdots, \pi_N) = 0 \tag{5-89}$$

式中每一个 π_i（$i=1, 2, \cdots, N$）都是由若干物理变量组合而成的、独立的量纲为一数群。

π 项中所含基本物理变量的选择原则是：①m 个基本物理变量中必须包含 m 个基本量纲；②所选择的基本物理变量中至少应包含一个几何特征参数、一个流体性质参数和一个流动特征参数，在动量传递中常选取 d、u_b 和 ρ 作为基本变量；③非独立变量不能作为基本变量。

下面以流体流经管路的摩擦阻力来说明 π 定理的应用。根据理论分析及相关实验可知，与管内流动阻力（压降）Δp_f 有关的因素有：管径 d，管长 L，平均流速 u_b，流体密度 ρ，流体黏度 μ 以及壁面粗糙度 e。即

$$f(\Delta p_f, d, L, u_b, \rho, \mu, e) = 0 \tag{5-90}$$

式中 $n=7$。因所涉及的基本量纲为 M、L 和 T，$m=3$，$N=7-3=4$。经量纲分析后，以量纲为一数群所表示的函数方程为

$$F(\pi_1, \pi_2, \pi_3, \pi_4) = 0 \tag{5-91}$$

现选取 d、u_b 和 ρ 作为基本变量，则有

$$\pi_1 = \Delta p_f d^{a_1} u_b^{b_1} \rho^{c_1} \tag{5-92a}$$

$$\pi_2 = L d^{a_2} u_b^{b_2} \rho^{c_2} \tag{5-92b}$$

$$\pi_3 = e d^{a_3} u_b^{b_3} \rho^{c_3} \tag{5-92c}$$

$$\pi_4 = \mu d^{a_4} u_b^{b_4} \rho^{c_4} \tag{5-92d}$$

将各相关物理变量的量纲代入式(5-92a)，得

$$1 = M^0 L^0 T^0 = (ML^{-1}T^{-2})(L)^{a_1}(LT^{-1})^{b_1}(ML^{-3})^{c_1}$$

根据量纲一致原则，上式两端 M、L 和 T 的指数应相等，即

$$0=1+c_1$$

$$0=-1+a_1+b_1-3c_1$$

$$0=-2-b_1$$

解得 $a_1=0, \quad b_1=-2, \quad c_1=-1$

故有 $$\pi_1=\frac{\Delta p_f}{\rho u_b^2}=Eu$$

同理可得 $\pi_2=\dfrac{L}{d}$，$\pi_3=\dfrac{e}{d}$，$\pi_4=\dfrac{\mu}{d\rho u_{\mathrm{b}}}=Re^{-1}$

因此式(5-91) 可表示为

$$\frac{\Delta p_{\mathrm{f}}}{\rho u_{\mathrm{b}}^2}=F\left(Re,\frac{L}{d},\frac{e}{d}\right) \tag{5-93}$$

式中 $\pi_1=Eu$ 称为欧拉（Euler）数，表示压力与惯性力之比；$\pi_2=L/d$ 是表征管道几何特性的量纲为一数群；$\pi_3=e/d$ 是表征管壁粗糙度影响的量纲为一数群；$\pi_3=Re$ 表示流动的惯性力与黏性力之比。

由于压降的大小与管长成正比而与管径成反比，式(5-93) 可直接写成如下形式：

$$\frac{\Delta p_{\mathrm{f}}}{\rho u_{\mathrm{b}}^2}=F_1\left(Re,\frac{e}{d}\right)\frac{L}{d} \tag{5-94}$$

将上式与式(3-12) 对比，可得

$$f=F_1\left(Re,\frac{e}{d}\right) \tag{5-95}$$

上式表明，管内流动的范宁摩擦因数 f 与雷诺数及管壁的粗糙度有关。

【例 5-5】 球形固体颗粒在流体中的自由沉降速度 u_{t} 与颗粒的直径 d、密度 ρ_{s} 以及流体的密度 ρ、黏度 μ 和重力加速度 g 有关。试用 π 定理证明自由沉降速度的关系式为

$$u_{\mathrm{t}}=f\left(\frac{\rho_{\mathrm{s}}}{\rho},\frac{\rho u_{\mathrm{t}}d}{\mu}\right)\sqrt{gd}$$

解 设 $f(u_{\mathrm{t}},d,\rho_{\mathrm{s}},\rho,\mu,g)=0$，选取 u_{t}、ρ 和 d 为 3 个基本物理量，则其余 6－3＝3 个物理量可表达成

$$\pi_1=\mu d^{a_1}u_{\mathrm{t}}^{b_1}\rho^{c_1} \tag{a}$$

$$\pi_2=\rho_{\mathrm{s}}d^{a_2}u_{\mathrm{t}}^{b_2}\rho^{c_2} \tag{b}$$

$$\pi_3=gd^{a_3}u_{\mathrm{t}}^{b_3}\rho^{c_3} \tag{c}$$

将各相关物理变量的量纲代入式(a)，可得

$$1=\mathrm{M}^0\mathrm{L}^0\mathrm{T}^0=(\mathrm{ML}^{-1}\mathrm{T}^{-1})(\mathrm{L})^{a_1}(\mathrm{LT}^{-1})^{b_1}(\mathrm{ML}^{-3})^{c_1}$$

上式两端 M、L 和的指数应相等，即

$$0=1+c_1$$

$$0=-1+a_1+b_1-3c_1$$

$$0=-1-b_1$$

解得 $a_1=-1$，$b_1=-1$，$c_1=-1$

因此 $\pi_1=\dfrac{\mu}{du_{\mathrm{t}}\rho}$

同理可得 $\pi_2=\dfrac{\rho_{\mathrm{s}}}{\rho}$，$\pi_3=\dfrac{gd}{u_{\mathrm{t}}^2}$

$$\pi_3=f(\pi_1,\pi_2)$$

即 $$\frac{gd}{u_{\mathrm{t}}^2}=f\left(\frac{\rho_{\mathrm{s}}}{\rho},\frac{\mu}{u_{\mathrm{t}}\rho d}\right)$$

或 $$u_{\mathrm{t}}=f\left(\frac{\rho_{\mathrm{s}}}{\rho},\frac{u_{\mathrm{t}}\rho d}{\mu}\right)\sqrt{gd}$$

三、模型与相似

量纲分析的另一个重要应用是实验模型的放大问题。许多化工过程与设备的开发通常是先

在实验室规模的小试设备（模型）上进行，然后再放大至工业规模。如果直接进行工业规模的实验，既困难又昂贵。由模型到工业规模（原型）的放大采用的是所谓的相似性原理。

在模型与原型之间的相似要求包括几何相似和动力相似。

所谓几何相似是指模型中任意两个尺度之比与原型中对应的两个尺度的比相等。换言之，模型与原型形状相同。例如模型搅拌釜采用的高径比为 $H_1/D_1=2$，若原型搅拌釜的直径 $D_2=2\text{m}$，则根据几何相似的要求，其高度应为 4m，才能满足 $H_2/D_2=2$。

如果几何相似的两个体系 1 和 2 中，对应点上的速度符合下列关系式：

$$\left(\frac{u_x}{u_y}\right)_1=\left(\frac{u_x}{u_y}\right)_2,\qquad \left(\frac{u_x}{u_z}\right)_1=\left(\frac{u_x}{u_z}\right)_2$$

则这两个体系运动相似。显然，运动相似的必要条件是几何相似。

在几何相似的两个体系中，如果那些表征与状态有关的各力的比值的参数都相等，则称该原型与模型是动力相似的。也就是说，动力相似是指相应的无量纲变量都要相等。在把模型的实验数据推广到原型上时，动力相似是必须满足的基本条件。

【例 5-6】 为了研究某流动过程的摩擦阻力损失，在实验室构造一个模型设备，其尺寸是生产设备的 1/10。已知生产设备中的操作流体为 $1.013\times10^5\text{Pa}$、373K 的空气，其流速为 3m/s，现拟用 295K 的空气做模型实验，试求模型实验的空气流速应为何值？

解 根据流体动力相似的要求，模型实验中的 Re 值应与生产设备的相等，即

$$Re_1=Re_2$$

即

$$\frac{d_1\rho_1u_1}{\mu_1}=\frac{d_2\rho_2u_2}{\mu_2}$$

式中，下标 1 代表生产设备之值，下标 2 代表模型之值。于是

$$u_2=u_1\cdot\frac{d_1}{d_2}\cdot\frac{\rho_1}{\rho_2}\cdot\frac{\mu_2}{\mu_1}$$

已知：$\frac{d_2}{d_1}=0.1$，$\frac{\rho_2}{\rho_1}=\frac{T_1}{T_2}=\frac{373}{295}=1.264$；查表得

$$\mu_1=2.15\times10^{-5}\text{Pa}\cdot\text{s},\qquad \mu_2=1.85\times10^{-5}\text{Pa}\cdot\text{s},\qquad \frac{\mu_2}{\mu_1}=\frac{1.85\times10^{-5}}{2.15\times10^{-5}}=0.86$$

因此

$$u_2=3\times\frac{1}{0.1}\times\frac{1}{1.264}\times0.86=20.4\ (\text{m/s})$$

习 题

5-1 湍流与层流有何不同？湍流的主要特点是什么？试讨论由层流转变为湍流的过程。

5-2 试证明湍流运动中脉动量 u_x'、u_y'、u_z'和 p'的时均值均为零。

5-3 在一风洞中，用热线风速仪测得某气体在垂直方向上相距 10cm 两点处的瞬时速度如下（记录数据的时间间隔相等）：

$u_{x_1}/\text{m}\cdot\text{s}^{-1}$	1.02	1.04	1.01	0.99	0.98	1.01	1.04	1.02	1.03	0.98
$u_{x_2}/\text{m}\cdot\text{s}^{-1}$	0.98	1.01	1.03	1.04	0.99	1.02	1.04	1.04	1.02	0.97

假定湍流各向同性，试求上述两点处的时均速度和湍流强度。

5-4 试将雷诺方程式(5-11a)、式(5-11b)、式(5-11c) 简化成二维湍流流动（z 方向的瞬时速度和时均速度均为零）情况下的雷诺方程。在此情况下，方程中雷诺应力的剪应力有哪几个？

5-5 流体在圆管中做湍流流动时，在一定 Re 范围内，速度分布方程可用布拉休斯 1/7 次方定律表示，即

$$\frac{u}{u_{\max}}=\left(\frac{y}{r_i}\right)^{1/7}$$

试证明截面上主体平均流速 u_b 与管中心流速 u_{max} 的关系为 $u_b=0.817u_{max}$。

5-6 不可压缩流体在半径为 r_i 的圆管内做稳态湍流运动，试证明与管壁相距 y 处的混合长可表示为

$$l=\frac{\sqrt{\tau_s/\rho}}{d\bar{u}/dy}\sqrt{1-y/r_i}$$

式中 τ_s 为管壁处的剪应力。

5-7 温度为 20℃的水流过内径为 50mm 的光滑圆管。测得每米管长流体的压降为 1500N/m²，试证明此情况下流体的流动为湍流，并求：

(1) 层流底层外缘处水的流速、该处的 y 向距离及涡流黏度；

(2) 过渡区与湍流主体交界处流体的流速、该处的 y 向距离及涡流黏度。

5-8 试应用习题 5-7 中的已知数据，求 $r=r_i/2$ 处流体的流速、涡流黏度和混合长的值。

5-9 常压和 303K 的空气，以 0.1m³/s 的体积流率流过内径为 100mm 的圆管，对于充分发展的流动，试估算层流底层、缓冲层以及湍流主体的厚度。

5-10 在平板壁面上的湍流边界层中，流体的速度分布方程可应用布拉休斯 1/7 次方定律表示：

$$\frac{u_x}{u_0}=\left(\frac{y}{\delta}\right)^{1/7}$$

试证明该式在壁面附近（即 $y\to0$）不能成立。

5-11 试由圆管湍流的范宁摩擦因数的表达式 $f=0.079Re^{-1/4}$ 导出圆管湍流速度分布的 1/7 定律，即

$$\frac{u_x}{u_{max}}=\left(\frac{y}{r_i}\right)^{1/7}$$

式中，u_{max} 为管中心最大流速（$u_{max}=u_b/0.817$），y 为由管壁算起的径向距离，r_i 为管半径。

5-12 某液体在一内径为 0.05m 的光滑圆管内做稳态湍流流动，该液体的密度为 1200kg/m³，黏度为 0.01Pa·s，测得每米管长的压降为 528N/m²。试求此液体在管内流动的平均流速为多少？

5-13 20℃的水在内径为 2m 的直管内做湍流流动。测得其速度分布为 $u_x=10+0.8\ln y$，在离管内壁 1/3m 处的剪应力为 103Pa，试求该处的涡流运动黏度及混合长。已知 20℃水的密度为 998.2kg/m³，动力黏度为 1.005×10^{-3}Pa·s。

5-14 常压下和 10℃的空气以 10m/s 的流速流过内径为 50mm 的光滑圆管，试分别采用通用速度分布方程和布拉休斯 1/7 次方定律求管中心处的流速，并对所获得的结果进行分析比较。

5-15 20℃的水稳态流过内径为 10mm 的光滑圆管，流动已充分发展。试求下述两种质量流率下半径中点处水的流速、剪应力及每米管长的压降 $-\Delta p$：

(1) 流率为 50kg/h；(2) 流率为 500kg/h。

5-16 20℃的水在内径为 75mm 的光滑管内做湍流流动。已知壁面处的剪应力为 3.68N/m²。试求层流内层厚度、平均流速和质量流率、管中心流速、范宁摩擦因数以及每米管长的压降。

5-17 温度为 20℃的水，以 1m/s 的平均流速流过内径为 50mm 的粗糙管，圆管粗糙度为 $e/d=0.0005$。试求 $y=20$mm 处水的流速和剪应力的值。

5-18 利用流体阻力实验可估测某种流体的黏度。其方法是根据实验测得稳态湍流下的平均速度 u_b 及管长为 L 时的压降（$-\Delta p$）而求得。试导出以管内径 d、流体密度 ρ、平均流速 u_b 和单位管长压降 $-\Delta p/L$ 表示的流体黏度的计算式。

5-19 温度为 15℃的水以 3m/s 的均匀流速流过平板壁面。试计算距平板前缘 0.1m 及 1m 两处的边界层厚度，并求水在该两处通过单位宽度的边界层截面的质量流率。设 $Re_{x_c}=5\times10^5$。

5-20 常压和 20℃的空气，以 20m/s 的流速流过一水平放置的平板上、下两表面。平板的宽度为 2m、长度为 2m，试求平板所承受的总曳力。设 $Re_{x_c}=5\times10^5$。

5-21 温度为 10℃的水，以 5m/s 的流速流过宽度为 1m 的平板壁面，试求距平板前缘 2m 处的边界层厚度及水流过 2m 距离对平板所施加的总曳力。设 $Re_{x_c}=5\times10^5$。

5-22 试从光滑圆管中湍流核心的对数速度分布式(5-43) 和剪应力 τ 与 y 的关系式 $\tau=\tau_s\left(1-\frac{y}{r_i}\right)$出

发，推导涡流黏度的表达式，并讨论涡流黏度 ε 或参数 $\frac{\varepsilon}{u^* r_i}$ 与雷诺数 Re 和位置 y 的关系。

5-23　试利用习题 5-22 解出的速度分布表达式，求普朗特混合长 l 与距管壁距离 y 之间的关系式，并对此关系式进行讨论。

5-24　设圆管内湍流的速度分布可以用一个对于光滑管和粗糙管都适用的公式表示，即

$$\frac{u}{u^*}=2.5\ln\frac{u^* y}{\nu}+5.8-2.5\ln\left(1+0.3\frac{u^* e}{\nu}\right)$$

试证明管内范宁摩擦因数的表达式为

$$\frac{1}{\sqrt{f}}=1.768\ln\frac{Re\sqrt{f}}{0.5+0.106\frac{e}{d}Re\sqrt{f}}-2.347$$

5-25　不可压缩流体沿平板壁面做稳态流动，并在平板壁面上形成湍流边界层，边界层内为二维流动。若 x 方向上的速度分布满足 1/7 次方定律，试利用连续性方程推导 y 方向上的速度分量表达式。

5-26　假定平板湍流边界层内的速度分布可用两层模型描述，即在层流底层中速度为线性分布；在湍流核心速度按 1/7 规律分布，试求层流底层厚度的表达式。

5-27　在 $Re<2\times10^5$ 范围内，管内充分发展的湍流的范宁摩擦因数可用布拉休斯公式表示：$f=0.046Re^{-1/5}$。试求层流底层厚度的表达式。

5-28　已知流体在圆管内做湍流流动时的速度分布可用式(5-40）表示，即

$$u^+=\frac{1}{K}\ln y^+ +C_3$$

现将上式写成如下一般形式：

$$\frac{u}{u^*}=f\left(\frac{yu^*}{\nu}\right) \tag{1}$$

式中 $u^*=\sqrt{\tau_s/\rho}$。试用量纲分析法导出式(1)。

5-29　按 1∶30 比例制成一根与空气管道几何相似的模型管，用黏度为空气的 50 倍、密度为 800 倍的水做模型实验。(1) 若空气管道中流速为 6m/s，问模型管中水的流速应多大才能与原型相似？(2) 若在模型中测得压降为 226.8kPa，试求原型中相应的压降为多少？

第二篇　热量传递

第一篇论述了动量传递的基本原理和某些工程应用问题，本篇将讨论热量传递过程。

热量传递简称传热，是自然界和工程技术领域中极普遍的一种传递过程。热力学第二定律指出，凡是有温度差存在的地方就必然有热量传递，故在几乎所有的工业部门，如化工、能源、冶金、机械、建筑等都涉及传热问题。

化学工业与传热的关系尤为密切，化工生产中的很多过程和单元操作都需要进行加热或冷却，而这些传热过程往往都是通过一定的换热设备来实现的。如何设计出价格低廉、运行经济的换热设备以完成所要求的换热任务，是化学工程师经常遇到的问题。而欲解决上述问题，则既要求通晓热量传递的基本原理，又要求具有能够定量计算热量传递速率的能力。本篇的目的就是研究由于温度差而引起的热量传递的基本原理及相应的传递速率计算等问题。

热量传递与动量传递有着密切的联系，在研究方法上热量传递又与质量传递有许多类似之处，故本篇内容在整个传递过程理论中具有承上启下的作用。

本篇内容包括第六至第八章。第六章介绍热量传递概论及能量方程的推导；第七章阐述能量方程在热传导中的求解和应用；第八章论述对流传热理论及其在化学工程中的应用。

第六章　热量传递概论与能量方程

根据传热机理的不同，热量传递有 3 种基本方式：热传导、对流传热和辐射传热。但根据具体情况，热量传递可以以其中 1 种方式进行，也可以以 2 种或 3 种方式同时进行。

除此之外，在进行热量传递过程中有时还会出现其他形式的能量，故要全面描述各种能量之间的衡算关系，需应用能量守恒定律，即热力学第一定律，而表征该定律的最常用的方程为微分能量衡算方程或能量方程，它是描述能量衡算普遍规律的方程。

本章首先对 3 种基本传热方式做一扼要论述，然后推导出能量方程，并讨论其在特定情况下的表达形式。

第一节　热量传递的基本方式

一、热传导（导热）

（一）傅里叶定律

热量依靠物体内部粒子的微观运动而不依靠宏观混合运动从物体中的高温区向低温区移动的过程称为热传导，简称导热。描述导热现象的物理定律为傅里叶定律（Fourier’s law），其数学表达式为

$$\frac{q}{A}=-k\frac{\partial t}{\partial n} \tag{6-1}$$

式中　q——导热速率；

A——与导热方向垂直的传热面（等温面）面积；

k——物质的热导率；

$\partial t/\partial n$——温度梯度。

式(6-1) 与第一章中的式(1-24) 是一致的，只不过式(6-1) 考虑的是多维导热过程，而

式(1-24)仅适用于描述沿 y 方向的一维导热问题。式(6-1) 中的负号表示导热遵循热力学第二定律，即热通量$\frac{q}{A}$的方向与温度梯度$\frac{\partial t}{\partial n}$的方向相反，亦即热量朝向温度降低的方向传递。式中的比例常数 k 称为热导率，类似于牛顿黏性定律中的动力黏度 μ。热导率在数值上等于单位温度梯度下的热通量。因此，热导率 k 表征了物质导热能力的大小，是物质的物理性质之一。热导率 k 与动力黏度 μ、扩散系数 D_{AB}统称为传递性质的物性常数。不同种类物质的热导率数值差别很大。对于同一物质，k 主要是温度的函数，压力对于大多数物质的热导率影响很小，仅在很高或很低的压力下气体的热导率才与压力有关。

（二）热导率

导热在固体、液体和气体中都可以发生，但它们的导热机理有所不同。

气体导热是气体分子做不规则热运动时相互碰撞的结果。物理学指出，温度代表着分子的动能，高温区的分子运动速度比低温区的大，能量高的分子与能量低的分子相互碰撞的结果，热量就由高温处传到低温处。

低密度单原子气体的热导率可根据分子运动论推导如下。

假定有一停滞的气体（$\boldsymbol{u}=0$），单位体积中气体的分子数为 n，气体分子是质量为 m、直径为 d、刚性且相补相吸的小球，则当温度、压力和速度梯度很小时，有

$$\bar{u}=\sqrt{\frac{8\kappa T}{\pi m}}=\text{分子平均随机速度} \tag{6-2}$$

式中 κ——玻耳兹曼常数。

$$Z=\frac{n\bar{u}}{4}=\text{单位面积器壁的碰撞频率} \tag{6-3}$$

$$\lambda=\frac{1}{\sqrt{2}\pi n d^2}=\text{平均自由程} \tag{6-4}$$

$$\delta=\frac{2}{3}\lambda=\text{分子碰撞之间的距离在 } y \text{ 方向上的分量} \tag{6-5}$$

对于光滑刚性球，其在碰撞中可以交换的唯一能量形式是平移动能，单个分子平移动能的表达式为

$$\frac{1}{2}m\bar{u}^2=\frac{3}{2}\kappa T \tag{6-6}$$

图 6-1 为 y 方向气体导热的示意图。假定式(6-2) ～式(6-6) 在非等温情况下依然成立，且在若干个平均自由程的距离内温度分布是线性的，则通过任一 y 平面的热通量为

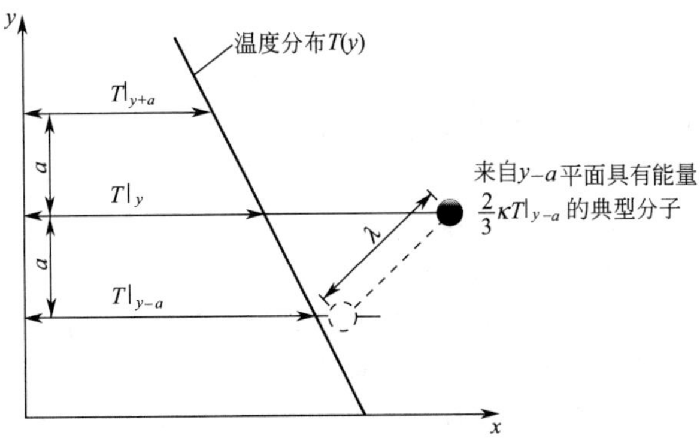

图 6-1　由 y-a 平面到达 y 平面的分子能量传递

$$\frac{q_y}{A} = Z\frac{1}{2}m\bar{u}^2\big|_{y-a} - Z\frac{1}{2}m\bar{u}^2\bigg|_{y+a} = \frac{3}{2}\kappa Z(T|_{y-a} - T|_{y+a}) \tag{6-7}$$

$$T|_{y-a} = T|_y - \frac{2}{3}\lambda\frac{\mathrm{d}T}{\mathrm{d}y} \tag{6-8a}$$

$$T|_{y+a} = T|_y + \frac{2}{3}\lambda\frac{\mathrm{d}T}{\mathrm{d}y} \tag{6-8b}$$

将式(6-2) 及式(6-8) 代入式(6-7)，得

$$\frac{q_y}{A} = -\frac{1}{2}n\kappa\bar{u}\lambda\frac{\mathrm{d}T}{\mathrm{d}y} \tag{6-9}$$

式(6-9) 与式(6-1) 相比较，可得

$$k = -\frac{1}{2}n\kappa\bar{u}\lambda \tag{6-10}$$

将式(6-2)、式(6-4) 代入式(6-10)，得

$$k = \frac{1}{\pi^{3/2}d^2}\sqrt{\kappa^3 T/m} \tag{6-11}$$

式(6-11) 只适用于单原子气体。该式表明，气体的热导率与压力无关，与绝对温度的 1/2 次方成正比。

对于低密度的多原子气体，其热导率的半经验公式为

$$k = \left(c_p + \frac{5}{4}\frac{R}{M}\right)\mu \tag{6-11a}$$

式中 c_p 为气体的定压比热容，R 为气体常数，M 为气体的摩尔质量，μ 为气体的动力黏度。

液体导热的机理与气体类似，但由于液体分子间距较小，分子力场对分子碰撞过程中的能量交换影响很大，故变得更加复杂。正是由于这个原因，液体热导率目前还不能用简单的动力学理论来推导，而主要借助于经验公式和实验测量。

固体以两种方式传导热能：自由电子的迁移和晶格振动。对于良好的电导体，由于有较高浓度的自由电子在其晶格结构间运动，当存在温度差时，自由电子的流动可将热量由高温区快速移向低温区，这就是良好的导电体往往是良好的导热体的原因。当金属中含有杂质时，例如合金，由于自由电子浓度降低，其导热性能会大大下降。纯金属的热导率与电导率之间的关系可用魏德曼-洛仑兹（Wiedemann-Lorenz）方程描述，即

$$L = \frac{k}{k_e T} = 常数 \tag{6-12}$$

式中 k_e 为电导率，T 为绝对温度，L 为洛仑兹数。

在非导电的固体中，导热是通过晶格结构的振动来实现的，通常通过晶格振动传递的能量要比自由电子传递的能量小。

工程计算中常见物质的热导率可从有关手册中查取。

二、对流传热

对流传热是由指由于流体的宏观运动，流体各部分之间发生相对位移、冷热流体相互掺混所引起的热量传递过程。对流传热只能发生在有流体流动的场合，而且由于流体中的分子同时在进行着不规则的热运动，因而对流传热必然伴随着导热现象。工程上特别感兴趣的是固体壁面与其邻近的运动流体之间的热交换过程，并称之为对流传热，以区别于一般意义上的对流。在化工生产中经常见到的对流传热过程有热能由流体传到固体壁面或由固体壁面传入周围流体两种。对流传热可以由强制对流引起。亦可以由自然对流引起。前者是将外力（泵或搅拌器）施加于流体上，从而促使流体微团发生运动；后者则是由于流体内部存在温度差而形成流体的

密度差，从而使流体微团在固体壁面与其附近流体之间产生上下方向的循环运动。

对流传热速率可由牛顿冷却定律表述，即

$$\frac{q}{A}=h\Delta t \tag{6-13}$$

式中　q——对流传热速率；

A——与传热方向垂直的传热面面积；

Δt——固体壁面与流体主体之间的温度差；

h——对流传热系数，或称膜系数。

式(6-13) 亦为 h 的定义式，可通过理论分析法或实验法确定，将在第八章论述。

有相变的冷凝传热和沸腾传热的机理与强制对流、自然对流有所不同，但通常将其划入对流传热范围。当然，由于上述两个传热过程伴有相的变化，在气液两相界面处产生剧烈的扰动，故其对流传热系数要比无相变时高得多。

三、辐射传热

由于温度差而产生的电磁波在空间的传热过程称为辐射传热，简称热辐射。辐射传热的机理与导热和对流传热不同，后两者需在介质中进行，而热辐射无需任何介质，只要物体的绝对温度高于绝对零度，它就可以发射能量，这种能量以电磁波的形式向空间传播。具有能量的这部分电磁波（处于一定波长范围内）称为热辐射线。当热辐射线投射到较低温度的物体表面时，将部分地被吸收而转变为热能。

描述热辐射的基本定律是斯蒂芬（Stefan）-玻耳兹曼（Boltzmann）定律：理想辐射体（黑体）向外发射能量的速率与物体热力学温度的 4 次方成正比。即

$$\frac{q}{A}=\sigma_0 T^4 \tag{6-14}$$

式中　$\frac{q}{A}$——黑体的发射能力；

σ_0——黑体的辐射常数，称为斯蒂芬-玻耳兹曼常数，其值为 $5.67\times10^{-8}\mathrm{W/(m^2\cdot K^4)}$；

T——黑体表面的绝对温度；

A——黑体的表面积。

式(6-14) 只适用于绝对黑体，且只能应用于热辐射，而不适用于其他形式的电磁波辐射。

两无限大黑体间的辐射传热速率为

$$q_0=\sigma_0 A(T_1^4-T_2^4) \tag{6-15}$$

式中　q_0——两黑体间的辐射传热速率；

T_1，T_2——分别为黑体 1 和黑体 2 表面的绝对温度；

A——辐射物体的表面积。

在工程实际中，大多数常见的固体材料均可视为灰体。所谓灰体是指能够以相等的吸收率吸收所有波长辐射能的物体。灰体也是理想物体。两个灰体之间的辐射传热不能直接应用式(6-15)，而需对该式进行必要的修正。首先，灰体表面的发射能力较绝对黑体为小，故需加入一个发射能力校正因数；其次，由于两灰体的表面并非无穷大，一个表面所发出的辐射能可能有一部分不能到达另一表面，故需引入几何因素（角系数）以校正上述影响。经修正后，即可得两灰体表面之间的辐射传热速率表达式，即

$$q=F_\varepsilon F_G\sigma_0 A(T_1^4-T_2^4) \tag{6-16}$$

式中　q——两灰体表面之间的辐射传热速率；

F_ε——表征灰体黑度影响的校正因数；

F_G——几何因数或角系数；

T_1，T_2——分别为物体 1 和物体 2 表面的绝对温度；

A——辐射物体的表面积。

校正系数 F_ε、F_G 的计算可参考有关辐射传热的文献，亦可由有关的手册查得。

由式(6-15) 和式(6-16) 可知，任何物体只要在绝对零度以上都能发射辐射能，但仅当物体间的温度差较大时辐射传热才能成为主要的传热方式。

四、同时进行导热、对流传热及辐射传热的过程

如前所述，热量传递有导热、对流传热和辐射传热 3 种基本方式，根据具体情况，热量传递可以其中 1 种方式进行，亦可以其中 2 种或 3 种方式同时进行。

导热和对流传热可以单独或同时出现。一般固体内部不存在物质质点的宏观运动，因此可认为其中只能进行导热过程。在流体内部或流体与固体壁面之间，传热机理较为复杂，该处所进行的传热过程既非单纯的导热也非单纯的对流传热，往往是两种方式并存。此种现象可分析如下：当流体处于静止状态或做层流流动时，一般认为流体无旋涡运动，其质点或微团无明显的混合，流体与壁面之间的传热似乎仅为因分子运动引起的导热。但实际上，由于壁面与流体之间存在温度差，壁面附近的流体便会产生自然对流。由此可知，即使流体原来处于静止状态或做层流流动，流体与壁面之间的传热过程也不会是单纯的导热，而是导热与对流传热并存。又当流体处于强烈湍动条件下，流体的质点或微团之间的混合非常明显，似乎流体与壁面之间只存在对流传热。但事实上，分子运动仍然存在，导热过程并不会消失，此种现象在热导率很大的流体如液态金属的湍流传热中表现得尤为明显。对于一般湍流运动的气体和液体，由于边界层内有层流内层存在，且紧贴壁面处的一层流体静止不动，此时壁面与附近流体之间的对流现象并不显著，而将此层流体与壁面之间的传热过程视为导热。但一般而论，无论是层流还是湍流下的热量传递，总是导热与对流传热同时出现。通常将伴有流体流动的传热过程统称为对流传热，而不必提及导热，但实际上它是包括导热与对流这两种传热方式的复合现象。

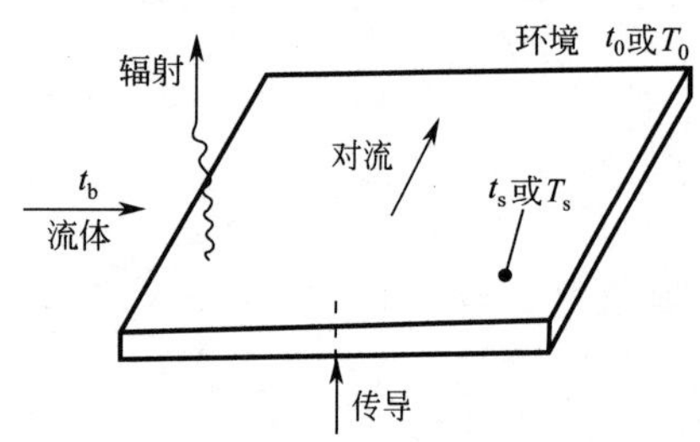

图 6-2 同时进行导热、对流传热及辐射传热的过程

有时，亦会遇到导热、对流传热和辐射传热同时出现的传热现象。典型的例子如图 6-2 所示。在此情况下，平板的底面被加热，热流由板的底面以导热的方式通过平板到达板的上表面。由于板面温度高于环境温度，板面对环境进行辐射传热。又由于板上表面有流体流动，板面与流体之间又进行对流传热。此时由板底面以导热方式传至板上表面的热流速率必等于板上表面对环境辐射的净热速率加上板上表面与流体之间对流传热的热速率，即

$$-kA\left.\frac{\mathrm{d}t}{\mathrm{d}y}\right|_{s}=hA(t_s-t_b)+\sigma_0 F_\varepsilon F_G A(T_s^4-T_0^4) \tag{6-17}$$

式中 t_s 或 T_s——板上表面的温度；

t_b——流体的温度；

t_0 或 T_0——环境的温度。

【例 6-1】 在 300K 的车间内放置一块厚度为 100cm 的钢板，其底面被加热至 800K，且保持此温度不变。在板面之上有空气流过，其平均温度为 400K。试求钢板上表面的温度及板面上辐射与对流的传热速率之比。已知钢板的黑度 $\varepsilon=0.8$，热导率 $k=45\text{W/(m·K)}$，板面与空气之间的对流传热系数 $h=20\text{W/(m}^2\text{·K)}$，斯蒂芬-玻耳兹曼常数 $\sigma_0=5.67\times10^{-8}\text{W/(m}^2\text{·K}^4)$。

解 由式(6-17) 知，通过钢板上表面的传热速率可表示为

$$q=-kA\left.\frac{\mathrm{d}t}{\mathrm{d}y}\right|_{\mathrm{s}}=hA(T_{\mathrm{s}}-T_{\mathrm{b}})+\sigma_0F_{\varepsilon}F_{\mathrm{G}}A(T_{\mathrm{s}}^4-T_0^4) \tag{a}$$

积分上式，可得导热通量为

$$\frac{q}{A}\int_0^{0.1}\mathrm{d}y=-k\int_{800}^{T_{\mathrm{s}}}\mathrm{d}t$$

故 $$\frac{q}{A}=\frac{k}{0.1}(800-T_{\mathrm{s}})=\frac{45}{0.1}\times(800-T_{\mathrm{s}})$$

即 $$-k\left.\frac{\mathrm{d}t}{\mathrm{d}y}\right|_{\mathrm{s}}=450\times(800-T_{\mathrm{s}}) \tag{b}$$

式(a) 右侧的对流热通量一项为

$$h(T_{\mathrm{s}}-T_0)=20\times(T_{\mathrm{s}}-400) \tag{c}$$

因平板被大面积（车间）包围，故角系数 $F_{\mathrm{G}}=1$，又 $F_{\varepsilon}=\varepsilon=0.8$，故辐射热通量一项为

$$\sigma_0F_{\varepsilon}F_{\mathrm{G}}(T_{\mathrm{s}}^4-T_0^4)=5.67\times0.8\times1\times\left[\left(\frac{T_{\mathrm{s}}}{100}\right)^4-\left(\frac{300}{100}\right)^4\right] \tag{d}$$

将式(b)、式(c)、式(d) 代入式(a)，得

$$450\times(800-T_{\mathrm{s}})=20\times(T_{\mathrm{s}}-400)+5.67\times0.8\times1\times\left[\left(\frac{T_{\mathrm{s}}}{100}\right)^4-\left(\frac{300}{100}\right)^4\right] \tag{e}$$

求解式(e)，得 $T_{\mathrm{s}}=753$ (K)

对流传热通量 $20\times(753-400)=7060$ ($\mathrm{W/m^2}$)

辐射传热通量 $5.67\times0.8\times1\times\left[\left(\frac{753}{100}\right)^4-3^4\right]=14216$ ($\mathrm{W/m^2}$)

对流传热速率与辐射传热速率之比为 $\frac{7060}{14216}=0.497$

第二节 能量方程

运动流体与固体壁面传热时，同时发生动量传递和热量传递现象。欲全面描述流体与壁面之间传递过程的规律，需要 3 个（组）方程：依质量守恒定律得到的连续性方程；依动量守恒定律（牛顿第二运动定律）得到的运动方程组；依能量守恒定律（热力学第一定律）得到的微分能量衡算方程，简称能量方程。前二者已在第二章中导出，下面进行能量方程的推导。

一、能量方程的推导

能量方程的推导以热力学第一定律即能量守恒定律为基础。热力学第一定律指出，在某过程中，系统总能量的变化等于系统所吸收的热与对环境所做的功之差，即

$$\Delta\left(\frac{u^2}{2}+gz+U\right)=\dot{Q}-\dot{W} \tag{6-18}$$

式中 U——单位质量流体的内能；

$u^2/2$——单位质量流体的动能；

gz——单位质量流体的位能；

$\dot{Q}$——单位质量流体所吸收的热；

$\dot{W}$——单位质量流体对环境所做的功。

以式(6-18) 为基础，可以推导能量方程。推导时可在运动流体中选择某一流体微元，采用欧拉观点或拉格朗日观点进行，但以采用后一种方法比较简单。

按照拉格朗日观点，选择某一固定质量的流体微元，在整个过程当中令此流体微元在流体

中随波逐流，观测者随流体微元运动并考察流体微元的能量转换情况。此时，该流体微元与随波逐流的流体之间无相对速度，故无动能的变化，同时位能相同。因此，流体微元的总能量（内能、动能和位能）中只有内能发生变化，而流体微元与环境流体之间的热交换只能是以分子传递方式进行的导热，流体微元对环境流体所做的功可以用表面应力对流体微元做功来表示。在此情况下，将热力学第一定律应用于此流体微元，得

流体微元内能的增长速率＝加入流体微元的热速率＋表面应力对流体微元所做的功率

由于采用了拉格朗日观点，上述文字方程可用相应的随体导数表述如下，即

$$\rho\frac{\mathrm{D}U}{\mathrm{D}\theta}\mathrm{d}x\mathrm{d}y\mathrm{d}z=\rho\frac{\mathrm{D}\dot{Q}}{\mathrm{D}\theta}\mathrm{d}x\mathrm{d}y\mathrm{d}z+\rho\frac{\mathrm{D}\dot{W}}{\mathrm{D}\theta}\mathrm{d}x\mathrm{d}y\mathrm{d}z \tag{6-19}$$

式中 ρ 为流体微元的密度，$\mathrm{d}x\mathrm{d}y\mathrm{d}z$ 为流体微元的体积，$\rho\mathrm{d}x\mathrm{d}y\mathrm{d}z$ 为流体微元的质量。右侧第一项为对流体微元加入的热速率；第二项为表面应力对流体微元所做的功率。各项的单位均为 J/s 或 W。

现对上述各项能量速率进行分析。

（一）对流体微元加入的热速率

加入流体微元的热速率有 3 种：一为前述的由环境流体导入流体微元的热速率；二为流体微元的发热速率，例如进行化学反应、核反应等时均会有热能释放，可用 $\dot{q}$ 表示，其单位为 J/(m³ · s)；三为辐射传热速率，但在一般温度差之下其值很小，可忽略不计。

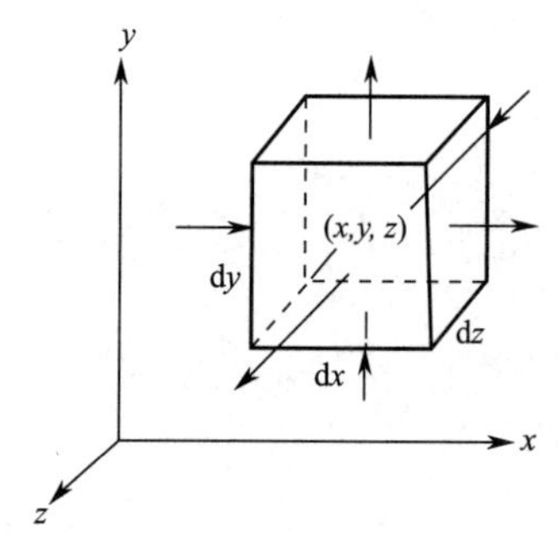

图 6-3 以导热方式输入流体微元的热能

由环境流体导入流体微元的热速率可确定如下。

如图 6-3 所示，设沿 3 个坐标方向输入流体微元的热通量分别为 $(q/A)_x$、$(q/A)_y$ 和 $(q/A)_z$，并假定流体微元的传热是各向同性的，即沿各方向的热导率相等，则沿 x 方向输入流体微元的热速率为 $(q/A)_x\mathrm{d}y\mathrm{d}z$，而沿 x 方向输出流体微元的热速率为 $\left\{\left(\frac{q}{A}\right)_x+\frac{\partial}{\partial x}\left[\left(\frac{q}{A}\right)_x\right]\mathrm{d}x\right\}\mathrm{d}y\mathrm{d}z$。于是，沿 x 方向净输入流体微元的热速率为

$$\left(\frac{q}{A}\right)_x\mathrm{d}y\mathrm{d}z-\left\{\left(\frac{q}{A}\right)_x+\frac{\partial}{\partial x}\left[\left(\frac{q}{A}\right)_x\right]\mathrm{d}x\right\}\mathrm{d}y\mathrm{d}z=-\frac{\partial}{\partial x}\left[\left(\frac{q}{A}\right)_x\right]\mathrm{d}x\mathrm{d}y\mathrm{d}z=k\frac{\partial^2 t}{\partial x^2}\mathrm{d}x\mathrm{d}y\mathrm{d}z$$

同理，沿 y 方向净输入流体微元的热速率为

$$-\frac{\partial}{\partial y}\left[\left(\frac{q}{A}\right)_y\right]\mathrm{d}x\mathrm{d}y\mathrm{d}z=k\frac{\partial^2 t}{\partial y^2}\mathrm{d}x\mathrm{d}y\mathrm{d}z$$

沿 z 方向净输入流体微元的热速率为

$$-\frac{\partial}{\partial z}\left[\left(\frac{q}{A}\right)_z\right]\mathrm{d}x\mathrm{d}y\mathrm{d}z=k\frac{\partial^2 t}{\partial z^2}\mathrm{d}x\mathrm{d}y\mathrm{d}z$$

于是，以导热方式净输入流体微元的热速率为 $k\left(\frac{\partial^2 t}{\partial x^2}+\frac{\partial^2 t}{\partial y^2}+\frac{\partial^2 t}{\partial z^2}\right)\mathrm{d}x\mathrm{d}y\mathrm{d}z$。

向流体微元中加入的热速率为导热速率与微元内部释放的热速率之和，故式(6-19) 中右侧第一项可写为

$$\rho\frac{\mathrm{D}\dot{Q}}{\mathrm{D}\theta}\mathrm{d}x\mathrm{d}y\mathrm{d}z=k\left(\frac{\partial^2 t}{\partial x^2}+\frac{\partial^2 t}{\partial y^2}+\frac{\partial^2 t}{\partial z^2}\right)\mathrm{d}x\mathrm{d}y\mathrm{d}z+\dot{q}\mathrm{d}x\mathrm{d}y\mathrm{d}z \tag{6-20}$$

（二）表面应力对流体微元所做的功率

如前所述，作用在流体微元表面上的应力有法向应力和切向应力两种，共 9 项。在这些应力的作用下，流体微元将发生体积形变（膨胀或压缩）和形状变化（扭变）。由于应力与形变

速率之间的关系十分复杂，此处仅做简化处理。下面针对压力和黏性力所产生的功率进行讨论。

由于压力的作用，流体微元可以膨胀或压缩，由第二章中对连续性方程的分析即式(2-18)可知，流体微元的体积膨胀速率或形变速率为$\frac{1}{v}\frac{\mathrm{D}v}{\mathrm{D}\theta}$，其值等于$\nabla\cdot\boldsymbol{u}$，因此该流体微元所做的膨胀功率为$-p(\nabla\cdot\boldsymbol{u})\mathrm{d}x\mathrm{d}y\mathrm{d}z$，此处负号表示压力的方向与流体微元表面的法线方向相反。

另一方面，由于黏性力的作用，流体产生摩擦热。若令单位体积流体微元产生的摩擦热为ϕ，称为散逸热速率，其单位与$\dot{q}$相同，均为$\mathrm{J/(m^3\cdot s)}$，则流体微元因黏性力作用而做的功率为$\phi\mathrm{d}x\mathrm{d}y\mathrm{d}z$。

表面应力对流体微元所做的功率为压力与黏性力所做的功率之和，即

$$\rho\frac{\mathrm{D}\dot{W}}{\mathrm{D}\theta}\mathrm{d}x\mathrm{d}y\mathrm{d}z=-p\left(\frac{\partial u_x}{\partial x}+\frac{\partial u_y}{\partial y}+\frac{\partial u_z}{\partial z}\right)\mathrm{d}x\mathrm{d}y\mathrm{d}z+\phi\mathrm{d}x\mathrm{d}y\mathrm{d}z \tag{6-21}$$

将式(6-20)、式(6-21) 代入式(6-19)，并约去 $\mathrm{d}x\mathrm{d}y\mathrm{d}z$，得

$$\rho\frac{\mathrm{D}U}{\mathrm{D}\theta}+p(\nabla\cdot\boldsymbol{u})=k\nabla^2t+\dot{q}+\phi \tag{6-22}$$

或

$$\rho\frac{\mathrm{D}U}{\mathrm{D}\theta}=k\left(\frac{\partial^2t}{\partial x^2}+\frac{\partial^2t}{\partial y^2}+\frac{\partial^2t}{\partial z^2}\right)+\dot{q}-p\left(\frac{\partial u_x}{\partial x}+\frac{\partial u_y}{\partial y}+\frac{\partial u_z}{\partial z}\right)+\phi \tag{6-22a}$$

式(6-22) 即为能量方程的普遍形式，式中各项均表示单位体积流体的能量速率，单位为$\mathrm{J/(m^3\cdot s)}$。

二、能量方程的特定形式

式(6-22) 所表示的能量方程为流体流动时有内热源、有摩擦热产生时的普遍形式。在实际传热过程中，可根据具体情况加以简化。

式(6-22) 中的ϕ为单位体积流体所产生的摩擦热速率，它与流体的流速及黏度有关。在一般化工问题中，流体的流速及黏度均不很大，故流体流动产生的摩擦热极小，ϕ值与其他项相比可以忽略不计。下面讨论能量方程中可以忽略ϕ的情况。

(一) 不可压缩流体的对流传热

通常，在无内热源情况下进行对流传热时，式(6-22) 中的$\dot{q}=0$，同时已假设$\phi=0$，不可压缩流体流动时满足$\frac{\partial u_x}{\partial x}+\frac{\partial u_y}{\partial y}+\frac{\partial u_z}{\partial z}=0$，于是式(6-22) 可简化为

$$\rho\frac{\mathrm{D}U}{\mathrm{D}\theta}=k\nabla^2t \tag{6-23}$$

根据定义，上式中的U可表示为　$U=c_vt$

式中c_v为定容比热容。对于不可压缩流体或固体，c_v与定压比热容c_p大致相等。则当c_p为常量时，式(6-23) 变为

$$\rho c_p\frac{\mathrm{D}t}{\mathrm{D}\theta}=k\nabla^2t \tag{6-24}$$

或

$$\frac{\mathrm{D}t}{\mathrm{D}\theta}=\frac{k}{\rho c_p}\nabla^2t \tag{6-24a}$$

式中$\frac{k}{\rho c_p}$称为热扩散系数，以α表示，即

$$\alpha=\frac{k}{\rho c_p} \tag{6-25}$$

则
$$\frac{\mathrm{D}t}{\mathrm{D}\theta}=\alpha\nabla^2 t \tag{6-26}$$

上式在直角坐标系中的展开式为

$$\frac{\partial t}{\partial \theta}+u_x\frac{\partial t}{\partial x}+u_y\frac{\partial t}{\partial y}+u_z\frac{\partial t}{\partial z}=\alpha\left(\frac{\partial^2 t}{\partial x^2}+\frac{\partial^2 t}{\partial y^2}+\frac{\partial^2 t}{\partial z^2}\right) \tag{6-26a}$$

式(6-26) 即为不可压缩流体的能量方程，亦称为对流传热微分方程。

(二) 固体中的导热

在固体内部，由于没有宏观运动，亦即能量方程中的 $\boldsymbol{u}=0$，故所有随体导数均变为偏导数，又由于固体的 ρ 亦为常数，且 $\phi=0$，故式(6-22) 可写为

$$\rho\frac{\partial U}{\partial \theta}=k\nabla^2 t+\dot{q}$$

又
$$\rho\frac{\partial U}{\partial \theta}=\rho c_v\frac{\partial t}{\partial \theta}\approx\rho c_p\frac{\partial t}{\partial \theta}$$

即
$$\frac{\partial t}{\partial \theta}=\frac{k}{\rho c_p}\nabla^2 t+\frac{\dot{q}}{\rho c_p} \tag{6-27}$$

或
$$\frac{1}{\alpha}\frac{\partial t}{\partial \theta}=\nabla^2 t+\frac{\dot{q}}{k} \tag{6-27a}$$

式(6-27) 或式(6-27a) 为有内热源存在时的热传导方程。

无内热源存在时，$\dot{q}=0$，热传导方程又可变为

$$\frac{1}{\alpha}\frac{\partial t}{\partial \theta}=\nabla^2 t \tag{6-28}$$

式(6-28) 为固体中无内热源存在时的不稳态热传导方程，通常称为傅里叶场方程（Fourier's field equation）或傅里叶第二导热定律。

对于有内热源存在时的稳态热传导，$\frac{\partial t}{\partial \theta}=0$，式(6-27a) 变为泊松（Poisson）方程，即

$$\nabla^2 t=-\frac{\dot{q}}{k} \tag{6-29}$$

对于无内热源存在的稳态热传导，式(6-26) 则变为拉普拉斯（Laplace）方程，即

$$\nabla^2 t=0 \tag{6-30}$$

三、柱坐标系与球坐标系的能量方程

在某些场合，应用柱坐标系或球坐标系来表达能量方程更为方便。例如在研究圆管内的传热问题时，应用柱坐标系的能量方程较为方便；而研究球形物体的传热问题时，则用球坐标系的能量方程更为便利。

柱坐标系和球坐标系能量方程的推导，原则上与直角坐标系类似，其详细推导过程可参阅有关专著。下面分别写出不可压缩流体且 $\phi=0$、无内热源 $\dot{q}=0$ 时，在柱坐标系和球坐标系中与式(6-26) 相应的能量方程即对流传热微分方程的表达式。

(一) 柱坐标系的能量方程

$$\frac{\partial t}{\partial \theta'}+u_r\frac{\partial t}{\partial r}+\frac{u_\theta}{r}\frac{\partial t}{\partial \theta}+u_z\frac{\partial t}{\partial z}=\alpha\left[\frac{1}{r}\frac{\partial}{\partial r}\left(r\frac{\partial t}{\partial r}\right)+\frac{1}{r^2}\frac{\partial^2 t}{\partial \theta^2}+\frac{\partial^2 t}{\partial z^2}\right] \tag{6-31}$$

式中　θ'——时间；

r——径向坐标；

θ——方位角；

z——轴向坐标；

u_r，u_θ，u_z——流体速度在柱坐标系（r，θ，z）3 个方向上的分量。

（二）球坐标系的能量方程

$$\frac{\partial t}{\partial \theta'}+u_r\frac{\partial t}{\partial r}+\frac{u_\theta}{r}\frac{\partial t}{\partial \theta}+\frac{u_\phi}{r\sin\theta}\frac{\partial t}{\partial \phi}=\alpha\left[\frac{1}{r^2}\frac{\partial}{\partial r}\left(r^2\frac{\partial t}{\partial r}\right)+\frac{1}{r^2\sin\theta}\frac{\partial}{\partial \theta}\left(\sin\theta\frac{\partial t}{\partial \theta}\right)+\frac{1}{r^2\sin^2\theta}\frac{\partial^2 t}{\partial \phi^2}\right] \tag{6-32}$$

式中 θ'——时间；

r——矢径；

ϕ——方位角；

θ——余纬度；

u_r，u_ϕ，u_θ——流体速度在球坐标系（r，ϕ，θ）3 个方向上的分量。

【例 6-2】 图 6-4 所示为一固体物料，假设内外表面绝热，导热只沿 θ 方向进行，试从柱坐标系的能量方程出发，推导物料内稳态导热时的温度分布方程。

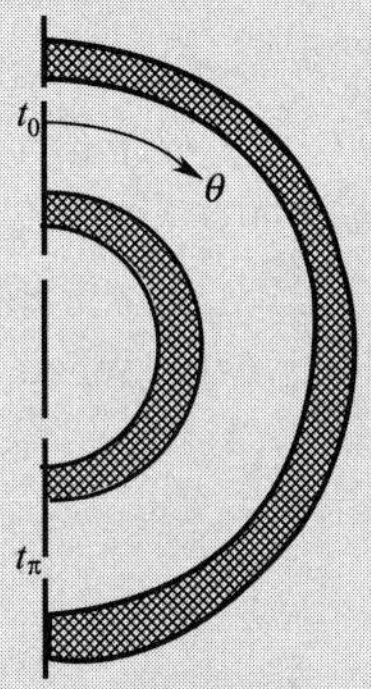

已知边界条件为

（1）$\theta=0$：$t=t_0$

（2）$\theta=\pi$：$t=t_\pi$

图 6-4 沿 θ 方向的一维导热

解 由于本题为固体物料中的稳态导热，据此可对式(6-31) 进行化简。

由于为稳态导热

$$\frac{\partial t}{\partial \theta'}=0 \tag{a}$$

又由于本题为固体内部的导热

$$u_r=0,\quad u_\theta=0,\quad u_z=0 \tag{b}$$

又导热仅沿 θ 方向进行

$$\frac{\partial t}{\partial r}=0,\quad \frac{\partial^2 t}{\partial r^2}=0 \tag{c}$$

及

$$\frac{\partial t}{\partial z}=0,\quad \frac{\partial^2 t}{\partial z^2}=0 \tag{d}$$

将式(a)～式(d) 代入式(6-31)，可得

$$0=\alpha\frac{1}{r^2}\frac{\partial^2 t}{\partial \theta^2} \tag{e}$$

或写为

$$\frac{\partial^2 t}{\partial \theta^2}=0 \tag{f}$$

上式可写为常微分方程形式，即 $$\frac{\mathrm{d}^2 t}{\mathrm{d}\theta^2}=0 \tag{g}$$

对式(g) 积分两次，可得 $$t=C_1\theta+C_2 \tag{h}$$

将边界条件（1）代入式(h)，得 $$C_2=t_0 \tag{i}$$

将边界条件（2）代入式(h)，得 $$C_1=\frac{t_\pi-t_0}{\pi} \tag{j}$$

将式(i)、式(j) 代入式(h)，即可得到固体内部的温度分布方程如下：

$$t=t_0-\frac{\theta}{\pi}(t_0-t_\pi) \tag{k}$$

习　题

6-1 试根据傅里叶定律，推导固体或静止介质中三维不稳态导热的热传导方程。设热导率为常数。

6-2 某不可压缩的黏性流体层流流过与其温度不同的无限宽度的平板壁面。设流动与传热均为稳态过程，壁温及流体的物性值恒定。试由普遍化的能量方程式(6-22) 出发，简化成上述情况下的能量方程，并说明简化过程的依据。

6-3 有一厚度为L(x方向) 的固体大平板，其初始温度为t_0，突然将其与x轴垂直的两端面的温度升至t_s，并维持此温度不变。已知平板内只发生沿x方向的导热。试由一般化的热传导方程式(6-27) 出发，简化成上述情况下的热传导方程，并写出定解条件。

6-4 试由柱坐标系的能量方程式(6-31) 出发，导出流体在圆管内进行稳态轴对称对流传热时的能量方程，并说明简化过程的依据。设$z \gg r$。

6-5 一球形固体内部进行沿球心对称的稳态导热，已知在两径向距离r_1和r_2处的温度分别为t_1和t_2。(1) 试将球坐标系的能量方程式(6-32) 简化成此情况下的能量方程，并写出边界条件；(2) 试导出此情况下的温度分布方程。

6-6 食物除了提供人体所需的营养物质外，主要是产生能量以维持必要的体温和对环境做功。考虑一个每天消耗 2100kcal 的人，其中 2000kcal 转化为热能，100kcal 用于对环境做功。(1) 人处于 20℃的环境，人的皮肤与环境的对流传热系数为 3W/(m^2·K)，在此温度下人基本上不出汗。计算人的皮肤的平均温度。(2) 如果环境温度为 33℃，皮肤感觉舒适的温度也为 33℃，试问为维持该温度，出汗的速率为多少？已知人的表面积为 1.8m^2，皮肤的黑度$\varepsilon=0.95$，斯蒂芬-玻耳兹曼常数$\sigma_0=5.67\times10^{-8}$W/(m^2·K^4)，水的物性为$\rho=994$kg/m^3，蒸发潜热$\lambda=2421$kJ/kg。

第七章　热　传　导

热传导（导热）是介质内无宏观运动时的传热现象。导热在固体、液体和气体中均可发生，但严格而言，只有在固体中才是单纯的导热，而流体即使处于静止状态，其中也会由于温度梯度所造成的密度差而产生自然对流，因此在流体中对流与导热同时发生。鉴于此，本章针对固体中的热传导问题进行讨论，重点研究某些情况下热传导方程的求解方法，并结合实际情况探讨导热理论在工程实际中的一些应用。

描述导热的基本微分方程已在第六章中导出，如式(6-27a)：

$$\frac{1}{\alpha}\frac{\partial t}{\partial \theta}=\nabla^2 t+\frac{\dot{q}}{k} \tag{6-27a}$$

式(6-27a) 在不同坐标系的一般形式如下。

直角坐标系：

$$\frac{1}{\alpha}\frac{\partial t}{\partial \theta}=\frac{\partial^2 t}{\partial x^2}+\frac{\partial^2 t}{\partial y^2}+\frac{\partial^2 t}{\partial z^2}+\frac{\dot{q}}{k} \tag{7-1}$$

柱坐标系：

$$\frac{1}{\alpha}\frac{\partial t}{\partial \theta'}=\frac{1}{r}\frac{\partial}{\partial r}\left(r\frac{\partial t}{\partial r}\right)+\frac{1}{r^2}\frac{\partial^2 t}{\partial \theta^2}+\frac{\partial^2 t}{\partial z^2}+\frac{\dot{q}}{k} \tag{7-2}$$

球坐标系：

$$\frac{1}{\alpha}\frac{\partial t}{\partial \theta'}=\frac{1}{r^2}\frac{\partial}{\partial r}\left(r^2\frac{\partial t}{\partial r}\right)+\frac{1}{r^2\sin\theta}\frac{\partial}{\partial \theta}\left(\sin\theta\frac{\partial t}{\partial \theta}\right)+\frac{1}{r^2\sin^2\theta}\frac{\partial^2 t}{\partial \phi^2}+\frac{\dot{q}}{k} \tag{7-3}$$

求解热传导的规律问题，即解出上述微分方程，获得温度 t 与时间 θ 及位置（x，y，z）的函数关系，即不同时刻温度在空间的分布（温度场）。所得的解为 $t=f$（θ，x，y，z），它不但要满足式(7-1) 或式(7-2)、式(7-3)，而且要满足每一问题的初始条件与边界条件。

上述热传导方程的求解方法是相当复杂的，除了几种简单的典型问题可以采用数学分析方法求解外，绝大部分问题常常需要采用特殊的方法，例如数值计算等方法进行求解。本章主要针对以直角坐标系和柱坐标系表达的某些简单的工程实际导热问题的求解方法进行研究。

第一节　稳态热传导

一、无内热源的一维稳态热传导

对于无内热源的一维稳态热传导，由于温度与时间无关，$\partial t/\partial \theta=0$，且无内热源，$q=0$，又设沿 x 或 r 方向进行一维导热，则热传导方程式(7-1)～式(7-3) 可简化为一维的拉普拉斯方程如下。

直角坐标系：

$$\frac{\mathrm{d}^2 t}{\mathrm{d}x^2}=0 \tag{7-4}$$

柱坐标系：

$$\frac{\mathrm{d}}{\mathrm{d}r}\left(r\frac{\mathrm{d}t}{\mathrm{d}r}\right)=0 \tag{7-5}$$

球坐标系：

$$\frac{\mathrm{d}}{\mathrm{d}r}\left(r^2\frac{\mathrm{d}t}{\mathrm{d}r}\right)=0 \tag{7-6}$$

工程上一维（沿 x 或 r 方向）稳态热传导的例子很多，如方形燃烧炉的炉壁、蒸汽管的管壁、列管式换热器的管壁以及球形压力容器的器壁等。

(一) 单层平壁一维稳态热传导

单层平壁（如方形燃烧炉的炉壁）沿一个方向的导热问题是最简单的热传导问题，当热导率 k 为常数时，式(7-4) 即为描述该导热过程的微分方程，即

$$\frac{d^2t}{dx^2}=0 \tag{7-4}$$

设边界条件为

(1) $x=0$：$t=t_1$

(2) $x=b$：$t=t_2$

将式(7-4) 积分两次，可得

$$t=C_1x+C_2 \tag{7-7}$$

式中 C_1、C_2 为积分常数。代入边界条件 (1)，可求出 $C_2=t_1$；代入边界条件 (2)，可求出 $C_1=(t_2-t_1)/b$。将 C_1、C_2 代入式(7-7)，即可得到此情况下的温度分布方程为

$$t=t_1-\frac{t_1-t_2}{b}x \tag{7-8}$$

由式(7-8) 可知，平壁稳态热传导过程的温度分布为一条直线。该式亦可由傅里叶定律导出。

求出温度分布之后，便可进一步求出沿 x 方向通过平壁的导热速率。根据傅里叶定律，通过某 x 处的导热通量 q/A 可表示为

$$\frac{q}{A}=-k\frac{dt}{dx} \tag{7-9}$$

将式(7-8) 对 x 求导后代入上式，得

$$q=\frac{kA}{b}(t_1-t_2) \tag{7-10}$$

或

$$q=\frac{t_1-t_2}{\dfrac{b}{kA}}=\frac{\text{推动力}}{\text{热阻}} \tag{7-10a}$$

【例 7-1】 一扇宽 1m、高 2m、厚 5mm 的玻璃窗，其热导率为 $k_g=1.4W/(m\cdot K)$。假定在一个寒冷的冬天，玻璃的内外表面温度分别为 15℃和－20℃，试求通过窗户的传热速率。为减少窗户的热损失，习惯上采用双层玻璃，相邻的玻璃由空气间隙隔开，如果间隙厚为 5mm，且与空气相邻的玻璃表面温度分别为 10℃和－20℃，试求通过该窗户的热损失。空气的热导率为 $k_a=0.024W/(m\cdot K)$。

解 本问题可视为一维稳态导热，传热速率可由式(7-10) 计算。

单层玻璃 $q_g=\frac{kA}{b}(t_1-t_2)=1.4\times(1\times2)\times\frac{15-(-20)}{0.005}=19600\ (W)$

双层玻璃 $q=q_a=\frac{k_aA}{b}(t_1-t_2)=0.024\times(1\times2)\times\frac{10-(-20)}{0.005}=288\ (W)$

上述计算结果表明，由于空气的热导率低（约是玻璃的 1/60），双层玻璃窗的热损失远低于单层玻璃窗，换言之双层玻璃窗的保温效果要远优于单层玻璃窗。当然，对于同样的室外环境气温，使用双层玻璃窗也会提高室内空气侧的玻璃的表面温度。

【例 7-2】 已知钢板、水垢及灰垢的热导率分别为 46.4W/(m·K)、1.16W/(m·K) 及 0.116W/(m·K)，试比较同样温差下同样厚度的钢板、水垢及灰垢的传热速率。

解 本问题可视为一维稳态导热，传热速率可由式(7-10) 计算。

$q_{\text{钢板}}=\frac{k_{\text{钢板}}A}{b}\Delta t$， $q_{\text{水垢}}=\frac{k_{\text{水垢}}A}{b}\Delta t$， $q_{\text{灰垢}}=\frac{k_{\text{灰垢}}A}{b}\Delta t$

三者传热速率之比为

$$q_{钢板}:q_{水垢}:q_{灰垢}=k_{钢板}:k_{水垢}:k_{灰垢}=46.4:1.16:0.116=400:10:1$$

上述计算表明，同样温差、同样厚度的情况下，灰垢的传热速率仅为水垢的1/10、钢板的1/400，因此在换热器的运行过程中尽量保持换热表面的洁净是十分重要的。

(二) 单层筒壁的稳态热传导

化工生产中经常遇到筒壁的径向热传导问题，此时应用柱坐标系比较方便。若筒壁的长度很长，$L \gg r$，则沿轴向的导热可略去不计，于是可认为温度仅沿径向变化，在此情况下描述无内热源的一维稳态热传导方程为式(7-5)，即

$$\frac{\mathrm{d}}{\mathrm{d}r}\left(r\frac{\mathrm{d}t}{\mathrm{d}r}\right)=0 \tag{7-5}$$

设边界条件为

(1) $r=r_1$: $t=t_1$

(2) $r=r_2$: $t=t_2$

将式(7-5) 积分两次，可得

$$t=C_1\ln r+C_2 \tag{7-11}$$

式中 C_1、C_2 为积分常数。经向该式代入边界条件 (1) 和 (2) 后，可得

$$C_1=\frac{t_2-t_1}{\ln(r_2/r_1)}, \qquad C_2=t_1-\frac{t_2-t_1}{\ln(r_2/r_1)}\ln r_1$$

将 C_1、C_2 代入式(7-11)，即可得到沿筒壁径向一维稳态导热时的温度分布方程为

$$t=t_1-\frac{t_1-t_2}{\ln(r_2/r_1)}\ln\frac{r}{r_1} \tag{7-12}$$

式(7-12) 表明，通过筒壁进行径向一维稳态热传导时，温度分布是 r 的对数函数。

通过半径为 r 的筒壁处的传热速率或热通量可由柱坐标系的傅里叶定律导出，即

$$q=-kA_r\frac{\mathrm{d}t}{\mathrm{d}r} \tag{7-13}$$

$$\frac{q}{A_r}=-k\frac{\mathrm{d}t}{\mathrm{d}r} \tag{7-13a}$$

式中 q 和 q/A_r——半径 r 处的导热速率和热通量，A_r 为该处的导热面积 ($A_r=2\pi rL$，其中 L 为筒壁的长度)；

$\frac{\mathrm{d}t}{\mathrm{d}r}$——该处的温度梯度。

将式(7-12) 对 r 求导，并代入式(7-13) 和式(7-13a)，可得

$$q=2\pi kL\frac{t_1-t_2}{\ln(r_2/r_1)} \tag{7-14}$$

$$\frac{q}{A_r}=\frac{k}{r}\frac{t_1-t_2}{\ln(r_2/r_1)} \tag{7-14a}$$

式(7-14) 即为单层筒壁的导热速率方程。

以上诸式表明，尽管壁温、筒壁的传热面积和热通量均随半径 r 而变，但传热速率在稳态时依然是常量，即

$$q=(q/A)_1\cdot 2\pi r_1L=(q/A)_2\cdot 2\pi r_2L=(q/A)_r\cdot 2\pi rL=\cdots=常量 \tag{7-15}$$

或

$$(q/A)_1r_1=(q/A)_2r_2=(q/A)_rr=\cdots=常量 \tag{7-16}$$

式(7-15) 亦可写成与平壁导热速率方程相类似的形式，即

$$q=kA_{\mathrm{m}}\frac{t_1-t_2}{r_2-r_1} \tag{7-17}$$

将式(7-17) 与式(7-14) 对比，可知

$$A_{\mathrm{m}}=2\pi\frac{r_2-r_1}{\ln(r_2/r_1)}L=2\pi r_{\mathrm{m}}L \tag{7-18}$$

或

$$A_{\mathrm{m}}=\frac{2\pi Lr_2-2\pi Lr_1}{\ln\dfrac{2\pi Lr_2}{2\pi Lr_1}}=\frac{A_2-A_1}{\ln(A_2/A_1)} \tag{7-18a}$$

式中 r_{m}——筒壁的对数平均半径；

A_{m}——筒壁的对数平均面积。

应予指出，当$\frac{r_2}{r_1}\leqslant 2$时，上述各式中的对数平均值可用算术平均值代替。

通常，筒壁的导热速率采用单位筒长来表示，则由式(7-14) 可得

$$\frac{q}{L}=2\pi k\frac{t_1-t_2}{\ln(r_2/r_1)} \tag{7-14b}$$

式(7-10) ～式(7-17) 均假定热导率 k 为与温度无关的常数。当 k 为温度 t 的线性函数时，上述各式中的热导率 k 可采用 t_1、t_2 算术平均温度下的值 k_{m} 来代替。

【例 7-3】 为了减少热损失和保证安全工作条件，在外径为 133mm 的蒸气管道外包覆保温层。已知蒸气管外壁温度为 400℃，保温层外表面温度不得超过 50℃，所用保温材料的热导率为 0.09W/(m·℃)，要求管道的热损失控制在 500W/m 之下，试求保温层的厚度。

解 本问题为单层筒壁的热传导，单位管长的热损失可由式(7-14b) 计算。由式(7-14b) 可知

$$\frac{q}{L}=2\pi k\frac{t_1-t_2}{\ln(r_2/r_1)}$$

$$r_2/r_1=\exp\left[\frac{2\pi k}{q/L}(t_1-t_2)\right]=\exp\left[\frac{2\times 3.14\times 0.09}{500}\times(400-50)\right]=1.4853$$

$$r_2=1.4853r_1=1.4853\times 0.133/2=0.0988(\mathrm{m})$$

保温层厚度为

$$\delta=r_2-r_1=0.0988-0.133/2=0.032(\mathrm{m})=32(\mathrm{mm})$$

二、有内热源的一维稳态热传导

有内热源的导热设备以柱体最为典型，例如核反应堆的铀棒、管式固定床反应器和电热棒等。若柱体很长，且温度分布沿轴向对称，在此情况下的稳态导热问题可视为沿径向的一维稳态热传导，此时柱坐标系的能量方程式(7-2) 可化为

$$\frac{1}{r}\frac{\mathrm{d}}{\mathrm{d}r}\left(r\frac{\mathrm{d}t}{\mathrm{d}r}\right)+\frac{\dot{q}}{k}=0 \tag{7-19}$$

式(7-19) 系用来描述具有内热源、沿径向做一维稳态热传导时的微分方程。若内热源均匀，则 $\dot{q}$ 为常数。

结合具体的边界条件可求出柱体内的温度分布。为此，将式(7-19) 进行第一次积分，得

$$\frac{\mathrm{d}t}{\mathrm{d}r}=-\frac{\dot{q}}{2k}r+\frac{C_1}{r} \tag{7-20}$$

再积分一次，又得

$$t=-\frac{\dot{q}}{4k}r^2+C_1\ln r+C_2 \tag{7-21}$$

式中 C_1、C_2 为积分常数，可根据两个边界条件确定，具体方法参见例 7-4 和例 7-5。

【例 7-4】 有一半径为 R、长度为 L 的实心圆柱体，其发热速率为 $\dot{q}$，圆柱体的表面温度为 t_s，$L \gg R$，温度仅为径向距离的函数。设热传导是稳态的，圆柱体的热导率 k 为常数，试求圆柱体内的温度分布及最高温度处的温度值。

解 柱体内一维径向稳态热传导时的温度分布方程为

$$t=-\frac{\dot{q}}{4k}r^2+C_1\ln r+C_2 \tag{7-21}$$

依题意，设边界条件为

(1) $r=R$：$t=t_s$

(2) $r=R$：$\dot{q}\pi R^2 L=-k\cdot 2\pi RL\dfrac{\mathrm{d}t}{\mathrm{d}r}$

边界条件（2）表示稳态热传导时圆柱体内的发热速率必等于表面热损失速率。

由边界条件（2）可得

$$\left.\frac{\mathrm{d}t}{\mathrm{d}r}\right|_{r=R}=-\frac{\dot{q}R}{2k}$$

将上式代入式(7-20)，并取 $r=R$，得

$$-\frac{\dot{q}R}{2k}=-\frac{\dot{q}R}{2k}+\frac{C_1}{R}$$

故

$$C_1=0$$

将 $C_1=0$ 及边界条件（1）代入式(7-21)，得

$$t_s=-\frac{\dot{q}R^2}{4k}+C_2$$

故

$$C_2=t_s+\frac{\dot{q}R^2}{4k}$$

最后解出温度分布为

$$t-t_s=\frac{\dot{q}}{4k}(R^2-r^2)$$

由于圆柱体向外导热，显然最高温度在圆柱体中心处，即

$$t_{\max}=t\,|_{r=0}=t_0=t_s+\frac{\dot{q}R^2}{4k}$$

上两式联立得温度分布方程，写成无量纲形式为

$$\frac{t-t_s}{t_0-t_s}=1-\left(\frac{r}{R}\right)^2$$

【例 7-5】 有一外径为 4cm、内径为 1.5cm、载有电流密度 I 为 5000A/cm^2 的内冷钢制导体，导体单位时间发出的热量等于流体同时带走的热量，导体内壁面的温度为 70℃。假定外壁面完全绝热。试确定导体内部的温度分布，并求导体内部最高温度处的温度值。已知钢的热导率 $k=380\text{W/(m·K)}$，电阻率 $\rho=2\times10^{-8}\Omega\cdot\text{m}$。

解 由式(7-21) 出发，求出导体内部的温度分布。为此首先求出 $\dot{q}$、C_1、C_2 各值。

$$\dot{q}=\rho I^2=(2\times10^{-8})\times(5000\times10^4)^2=5\times10^7(\text{W/m}^3)$$

根据题意，可知本题的两个边界条件为

(1) $r_1=0.75\text{cm}$：$t_1=75℃$

(2) $r_2=2\text{cm}$：$-k\dfrac{\mathrm{d}t}{\mathrm{d}r}=0$（即 $\dfrac{\mathrm{d}t}{\mathrm{d}r}=0$）

将边界条件（2）代入式(7-20)，得

$$\left.\frac{\mathrm{d}t}{\mathrm{d}r}\right|_{r=0.02}=-\frac{5\times10^{7}}{2\times380}\times0.02+\frac{C_1}{0.02}=0$$

由此得

$$C_1=26.3$$

再将边界条件（1）及 $C_1=26.3$ 代入式(7-21)，得

$$70=-\frac{5\times10^{7}}{4\times380}\times\left(\frac{0.75}{100}\right)^{2}+26.3\times\ln\frac{0.75}{100}+C_2$$

解之得

$$C_2=200.5$$

将 C_1、C_2 代入式(7-21)，即可求出导体内部的温度分布方程为

$$t=-\frac{5\times10^{7}}{4\times380}r^{2}+26.3\ln r+200.5$$

或

$$t=-32895r^{2}+26.3\ln r+200.5$$

最高温度发生在外壁面处，该处 $r_2=2\text{cm}=0.02\text{m}$，故

$$t_{\max}=-32895\times0.02^{2}+26.3\times\ln0.02+200.5=84.5(℃)$$

三、二维稳态热传导

上面讨论的稳态热传导问题，其温度均可以用一个空间坐标的函数来表示。但工程实际中还常遇到二维或三维稳态热传导问题。对于这类问题，仅当边界条件比较简单时，才有可能应用分析解法，但求解过程相当麻烦，结果也很复杂，不便于工程应用。而对于边界条件比较复杂的热传导问题，其分析求解就更加困难，有的甚至根本不能得到分析解。此时，解决问题最有效的方法是数值计算法，这种方法有许多优越性，特别是高速计算机的迅速发展，使得人们能够对以前认为不能求解的许多问题得到数值解。下面以无内热源的二维稳态热传导为例，说明数值计算法的应用。

（一）物体内部的结点温度方程

无内热源的二维稳态热传导，在直角坐标系中以二维的拉普拉斯方程描述，即

$$\frac{\partial^2 t}{\partial x^2}+\frac{\partial^2 t}{\partial y^2}=0 \tag{7-22}$$

根据上式求出的温度分布 $t=f(x, y)$ 为一连续曲面，数值计算法的思路是将上述连续变化的偏微分方程用差分方程近似表达，从而求出温度分布。

如图 7-1 所示，将物体分割成若干个由 Δx、Δy 组成的小方格，分割线的交点称为结点。Δx 及 Δy 的长度根据计算精度的要求选取。Δx 或 Δy 越小，所得结果就越接近于真实温度分布，当然相应的计算量也就越大。

温度梯度可以写为

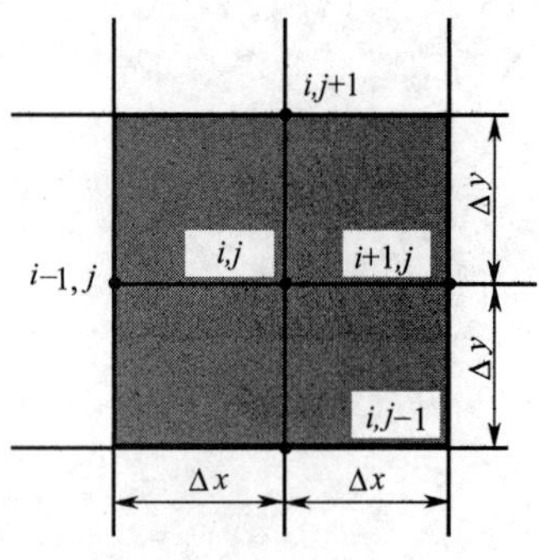

图 7-1　温度场内的结点

$$\left.\frac{\partial t}{\partial x}\right|_{i+\frac{1}{2},j}\approx\frac{t_{i+1,j}-t_{i,j}}{\Delta x}$$

$$\left.\frac{\partial t}{\partial x}\right|_{i-\frac{1}{2},j}\approx\frac{t_{i,j}-t_{i-1,j}}{\Delta x}$$

$$\left.\frac{\partial t}{\partial y}\right|_{i,j+\frac{1}{2}}\approx\frac{t_{i,j+1}-t_{i,j}}{\Delta y}$$

$$\left.\frac{\partial t}{\partial y}\right|_{i,j-\frac{1}{2}}\approx\frac{t_{i,j}-t_{i,j-1}}{\Delta y}$$

$$\left.\frac{\partial^2 t}{\partial x^2}\right|_{i,j}\approx\frac{\left.\frac{\partial t}{\partial x}\right|_{i+\frac{1}{2},j}-\left.\frac{\partial t}{\partial x}\right|_{i-\frac{1}{2},j}}{\Delta x}=\frac{t_{i+1,j}+t_{i-1,j}-2t_{i,j}}{(\Delta x)^2}$$

$$\left.\frac{\partial^2 t}{\partial y^2}\right|_{i,j} \approx \frac{\left.\frac{\partial t}{\partial y}\right|_{i,j+\frac{1}{2}} - \left.\frac{\partial t}{\partial y}\right|_{i,j-\frac{1}{2}}}{\Delta y} = \frac{t_{i,j+1} + t_{i,j-1} - 2t_{i,j}}{(\Delta y)^2}$$

由此，可将式(7-22) 近似地写成差分形式，即

$$\frac{t_{i+1,j} + t_{i-1,j} - 2t_{i,j}}{(\Delta x)^2} + \frac{t_{i,j+1} + t_{i,j-1} - 2t_{i,j}}{(\Delta y)^2} = 0$$

令 $\Delta x = \Delta y$，上式化为

$$t_{i+1,j} + t_{i-1,j} + t_{i,j+1} + t_{i,j-1} - 4t_{i,j} = 0 \tag{7-23}$$

式(7-23) 称为物体内部的结点温度分布方程，它表示任一结点 (i,j) 的温度 $t_{i,j}$ 与邻近 4 个结点温度之间的关系，即在无内热源的二维稳态温度场中其内部某结点的温度可用邻近 4 个结点温度的算术平均值表示。显然，若将所有内部结点的温度分别与其相邻的 4 个结点的温度按式(7-23) 的形式联系起来，便可建立物体内部的结点温度方程组。

（二）物体边界上的结点温度方程

处于物体表面的结点，由于外界的影响，其温度不能应用式(7-23) 来表达，而要根据具体情况来建立。

简单的边界情况如图 7-2 所示，图 7-2(a) 为绝热边界，其余 3 种为对流边界。下面分别建立此 4 种边界情况下的结点温度方程。为简便计，推导时均取垂直纸面的距离为单位长度。

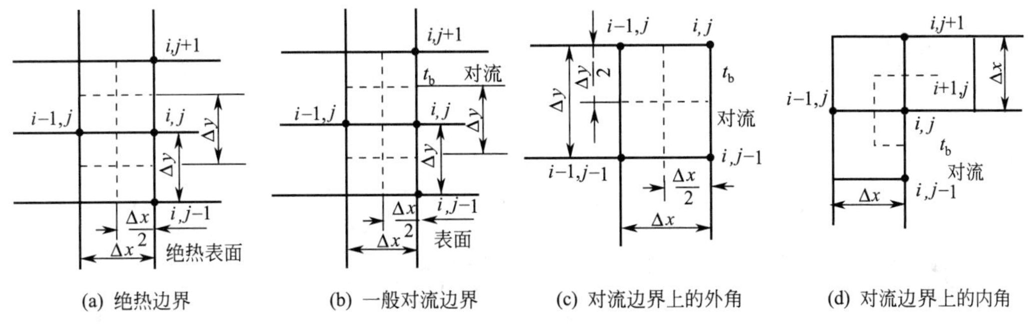

图 7-2 物体边界上的结点

1. 绝热边界

如图 7-2(a) 所示，对虚线包围的微元体做热量衡算，得

$$k\frac{t_{i-1,j} - t_{i,j}}{\Delta x}\Delta y + k\frac{t_{i,j+1} - t_{i,j}}{\Delta y}\frac{\Delta x}{2} + k\frac{k_{i,j-1} - t_{i,j}}{\Delta y}\frac{\Delta x}{2} = 0$$

令 $\Delta x = \Delta y$，则上式化为

$$t_{i,j+1} + t_{i,j-1} + 2t_{i-1,j} - 4t_{i,j} = 0 \tag{7-24a}$$

2. 对流边界

如图 7-2(b) 所示，设周围流体主体温度为 t_b，且维持不变，微元体表面与流体之间的对流传热系数为 h，亦维持不变，对虚线包围的微元体做热量衡算，可得

$$-k\Delta y\frac{t_{i,j} - t_{i-1,j}}{\Delta x} - k\frac{\Delta x}{2}\frac{t_{i,j} - t_{i,j+1}}{\Delta y} - k\frac{\Delta x}{2}\frac{t_{i,j} - t_{i,j-1}}{\Delta y} = h\Delta y(t_{i,j} - t_b)$$

令 $\Delta x = \Delta y$，则上式化为

$$\frac{1}{2}(2t_{i-1,j} + t_{i,j+1} + t_{i,j-1}) - \left(\frac{h\Delta x}{k} + 2\right)t_{i,j} = -\frac{h\Delta x}{k}t_b \tag{7-24b}$$

同理可求得图 7-2(c) 中对流边界上的外角结点 (i, j) 的结点温度方程为

$$t_{i-1,j} + t_{i,j-1} - 2\left(\frac{h\Delta x}{k} + 1\right)t_{i,j} = -2\frac{h\Delta x}{k}t_b \tag{7-24c}$$

图 7-2(d) 中对流边界上的内角结点（i,j）的结点温度方程为

$$2t_{i-1,j}+2t_{i,j+1}+t_{i+1,j}+t_{i,j-1}-2\times\left(3+\frac{h\Delta x}{k}\right)t_{i,j}=-2\frac{h\Delta x}{k}t_{\mathrm{b}} \tag{7-24d}$$

（三）二维稳态温度场的结点温度方程组

式(7-23)、式(7-24) 表示无内热源二维稳态温度场中各结点温度之间的关系，各式均为线性代数方程。求解温度场时，可根据物体内部及边界情况，并考虑精度要求，将物体分割成若干个等边的小方格，将分割线的交点统一编号（$i=1,2,\cdots,n$），然后根据每个结点所在的位置分别写出相应的结点温度方程，从而得到整个温度场的结点温度方程组，即

$$\begin{cases}a_{11}t_1+a_{12}t_2+\cdots+a_{1n}t_n=b_1\\a_{21}t_1+a_{22}t_2+\cdots+a_{2n}t_n=b_2\\\vdots\qquad\qquad\vdots\qquad\qquad\vdots\\a_{n1}t_1+a_{n2}t_2+\cdots+a_{nn}t_n=b_n\end{cases} \tag{7-25}$$

式中 $a_{i,j}$ 和 b_i（$i,j=1,2,\cdots,n$）均为常数，t_i（$i=1,2,\cdots,n$）为未知温度。

式(7-25) 为线性方程组，共有 n 个方程，未知温度亦为 n 个，求解此方程组即可得出 t_1、t_2、…、t_n 的数值，于是整个温度场即可解出。

求解上述结点温度方程组可采用求逆矩阵法、迭代法和高斯消去法等。

【例 7-6】 如图 7-3 所示，某一边长为 1m 的正方形物体，左侧面恒温为 100℃，顶面恒温为 500℃，其余两侧面暴露在对流环境中，环境温度为 100℃。已知物体的热导率为 10W/(m·℃)，物体与环境的对流传热系数为 10W/(m²·℃)，试建立 1～9 各结点的温度方程组，并求出各点的温度值。

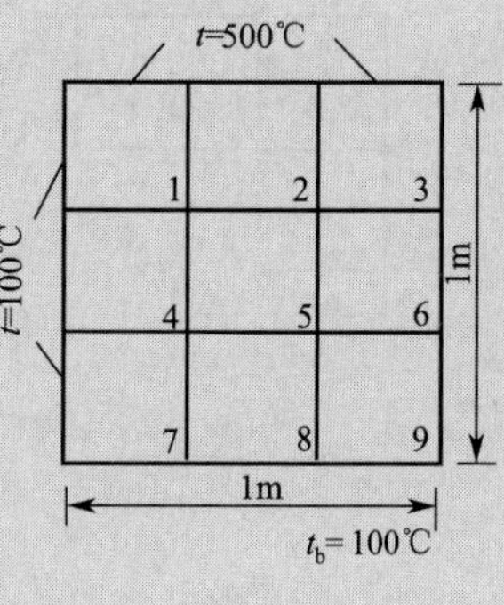

图 7-3 【例 7-6】附图

解 已知：$\Delta x=\Delta y=\frac{1}{3}$m，$t_{\mathrm{b}}=100$℃，$k=10$W/(m·℃)，$h=10$W/(m²·℃)，$\frac{h\Delta x}{k}=\frac{1}{3}$

(1) 建立结点温度方程组

由于内部和边界上的结点温度方程不同，今以内部结点 1 及边界上的结点 3、9 为代表建立各结点温度方程。

对于结点 1，应用式(7-24a)，得

$$t_2+100+500+t_4-4t_1=0$$

或

$$-4t_1+t_2+t_4=-600$$

结点 3 为一般对流边界上的点，应用式(7-24b)，得

$$\frac{1}{2}(2t_2+500+t_6)-\left(\frac{h\Delta x}{k}+2\right)t_3=-\frac{h\Delta x}{k}t_{\mathrm{b}}$$

代入数据，得

$$2t_2-4.67t_3+t_6=-567$$

结点 9 为对流边界外角上的点，应用式(7-24c)，得

$$t_6+t_8-2\times\left(\frac{h\Delta x}{k}+1\right)t_9=2\times\frac{h\Delta x}{k}t_{\mathrm{b}}$$

代入数据，得

$$t_6+t_8-2.67t_9=-66.7$$

其余各结点的温度方程可用相应的方程建立，最后得 1～9 各点的结点温度方程组为

$$\begin{cases}-4t_1+t_2+t_4=-600\\ t_1-4t_2+t_3+t_5=-500\\ 2t_2-4.67t_3+t_6=-567\\ t_1-4t_4+t_5+t_7=-100\\ t_2+t_4-4t_5+t_6+t_8=0\\ t_3+2t_5-4.67t_6+t_9=-66.7\\ 2t_4-4.67t_7+t_8=-167\\ 2t_5+t_7-4.67t_8+t_9=-66.7\\ t_6+t_8-2.67t_9=-66.7\end{cases}$$

(2) 各点的温度数值的计算结果

采用求逆矩阵法求解上述方程组，可得

$$t_1=279℃，t_2=327℃，t_3=307℃$$
$$t_4=190℃，t_5=227℃，t_6=214℃$$
$$t_7=156℃，t_8=182℃，t_9=173℃$$

第二节　不稳态热传导

物体内任一点的温度均随时间而变的导热称为不稳态导热。在工程实际中，经常遇到不稳态导热问题，例如燃烧炉的点火升温过程和熄火降温过程，金属的熔化、淬火等热加工处理均为不稳态导热。此外有些稳态导热问题在其初始阶段也常存在不稳态导热过程，例如燃烧炉的点火阶段即是如此。

不稳态导热过程中的温度既与时间有关又与位置有关，故其求解要较稳态导热问题复杂得多。通常求解不稳态导热问题时，需应用热传导方程式(7-1)、式(7-2) 或式(7-3)，并需满足具体的初始条件及边界条件。通过求解满足这些定解条件的偏微分方程，求得温度分布随时间的变化关系，从而求得特定时刻的传热速率。

初始条件是指在导热过程开始的瞬时物体内部的温度分布情况。边界条件视具体情况一般可分为 3 类：第一类边界条件是给出任何时刻物体端面的温度分布；第二类边界条件是给出所有时刻物体端面处的导热通量；第三类边界条件是物体端面与周围流体介质进行热交换，端面处的导热速率等于端面与流体之间的对流传热速率。

不稳态导热过程中的传热速率取决于介质内部热阻和表面热阻，根据二者的相对大小，不稳态导热过程可以分为 3 种情况：忽略内部热阻、忽略表面热阻和两种热阻都不能忽略。

一、忽略内部热阻的不稳态导热——集总热容法

内部热阻可忽略的不稳态导热问题是一种最简单的不稳态导热问题。若固体的热导率很大或内热阻很小，而环境流体与该固体表面之间的对流传热热阻又比较大，便可忽略内热阻，即认为在任一时刻固体内部各处的温度均匀一致。这种假设物体内部热阻与外部热阻相比可忽略不计的分析方法称为集总热容法(lumped capacity method)。

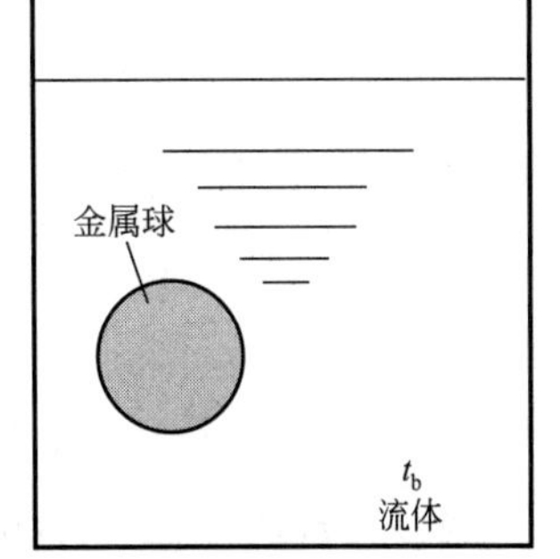

图 7-4　暴露在介质中的小金属球的内部导热

例如，有一个热的金属小球，浸泡在冷流体中（参见图 7-4）。显然小球内部的温度分布除与其材质的热导率有关外，还与小球表面和周围流体的对流传热系数有关。假定小球导热良好，其导热热阻比表面对流热阻小得多，则主要的温度梯度将产生于小球

表面的流体层内，而小球本身的温度在任一瞬时均可认为是均匀一致的。

设金属球的密度为 ρ，比热容为 c_p、体积为 V，表面积为 A；初始温度均匀，为 t_0；环境流体的主体温度恒定，为 t_b；流体与金属球表面的对流传热系数为 h，且不随时间而变。

球坐标系下的热传导方程为式(7-3)，即

$$\frac{1}{\alpha}\frac{\partial t}{\partial \theta'}=\frac{1}{r^2}\frac{\partial}{\partial r}\left(r^2\frac{\partial t}{\partial r}\right)+\frac{1}{r^2\sin\theta}\frac{\partial}{\partial \theta}\left(\sin\theta\frac{\partial t}{\partial \theta}\right)+\frac{1}{r^2\sin^2\theta}\frac{\partial^2 t}{\partial \phi^2}+\frac{\dot{q}}{k} \tag{7-3}$$

由于金属球的内部热阻可以忽略，温度与位置无关，温度梯度为零，即

$$\frac{\partial t}{\partial r}=\frac{\partial t}{\partial \theta}=\frac{\partial t}{\partial \phi}=0$$

故式(7-3) 简化为

$$\frac{1}{\alpha}\frac{\partial t}{\partial \theta'}=\frac{\dot{q}}{k} \tag{7-26}$$

其中 $\dot{q}$ 应理解为广义内热源，可通过将界面上交换的热量折算为整个小球的体积内热源得到，即

$$\dot{q}V=-hA\ (t-t_b)$$

因为小球被冷却，$t>t_b$，故 $\dot{q}$ 为负值。于是

$$-\rho V c_p\frac{dt}{d\theta'}=hA(t-t_b) \tag{7-26a}$$

初始条件为

$$\theta'=0:\ t=t_0$$

式中 t 为任一瞬时金属球表面的温度。由于金属球的内热阻可以忽略不计，金属球各点的温度均为 t。式中的负号表示球内的温度随时间而降低。由于物体的温度仅随时间改变而与位置无关，不存在边界条件。

令 $\tau=t-t_b$，则式(7-26a) 可化为

$$\frac{d\tau}{\tau}=-\frac{hA}{\rho V c_p}d\theta' \tag{7-27}$$

初始条件为

$$\theta'=0:\ \tau=\tau_0$$

积分式(7-27)，得

$$\int_{\tau_0}^{\tau}\frac{d\tau}{\tau}=-\frac{hA}{\rho V c_p}\int_0^{\theta'}d\theta'$$

$$\ln\frac{\tau}{\tau_0}=-\frac{hA}{\rho V c_p}\theta'$$

或

$$\frac{\tau}{\tau_0}=\frac{t-t_b}{t_0-t_b}=e^{-\frac{hA\theta'}{\rho V c_p}} \tag{7-28}$$

式(7-28) 即为忽略物体内热阻情况下物体温度与时间的定量关系式。

式(7-28) 中右侧指数中的量还可以写成如下形式：

$$\frac{hA\theta'}{\rho V c_p}=\frac{hV}{kA}\frac{kA^2\theta'}{\rho V^2 c_p}=\frac{h(V/A)}{k}\frac{a\theta'}{(V/A)^2} \tag{7-29}$$

式(7-29) 右侧的两个数群都是无量纲的，现在对该二数群的物理意义做进一步分析。

第一个数群$\frac{h(V/A)}{k}$称为毕渥数（Biot number)，记为 Bi，即

$$Bi=\frac{h(V/A)}{k}=\frac{hl}{k} \tag{7-30}$$

毕渥数中的 V/A（以 l 表示）具有长度量纲，故毕渥数的物理意义为

$$Bi=\frac{长度\times 对流传热系数}{热导率}=\frac{长度\times 导热热阻}{对流传热热阻}$$

毕渥数表示物体内部的导热热阻与表面对流热阻之比。Bi 值大时，表示传热过程中物体内部的导热热阻起控制作用，物体内部存在较大的温度梯度，此时系统的传热不能采用集总热容法处理；反之，Bi 值小时，则表示物体内部的热阻很小，表面对流传热的热阻起控制作用，物体内部的温度梯度很小，在同一瞬时各处温度较为均匀。研究表明，当 $Bi<0.1$ 时，系统的传热可采用集总热容法处理，此时用式(7-28) 计算物体温度与时间的关系，其结果与实际比较误差不超过 5%。因此，求解不稳态导热问题时，首先要计算 Bi 的值，视其是否小于 0.1，以便确定该导热问题能否采用集总热容法处理。

第二个数群 $\frac{a\theta'}{(V/A)^2}$ 称为傅里叶数（Fourier number），记为 Fo，即

$$Fo=\frac{a\theta'}{(V/A)^2}=\frac{a\theta'}{l^2} \tag{7-31}$$

傅里叶数的物理意义表示时间之比，即无量纲时间。

将式(7-30)、式(7-31) 代入式(7-28)，得

$$\frac{t-t_b}{t_0-t_b}=e^{-BiFo} \tag{7-32}$$

【例 7-7】 有一半径 $r_0=25\text{mm}$ 的钢球，初始温度均匀，为 700K。突然将此球放入某流体介质中，介质的温度恒定，为 400K。假定钢球表面与流体之间的对流传热系数为 $h=11.36\text{W}/(\text{m}^2\cdot\text{K})$，且不随温度而变。钢球的物性值为：热导率 $k=43.3\text{W}/(\text{m}\cdot\text{K})$，密度 $\rho=7849\text{kg/m}^3$，比热容 $c_p=0.46\text{kJ}/(\text{kg}\cdot\text{K})$。试计算 1h 后钢球的温度。

解 由于 h 值较小、k 值较大，估计可以采用集总热容法。为此首先计算 Bi 数。

$$\frac{V}{A}=\frac{\frac{4}{3}\pi r_0^3}{4\pi r_0^2}=\frac{r_0}{3}=\frac{25\times10^{-3}}{3}=8.33\times10^{-3}(\text{m})$$

$$Bi=\frac{h(V/A)}{k}=\frac{11.36\times(8.33\times10^{-3})}{43.3}=0.00219<0.1$$

故可用式(7-28) 计算 1h 后钢球的温度。

$$\frac{hA}{\rho Vc_p}=\frac{11.36}{7849\times(8.33\times10^{-3})\times(0.46\times10^3)}=3.78\times10^{-4}(\text{s}^{-1})$$

代入式(7-28)

$$\frac{t-400}{700-400}=e^{-(3.78\times10^{-4})\times3600}$$

得

$$t=477\ (\text{K})$$

【例 7-8】 一温度计的水银泡呈圆柱形，长 20mm，内径为 4mm，初始温度为 t_0，现将其插入到温度较高的气体容器中测量气体温度。设水银泡与气体间的对流传热系数 $h=11.63\text{W}/(\text{m}^2\cdot\text{K})$，水银泡一层薄玻璃的作用可以忽略不计，试确定插入 5min 后温度计读数 t 与真实温度 t_b 之差 $t-t_b$ 相对于初始温差 t_0-t_b 之比。已知实验条件下水银的物性值为：$k=10.36\text{W}/(\text{m}\cdot\text{K})$，$\rho=13100\text{kg/m}^3$，$c_p=0.138\text{kJ}/(\text{kg}\cdot\text{K})$。

解 首先检验是否可以采用集总热容法。考虑到水银泡柱体的上端面不直接受热，故

$$\frac{V}{A}=\frac{\pi R^2L}{\pi R^2+2\pi RL}=\frac{RL}{R+2L}=\frac{0.002\times0.02}{0.002+2\times0.02}=9.52\times10^{-4}(\text{m})$$

$$Bi=\frac{h(V/A)}{k}=\frac{11.63\times(9.52\times10^{-4})}{10.36}=1.07\times10^{-3}<0.1$$

故可以应用集总参数法。

$$Fo=\frac{\alpha\theta}{(V/A)^2}=\frac{k\theta/(\rho c_p)}{(V/A)^2}=\frac{\frac{10.36}{13100\times 138}\times(5\times 60)}{(9.52\times 10^{-4})^2}=1.90\times 10^3$$

$$\frac{t-t_b}{t_0-t_b}=e^{-BiFo}=e^{-(1.07\times 10^{-3})\times(1.90\times 10^3)}=0.131$$

上述计算结果表明，即使经过 5min 后，测量温度（温度计读数）t 与真实温度 t_b 之差仍为初始温差的 13.1%。由此可见，当用水银温度计测量流体温度时，必须在被测流体中放置足够长时间，以使二者基本达到热平衡，否则测量结果将会有较大误差。

二、忽略表面热阻的不稳态导热

忽略表面热阻的不稳态导热过程发生在表面热阻相比内热阻很小的情况，即 $Bi\gg 0.1$ 时。由于表面热阻可略，表面温度 t_s 在 $\theta>0$ 的所有时间内均为一个常数，其数值基本上等于环境温度。此类过程中以半无限大固体的不稳态导热和大平板的不稳态导热问题最为典型，现分述如下。

(一) 半无限大固体的不稳态导热

半无限大固体是不稳态导热研究中的一个特有的概念。所谓半无限大固体，几何上是指如图 7-5 所示的物体，其特点是从 $x=0$ 的界面开始向正的 x 方向及其他两个坐标（y，z）方向无限延伸。自然界中不存在这样的半无限大固体，但相当厚（如某些墙壁）或相当长的柱体（如长棒）可近似地视为无限厚或无限长的固体，此时可将这类物体的导热问题视为只沿 x 方向进行的一维导热问题处理。

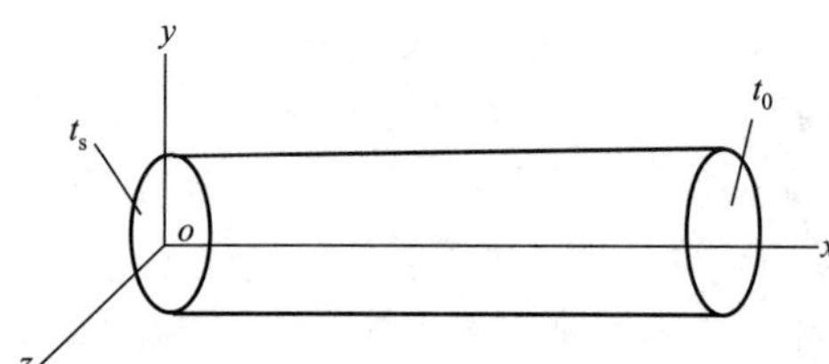

图 7-5 半无限大固体的不稳态导热

如图 7-5 所示的半无限大固体，在导热开始时，物体的初始温度为 t_0，然后突然将左端面的温度变为 t_s，且维持不变。假设除物体的左右两端面外其他表面均绝热。由于右端面在无穷远处，其温度在整个过程中均维持导热开始时的初始温度 t_0 不变。

上述情况下的热传导方程可写为

$$\frac{\partial t}{\partial\theta}=\alpha\frac{\partial^2 t}{\partial x^2}\tag{7-33}$$

初始条件和边界条件为

(1) $\theta=0$：$t=t_0$（对于任何 x）

(2) $x=0$：$t=t_s$（当 $\theta>0$ 时）

(3) $x\to\infty$：$t=t_0$（当 $\theta\geqslant 0$ 时）

上述定解问题可采用拉普拉斯变换法和合成变量法两种方法求解，本书仅介绍后一种求解方法。

合成变量法是求解偏微分方程常用的一种方法，适用于可将两个定解条件合并为一个定解条件的定解问题。此时通过引入包含两个原变量的新变量将原来的偏微分方程化为常微分方程，从而降低方程求解的难度。

为了将式(7-33) 化为常微分方程，首先引入一个与位置、时间有关的新变量 η，令

$$\eta=\frac{x}{\sqrt{4\alpha\theta}}\tag{7-34}$$

于是可写出

$$\frac{\partial t}{\partial \theta}=\frac{\partial t}{\partial \eta}\frac{\partial \eta}{\partial \theta}=-\frac{\eta}{2\theta}\frac{\partial t}{\partial \eta} \tag{7-35}$$

$$\frac{\partial t}{\partial x}=\frac{\partial t}{\partial \eta}\frac{\partial \eta}{\partial x}=\frac{1}{\sqrt{4\alpha\theta}}\frac{\partial t}{\partial \eta}$$

$$\frac{\partial^2 t}{\partial x^2}=\frac{\partial\left(\frac{\partial t}{\partial x}\right)}{\partial \eta}\frac{\partial \eta}{\partial x}=\frac{\partial}{\partial \eta}\left(\frac{\partial t}{\partial \eta}\frac{\partial \eta}{\partial x}\right)\frac{\partial \eta}{\partial x}=\frac{1}{4\alpha\theta}\frac{\partial^2 t}{\partial \eta^2} \tag{7-36}$$

将式(7-35)、式(7-36) 代入式(7-33)，整理得

$$\frac{\partial^2 t}{\partial \eta^2}+2\eta\frac{\partial t}{\partial \eta}=0 \tag{7-37}$$

式(7-37) 中的自变量仅有一个 η，于是可将该式写成常微分方程形式，即

$$\frac{d^2 t}{d\eta^2}+2\eta\frac{dt}{d\eta}=0 \tag{7-38}$$

由此可见，向原偏微分方程式(7-33) 引入一个新的自变量 η 后，便可将其化为容易求解的常微分方程式(7-38)。

式(7-38) 对应的定解条件为

(1) $\eta=\infty$：$t=t_0$

(2) $\eta=0$：$t=t_s$

为求解上述定解问题，令

$$p=\frac{dt}{d\eta} \tag{7-39}$$

将式(7-39) 代入式(7-38)，得

$$\frac{dp}{d\eta}+2\eta p=0 \tag{7-40}$$

将式(7-40) 分离变量并积分，得

$$p=C_1 e^{-\eta^2}$$

$$\frac{dt}{d\eta}=C_1 e^{-\eta^2} \tag{7-41}$$

将上式积分，得

$$t=C_1\int_0^{\eta} e^{-\eta^2} d\eta+C_2 \tag{7-42}$$

式中 C_1、C_2 为积分常数，可根据定解条件 (1)、(2) 确定。

将定解条件 (2) 代入式(7-42)，得

$$t_s=C_1\int_0^0 e^{-\eta^2} d\eta+C_2$$

故得

$$C_2=t_s$$

再将定解条件 (1) 和 C_2 值代入式(7-42)，得

$$t_0=C_1\int_0^{\infty} e^{-\eta^2} d\eta+t_s=C_1\frac{\sqrt{\pi}}{2}+t_s$$

故得

$$C_1=\frac{2}{\sqrt{\pi}}(t_0-t_s)$$

将 C_1 和 C_2 值代入式(7-42)，得

$$t=\frac{2}{\sqrt{\pi}}(t_0-t_s)\int_0^{x/\sqrt{4\alpha\theta}} e^{-\eta^2} d\eta+t_s \tag{7-43}$$

或

$$\frac{t-t_s}{t_0-t_s}=\text{erf}\left(\frac{x}{\sqrt{4\alpha\theta}}\right) \tag{7-44}$$

式中 $\text{erf}(\eta)$ 或 $\text{erf}\left(\frac{x}{\sqrt{4\alpha\theta}}\right)$ 称为高斯（Gauss）误差积分或误差函数，即

$$\text{erf}(\eta)=\frac{2}{\sqrt{\pi}}\int_0^\eta e^{-\eta^2}\,d\eta$$

$\text{erf}(\eta)$ 与 η 的对应值可由附录 B 中查得，也可由有关数学手册查得。

式(7-44) 即为半无限大固体在加热或冷却过程中不同时刻的温度分布表达式，式中 $\frac{t-t_s}{t_0-t_s}$ 可视为在 θ 瞬时物体某一位置 x 处的温度 t 同左端面温度 t_s 之差与最大温度差之比。如图 7-6 所示，图 7-6(a) 是冷却过程的情况，物体的初始温度为 t_0，左端面突然降温至 t_s，故 $t_s<t_0$，最大温度差为 t_0-t_s，其中 $t-t_s$ 表示在 θ 瞬时物体某一位置 x 处的温度 t 与左端面温度 t_s 之差；图 7-6(b) 为加热过程的情况，物体初始温度为 t_0，左端面突然升温至 t_s，故 $t_s>t_0$，最大温度差为 t_s-t_0，其中 t_s-t 表示在 θ 瞬时物体端面温度 t_s 与某一位置 x 处的温度 t 之差。

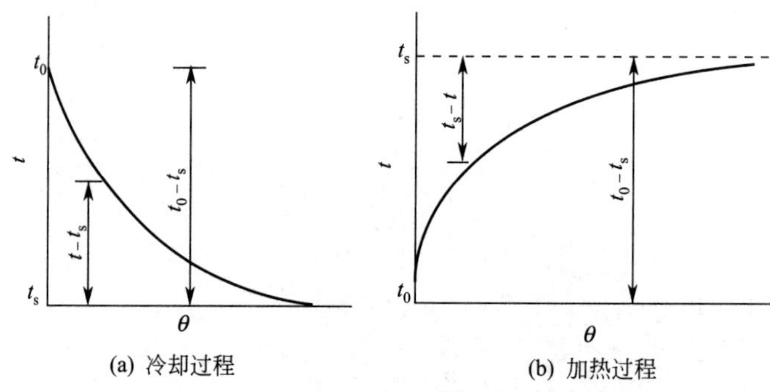

图 7-6 半无限大固体不稳态导热时的 $t\sim\theta$ 关系图

当 $\frac{t-t_s}{t_0-t_s}=0$（或 $t=t_s$）时，表示物体某位置 x 处的温度已经冷却或加热到了左端面的温度 t_s，此时由式(7-44) 知

$$\text{erf}\left(\frac{x}{\sqrt{4\alpha\theta}}\right)=\frac{t_s-t_s}{t_0-t_s}=0$$

由附录 B 中查得

$$\frac{x}{4\alpha\theta}=0$$

由于 x 为一有限值，有 $\theta=\infty$，即需要无限长时间物体各处（除左端面外）才能达到左端面的温度 t_s。但实际情况是，经过某一足够长的时间之后，t 即开始以渐近的方式趋近于 t_s。

下面应用温度分布方程和傅里叶定律求半无限大固体不稳态导热时的热流速率。

半无限大物体的初始温度为 t_0，当其左端面温度突然变为 t_s 且维持不变时，单位时间经左端面流入物体或自物体流出的热量可根据傅里叶定律计算。设左端面的面积为 A，则瞬时的导热通量 $q_{0\theta}/A$ 为

$$\frac{q_{0\theta}}{A}=-k\left.\frac{\partial t}{\partial x}\right|_{x=0}=-k\left(\frac{\partial t}{\partial\eta}\frac{\partial\eta}{\partial x}\right)_{x=0} \tag{7-45}$$

式(7-45) 中的偏导数 $\frac{\partial t}{\partial\eta}$ 和 $\frac{\partial t}{\partial x}$ 可分别由式(7-43) 和式(7-34) 计算，即

$$\frac{\partial t}{\partial \eta}=(t_0-t_s)\frac{2}{\sqrt{\pi}}e^{-\eta^2}=(t_0-t_s)\frac{2}{\sqrt{\pi}}e^{-x^2/4\alpha\theta}$$

及

$$\frac{\partial \eta}{\partial x}=\frac{1}{\sqrt{4\alpha\theta}}$$

故

$$\left(\frac{\partial t}{\partial \eta}\frac{\partial \eta}{\partial x}\right)_{x=0}=\left[(t_0-t_s)\frac{2}{\sqrt{\pi}}e^{-x^2/4\alpha\theta}\frac{1}{\sqrt{4\alpha\theta}}\right]_{x=0}=\frac{t_0-t_s}{\sqrt{\pi\alpha\theta}}$$

将上式代入式(7-45)，得

$$\frac{q_{0\theta}}{A}=k\frac{t_s-t_0}{\sqrt{\pi\alpha\theta}} \tag{7-46}$$

式(7-46) 即为不稳态导热过程中瞬时通过 $x=0$ 平面的热通量表达式。在 $0\sim\theta$ 时间内通过 $x=0$ 平面的总热量 Q_0 为

$$Q_0=\int_0^\theta q_{0\theta}d\theta=Ak\int_0^\theta\frac{t_s-t_0}{\sqrt{\pi\alpha\theta}}d\theta$$

将上式积分，得

$$Q_0=2Ak(t_s-t_0)\sqrt{\frac{\theta}{\pi\alpha}} \tag{7-47}$$

半无限大固体不稳态导热的典型实例有地面气温突然变化时土壤温度随之变化的问题、大建筑物表面温度变化时内部温度随之变化的问题、大块钢锭的热处理问题等。

【例 7-9】 有一块具有两平行端面的长铝板，除两端面外，铝板周围绝热，初始温度均匀，为 200℃。突然将铝板的一个端面的温度降至 70℃并维持不变。试求：

(1) 距降温面 4cm 处的温度降至 120℃时所需的时间；

(2) 在上述时间范围内通过单位端面积的总热量。

已知铝板的热导率为 215W/(m·K)，热扩散系数 α 为 $8.40\times10^{-5}m^2/s$。

解 本题为半无限大固体的冷却问题，可应用式(7-44) 和式(7-47) 求解。

由题设：$t_0=200℃$，$t_s=70℃$，$x=0.04m$，$t=120℃$

由式(7-44)，得

$$\frac{120-70}{200-70}=\mathrm{erf}\left(\frac{x}{\sqrt{4\alpha\theta}}\right)$$

故

$$\mathrm{erf}\left(\frac{x}{\sqrt{4\alpha\theta}}\right)=0.3846$$

由附录 B 查得

$$\frac{x}{\sqrt{4\alpha\theta}}=0.3553$$

即

$$\frac{0.04}{\sqrt{4\times(8.40\times10^{-5})\theta}}=0.3553$$

故得

$$\theta=37.72\ (s)$$

此情况下通过单位端面积的总热量可由式(7-47) 计算，即

$$\frac{Q_0}{A}=2k(t_s-t_0)\sqrt{\frac{\theta}{\pi\alpha}}=2\times215\times(70-200)\times\sqrt{\frac{37.72}{3.14\times(8.40\times10^{-5})}}=-2.11\times10^7\ (J/m^2)$$

【例 7-10】 地面下的埋管是常见的工程与民用设施。考虑埋管深度的一个重要因素是在当地气候条件下埋管处的温度应不低于管内流体的凝固点，例如输送工业及民用水的埋管处的

温度不能低于0℃。根据经验，某地经常会出现冬天地表面温度为5℃，突然受冷空气侵袭，地面温度下降到−20℃并维持30天不变的情况，试确定此种条件下水管的最低埋管深度。本题条件下，土壤的物性为$k=0.50\text{W}/(\text{m}\cdot\text{K})$，$\rho=2000\text{kg}/\text{m}^3$，$c_p=1.84\text{kJ}/(\text{kg}\cdot\text{K})$。

解 本问题为半无限大固体的不稳态导热问题，可应用式(7-44)求解，即

$$\frac{t-t_s}{t_0-t_s}=\text{erf}\left(\frac{x}{\sqrt{4\alpha\theta}}\right)$$

已知$t_0=5℃$，$t_s=-20℃$，$t=0℃$，则

$$\text{erf}\left(\frac{x}{\sqrt{4\alpha\theta}}\right)=\frac{t-t_s}{t_0-t_s}=\frac{0-(-20)}{5-(-20)}=0.80$$

由附录B查得

$$\eta=\frac{x}{\sqrt{4\alpha\theta}}=0.90$$

又

$$\alpha=\frac{k}{\rho c_p}=\frac{0.50}{2000\times1840}=1.36\times10^{-7}\ (\text{m}^2/\text{s})$$

$$\theta=30\times24\times3600=2.59\times10^6\ (\text{s})$$

得

$$x=\eta\sqrt{4\alpha\theta}=0.90\times\sqrt{4\times(1.36\times10^{-7})\times(2.59\times10^6)}=1.07\ (\text{m})$$

即水管至少埋在地下1.07m才不至于使水管冻裂。当然上述计算结果因土壤的物性随温度变化而有一定的偏差，但作为一种工程估算，仍具参考意义。

（二）两个端面均维持恒定温度的大平板的不稳态导热

具有两个平行端面的大平板中的导热问题，可视为一维导热问题处理。在此情况下，假定除垂直于平板两端面的方向外其他侧面上所传导的热量均可忽略不计。例如侧面方向为无限大的扁平板或侧面虽不很大但绝热良好的薄平板、短棒条等均属于此类。对这类导热问题，常见的边界条件有两类：一类是两个端面均维持恒定温度，属于第一类边界条件；另一类是两个端面与周围流体介质进行热交换，属于第三类边界条件。本节首先对平板两端面维持恒定的条件即第一类边界条件进行研究，具有第三类边界条件的导热问题将在下一小节讨论。

上面已经假定两个端面相互平行，设其间距为$2l$，平板的初始温度各处均匀，为t_0。现令两个端面的温度突然变为t_s，且在整个导热过程中维持不变。

此类导热问题的热传导方程仍为式(7-33)。为了使该方程的求解过程简化，可取平板的一半进行研究。由于大平板的温度分布在中心面两侧完全对称，可将板的中心定为坐标原点，如图7-7所示。于是热传导方程及相应的初始条件和边界条件为

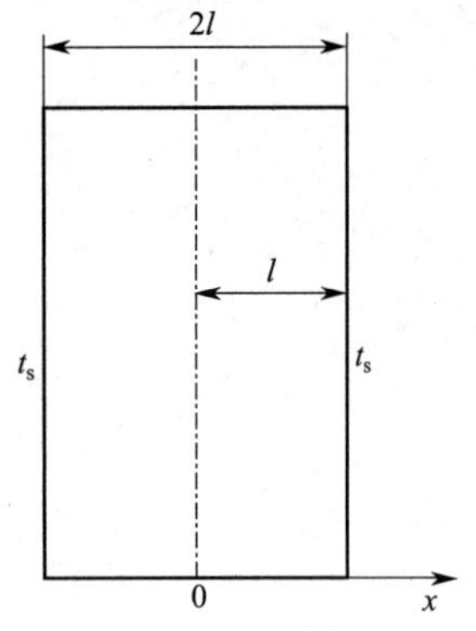

图7-7 大平板的不稳态导热

$$\frac{\partial t}{\partial\theta}=\alpha\frac{\partial^2 t}{\partial x^2}\tag{7-33}$$

初始条件

(1) $\theta=0$：$t=t_0$

边界条件

(2) $x=\pm l$：$t=t_s$

(3) $x=0$：$\dfrac{\partial t}{\partial x}=0$

边界条件(3)中$\partial t/\partial x=0$是由于平板内的温度分布沿中心面对称之故。

在满足上述初始条件及边界条件的情况下，可采用分离变量法求解热传导方程式(7-33)。

为了使求解过程简化，首先将边界条件齐次化。为此，引入无量纲温度T^*、无量纲长度L^*及无量纲时间（傅里叶数）Fo来分别代替温度t、长度x和时间θ，它们的定义分别为

$$T^*=\frac{t-t_s}{t_0-t_s} \tag{7-48}$$

$$L^*=\frac{x}{l} \tag{7-49}$$

$$Fo=\frac{a\theta}{l^2} \tag{7-50}$$

将式(7-48)～式(7-50) 代入式(7-33)，得

$$\frac{\partial T^*}{\partial Fo}=\frac{\partial^2 T^*}{\partial L^{*2}} \tag{7-51}$$

相应的定解条件变为

(1) $Fo=0$：$T^*=1$

(2) $L^*=1$：$T^*=0$

(3) $L^*=0$：$\frac{\partial T^*}{\partial L^*}=0$

式(7-51) 中的 L^* 和 Fo 为自变量，而 T^* 为函数。

式(7-51) 为线性齐次偏微分方程，可采用分离变量法求解。为此，将两个自变量的函数 $T^*(L^*,Fo)$ 表示为两个单变量函数 $X(L^*)$ 和 $Y(Fo)$ 的乘积，即

$$T^*(L^*,Fo)=X(L^*)Y(Fo) \tag{7-52}$$

式(7-52) 中的 $X(L^*)$ 仅为 L^* 的函数，与 Fo 无关；而 $Y(Fo)$ 仅为 Fo 的函数，与 L^* 无关。于是可写出如下两个方程，即

$$\frac{\partial^2 T^*}{\partial L^{*2}}=Y\frac{\partial^2 X}{\partial L^{*2}}$$

$$\frac{\partial T^*}{\partial Fo}=X\frac{\partial Y}{\partial Fo}$$

将以上二式代入式(7-51)，得

$$X\frac{\partial Y}{\partial Fo}=Y\frac{\partial^2 X}{\partial L^{*2}}$$

上式分离变量，得

$$\frac{1}{Y}\frac{\partial Y}{\partial Fo}=\frac{1}{X}\frac{\partial^2 X}{\partial L^{*2}} \tag{7-53}$$

式(7-53) 中等号左侧仅与 Fo 有关，右侧仅与 L^* 有关，故上式的左右两侧只有同时等于某一个常数时该式才能成立，即

$$\frac{1}{Y}\frac{\partial Y}{\partial Fo}=\frac{1}{X}\frac{\partial^2 X}{\partial L^{*2}}=\text{常数} \tag{7-54}$$

由数学分析可知，只有当上式中的常数小于零时，该式才可能有满足定解条件的非零解，故将该式的常数值设为 $-\lambda^2$，于是式(7-54) 可以改写成如下两个常微分方程，即

$$\frac{\mathrm{d}^2 X}{\mathrm{d}L^{*2}}+\lambda^2 X=0 \tag{7-55}$$

$$\frac{\mathrm{d}Y}{\mathrm{d}Fo}+\lambda^2 Y=0 \tag{7-56}$$

分别对上两式求解，可得

$$X=C_1\sin\lambda L^*+C_2\cos\lambda L^* \tag{7-57}$$

$$Y=C_3\mathrm{e}^{-\lambda^2 Fo} \tag{7-58}$$

将式(7-57)、式(7-58) 代入式(7-52)，即可求得 $T^*(L^*,Fo)$ 的解为

$$T^*=XY=(C_1\sin\lambda L^*+C_2\cos\lambda L^*)C_3\mathrm{e}^{-\lambda^2 Fo}$$

或 $$T^{*}=(A\sin\lambda L^{*}+B\cos\lambda L^{*})e^{-\lambda^2 Fo} \tag{7-59}$$

式中 $A=C_1C_3$，$B=C_2C_3$，λ 为特征值。A、B 为积分常数，它们可以利用定解条件（1）、（2）、（3）确定。

首先应用边界条件(3) $\left(L^{*}=0：\dfrac{\partial T^{*}}{\partial L^{*}}=0\right)$。为了利用此条件，可将式(7-59)对 L^{*} 求导数，即

$$\frac{\partial T^{*}}{\partial L^{*}}=(A\lambda\cos\lambda L^{*}-B\lambda\sin\lambda L^{*})e^{-\lambda^2 Fo} \tag{7-60}$$

将边界条件(3) 代入式(7-60)，得

$$0=A\lambda e^{-\lambda^2 Fo}$$

由于 $\lambda\neq 0$，故 $$A=0 \tag{7-61}$$

于是式(7-59) 变为 $$T^{*}=B\cos\lambda L^{*}e^{-\lambda^2 Fo} \tag{7-62}$$

下面再将边界条件(2)（$L^{*}=1$：$T^{*}=0$）代入式(7-62)，得

$$0=Be^{-\lambda^2 Fo}\cos\lambda \tag{7-63}$$

为了使式(7-51) 有非零的特解，式(7-59) 中的常数 A 和 B 不能同时为零。由于已经有 $A=0$，故 $B\neq 0$，则由式(7-63) 可得

$$\cos\lambda=0 \tag{7-64}$$

由式(7-64) 可知特征值 λ 可以有无限多个，即

$$\lambda_1=\frac{\pi}{2},\ \lambda_2=\frac{3\pi}{2},\ \cdots,\ \lambda_i=\frac{2i-1}{2}\pi\quad(i=1,2,\cdots,n) \tag{7-65}$$

将式(7-65) 中的 λ_i 值代入式(7-62)，得

$$T_i^{*}=B_i\cos(\lambda_i L^{*})e^{-\lambda_i^2 Fo} \tag{7-66}$$

式(7-66) 为式(7-51) 的一个特解。由于式(7-51) 的线性齐次性，其通解应为所有特解的线性组合，即

$$T^{*}=\sum_{i=1}^{\infty}B_i\cos\left(\frac{2i-1}{2}\pi L^{*}\right)e^{-\left(\frac{2i-1}{2}\pi\right)^2 Fo} \tag{7-67}$$

最后将初始条件(1)（$Fo=0$：$T^{*}=1$）代入上式，即可求出常数 B_i，即

$$1=\sum_{i=1}^{\infty}B_i\cos\left(\frac{2i-1}{2}\pi L^{*}\right) \tag{7-68}$$

上式为一傅里叶级数，B_i 为傅氏系数，由正交性原理可得

$$B_i=\frac{2}{1}\int_0^1(1)\cos\left(\frac{2i-1}{2}\pi L^{*}\right)dL^{*}$$

将上式积分，得 $$B_i=2\left[\frac{2}{(2i-1)\pi}\right]\left[\sin\left(\frac{2i-1}{2}\pi L^{*}\right)\right]_0^1$$

解得 $$B_i=-\frac{4\times(-1)^i}{(2i-1)\pi}\quad(i=1,2,\cdots,n) \tag{7-69}$$

或 $$B_1=\frac{4}{\pi},\qquad B_2=\frac{-4}{3\pi},\qquad B_3=\frac{4}{5\pi},\ \cdots \tag{7-69a}$$

将 B_i 值代入式(7-67)，最后可得 T^{*} 的表达式为

$$T^* = \frac{4}{\pi}\left[e^{-(\pi/2)^2 Fo}\cos\left(\frac{\pi}{2}L^*\right) - \frac{1}{3}e^{-(3\pi/2)^2 Fo}\cos\left(\frac{3\pi}{2}L^*\right) + \frac{1}{5}e^{-(5\pi/2)^2 Fo}\cos\left(\frac{5\pi}{2}L^*\right) - \cdots\right] \tag{7-70}$$

式(7-70)即为式(7-33)的解，它同时满足定解条件（1）、（2）、（3）。该式表示平板两个平行端面维持恒温情况下进行导热时某瞬间板内的温度分布。应用上式可由给定的时间和位置定出 Fo 和 L^*，然后通过该式计算 T^*，最后即可得到给定时间和给定位置条件下的温度 t 值。

式(7-70)还可以用于平板一个端面绝热，令一个端面骤然升温至 t_s 情况下的导热计算。显然，此种情况下的导热相当于图 7-7 中对称大平板中的一半平板的导热问题，由于中心面的温度梯度为零，亦是绝热情况下的边界条件，因此一个端面绝热平板的不稳态导热问题完全可以用式(7-70)计算。

上述导热问题中最常见的实例是防火墙，即墙的一面骤然被加热至 t_s，热流不稳定地通入墙壁，墙的另一面绝热的情形。此时绝热面的温度 t_c 为

$$T^*\Big|_{x=0} = \frac{t_c - t_s}{t_0 - t_s} = \frac{4}{\pi}\left[e^{-(\pi/2)^2 Fo} - \frac{1}{3}e^{-(3\pi/2)^2 Fo} + \frac{1}{5}e^{-(5\pi/2)^2 Fo} - \cdots\right] \tag{7-71}$$

对式(7-71)进行分析，可得出两点结论。

（1）后墙面（绝热面）的温度 t_c 是 Fo 的函数，而 $Fo=\frac{\alpha\theta}{l^2}$，故 t_c 是热扩散系数$\alpha=\frac{k}{\rho c_p}$的函数。由此可知，防火墙建筑材料的防火性能不仅取决于其热导率 k，而且取决于其蓄热能力 ρc_p。为了说明 t_c 与 α 之间的简单关系，可假定 $t_0=0$，代入式(7-71)，并取级数的第一项，得

$$t_c = t_s\left[1 - \frac{4/\pi}{e^{(\pi/2)^2\alpha\theta/l^2}}\right]$$

由上式可以看出，t_c 随 α 的减小而减小，亦即 k 减小或 ρc_p 增大均会使 t_c 降低。由此可知，防火墙材料的热导率应越小越好，而比热容 c 和密度 ρ 应越大越好。

（2）由于 $Fo=\frac{\alpha\theta}{l^2}$，即 Fo 与 θ 成正比而与 l^2 成反比，又由式(7-71)可以看出 $T^*\big|_{x=0}$ 仅为 Fo 的函数，故当 θ 和 l^2 做同样程度的改变时将不影响后墙面温度的变化，亦即后墙面温度升高到某一定值所需的时间与墙壁厚度的平方成正比。这就是衡量防火墙效能的一项重要指标。

【例 7-11】 一块厚度为 13mm 的钢板，其初始温度均匀，为 35℃。现突然将其置于某介质中，使其两端温度骤然升至 146℃，并维持此温度不变。试求钢板中心面温度上升至 145℃时所经历的时间。已知钢板的热扩散系数为 $\alpha=2.60\times10^{-4}\text{m}^2/\text{h}$。

解 设平板中心面处的温度为 t_c，在该处 $x=0$ 或 $L^*=0$，故式(7-70)可化简为

$$T_c^* = \frac{t_c - t_s}{t_0 - t_s} = \frac{4}{\pi}\left[e^{-(\pi/2)^2 Fo} - \frac{1}{3}e^{-(3\pi/2)^2 Fo} + \frac{1}{5}e^{-(5\pi/2)^2 Fo} - \cdots\right]$$

依题意
$$T_c^* = \frac{t_c - t_s}{t_0 - t_s} = \frac{145-146}{35-146} = 0.00901$$

故得
$$0.00901 = \frac{4}{\pi}\left[e^{-(\pi/2)^2 Fo} - \frac{1}{3}e^{-(3\pi/2)^2 Fo} + \frac{1}{5}e^{-(5\pi/2)^2 Fo} - \cdots\right]$$

欲从上式解出 θ，须先求解 Fo。采用迭代法。作为第一次近似，仅取右侧级数的第一项，经计算得

$$Fo=-\left(\frac{2}{\pi}\right)^2\ln\frac{\pi\times 0.00901}{4}=2.009$$

故得
$$\theta=\frac{Fol^2}{\alpha}=\frac{2.009\times(6.5\times 10^{-3})^2}{2.60\times 10^{-4}}=0.326\ (\text{h})$$

然后再验算级数中第二项以后的各项是否能够忽略不计。当 $Fo=2.009$ 时，级数为

$$S(Fo)=\frac{4}{\pi}\left[e^{-4.95}-\frac{1}{3}e^{-44.57}+\frac{1}{5}e^{-123.8}-\cdots\right]$$
$$=1.274\times 0.00708-0.425\times 4.40\times 10^{-20}+\cdots$$

由上式可以看出本题条件下该级数收敛很快，故仅取级数的第一项即可，上述计算结果正确。

三、内部热阻和表面热阻均不能忽略时的大平板的不稳态导热

以上讨论了两个端面温度均维持恒定时的大平板的不稳态导热问题，即第一类边界条件。下面讨论在工程实际中更为常见的两平板端面与周围介质有热交换时的不稳态导热问题。显然此类问题的边界条件属于第三类边界条件。

假定大平板的厚度为 $2l$，其初始温度均匀，为 t_0，然后突然将其置于主体温度为 t_b 的流体中，两端面与流体之间的对流传热系数 h 为已知。热流沿 x 方向亦即垂直于两端面的方向流动。在此情况下的热传导方程仍为式(7-33)，即

$$\frac{\partial t}{\partial\theta}=\alpha\frac{\partial^2 t}{\partial x^2} \tag{7-33}$$

初始条件和边界条件为

(1) $\theta=0$：$t=t_0$

(2) $x=l$：$-k\dfrac{\partial t}{\partial x}=h[t_s(\theta)-t_b]$

(3) $x=-l$：$k\dfrac{\partial t}{\partial x}=h[t_s(\theta)-t_b]$

边界条件中的 $t_s(\theta)$ 为任一瞬时平板表面的温度，此温度随时间而变；t_b 为流体介质的主体温度，假定为恒定值。

采用分离变量法对上述热传导方程求解，并使其满足定解条件 (1)、(2)、(3)，结果为

$$\frac{t-t_b}{t_0-t_b}=\sum_{i=1}^{\infty}e^{-\lambda_i^2\alpha\theta}\frac{2\sin(\lambda_i l)\cos(\lambda_i x)}{\lambda_i l+\sin(\lambda_i l)\cos(\lambda_i l)} \tag{7-72}$$

式中 λ_i 为特征值，通过下式确定：

$$\cos(\lambda_i l)=\frac{k}{h}\lambda_i\quad(i=1,2,\cdots,n) \tag{7-73}$$

通常将特征值 λ_i 以 δ_i/l 表示，即

$$\lambda_i=\frac{\delta_i}{l} \tag{7-74}$$

将上式代入式(7-72)，最后得温度分布方程为

$$\frac{t-t_b}{t_0-t_b}=\sum_{i=1}^{\infty}e^{-\delta_i^2(\alpha\theta/l^2)}\frac{2\sin\delta_i\cos(\delta_i x/l)}{\delta_i+\sin\delta_i\cos\delta_i} \tag{7-75}$$

式(7-75) 表述了大平板两端面与周围介质有热交换时平板内部的温度随时间的变化规律，

式中的 δ_i 值通过式(7-73) 和式(7-74) 确定。

在工程实际中，应用式(7-75) 计算 t 与 x、θ 的关系相当麻烦，一般采用如图 7-8 所示的简易图算法。该图是将式(7-75) 无量纲化后绘制而成。图中的 4 个无量纲数群为：

无量纲温度
$$T_b^* = \frac{t - t_b}{t_0 - t_b} \tag{7-76}$$

相对热阻
$$m = \frac{k}{hx_1} = \frac{1}{Bi} \tag{7-77}$$

无量纲时间
$$Fo = \frac{\alpha\theta}{x_1^2} \tag{7-78}$$

相对位置
$$n = \frac{x}{x_1} \tag{7-79}$$

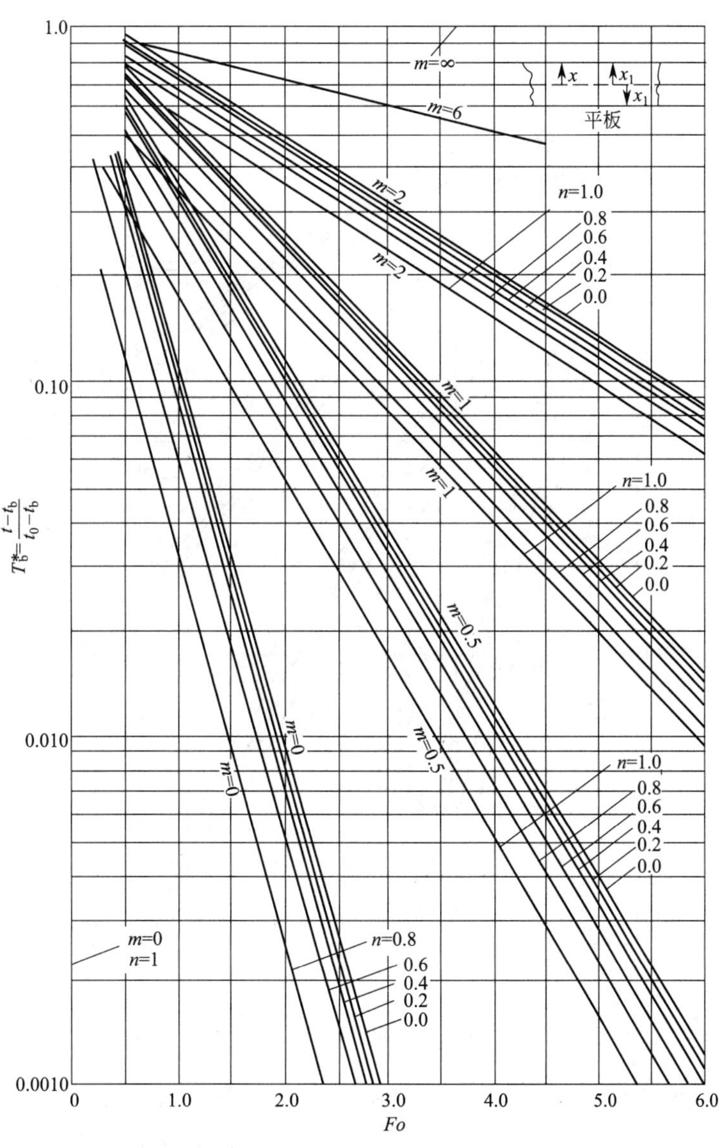

图 7-8　无限大平板体的不稳态导热算图

上面 4 个无量纲数群中各物理量的含义如下：

t_0——物体的初始温度；

t_b——周围流体介质的温度，为恒定值；

t——某一瞬时、某一位置处的温度；

h——物体表面与周围流体介质之间的对流传热系数；

k，α——分别为物体的热导率和热扩散系数；

x_1——平板的半厚度或由绝热面算起的厚度，相当于式(7-75) 或图 7-7 中的 l 值；

x——由平板中心面或绝热面至某点的距离。

图 7-8 适用于平板的一维导热计算。这种简易图算法也可以推广至圆柱体和球体。图 7-9、图 7-10 分别为具有第三类边界条件的长圆柱体和球体不稳态导热的简易算图。在应用这些算图时，注意 x_1 表示圆柱的半径或球体的半径，x 为由柱体中心或球心至某点的径向距离，其他符号的含义与图 7-8 的相同。

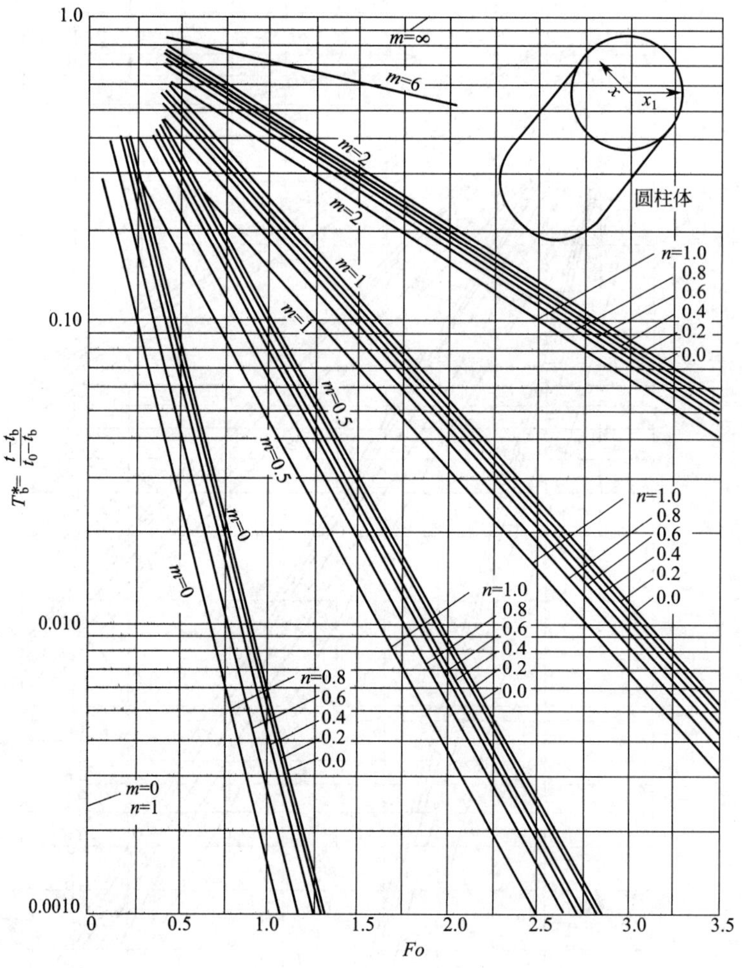

图 7-9　无限长圆柱体的不稳态导热算图

图 7-7～图 7-9 的应用条件是物体内部无热源，一维不稳态导热；物体的初始温度均匀，为 t_0；物体的热导率 k 为常数；第三类边界条件；物体表面的温度随时间而变，但流体介质的主体温度 t_b 为恒定值。

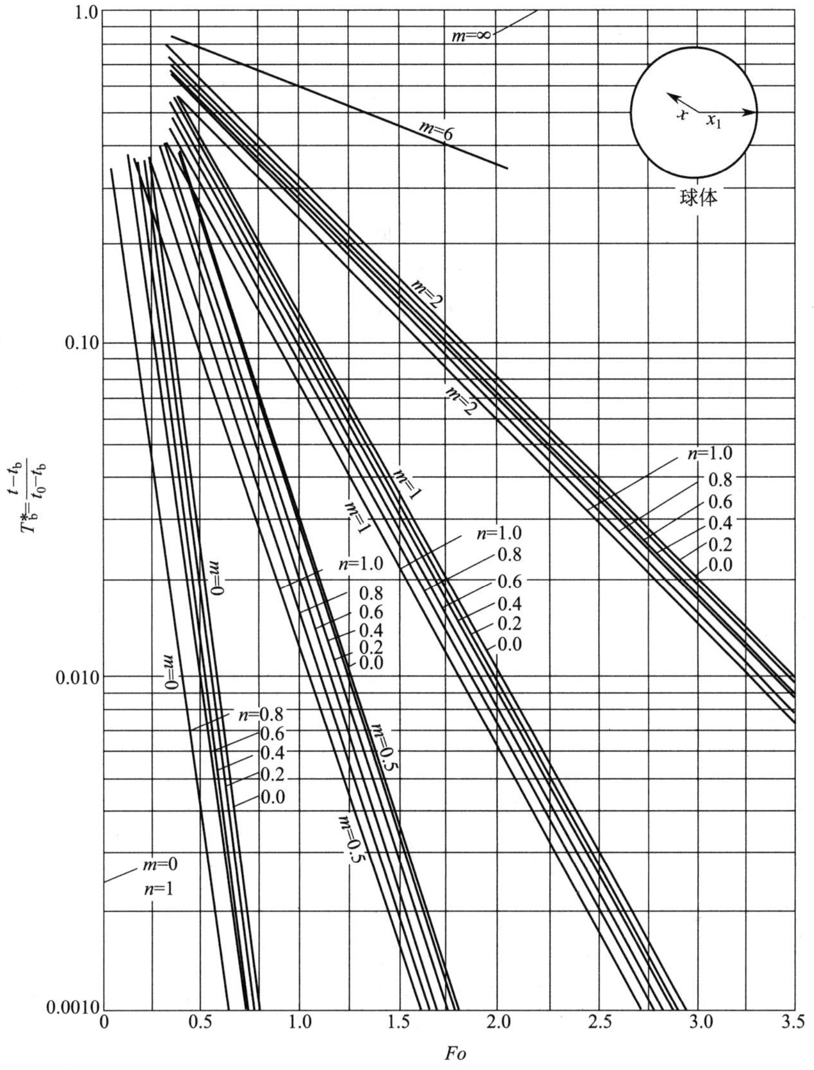

图 7-10　球体的不稳态导热算图

【例 7-12】 一厚度为 46.2mm、温度为 278 K 的方块奶油由冷藏室移至 298 K 的环境中，奶油盛于容器中，除顶面与环境直接接触外，各侧面和底面均包在容器之内。设容器为绝热体。试求 5 小时后奶油顶面、中心面及底面处的温度。已知奶油的热导率 k、比热容 c、密度 ρ 分别为 0.197W/(m·K)、2300J/(kg·K)、998kg/m^3，奶油表面与环境之间的对流传热系数 h 为 8.52W/(m^2·K)。

解　本问题属于平板一维不稳态导热问题，可采用简易图算法求解。由于底面绝热，x_1 为奶油的厚度，即 $x_1=0.0462$ (m)。

由已知条件得 $\alpha=\frac{k}{\rho c}=\frac{0.197}{998\times 2300}=8.58\times 10^{-8}$ (m^2/s)。

(1) 对于顶面

$$x=0.0462\ (\text{m})$$

$$m=\frac{k}{hx_1}=\frac{0.197}{8.52\times 0.0462}=0.50$$

$$Fo=\frac{a\theta}{x_1^2}=\frac{(8.58\times10^{-8})\times5\times3600}{0.0462^2}=0.724$$

$$n=\frac{x}{x_1}=\frac{0.0462}{0.0462}=1.0$$

由图 7-8 查得 $T_b^*=0.25$，即

$$\frac{t-t_b}{t_0-t_b}=\frac{t-298}{278-298}=0.25$$

故得 $$t=293\ (\mathrm{K})$$

（2）对于中心面

$$x=\frac{0.0462}{2}=0.023\ (\mathrm{m}),\qquad m=0.50$$

$$Fo=0.724,\qquad n=\frac{0.0231}{0.0462}=0.5$$

由图 7-8 查得 $$T_b^*=0.47$$

故得 $$t=288.6\ (\mathrm{K})$$

（3）对于底面

$$x=0,\qquad m=0.50$$
$$Fo=0.724,\qquad n=0$$

由图 7-8 查得 $$T_b^*=0.50$$

故得 $$t=288\ (\mathrm{K})$$

四、多维不稳态导热

上面讨论不稳态导热的分析解时仅局限于一维问题，但是在许多工程实际问题中常遇到的是二维或三维不稳态导热。多维不稳态导热分析求解过程及结果非常复杂，在此不准备详细讨论。下面仅简单地讨论如何将一维分析解推广到二维和三维导热之中。此种处理问题的方法称为纽曼（Newman）法则。

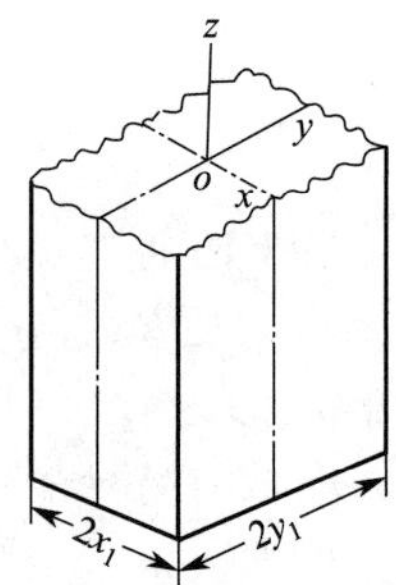

图 7-11 二维不稳态导热

图 7-11 中示出一平板，其 z 方向为无限大，x 和 y 方向上的长度分别为 $2x_1$、$2y_1$。物体的热导率为 k；初始温度均匀，为 t_0。现骤然将其置于主体温度为 t_b 的流体介质中，物体各表面与介质间的对流传热系数为 h。此情况的导热为二维（x,y 方向）的不稳态导热，并属于第三类边界条件。该物体在时间 θ、位置（x,y）处的无量纲温度 $T_b^*(x,y,\theta)$，经过分析和推导，可以用下式表示，即

$$T_b^*(x,y,\theta)=\frac{t(x,y,\theta)-t_b}{t_0-t_b}=T_b^*(x,\theta)\cdot T_b^*(y,\theta)$$
$$=\frac{t(x,\theta)-t_b}{t_0-t_b}\cdot\frac{t(y,\theta)-t_b}{t_0-t_b}\tag{7-80}$$

式中 $T_b^*(x,\theta)$、$T_b^*(y,\theta)$ 分别为沿 x 和 y 方向进行一维不稳态导热时的无量纲温度。

式(7-80) 表明，二维不稳态导热问题可化为两个一维不稳态导热问题处理，二维不稳态导热时的无量纲温度可以用两个一维不稳态导热的无量纲温度的乘积表示。而 $T_b^*(x,\theta)$ 或 $T_b^*(y,\theta)$ 则可由式(7-75) 或图 7-8 得出。

上述原理亦可以推广到三维不稳态导热问题之中。如图 7-12 所示的边长为 $2x_1$、$2y_1$、$2z_1$ 的长方体，它沿 x、y、z 3 个方向进行不稳态导热时，任意位置 (x,y,z) 处在某时刻 θ 的温度可用下式表示，即

$$T_b^*(x,y,z,\theta)=T_b^*(x,\theta)\cdot T_b^*(y,\theta)\cdot T_b^*(z,\theta) \tag{7-81}$$

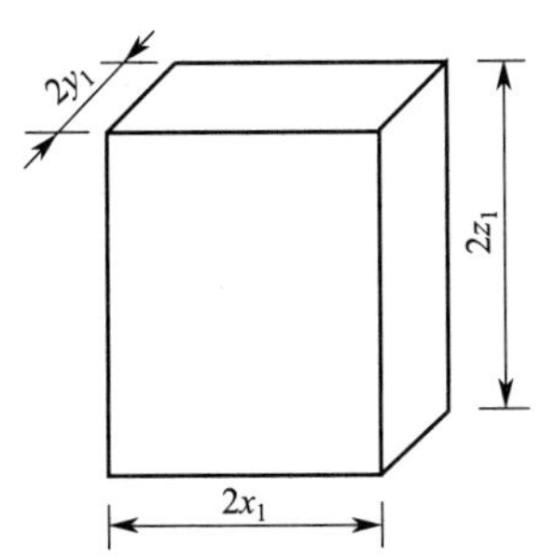

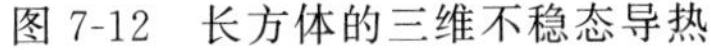

图 7-12 长方体的三维不稳态导热

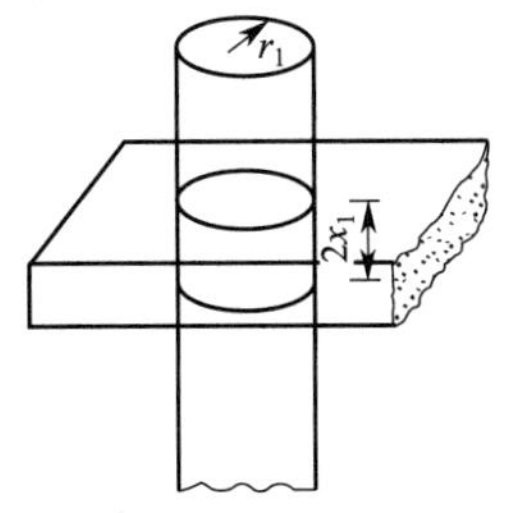

图 7-13 短圆柱体的不稳态导热

其他形状的简单物体，亦可视为由无限平面和无限长圆柱体等适当组合而成。然后将物体的二维或三维导热问题化为 2 个或 3 个一维导热问题处理，而这些一维导热的解的乘积即为该物体多维导热问题的解。例如上面讨论的边长为 $2x_1$、$2y_1$、$2z_1$ 的长方体，即可视为各为 $2x_1$、$2y_1$、$2z_1$ 的大平板相互切割而成。故其无量纲温度分布可根据式(7-81) 求得。又如图 7-13 所示的半径为 r_1、高度为 $2x_1$ 的短圆柱体，可视为由无限长圆柱与无限大平板垂直切割而成。在某时刻 θ，某位置 (x,r) 处的温度可采用下式计算，即

$$T_b^*(x,r,\theta)=T_b^*(x,\theta)\cdot T_b^*(r,\theta) \tag{7-82}$$

式(7-80)～式(7-82) 中的一维不稳态导热的无量纲温度 $T_b^*(x,\theta)$、$T_b^*(y,\theta)$ 或 $T_b^*(z,\theta)$ 可利用简易算图图 7-8 查得，$T_b^*(r,\theta)$ 利用图 7-9 查得。

【例 7-13】 直径为 40cm、长度为 40cm 的圆柱形铝棒，初始温度均匀，为 200℃。将此铝棒置于温度为 70℃的环境中，若圆柱体表面与环境介质之间的对流传热系数为 $h=525\text{W}/(\text{m}^2\cdot℃)$，试求 10min 后距一端面 4cm 远、径向距离 10cm 处的温度值。已知铝的物性值为：热导率 $k=215\text{W}/(\text{m}\cdot\text{K})$，热扩散系数 $\alpha=8.4\times10^{-5}\text{m}^2/\text{s}$。

解 此题为沿 x 和 r 方向的二维不稳态导热问题，短圆柱体内某点的瞬时温度可由式 (7-82) 求解，即

$$T_b^*(x,r,\theta)=T_b^*(x,\theta)\cdot T_b^*(r,\theta)$$

其中，$T_b^*(x,\theta)$ 利用图 7-8 查得，$T_b^*(r,\theta)$ 利用图 7-9 查得。

x 方向：

$$x_1=0.2\ (\text{m}),\ x=0.2-0.04=0.16\ (\text{m})$$

$$Fo=\frac{\alpha\theta}{x_1^2}=\frac{(8.4\times10^{-5})\times10\times60}{0.2^2}=1.26$$

$$m=\frac{k}{hx_1}=\frac{215}{525\times0.2}=2.05$$

$$n=\frac{x}{x_1}=\frac{0.16}{0.2}=0.8$$

由图 7-8 查得 $$T_b^*(x,\theta)=0.56$$

r 方向：

$$x_1=0.2(\text{m}),x=0.1(\text{m})$$

$$Fo=\frac{\alpha\theta}{x_1^2}=\frac{(8.4\times10^{-5})\times10\times60}{0.2^2}=1.26$$

$$m=\frac{k}{hx_1}=\frac{215}{525\times0.2}=2.05$$

$$n=\frac{x}{x_1}=\frac{0.1}{0.2}=0.5$$

由图 7-9 查得
$$T_b^*(r,\theta)=0.35$$

于是可得

$$T_b^*(x,r,\theta)=T_b^*(0.16,0.1,600)=\frac{t(0.16,0.1,600)-t_b}{t_0-t_b}$$

$$=T_b^*(x,\theta)\cdot T_b^*(r,\theta)=0.56\times0.35=0.196$$

即
$$\frac{t(0.16,0.1,600)-70}{200-70}=0.196$$

故
$$t(0.16,0.1,600)=95.5\ (℃)$$

五、一维不稳态导热的数值解

上面讨论的一些不稳态导热问题的分析解法都是针对较简单的边界条件和初始条件而言的，但求解过程与结果表达式还是相当复杂的。对于非规则的边界条件或初始温度分布（环境温度、表面传热速率）不均匀的情形，应用分析解法就更加困难，甚至不可能，此时可通过数值法来求解。

不稳态导热的数值法可以图 7-14 所示的物体沿 x 方向进行一维导热的简单例子说明。

上述物体的初始温度为 t_0，将其左侧平面置于温度为 t_b 的对流环境中，右侧平面绝热。描述此不稳态导热的微分方程仍为式(7-33)，即

$$\frac{\partial t}{\partial\theta}=\alpha\frac{\partial^2 t}{\partial x^2} \tag{7-33}$$

为了采用数值法求解上述方程，可将该方程写成差分方程形式。为此，将物体分割成相距为 Δx 的若干等分，并参照第七章第一节中稳态导热数值解的处理方法，在物体内部任一平面 i 处附近，将式(7-33) 中右侧的二阶导数化为下式，即

$$\frac{\partial^2 t}{\partial x^2}=\frac{t_{i+1}+t_{i-1}-2t_i}{\Delta x^2} \tag{7-83}$$

式中 t_{i-1}、t_{i+1} 为与点 i 相距 Δx 长度的左侧及右侧两点的温度。

又将式(7-33) 左侧的导数写成差分形式为

$$\frac{\partial t}{\partial\theta}=\frac{t_i'-t_i}{\Delta\theta} \tag{7-84}$$

式中 $\Delta\theta$——所选取的时间间隔；

t_i，t_i'——某点 i 处在 θ 瞬时和 $\theta+\Delta\theta$ 瞬时的温度。

将式(7-83)、式(7-84) 代入式(7-33)，可得物体内部不稳态导热时的结点温度方程为

$$\frac{t_{i+1}+t_{i-1}-2t_i}{\Delta x^2}=\frac{1}{\alpha}\times\frac{t_i'-t_i}{\Delta\theta} \tag{7-85}$$

或

$$t_{i+1}+t_{i-1}-2t_i=\frac{\Delta x^2}{\alpha\Delta\theta}(t_i'-t_i) \tag{7-86}$$

式(7-86) 中的 Δx 和 $\Delta\theta$ 为计算时选用的距离间隔和时间间隔，其大小可以根据精度的要求确定。一般而言，精度要求越高，选取的 Δx 或 $\Delta\theta$ 就越小，相应地所需的计算量就越大。为了使计算过程简化，可根据下式选取 Δx 或 $\Delta\theta$，即

$$\frac{(\Delta x)^2}{\alpha\Delta\theta}=M=2 \tag{7-87}$$

将式(7-87) 代入式(7-86)，即可得物体内部进行不稳态导热时的简化结点温度方程，即

$$t_i'=\frac{t_{i-1}+t_{i+1}}{2} \tag{7-88}$$

式(7-88) 表明，物体内部任一点 i 处在 $\theta+\Delta\theta$ 瞬时的温度等于与其相邻两点在 θ 瞬时温度的算术平均值。计算时，Δx 和 $\Delta\theta$ 不能同时独立选取，而是根据精度的要求先选定其一，再应用式(7-87) 决定另一个量的值。

物体左右两侧表面的结点温度方程可通过热量衡算求出。

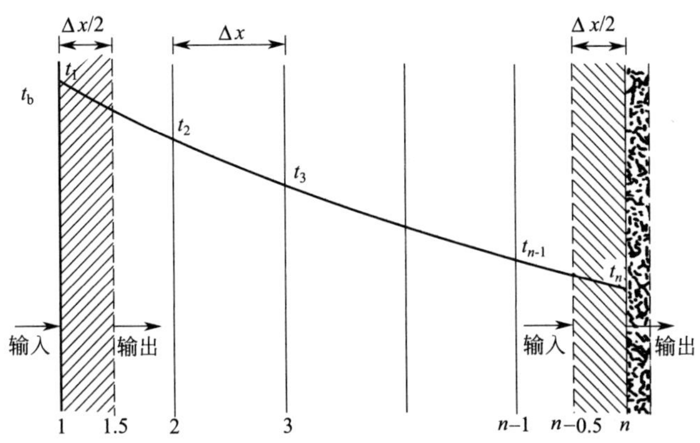

图 7-14　平板不稳态导热的数值解

如图 7-14 所示，取平面 1 和平面 2 之间的半个物块（左侧剖面线范围）作为热量衡算的对象。在 $\Delta\theta$ 时间内，输入此物块的热量减去由此物块输出的热量应等于此物块累积的热量。经由物块左侧平面（位于点 1 处的平面）输入的热量是以对流传热方式传入，故为

$$Q_{输入}=hA(t_b-t_1)\Delta\theta$$

式中 h 为对流传热系数，A 为传热面积，t_b 为流体主体温度，t_1 为物体表面 1 的温度。

$\Delta\theta$ 时间内，经由物块右侧平面（位于点 1.5 处的平面）输出的热量系以导热方式传出，故为

$$Q_{输出}=\frac{kA}{\Delta x}(t_1-t_2)\Delta\theta$$

物块在 $\Delta\theta$ 时间内积累的热量为

$$Q_{累积}=\frac{(A\Delta x/2)\rho c_p}{\Delta\theta}(t_{1.25}'-t_{1.25})\Delta\theta$$

式中 $t_{1.25}$ 和 $t_{1.25}'$ 分别表示物块中心面在 θ 和 $\theta+\Delta\theta$ 时刻的温度。由于这两个温度与平面 1 的两瞬时温度 t_1 和 t_1' 相接近，亦即

$$t_{1.25}\approx t_1,\qquad t_{1.25}'\approx t_1'$$

于是由热量衡算可得如下的近似关系式，即

$$hA(t_b-t_1)-\frac{kA}{\Delta x}(t_1-t_2)=\frac{A\Delta x\rho c_p}{2\Delta\theta}(t_1'-t_1)$$

将 $\alpha=\frac{k}{\rho c_p}$ 及 $\frac{(\Delta x)^2}{\alpha\Delta\theta}=M=2$ 的关系代入上式，经整理后，得

$$t_1'=\frac{h\Delta x}{k}(t_b-t_1)+t_2 \tag{7-89}$$

式(7-89) 即为不稳态导热时对流边界的结点温度方程。

对于右侧为绝热边界的结点温度方程亦可采用类似方法求出。如图 7-14 所示，取平面 $n-1$ 和平面 n 之间的半个物块（右侧剖面线范围）作为热量衡算的对象。同样，在 $\Delta\theta$ 时间内输入控制体的热量减去由此范围输出的热量应等于此控制体累积的热量。输入的热量是通过虚线面（位于 $n-0.5$ 处的平面）以导热方式传入的，即

$$Q_{输入}=\frac{kA(t_{n-1}-t_n)}{\Delta x}\Delta\theta$$

由于边界面（n 处的平面）绝热，输出的热量为零。

累积的热量为

$$Q_{累积}=\frac{(A\Delta x/2)\rho c_p}{\Delta\theta}(t'_{n-1.25}-t_{n-1.25})\Delta\theta$$

式中 $t_{n-1.25}$ 和 $t'_{n-1.25}$ 分别表示物块中心面在 θ 和 $\theta+\Delta\theta$ 时刻的温度。由于这两个温度与平面 n 的瞬时温度 t_n 和 t'_n 相接近，即

$$t_{n-1.25}\approx t_n,\qquad t'_{n-1.25}\approx t'_n$$

故热量衡算式为

$$\frac{kA}{\Delta x}(t_{n-1}-t_n)=\frac{A\Delta x\rho c_p}{2\Delta\theta}(t'_n-t_n)$$

将 $\alpha=\frac{k}{\rho c_p}$ 及 $\frac{(\Delta x)^2}{\alpha\Delta\theta}=M=2$ 的关系代入上式，经整理后，得

$$t'_n=t_{n-1} \tag{7-90}$$

式(7-90) 即为不稳态导热时绝热边界的结点温度方程。由该式可以看出，绝热边界经历 $\Delta\theta$ 时间之后的温度等于物体内距离边界面为 Δx 的面上未经历 $\Delta\theta$ 时间以前的温度。

【例 7-14】 某厚度为 0.305m 的固体平板，初始温度均匀，为 100℃。突然将其左侧面置于 0℃的流体介质中。由于对流热阻很小，可认为 $h\to\infty$，故固体左侧面的温度在传热过程中可维持 0℃。物体的右侧面绝热。试应用数值法求该物体经历 0.6 小时后的温度分布。已知物体的热扩散系数 $\alpha=0.0186\text{m}^2/\text{h}$。

解 应用数值解法，将物体的厚度分为 5 等分，则

$$\Delta x=\frac{0.305}{5}=0.061\ (\text{m})$$

取

$$\frac{(\Delta x)^2}{\alpha\Delta\theta}=M=2$$

故

$$\Delta\theta=\frac{(\Delta x)^2}{2\alpha}=\frac{0.061^2}{2\times0.0186}=0.1\ (\text{h})$$

即时间间隔为 0.1h，则 0.6 h 内计算的时间次数为 0.6/0.1= 6（次）。

当 $\theta=0$ 时，平面 2 至平面 6 各面的温度均为 100℃，即

$$t_2=t_3=\cdots=t_6=100℃$$

由于左侧面与流体接触，开始时它的温度不等于 100℃。为了提高计算精确度，可令该侧面温度 t_1 为流体温度与物体初始温度的平均值，即

$$t_1=\frac{0+100}{2}=50\ (℃)$$

边界情况（$\theta>0$）如下。

已知左侧面（$i=1$）的温度在传热过程中维持 0℃，即

$$t_1=t'_1=t''_1=\cdots=0\ (℃)$$

右侧面（$i=6$）绝热，由式(7-90) 可知

$$t_6'=t_5,\ t_6''=t_5',\ \cdots$$

物体内部各点的温度可利用式(7-88)计算，即

$$t_i'=\frac{1}{2}(t_{i-1}+t_{i+1})$$

$$t_i''=\frac{1}{2}(t_{i-1}'+t_{i+1}')$$

$$\cdots$$

计算结果列于下表，其中最后一次计算所得的温度值为 $\theta=0.6\text{h}$ 时物体内部各平面的温度值。

例 7-14　附表

次　数	时间/h	温　　度/℃					
		t_1	t_2	t_3	t_4	t_5	t_6
0	0	50	100	100	100	100	100
1	0.1	0	75	100	100	100	100
2	0.2	0	50	87.5	100	100	100
3	0.3	0	43.5	75	93.75	100	100
4	0.4	0	37.5	68.75	87.5	96.88	100
5	0.5	0	34.38	62.50	82.81	93.75	96.88
6	0.6	0	31.25	58.59	78.13	89.84	93.75

习　　题

7-1　试由傅里叶定律出发，导出单层平壁中进行一维稳态导热时的温度分布方程。已知 $x=0$，$t=t_1$；$x=b$，$t=t_2$。

7-2　试由傅里叶定律出发，导出单层筒壁中沿 r 方向进行一维稳态导热时的温度分布方程。已知 $r=r_1$，$t=t_1$；$r=r_2$，$t=t_2$。圆筒长度为 L。

7-3　在一无内热源的固体热圆筒壁中进行径向稳态导热。当 $r_1=1\text{m}$ 时，$t_1=200℃$；$r_2=2\text{m}$ 时，$t_2=100℃$。其热导率为温度的线性函数，即

$$k=k_0(1+\beta t)$$

式中 k_0 为基准温度下的热导率，其值为 $k_0=0.138\text{W}/(\text{m}\cdot\text{K})$；$\beta$ 为温度系数，其值为 $\beta=1.95\times10^{-4}\text{K}^{-1}$。试推导出导热速率的表达式，并求单位长度的导热速率。

7-4　有一具有均匀内热源的平板，其体积发热速率为 $\dot{q}=1.2\times10^6\text{J}/(\text{m}^3\cdot\text{s})$，平板厚度（$x$ 方向）为 0.4m。已知平板内只进行 x 方向上的一维稳态导热，两端面温度维持 70℃，平均温度下的热导率 $k=377\text{W}/(\text{m}\cdot\text{K})$。试求：(1) 此情况下的温度分布方程；(2) 距离平板中心面 0.1m 处的温度值。

7-5　有一自然冷却的金属圆筒形导体，其外径为 100mm，壁厚为 20mm。导体内有均匀内热源产生，其值为 $\dot{q}=1.0\times10^7\text{J}/(\text{m}^3\cdot\text{s})$。已知导体内只进行一维径向导热，达稳态后，测得外表面温度恒定为 100℃，平均热导率为 $50\text{W}/(\text{m}\cdot\text{K})$。(1) 试选用适当的一般化热传导方程，简化后导出此情况下的温度分布方程；(2) 求圆筒内表面处的温度值。

7-6　有一具有均匀发热速率 $\dot{q}$ 的球形固体，其半径为 R。球体沿径向向外对称导热。球表面的散热速率等于球内部的发热速率，球表面上维持恒定温度 t_s 不变。试从一般化球坐标系热传导方程出发，导出球心处的温度表达式。

7-7　有一半径为 R 的热圆球物体悬浮在大量不动的流体中，设此问题中自然对流的影响可略，有关的物性为常数。(1) 试从球坐标系的能量方程出发，简化为流体在此种情况下能量方程的特殊形式，并写出简化过程的依据；(2) 假定圆球表面的温度为 t_0，流体主体的温度为 t_∞，r 为自球心算起的距离，试写出上述能量方程的边界条件；(3) 由上述边界条件求解该方程，写出温度分布表达式；(4) 求 $Nu=hR/k$ 的值。

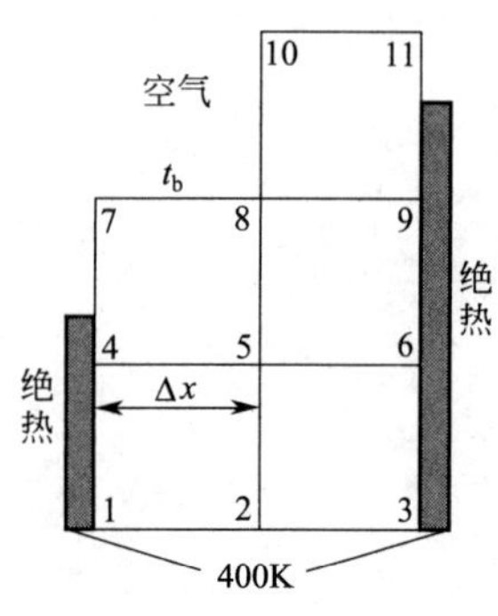

习题 7-8 附图

7-8 附图所示为一炉壁传热的示意图，炉壁的内壁面温度恒定为400K，炉壁外空气的温度 t_b 为 300K，外壁面与空气之间的对流传热系数 $h=45\text{W}/(\text{m}^2\cdot\text{K})$，热导率 $k=45\text{W}/(\text{m}\cdot\text{K})$。若取 $\Delta x=\Delta y=0.2\text{m}$，试建立炉壁温度场的结点温度方程组，并求各点的温度值。

7-9 有一长度为 0.2m、直径为 0.05m 的不锈钢锭，其热扩散系数 $\alpha=0.0156\text{m}^2/\text{h}$，热导率 $k=20\text{W}/(\text{m}\cdot\text{K})$，初始温度为 363K。现将钢锭放入温度为 1473K 的炉中加热，钢锭表面与周围环境的联合传热系数（包括对流和辐射）为 $100\text{W}/(\text{m}^2\cdot\text{K})$。试求使钢锭升温至 1073K 所需的时间。

7-10 有一半径为 25 mm 的钢球，其热导率为 $433\text{W}/(\text{m}\cdot\text{K})$，密度为 $7849\text{kg}/\text{m}^3$，比热容为 $0.4609\text{kJ}/(\text{kg}\cdot\text{K})$，钢球的初始温度均匀，为 700K。现将此钢球置于温度为 400K 的环境中，钢球表面与环境之间的对流传热系数为 $11.36\text{W}/(\text{m}^2\cdot\text{K})$。试求 1h 后钢球所达到的温度。

7-11 一半无限大固体（$x=0\sim\infty$），其初始温度为 T_0。在时刻 $\theta=0$，通过 $x=0$ 的表面有一热通量 q_0（输入），并保持此通量不变。设有关的物性为常数。（1）试从直角坐标系的能量方程式（6-26a）出发，简化为此种情况下的特殊形式，并写出简化过程的依据；（2）将上述方程两侧对 x 求导，从而得到以热通量 q 表示的方程，并写出相应的定解条件；（3）求解该方程，获得温度分布的表达式。

7-12 某地区土壤的温度原为 4℃，寒潮来临时会使土壤表面的温度突然降至－10℃，并假定维持此温度不变，试求土壤表面 1m 深处降至 0℃时所经历的时间，并求每平方米土壤表面导出的热量。已知土壤的热导率和热扩散系数分别为 $k=0.5\text{W}/(\text{m}\cdot\text{K})$，$\alpha=1.36\times10^{-7}\text{m}^2/\text{s}$。

7-13 有一根很长的钢棒，其初始温度各处均匀，为 600℃，除垂直于轴向的两个端面外其余表面均绝热。现骤然将钢棒一个端面的温度降至 300℃，并维持此温度不变。已知钢棒的平均热扩散系数 $\alpha=1.47\times10^{-5}\text{m}^2/\text{s}$，热导率 $k=54\text{W}/(\text{m}\cdot\text{K})$。（1）试计算距降温表面 50mm 处，温度降至 400℃时所需的时间；（2）计算出在上述时间内通过单位降温面的传热量。

7-14 将厚度为 0.3m 的平砖墙作为炉子一侧的衬里，衬里的初始温度为 30℃。墙外侧面绝热。由于炉内有燃料燃烧，炉内侧面的温度突然升至 600℃，并维持此温度不变。试计算炉外侧绝热面升至 100℃时所需的时间。已知砖的平均热导率 $k=1.125\text{W}/(\text{m}\cdot\text{K})$，热扩散系数 $\alpha=5.2\times10^{-7}\text{m}^2/\text{s}$。

7-15 有一厚度为 0.45m 的铝板，其初始温度均匀，为 500K。突然将该铝板暴露在 340K 的介质中进行冷却，铝板表面与周围环境之间的对流传热系数为 $455\text{W}/(\text{m}^2\cdot\text{K})$。试求铝板中心面温度降至 470K 时所需的时间。已知铝板的平均热扩散系数 $\alpha=0.340\text{m}^2/\text{h}$，热导率 $k=208\text{W}/(\text{m}\cdot\text{K})$。

7-16 直径为 12cm、长度为 12cm 的铝圆柱体，开始时被加热到 200℃，然后浸入装有温度为 90℃液体的大槽中。由于槽中液体不断更换，槽中液体温度可保持不变。已测得柱体表面与液体之间的对流传热系数 $h=570\text{W}/(\text{m}^2\cdot\text{K})$，物体的平均热扩散系数和热导率分别为 $\alpha=9.45\times10^{-5}\text{m}^2/\text{s}$ 和 $k=208\text{W}/(\text{m}\cdot\text{K})$。试求经历 1min 后柱体中心的温度。

7-17 将直径为 60mm 的钢球加热至 760℃后，浸入温度为 30℃的水槽中进行淬火处理，如槽中水温维持 30℃不变，试问欲使球心温度降至 93℃时需时若干？已知钢球表面与水之间的对流传热系数 $h=710\text{W}/(\text{m}^2\cdot\text{K})$，钢球的平均热导率和热扩散系数分别为 $k=45\text{W}/(\text{m}\cdot\text{K})$、$\alpha=9.027\times10^{-6}\text{m}^2/\text{s}$。

7-18 有一厚度为 300mm 的砖墙，其初始温度均匀，为 293K。由于环境温度的变化，使得砖墙两侧表面的温度每隔 2500s 上升 10K，试求 1×10^4s 后砖墙内各处温度的变化值。已知砖的平均热扩散系数 $\alpha=5.0\times10^{-7}\text{m}^2/\text{s}$。

第八章　对 流 传 热

对流传热在工程技术中非常重要。许多工业部门经常遇到两流体之间或流体与壁面之间的热交换问题，这类问题需用对流传热的理论予以解决。在对流传热过程中，除热的流动外，还涉及到流体的运动，温度场与速度场将会发生相互作用。故欲解决对流传热问题，必须具备动量传递的基本知识。本章以前面讨论的运动方程、连续性方程和能量方程为基础，并结合量纲分析理论，解释对流传热的机理，探讨强制对流传热、自然对流传热等的基本规律，并重点研究对流传热系数的计算问题。

第一节　对流传热的机理与对流传热系数

一、对流传热机理

通常将运动流体与固体壁面之间的热量传递过程统称为对流传热。显然对流传热与流体的流动状态密切相关。

对流传热包括强制对流（强制层流和强制湍流）、自然对流、蒸汽冷凝和液体沸腾等形式的传热过程。

处于层流状态下的流体，由于不存在流体的旋涡运动与混合，在固体表面和与其接触的流体之间或者在相邻的流体层之间所进行的热量传递均为热传导，但在流体流动方向上仍存在着温度差，且流动状态如流速等对传热的影响非常明显。

处于湍流状态下的流体，由于存在不同温度的流体质点的旋涡运动与混合，其传热速率较大。下面以湍流情况下流体与固体壁面之间的传热过程为例进一步说明对流传热的机理。

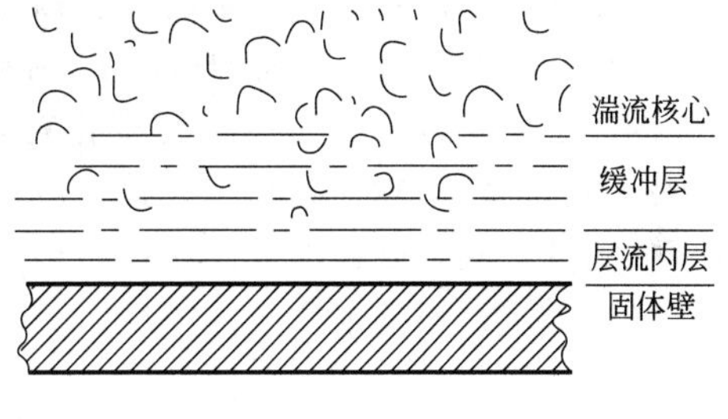

图 8-1　湍流边界层

当湍流的流体流经固体壁面时，将形成湍流边界层（参见图 8-1），若流体温度与壁面不同，则二者之间将进行热交换。假定壁面温度高于流体温度，则热流便会由壁面流向运动流体中。由于湍流边界层由靠近壁面处的层流内层、离开壁面一定距离处的缓冲层和湍流核心 3 部分组成，紧贴壁面的一层流体其速度为零，固体壁面处的热量首先以热传导方式通过静止的流体层进入层流内层，在层流内层中传热方式亦为热传导；然后热流经层流内层进入缓冲层，在这层流体中既有流体质点的层流流动也存在一些流体微团在热流方向上做旋涡运动的宏观运动，故在缓冲层内兼有热传导和涡流传热两种传热方式；热流最后由缓冲层进入湍流核心，在这里流体剧烈湍动，由于涡流传热较分子传热强烈得多，湍流核心的热量传递以旋涡运动引起的涡流传热为主，而由分子运动引起的导热过程虽然仍存在，但与前者相比很小，可以忽略不计。就热阻而言，层流内层的热阻占总对流传热热阻的大部分，故该层流体虽然很薄，但热阻却很大，因此温度梯度也很大；湍流核心的温度则较为均匀，热阻很小。由流体主体至壁面的温度分布如图 8-2 所示。

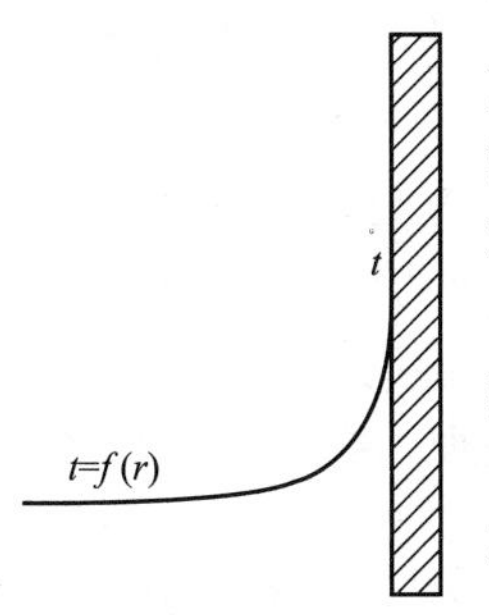

图 8-2　流体与管壁之间的温度分布

有相变的传热过程——冷凝和沸腾传热的机理与一般强制对流传热

有所不同，这主要是由于前两者有相的变化，界面不断骚动，故可大大加快传热速率。

二、温度边界层（热边界层）

当流体流过固体壁面时，若二者温度不同，壁面附近的流体受壁面温度的影响，将建立一个温度梯度。一般将流动流体中存在温度梯度的区域称为温度边界层，亦称热边界层。

当流体流过平板壁面并与其进行传热时，平板壁面上温度边界层的形成和发展与流动边界层类似。如图 8-3 所示，流体以均匀速度 u_0 和均匀温度 t_0 流过温度为 t_s 的平板壁面，由于流体与壁面之间有热量传递，在 y 方向上流体的温度将发生变化。温度边界层厚度 δ_t 在平板前缘处为零，而后逐渐增厚，并延伸到无限远处。为研究方便，通常规定流体与壁面之间的温度差 $t-t_s$ 达到最大温度差 t_0-t_s 的 99%时的 y 向距离为温度边界层的厚度，即

$$\delta_t = y\Big|_{\frac{t-t_s}{t_0-t_s}=99\%}$$

显然温度边界层厚度的定义与速度边界层的定义式(4-4) 相类似。同样温度边界层的厚度 δ_t 亦为流动距离 x 的函数。

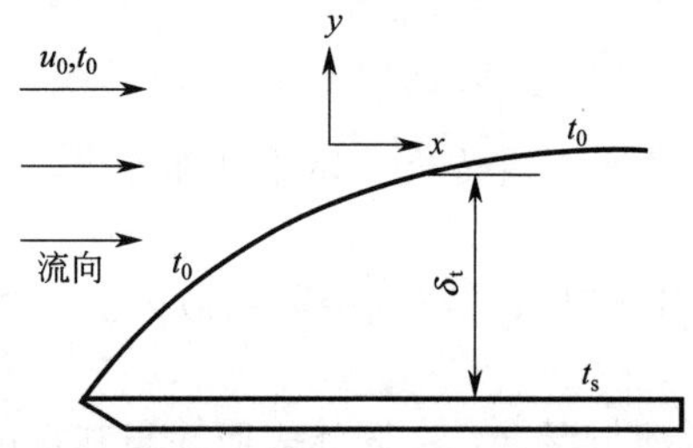

图 8-3　流体流过平板时的温度边界层

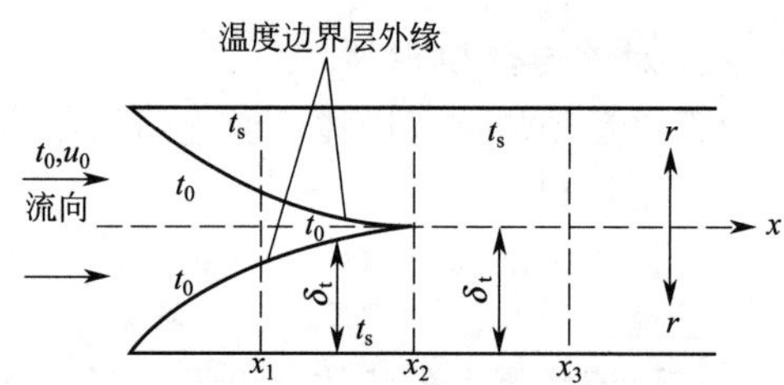

图 8-4　流体流过管内时的温度边界层

当流体流过圆管进行传热时，管内温度边界层的形成和发展亦与管内流动边界层类似。如图 8-4 所示，流体最初以均匀速度 u_0 和均匀温度 t_0 进入管内，因受壁面温度的影响，温度边界层的厚度由管进口处的零值逐渐增厚，经过一定距离后在管中心汇合。温度边界层在管中心汇合点至管前缘的轴向距离称为传热进口段。超过汇合点以后，温度分布将逐渐趋于平坦，若管子的长度足够，则截面上的温度最后变为均匀一致，并等于壁面温度 t_s。

三、对流传热系数

根据牛顿冷却定律，固体壁面与流体之间的对流传热速率为

$$q = hA\Delta t \tag{8-1}$$

式中　q——传热速率；

h——对流传热系数；

A——传热面积；

Δt——壁面与流体间的温度差，当壁面温度高于流体温度时取 $\Delta t = t_s - t_f$，当流体温度高于壁面温度时取 $\Delta t = t_f - t_s$。

式(8-1) 即为对流传热系数 h 的定义式。式中的 t_f 可根据不同的情况来选取：对于管内对流传热，取截面上流体的主体平均温度 t_b；在平板壁面边界层中传热时，取流体在边界层外的温度 t_0；对于蒸汽冷凝传热，取冷凝温度；对于液体沸腾传热，取液体的沸腾温度。

采用式(8-1) 计算对流传热速率 q 的关键在于确定对流传热系数 h。但 h 的求解是一个复杂的问题，它与流体的物理性质、壁面的几何形状和粗糙度、流体的速度、流体与壁面间的温差等因素有关，一般很难确定。在解决 h 的计算问题时，常常将 h 与壁面处流体的温度梯度联系起来，现以流体流过平板壁面和圆管壁面为例说明。

当流体流过平板壁面时，设壁面温度高于流体温度，则对于某一壁面距离 x 处的微元面

积 dA 而言，流体与壁面之间的对流传热速率可表示为

$$dq = h_x \cdot dA \cdot (t_s - t_0) \tag{8-2}$$

由于紧贴壁面的一层流体速度为零，通过该微元面积向流体的传热是以热传导方式进行的，因此传热速率可用傅里叶定律描述，即

$$dq = -k \cdot dA \cdot \left.\frac{dt}{dy}\right|_{y=0} \tag{8-3}$$

式中　k——流体的热导率；

$\left.\frac{dt}{dy}\right|_{y=0}$——紧贴固体壁面处流体层的温度梯度；

dA——固体壁面的微元面积。

稳态传热时，式(8-2) 与式(8-3) 所表示的传热速率应该相等，即

$$dq = h_x \cdot dA \cdot (t_s - t_0) = -k \cdot dA \cdot \left.\frac{dt}{dy}\right|_{y=0} \tag{8-4}$$

由式(8-4) 可得局部对流传热系数 h_x 与壁面流体温度梯度的关系为

$$h_x = -\frac{k}{t_s - t_0}\left.\frac{dt}{dy}\right|_{y=0} \tag{8-5}$$

在许多场合，局部对流传热系数 h_x 在流体流动方向上是不同的。故在实际对流传热计算中，习惯上取流体流过距离 L 的平均对流传热系数值 h_m。h_m 与 h_x 的关系为

$$h_m = \frac{1}{L}\int_0^L h_x dx \tag{8-6}$$

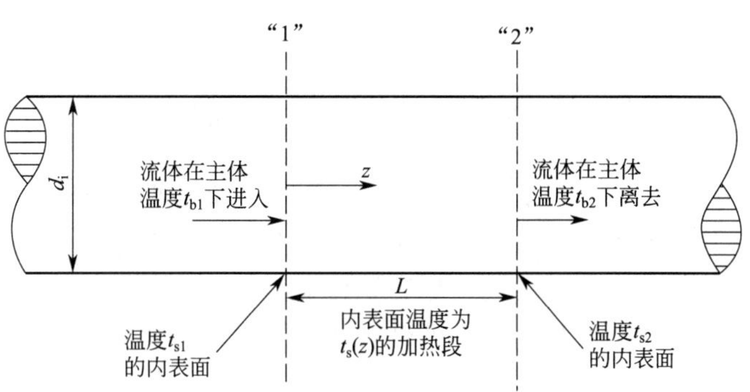

图 8-5　圆管中的热量传递

当流体流过圆管壁面时，如图 8-5 所示，设圆管的直径为 d_i，加热段长度为 L，其内壁的表面温度 $t_s(z)$ 沿流动方向而变。又设在加热段内流体的主体温度由 t_{b1} 升高至 t_{b2}，则局部对流传热系数 h_z 与壁面流体温度梯度的关系为

$$h_z = -\frac{k}{t_s - t_b}\left.\frac{dt}{dy}\right|_{y=0} \tag{8-7}$$

上式表明，在圆管中进行对流传热时，式(8-5) 中的 t_0 以 t_b 代替。y 为由管壁指向中心的垂直距离，y 与 r 的关系为 $y = r_i - r$，将此变量关系代入式(8-7)，可得

$$h_z = \frac{k}{t_s - t_b}\left.\frac{dt}{dr}\right|_{r=r_i} \tag{8-8}$$

与平板类似，在圆管对流传热的计算中经常应用平均对流传热系数的概念。在整个加热段中，流体的平均对流传热系数根据选用的温差不同通常有 3 种定义。其中最常用的是基于加热段两端温差的对数平均值定义的 h_m，其表达式为

$$q = h_m(\pi d_i L)\frac{(t_{s1} - t_{b1}) - (t_{s2} - t_{b2})}{\ln[(t_{s1} - t_{b1})/(t_{s2} - t_{b2})]} \tag{8-9}$$

由式(8-5) 或式(8-8) 可以看出，任何使壁面处温度梯度增大的因素（例如加大流过传热表面的流速）均使对流传热系数增大。同时还可以看出，无论是平板还是圆管，如壁面温度为常数，则平板前缘处的温度梯度为无限大，于是该点处的 h 值亦为无限大，随着流动距离的加大，温度边界层厚度逐渐增加，壁面处的温度梯度与对流传热系数均减小。

由式(8-5) 或式(8-8) 求取对流传热系数 h 时，关键在于壁面温度梯度 $\left.\frac{\mathrm{d}t}{\mathrm{d}y}\right|_{y=0}$ 或 $\left.\frac{\mathrm{d}t}{\mathrm{d}r}\right|_{r=r_i}$ 的计算。由对流传热微分方程式(6-26) 可知，要求得温度梯度，必须先求出温度分布，而温度分布只能在求解能量方程后才能确定。在能量方程中出现了速度分布，这又要借助于运动方程和连续性方程。

由此可知，求解对流传热系数时，须首先根据运动方程和连续性方程解出速度分布，然后将速度分布代入能量方程中求出温度分布，再根据此温度分布求温度梯度，最后代入式(8-5) 或式(8-8)，即可求得 h。

应予指出，上述求解步骤只是一个原则，实际上由于各方程（组）的非线性特点以及边界条件的复杂性，利用精确的数学分析方法仅能解决一些简单的层流传热问题，目前还无法解决湍流传热问题，这是由于后者中的有关物理量如温度、速度等均发生高频脉动，现在的理论研究还难以表征流体微团的这种千变万化的规律所致。目前在工程实际中，求取湍流传热的对流传热系数大致有两个途径：其一是应用量纲分析方法并结合实验建立相应的经验关联式；其二是应用动量传递与热量传递的类似性建立对流传热系数 h 与范宁摩擦因数 f 之间的定量关系，通过较易求得的范宁摩擦因数来求取较难求得的对流传热系数。有关这两种方法，本章将较为详细地讨论。

第二节　平板壁面对流传热

平板壁面对流传热是所有几何形状壁面对流传热中最简单的情形，在日常生活和工程实际中经常见到，大的建筑物的表面与空气的传热、尺度很大的设备表面与流体的传热都是平板壁面对流传热的例子。由于平板壁面对流传热比较简单，在某些情况下可以通过理论分析得到对流传热系数的精确解，同时其研究方法亦可以对其他几何形状壁面对流传热的研究予以启示，故首先讨论。

本节将在平板动量传递研究的基础上分别按层流和湍流两种流动状态加以论述。对于平板层流传热，其对流传热系数可以通过理论分析法求解（精确解），亦可以通过与卡门边界层积分动量方程类似的热流方程得到。而对于平板湍流传热系数的计算，则通过热流方程的方法来解决。

一、平板壁面上层流传热的精确解

与平板壁面温度不同的流体，在其上做稳态平行层流时，在壁面附近将同时建立速度边界层（流动边界层）和温度边界层（热边界层）。两种边界层在壁面上的发展情况如图 8-6 所示。图 8-6(a) 表示传热自平板前缘开始，即速度边界层和温度边界层同时由平板前缘开始形成；图 8-6(b) 表示传热过程在流体流过一段距离 x_0 后才开始进行。后一种情况下，温度边界层与速度边界层的前缘相差一个 x_0 距离。两种边界层厚度一般不相等，与表示流体物性的 Pr 值有关。温度边界层厚度 δ_t 可能大于速度边界层厚度 δ，亦可能小于 δ，在某些特殊情况下又可能等于 δ。

由于边界层外流体的温度均匀一致，无热量传递可言，因此只要搞清楚边界层内流体的速度分布和温度分布，即可解决平板壁面上流体做层流流动时热量传递的规律问题。

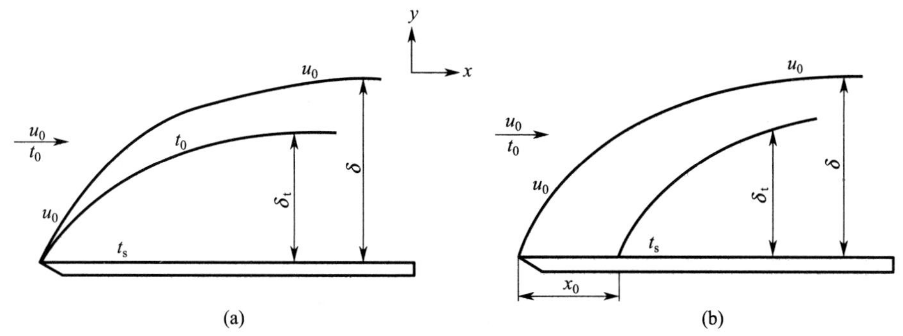

图 8-6　流体在平板壁面上流过时速度边界层与温度边界层的发展

(一) 边界层能量方程

曾经在第四章讨论过，当不可压缩流体在平板壁面上做二维流动时，对连续性方程和奈维-斯托克斯方程中的各项进行数量级分析后，可以得到普朗特边界层方程，即

$$\frac{\partial u_x}{\partial x}+\frac{\partial u_y}{\partial y}=0 \tag{4-7}$$

及

$$u_x\frac{\partial u_x}{\partial x}+u_y\frac{\partial u_y}{\partial y}=-\frac{1}{\rho}\frac{\mathrm{d}p}{\mathrm{d}x}+\frac{\mu}{\rho}\frac{\partial^2 u_x}{\partial y} \tag{4-9}$$

类似地，在二维稳态层流传热的条件下，亦可将能量方程式(6-26a) 化为如下形式，即

$$u_x\frac{\partial t}{\partial x}+u_y\frac{\partial t}{\partial y}=\alpha\left(\frac{\partial^2 t}{\partial x^2}+\frac{\partial^2 t}{\partial y^2}\right) \tag{8-10}$$

式(8-10) 还可以通过数量级分析进一步简化。由于 y 的数量级为 $0(\delta)$，而 x 方向的长度比 δ 大得多，故有

$$\frac{\partial^2 t}{\partial x^2}\ll\frac{\partial^2 t}{\partial y^2} \tag{8-11}$$

因此式(8-10) 右侧括号中的$\frac{\partial^2 t}{\partial x^2}$和$\frac{\partial^2 t}{\partial y^2}$相比可以略去，故得平板壁面边界层能量方程为

$$u_x\frac{\partial t}{\partial x}+u_y\frac{\partial t}{\partial y}=\alpha\frac{\partial^2 t}{\partial y^2} \tag{8-12}$$

式(4-7)、式(4-9) 及式(8-12) 3 式描述平板边界层内不可压缩流体做二维稳态层流时动量传递和热量传递的普遍规律。它们的求解步骤是，首先结合相应的边界条件，由普朗特边界层方程出发，求出边界层内的速度分布，然后将此速度分布代入式(8-12)，并结合边界条件解出温度分布，最后通过式(8-5) 计算对流传热系数 h。

(二) 边界层能量方程的精确解

在第四章中曾求出了边界层方程的精确解，即式(4-24)，由该式或表 4-1 并结合流函数的定义式即可求出 u_x、u_y 与 x、y 的关系，即速度分布式，据此便可对边界层能量方程求解。

如前所述，边界层能量方程为式(8-12)，即

$$u_x\frac{\partial t}{\partial x}+u_y\frac{\partial t}{\partial y}=\alpha\frac{\partial^2 t}{\partial y^2} \tag{8-12}$$

边界条件为

(1) $y=0$：$t=t_s$

(2) $y\to\infty$：$t=t_0$

(3) $x=0$：$t=t_0$

首先对式(8-12) 做相似变换。式中的函数 t 可采用无量纲温度 T^* 代替，T^* 的定义为

$$T^*=\frac{t_s-t}{t_s-t_0} \tag{8-13}$$

以式(8-13) 中的 T^* 代替式(8-12) 中的 t，则后者可改写为

$$u_x\frac{\partial T^*}{\partial x}+u_y\frac{\partial T^*}{\partial y}=\alpha\frac{\partial^2 T^*}{\partial y^2} \tag{8-14}$$

仍采用无量纲的位置变量 η 代替 x、y，则 T^* 为 η 的函数，即 $T^*=\phi(\eta)$，于是可得到式(8-14) 中各导数与 η 的关系为

$$\frac{\partial T^*}{\partial x}=\frac{\partial T^*}{\partial \eta}\frac{\partial \eta}{\partial x}=-\frac{1}{2x}\eta\frac{\partial T^*}{\partial \eta} \tag{8-15}$$

$$\frac{\partial T^*}{\partial y}=\sqrt{\frac{u_0}{vx}}\frac{\partial T^*}{\partial \eta} \tag{8-16}$$

$$\frac{\partial^2 T^*}{\partial y^2}=\frac{u_0}{vx}\frac{\partial^2 T^*}{\partial \eta^2} \tag{8-17}$$

此外，u_x、u_y 与 η 的关系已由式(4-25)、式(4-26) 给出。将式(4-25)、式(4-26)、式(8-15)～式(8-17) 代入式(8-14)，经整理后即得

$$\frac{\partial^2 T^*}{\partial \eta^2}+\frac{Pr}{2}f\frac{\partial T^*}{\partial \eta}=0 \tag{8-18}$$

式中

$$Pr=\frac{v}{\alpha}=\frac{c_p\mu}{k} \tag{8-19}$$

式(8-18) 表明 T^* 仅为 η 的函数，故该式可写成常微分方程形式，即

$$\frac{\mathrm{d}^2 T^*}{\mathrm{d}\eta^2}+\frac{Pr}{2}f\frac{\mathrm{d}T^*}{\mathrm{d}\eta}=0 \tag{8-20}$$

边界条件为

(1) $\eta=0$：$T^*=0$

(2) $\eta\to\infty$：$T^*=1$

式(8-20) 可视为无量纲化的边界层能量方程。式中 f 为已知函数，可根据式(4-24) 计算。

令 $p=\frac{\mathrm{d}T^*}{\mathrm{d}\eta}$，并代入式(8-20)，得

$$\frac{\mathrm{d}p}{\mathrm{d}\eta}+\frac{Pr}{2}f\cdot p=0 \tag{8-21}$$

将上式分离变量并进行积分，得

$$p=\frac{\mathrm{d}T^*}{\mathrm{d}\eta}=C_1\exp\left(-\frac{Pr}{2}\int_0^\eta f\mathrm{d}\eta\right) \tag{8-22}$$

对上式再积分一次，得

$$T^*=C_1\left[\int_0^\eta\exp\left(-\frac{Pr}{2}\int_0^\eta f\mathrm{d}\eta\right)\mathrm{d}\eta\right]+C_2 \tag{8-23}$$

式中 C_1 和 C_2 是积分常数，可由上述的边界条件 (1)、(2) 确定。

将边界条件 (1) 代入上式，得

$$0=C_1\left[\int_0^\eta\exp\left(-\frac{Pr}{2}\int_0^\eta f\mathrm{d}\eta\right)\mathrm{d}\eta\right]+C_2$$

故

$$C_2=0$$

再向式(8-23) 中代入边界条件(2)，并代入 C_2 的值，得

$$1 = C_1\left[\int_0^\infty \exp\left(-\frac{Pr}{2}\int_0^\eta f\mathrm{d}\eta\right)\mathrm{d}\eta\right]$$

故得

$$C_1 = \left[\int_0^\infty \exp\left(-\frac{Pr}{2}\int_0^\eta f\mathrm{d}\eta\right)\mathrm{d}\eta\right]^{-1} \tag{8-24}$$

最后将 C_1 和 C_2 值代入式(8-23)，即得边界层能量方程中无量纲温度 T^* 与无量纲位置 η 之间的关系，即

$$T^* = \frac{t_s - t}{t_s - t_0} = \frac{\left[\int_0^\eta \exp\left(-\frac{Pr}{2}\int_0^\eta f\mathrm{d}\eta\right)\mathrm{d}\eta\right]}{\left[\int_0^\infty \exp\left(-\frac{Pr}{2}\int_0^\eta f\mathrm{d}\eta\right)\mathrm{d}\eta\right]} \tag{8-25}$$

式(8-25) 即为平板壁面上稳态传热时层流边界层内的温度分布方程。式中的自变量 η、函数 T^*、参数 Pr 均为无量纲变量。其中 η 表示位置变量，即 x、y；f 表示速度变量，即 u_x、u_y，可由式(4-24) 或表 4-1 得到；Pr 为表示物性的一个参数。

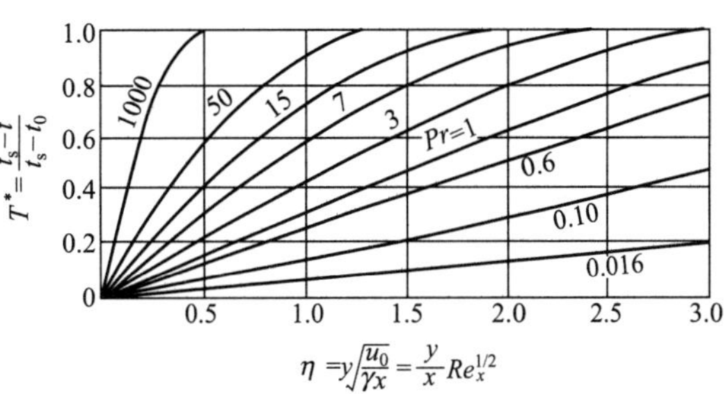

图 8-7 平板壁面层流边界层传热时无量纲温度 T^* 与 Pr、η 的关系

波尔豪森（Pohlhausen）曾经采用数值法求解了式(8-25)，其解如图 8-7 所示。图中的曲线描述了不同 Pr 值下无量纲温度 T^* 与位置 η 的关系，Pr 的数值范围为 0.016～1000。

由式(8-25) 或图 8-7 求得温度分布后，即可由式(8-5) 求得平板壁面上进行稳态层流传热时的对流传热系数 h，即

$$h_x = \frac{k}{t_0 - t_s}\frac{\mathrm{d}t}{\mathrm{d}y}\bigg|_{y=0} \tag{8-5}$$

上式还可以写成

$$h_x = k\,\frac{\mathrm{d}(t_s - t)/(t_s - t_0)}{\mathrm{d}y}\bigg|_{y=0} \tag{8-26}$$

若以式(8-13) 的无量纲温度 T^* 表示上式中的温度差，则该式又可写为

$$h_x = k\,\frac{\mathrm{d}T^*}{\mathrm{d}y}\bigg|_{y=0} \tag{8-27}$$

将式(8-16) 代入上式，得

$$h_x = k\sqrt{\frac{u_0}{vx}}\frac{\mathrm{d}T^*}{\mathrm{d}\eta}\bigg|_{\eta=0} \tag{8-28}$$

式(8-28) 中的导数 $\frac{\mathrm{d}T^*}{\mathrm{d}\eta}\Big|_{\eta=0}$ 可由式(8-22) 计算。当式(8-22) 中 $\eta=0$ 时，有

$$\frac{\mathrm{d}T^*}{\mathrm{d}\eta}\bigg|_{\eta=0} = C_1 \tag{8-29}$$

将上式代入式(8-28)，得

$$h_x = k\sqrt{\frac{u_0}{vx}}C_1 \tag{8-30}$$

将式(8-24) 代入上式，并将上式左侧以局部努塞尔数 Nu_x 表达，可得

$$Nu_x = \frac{h_x x}{k} = Re_x^{1/2}\left[\int_0^\infty \exp\left(-\frac{Pr}{2}\int_0^\eta f\mathrm{d}\eta\right)\mathrm{d}\eta\right]^{-1} \tag{8-31}$$

式(8-31) 对所有 Pr 均适用，但雷诺数应在层流范围之内，即在一般情况下 $Re_x <$

5×10^5。

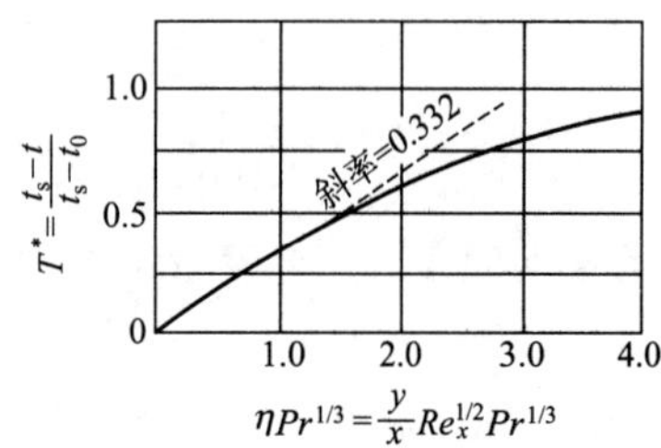

图 8-8 平板壁面层流边界层传热时无量纲温度 T^* 与 $\eta Pr^{1/3}$ 关系

波尔豪森对于 $Pr=0.6\sim15$ 范围内的流体进行了研究。针对层流传热的情况，以 T^* 为纵坐标、$\eta Pr^{1/3}$ 为横坐标对两者的数据关系进行标绘，得到了一条单一的曲线，如图 8-8 所示。该曲线在 $\eta Pr^{1/3}=0$ 处的斜率等于 0.332，即

$$\left.\frac{\mathrm{d}T^*}{\mathrm{d}(\eta Pr^{1/3})}\right|_{\eta=0}=0.332 \tag{8-32}$$

或写成

$$\left.\frac{\mathrm{d}T^*}{\mathrm{d}\eta}\right|_{\eta=0}=0.332Pr^{1/3} \tag{8-33}$$

将式(8-33) 代入式(8-28)，即可求出 h_x，即

$$h_x=0.332k\sqrt{\frac{u_0}{vx}}Pr^{1/3} \tag{8-34}$$

或

$$h_x=0.332\frac{k}{x}Re_x^{1/2}Pr^{1/3} \tag{8-34a}$$

或写成

$$Nu_x=0.332Re_x^{1/2}Pr^{1/3} \tag{8-35}$$

式中
$$Re_x=\frac{xu_0\rho}{\mu}$$

式(8-34)、式(8-34a) 或式(8-35) 即为层流边界层稳态传热时求距平板前缘 x 处局部对流传热系数的计算式。

在对流传热计算中，取流体流过整个平板壁面的平均对流传热系数值 h_m 比较方便。对于长度为 L，宽度为 b 的平板，其平均对流传热系数 h_m 与局部对流传热系数 h_x 之间的关系为

$$h_m=\frac{1}{L}\int_0^L h_x\mathrm{d}x \tag{8-36}$$

将式(8-34a) 代入式(8-36)，经积分整理后，得

$$h_m=0.664\frac{k}{L}Re_L^{1/2}Pr^{1/3} \tag{8-37}$$

若采用平均努塞尔数 Nu_m 表示，则有

$$Nu_m=\frac{h_mL}{k}=0.664Re_L^{1/2}Pr^{1/3} \tag{8-38}$$

式中
$$Re_L=\frac{Lu_0\rho}{\mu}$$

对照式(8-34a) 与式(8-37) 或式(8-35) 与式(8-38)，可以看出，当 $x=L$ 时，平均对流传热系数 h_m 或平均努塞尔数 Nu_m 的值为局部 h_x 或 Nu_x 的 2 倍，即

$$h_m=2h_x,\quad Nu_m=2Nu_x$$

式(8-34)～式(8-38) 适用于恒壁温条件下光滑平板壁面上层流边界层的稳态传热的计算，应用范围为 $0.6<Pr<15$，$Re_L<5\times10^5$。各式中的物性值采用平均温度 t_m 下的值，t_m 可表示为

$$t_m=\frac{t_s+t_0}{2}$$

通过对速度边界层厚度 δ 与温度边界层厚度 δ_t 两者之间的比较，可得

$$\frac{\delta}{\delta_t}=Pr^{1/3} \tag{8-39}$$

上式中 δ 与 δ_t 之间的关系，在下一节“平版壁面上层流传热的近似解”中还要作进一步讨论。

【例 8-1】 常压下 20℃的空气，以 15m/s 的速度流过一温度为 100℃的光滑平板壁面，试求临界长度处速度边界层厚度、温度边界层厚度及对流传热系数。设传热由平板前缘开始，试求临界长度一段平板单位宽度的总传热速率。已知 $Re_{x_c}=5\times10^5$。

解 定性温度为 $t_m=\dfrac{t_s+t_0}{2}=\dfrac{100+20}{2}=60$（℃）

在 60℃的温度下空气的物性值由有关数据表查出为

$$v=1.897\times10^{-5}\text{m}^2/\text{s},\ k=2.893\times10^{-2}\text{W}/(\text{m}\cdot\text{K}),\ Pr=0.698$$

(1) 求临界长度

由于

$$Re_{x_c}=\frac{x_c u_0}{v}=5\times10^5$$

故

$$x_c=(5\times10^5)\times\frac{1.897\times10^{-5}}{15}=0.63\ (\text{m})$$

(2) 求速度边界层厚度 δ

由式(4-27)，得

$$\delta=5.0\sqrt{\frac{vx_c}{u_0}}=5.0\times\sqrt{\frac{(1.897\times10^{-5})\times0.63}{15}}=4.46\times10^{-3}\ (\text{m})=4.46\ (\text{mm})$$

(3) 求温度边界层厚度 δ_t

由式(8-39)，得

$$\delta_t=\frac{\delta}{Pr^{1/3}}=\frac{4.46\times10^{-3}}{0.698^{1/3}}=5.03\times10^{-3}\ (\text{m})=5.03\ (\text{mm})$$

(4) 求对流传热系数 h_x、h_m 和传热速率 q

由式(8-34)，得

$$h_x=0.332k\sqrt{\frac{u_0}{vx}}Pr^{1/3}=0.332\times(2.893\times10^{-2})\times\sqrt{\frac{15}{(1.897\times10^{-5})\times0.63}}\times0.689^{1/3}$$
$$=9.50\ [\text{W}/(\text{m}^2\cdot\text{K})]$$

$$h_m=2h_x=2\times9.50=19.0\ [\text{W}/(\text{m}^2\cdot\text{K})]$$

通过 $L=0.63$m、宽度为 1m 的平板壁面的传热速率为

$$q=h_mA(t_s-t_0)=19.0\times0.63\times1\times(100-20)=957.6\ (\text{W})$$

二、平板壁面上层流传热的近似解

上述的平板壁面上层流传热的精确解精确度较高，但求解过程比较繁琐，而且只适用于层流边界层的传热计算。边界层传热的另一种较为简单的求解方法是采用温度边界层热量流动方程（简称热流方程）。该法虽然是近似的，但求得的结果足够精确，并且边界层热流方程还适用于湍流边界层的传热计算。

（一）温度边界层热流方程的推导

前已述及，当流体流过固体壁面被加热或冷却时，在固体壁面附近将同时形成速度边界层和温度边界层。通常速度边界层的厚度 δ 与温度边界层的厚度并不相等（关于此问题下面还要详细讨论）。边界层内的速度侧形图和温度侧形图分别示于图 8-9 中。

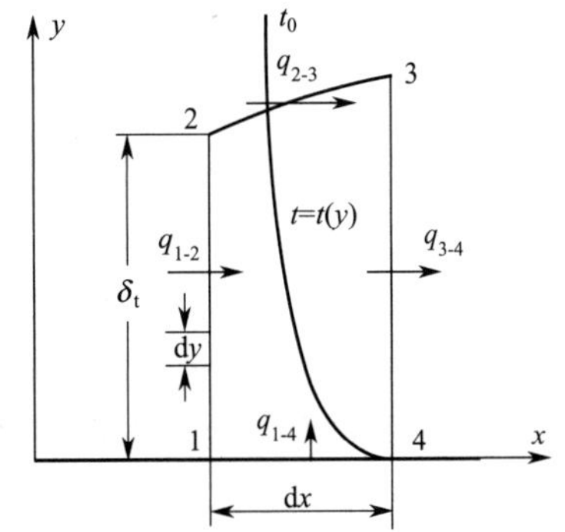

图 8-9 边界层热流方程的推导

为了导出边界层热流方程，在图 8-9 中取一控制体，此控制体的控制面为 1-2、2-3、3-4、4-1 各面及前后相距一单位长度（即与纸面垂直距离为一单位）的两个平面。其中 1-2 面与 3-4 面相距 dx；2-3 面为外流区与温度边界层的界面；1-4 面紧贴固体壁面。

参照第四章推导速度边界层积分动量方程的方法，可得以下结果。

通过 1-2 面进入控制体的热流速率为

$$q_{1\text{-}2}=\int_0^{\delta_t}\rho u_x c_p t\,dy=\rho c_p\int_0^{\delta_t}tu_x\,dy$$

通过 3-4 面由控制体输出的热流速率为

$$q_{3\text{-}4}=\rho c_p\int_0^{\delta_t}tu_x\,dy+\rho c_p\frac{\partial}{\partial x}\left(\int_0^{\delta_t}tu_x\,dy\right)dx$$

故通过 1-2 面和 3-4 面由控制体净输出的热流速率为

$$q_{3\text{-}4}-q_{1\text{-}2}=\rho c_p\frac{\partial}{\partial x}\left(\int_0^{\delta_t}tu_x\,dy\right)dx \tag{8-40}$$

由第四章中速度边界层积分动量方程的推导得知，通过 2-3 面进入控制体的质量流率为

$$m_{2\text{-}3}=\frac{\partial}{\partial x}\left(\int_0^{\delta_t}\rho u_x\,dy\right)dx$$

由于 2-3 面位于温度边界层外缘处,此处的流体均以 t_0 的温度流入控制体内,于是从该截面进入控制体的热流速率为

$$\begin{aligned}q_{2\text{-}3}&=c_p t_0\frac{\partial}{\partial x}\left(\int_0^{\delta_t}\rho u_x\,dy\right)dx\\&=\rho c_p t_0\frac{\partial}{\partial x}\left(\int_0^{\delta_t}u_x\,dy\right)dx\end{aligned} \tag{8-41}$$

通过 1-4 面无质量输入，但仍有热量输入。此项热量是以导热方式输入控制体的，根据傅里叶定律，此项热流速率为

$$q_{1\text{-}4}=-k\,dx\left.\frac{dt}{dy}\right|_{y=0} \tag{8-42}$$

在稳态条件下做控制体的热量衡算，得

$$q_{1\text{-}2}+q_{2\text{-}3}+q_{1\text{-}4}=q_{3\text{-}4}$$

或

$$(q_{3\text{-}4}-q_{1\text{-}2})-q_{2-3}=q_{1\text{-}4} \tag{8-43}$$

将式(8-40)～式(8-42) 代入式(8-43)，即得

$$\rho c_p\frac{\partial}{\partial x}\left(\int_0^{\delta_t}tu_x\,dy\right)dx-\rho c_p\frac{\partial}{\partial x}\left(\int_0^{\delta_t}t_0u_x\,dy\right)dx=-k\,dx\left.\frac{dt}{dy}\right|_{y=0}$$

经化简后得

$$\frac{\partial}{\partial x}\int_0^{\delta_t}(t_0-t)u_x\,dy=\alpha\left.\frac{dt}{dy}\right|_{y=0} \tag{8-44}$$

由于上式仅考虑 x 方向的流动，可将流速的下标取消，并改写成常微分方程的形式，即

$$\frac{d}{dx}\int_0^{\delta_t}(t_0-t)u\,dy=\alpha\left.\frac{dt}{dy}\right|_{y=0} \tag{8-45}$$

式(8-45) 称为边界层热流方程。在该方程推导过程中并未考虑散逸热速率 ϕ，因而意味着流动并非高速，流体亦不具有很高的黏性。此外，在推导式(8-45) 时并未假定流体的流型是层流还是湍流，故该式既适用于层流边界层的传热计算，也适用于湍流边界层的计算。

（二）流体层流流过平板壁面传热时的近似解

应用边界层热流方程式(8-45)，可以解决流体层流流过平板壁面时的传热计算问题。在求解过程中，假定壁面温度 t_s 维持不变，且边界层外流体的速度 u_0、温度 t_0 为恒定值。平板前

缘开始的一段距离（其长度为 x_0）未被加热，如图 8-6(b) 所示。速度边界层由平板前缘开始发展，温度边界层由壁面被加热部分的边缘 x_0 开始发展，两边界层均沿流动方向增加自己的厚度，且温度边界层厚度 δ_t 小于速度边界层厚度 δ。

由于式(8-45) 中的积分项内含有两个未知量 u 和 t，欲求解该式，必须知道速度分布方程和温度分布方程。其中速度分布方程可应用第四章较为常用的三次多项式，即式(4-46a)，又由于已假定温度边界层厚度 δ_t 小于速度边界层厚度 δ，可认为温度边界层中的速度分布式亦符合式(4-46a)。至于温度分布，可仿照速度分布的情况，假设其可以表示成一个三次多项式的形式，即

$$t=a+by+cy^2+dy^3 \tag{8-46}$$

式中的 a、b、c、d 为待定常数，其值可根据如下边界条件确定，即

(1) $y=0$：$t=t_s$

(2) $y=\delta_t$：$t=t_0$

(3) $y=\delta_t$：$\dfrac{\partial t}{\partial y}=0$

(4) $y=0$：$\dfrac{\partial^2 t}{\partial y^2}=0$

边界条件（1）和（2）是明显的，无需说明。而边界条件（3）之所以正确，是由于在温度边界层外缘处温度已达到 t_0 而不再改变。边界条件（4）的存在，可用边界层能量方程式(8-12) 加以说明，该方程为

$$u_x\frac{\partial t}{\partial x}+u_y\frac{\partial t}{\partial y}=\alpha\frac{\partial^2 t}{\partial y^2} \tag{8-12}$$

由于在壁面 $y=0$ 处 $u_x=0$ 和 $u_y=0$，可得 $\left.\dfrac{\partial^2 t}{\partial y^2}\right|_{y=0}=0$。

将上述边界条件(1)～(4) 代入式(8-46)，经计算后可得待定系数值为

$$a=t_s,\qquad b=\frac{3}{2}\frac{t_0-t_s}{\delta_t},\qquad c=0,\qquad d=-\frac{1}{2}\frac{t_0-t_s}{\delta_t^3}$$

将 a、b、c、d 各值代入式(8-46)，便可获得温度边界层内的温度分布方程如下：

$$\frac{t-t_s}{t_0-t_s}=\frac{3}{2}\left(\frac{y}{\delta_t}\right)-\frac{1}{2}\left(\frac{y}{\delta_t}\right)^3 \tag{8-47}$$

显然，只要知道温度边界层厚度 δ_t 的表达式，即可由式(8-5) 求得对流传热系数 h_x。温度边界层厚度 δ_t 的表达式可通过边界层热流方程式(8-45) 求得。

若以 τ 表示温度边界层内任一处的温度 t 与壁温 t_s 之差，τ_0 表示边界层内最大温度之差，即

$$\tau=t-t_s \tag{8-48a}$$

$$\tau_0=t_0-t_s \tag{8-48b}$$

则式(8-47) 可改写为

$$\frac{\tau}{\tau_0}=\frac{3}{2}\left(\frac{y}{\delta_t}\right)-\frac{1}{2}\left(\frac{y}{\delta_t}\right)^3 \tag{8-49}$$

于是式(8-45) 中左侧的积分部分为

$$\int_0^{\delta_t}(t_0-t)u\mathrm{d}y=\int_0^{\delta_t}\left[\tau_0-\frac{3}{2}\left(\frac{y}{\delta_t}\right)\tau_0+\frac{1}{2}\left(\frac{y}{\delta_t}\right)^3\tau_0\right]u\mathrm{d}y$$

速度分布方程由式(4-46a) 给出，为

$$\frac{u}{u_0}=\frac{3}{2}\left(\frac{y}{\delta}\right)-\frac{1}{2}\left(\frac{y}{\delta}\right)^3 \tag{4-46a}$$

由此可以导出

$$\int_0^{\delta_t}(t_0-t)u\mathrm{d}y=\int_0^{\delta_t}\left[\tau_0-\frac{3}{2}\left(\frac{y}{\delta_t}\right)\tau_0+\frac{1}{2}\left(\frac{y}{\delta_t}\right)^3\tau_0\right]\left[u_0\left(\frac{3}{2}\left(\frac{y}{\delta}\right)-\frac{1}{2}\left(\frac{y}{\delta}\right)^3\right)\right]\mathrm{d}y$$

$$=\tau_0u_0\delta\left[\frac{3}{20}\left(\frac{\delta_t}{\delta}\right)^2-\frac{3}{280}\left(\frac{\delta_t}{\delta}\right)^4\right] \tag{8-50}$$

令

$$\frac{\delta_t}{\delta}=\xi \tag{8-51}$$

将式(8-51) 代入式(8-50)，得

$$\int_0^{\delta_t}(t_0-t)u\mathrm{d}y=\tau_0u_0\delta\left(\frac{3}{20}\xi^2-\frac{3}{280}\xi^4\right)$$

上面已经假定 $\delta_t<\delta$，故 $\xi<1$，于是 $\xi^4\ll\xi^2$，从而上式右侧括号中的 ξ^4 项与 ξ^2 项相比可以略去，于是上式变为

$$\int_0^{\delta_t}(t_0-t)u\mathrm{d}y=\frac{3}{20}\tau_0u_0\delta\xi^2$$

由于 δ 和 δ_t 均为 x 的函数，ξ 亦为 x 的函数。将上式代入式(8-45)，得

$$\frac{3}{20}\tau_0u_0\frac{\mathrm{d}}{\mathrm{d}x}(\xi^2\delta)=\alpha\left.\frac{\mathrm{d}t}{\mathrm{d}y}\right|_{y=0} \tag{8-52}$$

式(8-52) 右侧的导数 $\left.\frac{\mathrm{d}t}{\mathrm{d}y}\right|_{y=0}$ 可由温度分布式(8-47) 求出，为

$$\left.\frac{\mathrm{d}t}{\mathrm{d}y}\right|_{y=0}=\frac{3}{2}\frac{\tau_0}{\delta_t}=\frac{3}{2}\frac{\tau_0}{\xi\delta} \tag{8-53}$$

将式(8-53) 代入式(8-52)，经化简后得

$$\frac{1}{10}u_0\left(2\delta\xi\frac{\mathrm{d}\xi}{\mathrm{d}x}+\xi^2\frac{\mathrm{d}\delta}{\mathrm{d}x}\right)=\frac{\alpha}{\delta\xi}$$

或

$$\frac{1}{10}u_0\left(2\delta^2\xi^2\frac{\mathrm{d}\xi}{\mathrm{d}x}+\xi^3\frac{\mathrm{d}\delta}{\mathrm{d}x}\right)=\alpha \tag{8-54}$$

又由第四章中的式(4-50) 和式(4-51) 知

$$\delta\mathrm{d}\delta=\frac{140}{13}\frac{\mu}{\rho u_0}\mathrm{d}x \tag{4-50}$$

及

$$\delta=4.64\sqrt{\frac{\mu x}{\rho u_0}}=\left(\frac{280}{13}\frac{\mu x}{\rho u_0}\right)^{1/2} \tag{4-51}$$

将上二式代入式(8-54)，经整理得

$$\frac{14}{13}\frac{\mu}{\rho\alpha}\left(\xi^3+4x\xi^2\frac{\mathrm{d}\xi}{\mathrm{d}x}\right)=1$$

或写成

$$\frac{\mathrm{d}\xi^3}{\frac{13}{14Pr}-\xi^3}=\frac{3}{4}\frac{\mathrm{d}x}{x}$$

积分上式，得

$$\ln\left(\xi^3-\frac{13}{14Pr}\right)=-\frac{3}{4}\ln x+\ln C$$

故得

$$\xi^3=\frac{13}{14Pr}+Cx^{-3/4} \tag{8-55}$$

式中 C 为积分常数，可采用如下边界条件确定。前已假定，温度边界层是由 $x=x_0$ 开始，即 $x=x_0$ 时 $\delta_t=0$ 或 $\xi=\frac{\delta_t}{\delta}=0$，于是由式(8-55) 即可求得 C 为

$$C=-\frac{13}{14Pr}x_0^{3/4}$$

将 C 值代入式(8-55)，经运算后即得

$$\xi=\frac{Pr^{-1/3}}{1.026}\left[1-\left(\frac{x_0}{x}\right)^{3/4}\right]^{1/3} \tag{8-56}$$

如加热由平板前缘开始，则 $x_0=0$，于是可解得

$$\xi=\frac{\delta_t}{\delta}=\frac{Pr^{-1/3}}{1.026} \tag{8-57}$$

或近似认为

$$\frac{\delta}{\delta_t}=Pr^{1/3} \tag{8-57a}$$

上式与精确解所得的 δ/δ_t 的估算式(8-39) 是一致的。

对于像黏稠油这类流体，其 $Pr\geqslant 1000$，则 $\xi=\frac{\delta_t}{\delta}\leqslant\frac{1}{10}$，即温度边界层厚度大约仅为速度边界层厚度的$\frac{1}{10}$，故其根据上述假设 $\delta_t<\delta$ 来推导式(8-56)、式(8-57) 是正确的。对于气体，$Pr<1$（例如空气的 Pr 为 0.7 左右），则 $\xi>1$，故 $\delta_t>\delta$。因而 $\delta_t<\delta$ 的原假设不再正确，但气体的 Pr 值最小约为 0.6，由式(8-57) 算出 $\xi=1.16$，故 $\delta_t<\delta$ 的假设所引起的误差并不大，因此，对于大多数气体，式(8-56)、式(8-57) 还是近似适用的。只有对 Pr 极小的流体，例如液态金属，式(8-56)、式(8-57) 才不再适用。故液态金属传热问题需采用其他方法处理。

（三）对流传热系数的计算

流体层流流过平板壁面并进行稳态传热时的对流传热系数 h 可通过式(8-56)、式(8-57) 导出。

距平板前缘 x 处的局部对流传热系数 h_x 仍可采用式(8-5) 表达，为

$$h_x=\frac{k}{t_0-t_s}\left.\frac{dt}{dy}\right|_{y=0} \tag{8-5}$$

式中，$\left.\frac{dt}{dy}\right|_{y=0}$ 可由式(8-53) 给出。将式(8-53) 及式(8-48b) 代入上式，得

$$h_x=\frac{3}{2}\frac{k}{\delta\xi}=\frac{3}{2}\frac{k}{\delta_t}$$

由此可以看出，对流传热系数 h_x 与温度边界层厚度 δ_t 成反比。将式(4-51) 的 δ 及式(8-56) 的 ξ 表达式代入上式，可得

$$h_x=\frac{3}{2}k\left\{\left[4.64\left(\frac{\mu x}{\rho u_0}\right)^{1/2}\right]\frac{Pr^{-1/3}}{1.026}\left[1-\left(\frac{x_0}{x}\right)^{3/4}\right]^{1/3}\right\}^{-1}$$

将上式化简，得

$$h_x=0.332k\frac{Pr^{1/3}}{\left[1-\left(\frac{x_0}{x}\right)^{3/4}\right]^{1/3}}\left(\frac{u_0}{\nu x}\right)^{1/2}$$

或

$$h_x=0.332\frac{k}{x}Re_x^{1/2}Pr^{1/3}\left[1-\left(\frac{x_0}{x}\right)^{3/4}\right]^{-1/3} \tag{8-58}$$

如加热由平板前缘开始进行，则由于 $x_0=0$，上式即可化简为

$$h_x=0.332kPr^{1/3}\left(\frac{u_0}{\nu x}\right)^{1/2}=0.332\frac{k}{x}Re_x^{1/2}Pr^{1/3} \tag{8-59}$$

采用局部努塞尔数 Nu_x 表达式(8-58)时，可写为

$$Nu_x=\frac{h_x x}{k}=0.332Re_x^{1/2}Pr^{1/3}\left[1-\left(\frac{x_0}{x}\right)^{3/4}\right]^{-1/3} \tag{8-60}$$

若 $x_0=0$，则为

$$Nu_x=\frac{h_x x}{k}=0.332Re_x^{1/2}Pr^{1/3} \tag{8-61}$$

平均对流传热系数 h_m 亦可以根据式(8-36)表示的定义式求得，即

$$h_m=\frac{1}{L}\int_0^L h_x\mathrm{d}x \tag{8-36}$$

设加热由平板前缘开始，将式(8-59)代入式(8-36)，得

$$h_m=\frac{1}{L}\int_0^L 0.332kPr^{1/3}\left(\frac{u_0}{\nu x}\right)^{1/2}\mathrm{d}x$$

积分后得

$$h_m=0.664\frac{k}{L}Re_L^{1/2}Pr^{1/3} \tag{8-62}$$

同样可得

$$Nu_m=\frac{h_m L}{k}=0.664Re_L^{1/2}Pr^{1/3} \tag{8-63}$$

由此可知

$$h_m=2h_x,\qquad Nu_m=2Nu_x$$

以上诸式中各物理量的定性温度均取平均温度，即取

$$t_m=\frac{t_0+t_s}{2}$$

比较近似解和精确解的最后结果，可知两种方法所获得的结果是一致的。一些研究者曾经对流体层流流过平板壁面时的对流传热系数进行了实验研究，得到的实验结果完全证实了理论分析的正确性。

三、平板壁面上湍流传热的近似解

在本章曾经导出一个边界层热流方程［式(8-45)］，该式既可用于层流边界层的传热计算，也可用于湍流边界层的传热计算。但对于后者，应该使用湍流时的速度分布方程和温度分布方程。

式(8-45)亦可写成如下形式，即

$$\rho c_p\frac{\mathrm{d}}{\mathrm{d}x}\left[\int_0^{\delta_t}(t_0-t)u\mathrm{d}y\right]=k\left.\frac{\mathrm{d}t}{\mathrm{d}y}\right|_{y=0}=h_x(t_0-t_s)$$

由此得对流传热系数 h_x 的表达式为

$$h_x=\rho c_p\frac{\mathrm{d}}{\mathrm{d}x}\int_0^{\delta_t}\frac{t-t_0}{t_s-t_0}u\mathrm{d}y \tag{8-64}$$

通常，速度边界层厚度 δ 与温度边界层厚度 δ_t 不等，但可以假定二者之比为

$$\frac{\delta}{\delta_t}=Pr^n \tag{8-65}$$

假定湍流边界层的速度分布和温度分布均遵循 1/7 次方定律，即

$$\frac{u}{u_0}=\left(\frac{y}{\delta}\right)^{1/7} \tag{5-65}$$

及

$$\frac{t_s-t}{t_s-t_0}=\left(\frac{y}{\delta_t}\right)^{1/7} \tag{8-66}$$

或

$$\frac{t-t_0}{t_s-t_0}=1-\frac{t_s-t}{t_s-t_0}=1-\left(\frac{y}{\delta_t}\right)^{1/7} \tag{8-66a}$$

将式(8-65)代入式(5-45)，得

$$u=u_0\left(\frac{y}{\delta_t Pr^n}\right)^{1/7} \tag{8-67}$$

将式(8-67)、式(8-66a)代入式(8-64)，得

$$h_x=\rho c_p\frac{\mathrm{d}}{\mathrm{d}x}\int_0^{\delta_t}u_0\left(\frac{y}{\delta_t Pr^n}\right)^{1/7}\left[1-\left(\frac{y}{\delta_t}\right)^{1/7}\right]\mathrm{d}y=\frac{7}{72}\rho c_p Pr^{-n/7}u_0\frac{\mathrm{d}\delta_t}{\mathrm{d}x} \tag{8-68}$$

由式(8-65)得

$$\frac{\mathrm{d}\delta_t}{\mathrm{d}x}=Pr^{-n}\frac{\mathrm{d}\delta}{\mathrm{d}x} \tag{8-69}$$

湍流边界层的厚度 δ 已在第五章导出，即式(5-69)，其表达式为

$$\frac{\delta}{x}=0.376\left(\frac{\rho u_0 x}{\mu}\right)^{-1/5}=0.376Re_x^{-1/5} \tag{5-69}$$

将上式微分，得

$$\frac{\mathrm{d}\delta}{\mathrm{d}x}=0.301\left(\frac{\rho u_0 x}{\mu}\right)^{-0.2}=0.301Re_x^{-0.2} \tag{8-70}$$

将式(8-70)代入式(8-69)，可得

$$\frac{\mathrm{d}\delta_t}{\mathrm{d}x}=0.301Re_x^{-0.2}Pr^{-n}$$

将上式代入式(8-68)，得

$$h_x=0.0292\rho c_p u_0 Re_x^{-0.2}Pr^{-8n/7} \tag{8-71}$$

或

$$\frac{h_x}{\rho c_p u_0}=St_x=\frac{Nu_x}{Re_x Pr}=0.0292Re_x^{-0.2}Pr^{-8n/7} \tag{8-72}$$

由此得

$$Nu_x=\frac{h_x\cdot x}{k}=0.0292Re_x^{0.8}Pr^{(7-8n)/7} \tag{8-73}$$

由式(8-61)可知在层流边界层传热时 Pr 的指数值为1/3，根据柯尔本（Colburn）的意见，在湍流边界层传热时 Pr 的指数仍取为1/3，亦即相当于 $n\approx 1/1.71$。于是式(8-65)、式(8-71)和式(8-73)变为

$$\frac{\delta}{\delta_t}=Pr^{1/1.71} \tag{8-65a}$$

$$h_x=0.0292\frac{k}{x}Re_x^{0.8}Pr^{1/3} \tag{8-74}$$

$$Nu_x=\frac{h_x x}{k}=0.0292Re_x^{0.8}Pr^{1/3} \tag{8-75}$$

式(8-74)、式(8-75)中的 h_x、Nu_x 都是指由平板前缘算起的 x 处的局部值。在实际应用中，多采用长度为 L 的整个平板的平均值 h_m 或 Nu_m。h_m 已由式(8-36)定义，即

$$h_m=\frac{1}{L}\int_0^L h_x\mathrm{d}x \tag{8-36}$$

将式(8-74) 代入上式，经积分后即得

$$h_m=0.0365\frac{k}{L}Re_L^{0.8}Pr^{1/3} \tag{8-76}$$

或

$$Nu_m=\frac{h_mL}{k}=0.0365Re_L^{0.8}Pr^{1/3} \tag{8-77}$$

以上对流传热系数计算式中各量的定性温度取平均温度，即取 $t_m=\frac{t_0+t_s}{2}$。

上述情况下得到的对流传热系数 h_m 计算式(8-76) 系假定湍流边界层由平板前缘开始。实际上，由平板前缘开始至临界雷诺数的一段 x_c 为层流边界层，Re_{x_c} 的值大致为 5×10^5。在 $x<x_c$ 时，应该利用层流边界层的公式计算对流传热系数。因此，欲精确地计算平板边界层内的平均对流传热系数 h_m，必须考虑层流边界层这一阶段的传热对整个边界层平均对流传热系数的影响。此时，h_m 可按下式求算，即

$$h_m=\frac{1}{L}\left[\int_0^{x_c}h_{x(层流)}\mathrm{d}x+\int_{x_c}^{L}h_{x(湍流)}\mathrm{d}x\right] \tag{8-78}$$

式中 $h_{x(层流)}$ 为层流边界层传热的局部对流传热系数，由式(8-34a) 表示；$h_{x(湍流)}$ 为湍流边界层传热的局部对流传热系数，由式(8-74) 表示。将式(8-34a) 和式(8-74) 代入式(8-78)，积分之后，即得包括层流边界层和湍流边界层在内的平均对流传热系数的计算式为

$$h_m=0.0365\frac{k}{L}Pr^{1/3}(Re_L^{0.8}-A) \tag{8-79}$$

式中

$$A=Re_{x_c}^{0.8}-18.19Re_{x_c}^{0.5} \tag{8-80}$$

式(8-79) 以 Nu_m 表示为

$$Nu_m=\frac{h_mL}{k}=0.0365Pr^{1/3}(Re_L^{0.8}-A) \tag{8-81}$$

【例 8-2】 常压下 30℃的空气以 50m/s 的流速流过 0.6m 长的平板表面，板面温度为 250℃，并维持恒定。传热由平板前缘开始。空气可视为不可压缩流体。当板面宽度为 1m 时，试分别根据下列两种情况计算板面与空气之间的传热速率：

(1) 考虑层流边界层的存在，当 $Re_{x_c}\geqslant4\times10^5$ 时才转变为湍流边界层；

(2) 不考虑层流边界层的存在，即由平板前缘开始即为湍流边界层。

解 定性温度 $t_m=\frac{30+250}{2}=140$ (℃)。

常压下，140℃空气的物性值为：$\rho=0.854\text{kg/m}^3$，$c_p=1013\text{J/(kg·K)}$，$k=3.486\times10^{-2}\text{W/(m·K)}$，$v=2.78\times10^{-5}\text{m}^2/\text{s}$，$Pr=0.688$。

计算雷诺数：

$$Re_L=\frac{Lu_0}{v}=\frac{0.6\times50}{2.78\times10^{-5}}=1.079\times10^6\ (>Re_{x_c})$$

(1) 考虑层流边界层存在时的传热速率 根据式(8-79) 求算 h_m，即

$$h_m=0.0365\frac{k}{L}Pr^{1/3}(Re_L^{0.8}-A)$$

式中

$$A=Re_{x_c}^{0.8}-18.19Re_{x_c}^{0.5}=(4\times10^5)^{0.8}-18.19\times(4\times10^5)^{0.5}=18810$$

故得

$$h_m=0.0365\times\frac{3.486\times10^{-2}}{0.6}\times0.688^{1/3}[(1.079\times10^6)^{0.8}-18810]=90.32\ [\text{W/(m}^2\cdot\text{K)}]$$

对流传热速率为

$$q=h_mA\Delta t=90.32\times0.6\times1\times(250-30)=11922\ (W)$$

如欲求层流段的传热速率，可先根据式(8-62) 计算该段的平均对流传热系数，即

$$h_m=0.664\frac{k}{x_c}Re_{x_c}^{1/2}Pr^{1/3}$$

式中
$$x_c=4\times10^5\times\frac{2.78\times10^{-5}}{50}=0.222\ (m)$$

故得
$$h_m=0.664\times\frac{3.486\times10^{-2}}{0.222}\times(4\times10^5)^{1/2}\times0.688^{1/3}=58.22\ [W/(m^2\cdot K)]$$

由此可得层流段的传热速率为

$$q_1=58.22\times0.222\times1\times(250-30)=2843\ (W)$$

于是湍流段的传热速率 q_2 为

$$q_2=q-q_1=11922-2843=9079\ (W)$$

(2) 不考虑层流边界层存在时的传热速率　在此情况下，湍流边界层的平均对流传热系数可由式(8-76) 计算，即

$$\begin{aligned}h_m&=0.0365\frac{k}{L}Re_L^{0.8}Pr^{1/3}\\&=0.0365\times\frac{3.486\times10^{-2}}{0.6}\times(1.079\times10^6)^{0.8}\times0.688^{1/3}\\&=125.5\ [W/(m^2\cdot K)]\end{aligned}$$

$$q=125.5\times0.6\times1\times(250-30)=16566\ (W)$$

由以上计算结果比较可知，若不考虑层流段的影响，传热速率可以提高的百分数为

$$\frac{16566-11922}{11922}\times100\%=39.0\%$$

【例 8-3】 解决世界上干旱地区缺水问题的一个方案是将南极的冰山沿海水拖到干旱地区去。设想将一座长 1000m、宽 500m、厚 250m 的冰山拖运到 6000km 以外的地区，平均拖运速度为 1000m/h，拖运路上海水的平均温度为 10℃，假定冰与环境的作用主要是冰山的底部与海水之间的换热。试估算拖运过程中冰山自身的融化量。已知冰的温度为 0℃，密度为 920kg/m³，冰的熔融热为 $\lambda=3.34\times10^5$J/kg，$Re_{x_c}=4\times10^5$。

解　根据伽利略相对论原理，本问题等同于 10℃的水以 1km/h 的速度流过冰山表面。

定性温度　$t_m=\dfrac{10+0}{2}=5$ (℃)

5℃水的物性值为 $\rho=999.8$kg/m³，$c_p=4201.5$J/(kg·℃)，$k=0.5629$W/(m·℃)，$\mu=1.55\times10^{-3}$m²/s，$Pr=11.59$。

计算雷诺数：

$$Re_L=\frac{Lu_0\rho}{\mu}=\frac{1000\times\dfrac{1000}{3600}\times999.8}{1.55\times10^{-3}}=1.79\times10^8>Re_{x_c}$$

根据式(8-79) 求 h_m，即

$$h_m=0.0365\frac{k}{L}Pr^{1/3}(Re_L^{0.8}-A)$$

式中

$$A=Re_{x_c}^{0.8}-18.19Re_{x_c}^{0.5}=(4\times10^5)^{0.8}-18.19\times(4\times10^5)^{0.5}=18810$$

故得　$h_m = 0.0365 \times \frac{0.5629}{1000} \times 11.59^{1/3} [(1.79 \times 10^8)^{0.8} - 18810] = 185.2\ [\text{W}/(\text{m}^2 \cdot \text{K})]$

对流传热速率为

$$q = h_m A \Delta t = 185.2 \times 1000 \times 500 \times (10 - 0) = 9.26 \times 10^8\ (\text{W})$$

冰山的拖运时间为

$$\theta = \frac{L}{u_0} = \frac{6000 \times 1000}{1000/3600} = 2.16 \times 10^7\ (\text{s})$$

冰山的自身融化量为

$$M = \frac{q\theta}{\lambda} = \frac{(9.26 \times 10^8) \times (2.16 \times 10^7)}{3.34 \times 10^5} = 6 \times 10^{10}\ (\text{kg})$$

则拖运过程中因冰融化导致的损失率为

$$\frac{6 \times 10^{10}}{(1000 \times 500 \times 250) \times 920} \times 100\% = 52.2\%$$

上述计算结果表明，有超过一半的冰将在拖运过程中融化。

第三节　管内对流传热

在化工生产中，管内对流传热非常普遍，例如各种管式换热器中管内流体与壁面的传热均为管内对流传热，因此研究管内对流传热系数的求解问题具有重要的工程实际意义，本节在管内动量传递研究的基础上分别按层流和湍流两种流动状态加以讨论。对于简单的管内强制层流传热，可以通过理论分析法求解对流传热系数。而对复杂的管内强制层流传热和湍流传热系数的求解，则通过量纲分析和动量传递与热量传递类比的方法来解决。

一、管内强制层流传热的理论分析

与管壁温度不同的流体在管内层流流动时，在管进口附近同时形成速度边界层和温度边界层，这两种边界层各自沿着流动方向发展，若管子的长度足够，则两种边界层最终将各自在管中心汇合。故在管内层流传热时同时存在速度边界层进口段（流动进口段）和温度边界层进口段（热进口段），但这两个进口段长度不一定相等。

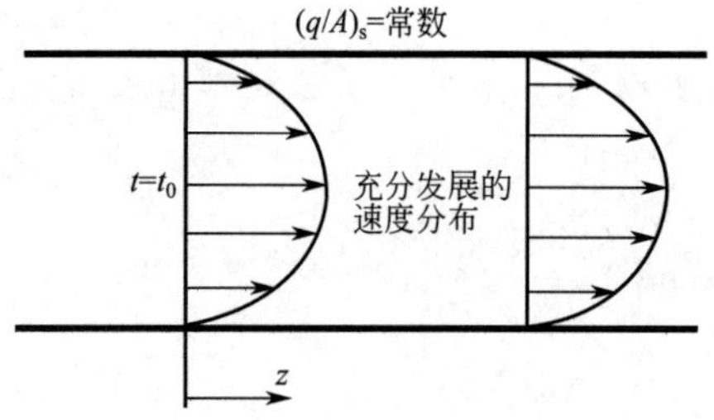

图 8-10　管内层流传热示意图

管内强制层流传热是为数不多的能够用分析法求解的对流传热问题之一。通常，管壁与流体之间进行强制层流传热时，一般分为两种情况：一是流体由管的进口即开始被加热或冷却，此时管内速度边界层与温度边界层同时发展，稍后可以看到，此种对流传热由于可以获得较高的对流传热系数而具有较为重要的实际意义，但由于进口段的动量传递和热量传递的规律都比较复杂，问题的求解较为困难；二是认为速度进口段很短而假设流体一进入圆管其速度边界层即已经充分发展。后一种情况较为简单，研究也较充分。下面主要讨论后一种情况的传热规律。

如图 8-10 所示，速度均匀为 u_b、温度均匀为 t_0 的不可压缩牛顿型流体进入半径为 r_i、管壁温度为 t_s 的光滑圆管。设流体沿轴向做一维稳态层流、进行稳态轴对称传热且忽略轴向导热，则柱坐标系下的能量方程式(6-31) 可化为

$$\frac{1}{\alpha}\frac{\partial t}{\partial z} = \frac{1}{u_z r}\frac{\partial}{\partial r}\left(r\frac{\partial t}{\partial r}\right) \tag{8-82}$$

式中 α——流体的热扩散系数，一般可假定为常量；

u_z——轴向速度，由于假定速度边界层已经充分发展，则管内的速度分布式为

$$u_z=2u_b\left[1-\left(\frac{r}{r_i}\right)^2\right] \tag{3-50}$$

在此情况下，式(8-82) 可采用分离变量法求解，但求解过程相当繁琐，此处不做详细讨论，读者可查阅有关专著。下面讨论速度边界层和温度边界层均充分发展后的管内层流传热问题。

速度边界层充分发展意味着速度侧形呈抛物线形且不随轴向距离而变。关于温度边界层充分发展后的温度侧形如图 8-4 所示。但采用前述的温度侧形表示法，由于流体在流动过程中不断与壁面传热而使各截面的温度发生变化，其形状是随轴向距离而变的。为了使温度边界层充分发展后的温度侧形不随轴向距离而变，而只是径向距离的函数，可采用无量纲温度差$\frac{t-t_s}{t_b-t_s}$表示。由第四章的知识可知，速度边界层充分发展后，速度侧形不变，即

$$\frac{\partial u}{\partial z}=0$$

或

$$\frac{\partial}{\partial z}\left(\frac{u-u_s}{u_b-u_s}\right)=0 \tag{8-83}$$

及

$$\frac{u-u_s}{u_b-u_s}=f\left(\frac{r}{r_i}\right) \tag{8-84}$$

式中 u_b——流体的主体速度或平均速度；

u_s——壁面处的速度，其值为零。

理论分析和实验结果均表明，温度边界层在管中心汇合后，对流传热系数即趋于某一定值。对流传热系数与壁面温度梯度之间的关系为式(8-8)，即

$$h_z=\frac{k}{t_s-t_b}\frac{dt}{dr}\bigg|_{r=r_i} \tag{8-8}$$

式中 t_s——管壁温度，可随 z 而变或为恒定值；

t_b——管截面上流体的主体平均温度，或称混合杯温度（mixing cup temperature)，由下式定义，即

$$t_b=\frac{\int_0^{r_i}2\pi r\mathrm{d}ru_z\rho c_p t}{\int_0^{r_i}2\pi r\mathrm{d}ru_z\rho c_p}=\frac{\int_0^{r_i}ru_z t\,\mathrm{d}r}{\int_0^{r_i}ru_z\,\mathrm{d}r} \tag{8-85}$$

式(8-85) 的分子表示通过管截面的热量流率；分母表示相应截面上质量流率与比热容的积分，即比热容流率。因此，主体温度表示了在特定位置上的总能量。由于这个原因，主体温度有时被称为混合杯温度，也就是假想把流体置于一绝热良好的混合室，并使其达到平衡状态后流体的温度。由于流体主体与管壁之间进行热交换，故 t_b 随轴向距离 z 而变。

式(8-8) 亦可用无量纲温度差$\frac{t-t_s}{t_b-t_s}$表示，即

$$h_z=\frac{k}{t_s-t_b}\frac{dt}{dr}\bigg|_{r=r_i}=-\frac{k}{r_i}\frac{d}{d(r/r_i)}\left(\frac{t-t_s}{t_b-t_s}\right)\bigg|_{r=r_i} \tag{8-86}$$

由式(8-86) 可知，当对流传热系数为一定值，即 h_z 不随轴向距离而变时，无量纲温度差$\frac{t-t_s}{t_b-t_s}$亦必不随轴向距离而变，故温度边界层充分发展可表述为

$$\frac{\partial}{\partial z}\left(\frac{t-t_s}{t_b-t_s}\right)=0 \tag{8-87}$$

及

$$\frac{t-t_s}{t_b-t_s}=\varphi\left(\frac{r}{r_i}\right) \tag{8-88}$$

显然温度边界层充分发展的定义与速度边界层充分发展的定义类似。由式(8-86) 可知，欲求 h_z，关键在于求解式(8-82)，以得到温度分布。

为了得到式(8-82) 在具体边界条件下的特解，需要对该式左侧的偏导数$\partial t/\partial z$ 进行分析。在管内进行层流传热时，有两种极限情况需要进行研究。

(一) 壁面热通量 $(q/A)_s$ 恒定

这相当于在管壁上均匀缠绕电热丝进行加热时的情形。现在来证明式(8-82) 中的$\partial t/\partial z$ 为一常量，从而可将其化为常微分方程。

如前所述，温度边界层充分发展后应有

$$\frac{\partial}{\partial z}\left(\frac{t-t_s}{t_b-t_s}\right)=0 \tag{8-87}$$

式(8-87) 展开后得

$$\frac{\partial t}{\partial z}-\frac{\partial t_s}{\partial z}-\frac{t-t_s}{t_b-t_s}\left(\frac{\partial t_b}{\partial z}-\frac{\partial t_s}{\partial z}\right)=0 \tag{8-89}$$

通过微分段管长 dz 的传热速率为

$$\mathrm{d}q=h_z\pi\cdot d_i\cdot \mathrm{d}z\cdot(t_s-t_b)=(q/A)_s\pi\cdot d_i\cdot \mathrm{d}z$$

设流体经过微分段管长 dz 后温度升高 dt_b，由热量衡算可得

$$\mathrm{d}q=\frac{\pi}{4}d_i^2u_b\rho c_p\mathrm{d}t_b$$

上述二式的 dq 相等，经整理后得

$$(q/A)_s\mathrm{d}z=\frac{d_i}{4}u_b\rho c_p\mathrm{d}t_b$$

由上式得

$$\frac{\partial t_b}{\partial z}=4\frac{(q/A)_s}{d_iu_b\rho c_p}$$

由于 $(q/A)_s$ 和 h_z 均为常量，故

$$\frac{\partial t_b}{\partial z}=\text{常数} \tag{8-90}$$

由 h 的定义式(8-1) 可知

$$t_s-t_b=\text{常数} \tag{8-90a}$$

则

$$\frac{\partial t_s}{\partial z}=\frac{\partial t_b}{\partial z}=\text{常数} \tag{8-90b}$$

将式(8-90b) 代入式(8-89)，可得

$$\frac{\partial t}{\partial z}=\frac{\partial t_s}{\partial z}=\frac{\partial t_b}{\partial z}=\text{常数} \tag{8-91}$$

即在此种情况下流场中各点流体的温度均随 z 线性增加。

将式(8-91) 及 u_z 的表达式(3-50) 代入式(8-82)，可得如下形式的常微分方程，即

$$\frac{\mathrm{d}}{\mathrm{d}r}\left(r\frac{\mathrm{d}t}{\mathrm{d}r}\right)=\frac{2u_b}{\alpha}\left[1-\left(\frac{r}{r_i}\right)^2\right]r\frac{\partial t}{\partial z} \tag{8-92}$$

边界条件为

（1）$r=0$：$\dfrac{\partial t}{\partial r}=0$

（2）$r=r_{\mathrm{i}}$：$\dfrac{q}{A}=k\dfrac{\partial t}{\partial r}=$常数

应予指出，式(3-50) 表达的是恒定温度下管内层流流动时的速度分布规律，将其代入式(8-82) 实际上是假定温度场不影响速度场，也即假定流动过程中的物性为常数。实验表明，当管内温度梯度较小时该假定基本正确，但当管内温度梯度较大时将会产生较大的误差，此时必须考虑温度分布对流体物性的影响，关于此问题将在下面进行讨论。将式(8-92) 积分一次，得

$$r\frac{\mathrm{d}t}{\mathrm{d}r}=\frac{2u_{\mathrm{b}}}{\alpha}\left(\frac{r^2}{2}-\frac{r^4}{4r_{\mathrm{i}}^2}\right)\frac{\partial t}{\partial z}+C_1$$

应用边界条件（1），得 $$C_1=0$$

将式(8-92) 再积分一次，得 $$t=\frac{2u_{\mathrm{b}}}{\alpha}\left(\frac{r^2}{4}-\frac{r^4}{16r_{\mathrm{i}}^2}\right)\frac{\partial t}{\partial z}+C_2$$

上式中的 C_2 可借助管中心温度 t_{c}（$r=0$）求出，即

$$C_2=t_{\mathrm{c}}$$

于是管壁热通量恒定情况下的温度分布方程为

$$t-t_{\mathrm{c}}=\frac{2u_{\mathrm{b}}}{\alpha}r_{\mathrm{i}}^2\left[\left(\frac{r}{r_{\mathrm{i}}}\right)^2-\frac{1}{4}\left(\frac{r}{r_{\mathrm{i}}}\right)^4\right]\frac{\partial t}{\partial z} \tag{8-93}$$

应予指出，$\partial t/\partial z$ 为常数使得边界条件（2）自动满足。

为了应用式(8-86) 求 h_z，可先由温度分布方程计算 t_{b}、t_{s} 和$\left.\dfrac{\mathrm{d}t}{\mathrm{d}r}\right|_{r=r_{\mathrm{i}}}$。将式(8-93) 及式(3-50) 代入式(8-85)，经积分后得

$$t_{\mathrm{b}}=t_{\mathrm{c}}+\frac{7}{48}\frac{u_{\mathrm{b}}r_{\mathrm{i}}^2}{\alpha}\frac{\partial t}{\partial z} \tag{8-94}$$

$\left.\dfrac{\mathrm{d}t}{\mathrm{d}r}\right|_{r=r_{\mathrm{i}}}$ 可由式(8-93) 对 r 求导得到，即

$$\left.\frac{\mathrm{d}t}{\mathrm{d}r}\right|_{r=r_{\mathrm{i}}}=\frac{u_{\mathrm{b}}r_{\mathrm{i}}}{2\alpha}\frac{\partial t}{\partial z} \tag{8-95}$$

壁面温度 t_{s} 可由式(8-93) 求取，即

$$t_{\mathrm{s}}=t|_{r=r_{\mathrm{i}}}=t_{\mathrm{c}}+\frac{3}{8}\frac{u_{\mathrm{b}}r_{\mathrm{i}}^2}{\alpha}\frac{\partial t}{\partial z} \tag{8-96}$$

将式(8-94)～式(8-96) 代入式(8-88)，整理得

$$h_z=\frac{k}{\dfrac{11}{48}\dfrac{u_{\mathrm{b}}r_{\mathrm{i}}^2}{\alpha}\dfrac{\partial t}{\partial z}}\frac{u_{\mathrm{b}}r_{\mathrm{i}}}{2\alpha}\frac{\partial t}{\partial z}=\frac{24}{11}\frac{k}{r_{\mathrm{i}}} \tag{8-97}$$

或写为 $$Nu=\frac{h_z d_{\mathrm{i}}}{k}=\frac{48}{11}=4.36 \tag{8-98}$$

由此可见，在管内层流传热过程中，当速度边界层和温度边界层均充分发展后，其 h_z 或 Nu 数为常数。

值得指出的是，在管壁热通量恒定情况下，尽管 t_{s} 和 t_{b} 沿轴向而变，但二者之差 $t_{\mathrm{s}}-t_{\mathrm{b}}$、

$\frac{\partial t}{\partial z}$及$\left.\frac{dt}{dr}\right|_{r=r_i}$均不沿轴向而变。

（二）壁面温度恒定

管内层流传热的另一种特殊情形是壁温 t_s 恒定。在此情况下，虽然$\frac{\partial t_s}{\partial z}=0$，但是可以证明$\frac{\partial t}{\partial z}$不再为常数，而是径向距离 r 的函数，故式(8-82）也就不能化为常微分方程来求解。葛雷兹（Greatz）曾对其进行过分析求解，当速度边界层和温度边界层均充分发展后，其结果为

$$Nu=\frac{h_z d_i}{k}=3.66 \tag{8-99}$$

上述结果表明，恒管壁热通量和恒壁温这两种传热情况下 Nu 数值差别较大。

式(8-98)、式(8-99）中的 d_i 为管内径。二式均是在速度边界层和温度边界层已达充分发展的情况下求出的。实际上，流体进口段的局部 Nu 数并非常数。

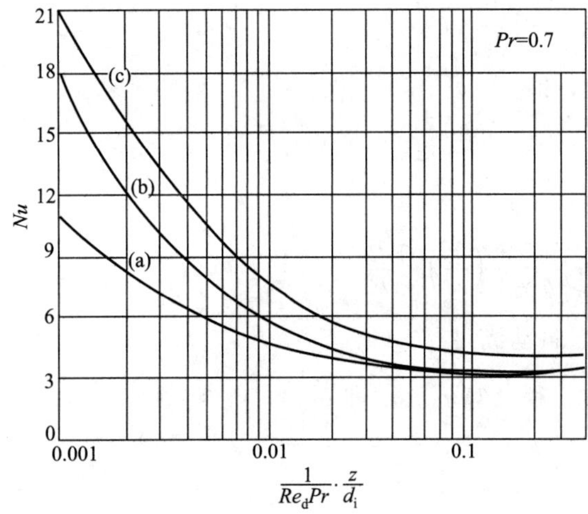

图 8-11 管进口段的局部 Nu 数

(a)—恒壁温，速度边界层充分发展；

(b)—恒壁温，速度边界层和温度边界层同时发展；

(c)—恒壁热通量，速度边界层和温度边界层同时发展

现将努塞尔及凯斯（Kays）的综合研究结果示于图 8-11 中。图中 Nu 数沿流体流动方向急剧减小，最后以渐进线的形式趋于某一定值。下面对图中的曲线加以说明。

曲线（a）指恒壁温，传热开始之处速度边界层已经充分发展的情况。当$\frac{1}{Re_d Pr}\cdot\frac{z}{d_i}>0.05$ 时，曲线最后趋于水平，此时 $Nu=3.66$。

曲线（b）亦指恒壁温，但在传热开始之处速度边界层和温度边界层同时发展，曲线最后也趋于水平，此时也有 $Nu=3.66$。

曲线（c）指恒壁热通量的情况，但在传热开始之处速度边界层和温度边界层同时发展，曲线最后趋于水平，此时 $Nu=4.36$。

前已述及，所谓传热进口段，是指温度边界层在管中心汇合点至管前缘的轴向距离，也即传热 Nu 数达恒定值时所对应的轴向距离，习惯上以 L_t 表示。由图 8-11 可知，L_t 相当于$\frac{1}{Re_d Pr}\cdot\frac{z}{d_i}=0.05$ 时所对应的轴向距离，即传热进口段长度 L_t 的估算式为

$$\frac{L_t}{d_i}=0.05Re_d Pr \tag{8-100}$$

对式(8-100）和式(4-59）进行比较后可知，温度边界层进口段长度 L_t 与速度边界层进口段长度 L_e 仅相差一个 Pr 值的倍数。对于 Pr 值小的流体（例如液态金属），L_t 比 L_e 小得多，亦即温度边界层的发展比速度边界层的发展快得多，其原因是 Pr 值很小的流体黏度低而导热能力高。反之，对于 Pr 值较大的流体，温度边界层所需的进口段长度比速度边界层的大（例如 $Pr=100$ 的黏性油，L_t 约为 L_e 的 100 倍），其原因是 Pr 值较大的流体黏度高而导热能力低，速度边界层可以很快发展为抛物线，但温度边界层却发展得很慢。对于 $Pr=1$ 的流体，两种边界层的发展速度约略相等。

由于在传热进口段内对流传热系数是逐渐减小的，故工业上经常采用短管换热器，以强化

换热器中的传热过程。

为计及传热进口段的影响，可采用下式计算管内层流传热时的平均或局部的 Nu 数，即

$$Nu = Nu_{\infty} + \frac{k_1 (Re_d Pr d_i / L)}{1 + k_2 (Re_d Pr d_i / L)^n} \tag{8-101}$$

式中 Nu 为不同条件下努塞尔数的平均或局部值；Nu_{∞} 为温度边界层充分发展后的努塞尔数值；k_1、k_2、n 为常数，其值可由表 8-1 查出。以上诸式中各物理量的定性温度均为管子进出口流体主体温度的平均值，即

$$t_m = \frac{t_{b1} + t_{b2}}{2}$$

式中 t_{b1}，t_{b2}——流体进口和出口的主体平均温度。

表 8-1 式(8-101) 中的各常数值

壁面情况	速度侧形	Pr	Nu	Nu_{∞}	k_1	k_2	n
恒壁温	抛物线	任意	平均	3.66	0.0668	0.04	2/3
恒壁温	正在发展	0.7	平均	3.66	0.104	0.016	0.8
恒壁热通量	抛物线	任意	局部	4.36	0.023	0.0012	1.0
恒壁热通量	正在发展	0.7	局部	4.36	0.036	0.0011	1.0

【例 8-4】 温度为－13℃的液态氟利昂－12 流过长度为 0.6m、内径为 12mm 的圆管，管壁温度恒定为 15℃，流体的流速为 0.03m/s。假定传热开始时速度边界层已经充分发展，试计算氟利昂的出口温度。氟利昂的物性值可根据其饱和液体确定。

解 由于确定流体的物性需首先知道其出口的主体温度 t_{b2}，而此值为未知，故需采用试差法计算。

设氟利昂的出口主体温度 $t_{b2} = -7$℃，则流体的平均温度为

$$t_m = \frac{t_{b1} + t_{b2}}{2} = \frac{(-13) + (-7)}{2} = -10 \ (℃)$$

－10℃时液态氟利昂-12 的物性值为：$\rho = 1429 \mathrm{kg/m^3}$，$c_p = 920 \mathrm{J/(kg \cdot ℃)}$，$v = 2.21 \times 10^{-7} \mathrm{m^2/s}$，$k = 0.073 \mathrm{W/(m \cdot ℃)}$，$Pr = 4.0$。

计算雷诺数：

$$Re_d = \frac{d_i u_b}{v} = \frac{(12 \times 10^{-3}) \times 0.03}{2.21 \times 10^{-7}} = 1629 \ (<2300，层流)$$

由 Re_d 可知流体的流动为层流，故可应用式(8-101) 计算 Nu 的值。对于速度边界层充分发展的流动且管壁温度恒定的情形，由表 8-1 知所求得的是平均 Nu，即 Nu_m，该式的具体形式为

$$\begin{aligned} Nu_m &= 3.66 + \frac{0.0668 (Re_d Pr d_i / L)}{1 + 0.04 (Re_d Pr d_i / L)^{2/3}} \\ &= 3.66 + \frac{0.0668 \times (1629 \times 4.0 \times 0.012 / 0.6)}{1 + 0.04 \times (1629 \times 4.0 \times 0.012 / 0.6)^{2/3}} \\ &= 7.952 \end{aligned}$$

平均对流传热系数 h_m 为

$$h_m = \frac{Nu_m k}{d_i} = \frac{7.952 \times 0.073}{0.012} = 48.37 \ [\mathrm{W/(m^2 \cdot ℃)}]$$

计算出口温度。通过微分段管长 $\mathrm{d}L$ 的传热速率为

$$\mathrm{d}q = h_m \pi \cdot d_i \cdot \mathrm{d}L \cdot (t_s - t_b)$$

设流体经过微分段管长 $\mathrm{d}L$ 后温度升高 $\mathrm{d}t_b$，由热量衡算可得

$$dq=\frac{\pi}{4}d_i^2 u_b\rho c_p dt_b$$

上述二式的 dq 相等，经整理后得

$$h_m(t_s-t_b)dL=\frac{d_i}{4}u_b\rho c_p dt_b$$

积分上式，得

$$\int_{t_{b1}}^{t_{b2}}\frac{dt_b}{t_s-t_b}=\frac{4h_m}{\rho u_b c_p d_i}\int_0^L dL$$

$$\ln(t_s-t_{b2})=\ln(t_s-t_{b1})-\frac{4h_m L}{\rho u_b c_p d_i}=\ln(15+13)-\frac{4\times 48.37\times 0.6}{1429\times 0.03\times 920\times 0.012}=3.087$$

或 $$t_s-t_{b2}=21.91\ (℃)$$

故 $$t_{b2}=t_s-21.91=15-21.91=-6.91\ (℃)$$

原假设出口主体温度 $t_{b2}=-7℃$，与最后求得的结果接近，无需再进行计算，取氟利昂的出口温度为$-6.91℃$。

二、管内对流传热的量纲分析

前面通过理论分析的方法求取了恒壁热通量或恒壁温且速度边界层充分发展、热边界层在管中心汇合后的对流传热系数。但必须指出，这只是极特殊的情况，而对于绝大多数工程对流传热问题，特别是湍流传热问题，直接对能量方程求解极其困难。目前解决这类对流传热问题的方法主要有量纲分析法和类比法两种。本节首先介绍前者，然后讨论后者。

（一）管内对流传热的量纲分析

所谓量纲分析，即根据对问题的理解找出影响对流传热的物理量，然后通过对这些物理量或其所遵循的变化方程进行量纲分析确定相应的无量纲数群，继而通过实验确定这些数群之间的关系，进而求解对流传热系数的经验关联式。

如图 8-5 所示，设不可压缩的牛顿型流体稳态流过内径为 d_i 的圆管并与管壁进行对流传热。设在截面“1”的速度分布是已知的，又从 $z=0$ 到 $z=L$ 加热段的壁面温度 t_s 为常数，在加热段内流体的主体温度由 t_{b1} 升高至 t_{b2}，有关的物性 ρ、u、c_p 和 k 为常数，则其连续性方程、运动方程和能量方程如下。

连续性方程： $$\nabla\cdot\boldsymbol{u}=0 \tag{8-102}$$

运动方程： $$\rho\frac{D\boldsymbol{u}}{D\theta'}=-\nabla p_d+\mu\nabla^2\boldsymbol{u} \tag{8-103}$$

能量方程： $$\rho c_p\frac{Dt}{D\theta'}=k\nabla^2 t \tag{8-104}$$

定义下列无量纲变量和数群：

$$\boldsymbol{u}^*=\frac{\boldsymbol{u}}{u_b}=\text{无量纲速度} \tag{8-105}$$

$$p_d^*=\frac{p_d-p_0}{\rho u_b^2}=\text{无量纲压力} \tag{8-106}$$

$$\theta'^*=\frac{\theta' u_b}{d_i}=\text{无量纲时间} \tag{8-107}$$

$$t^*=\frac{t-t_s}{t_{b1}-t_s}=\text{无量纲温度} \tag{8-108}$$

$$r^*=\frac{r}{d_i}\text{及}\ z^*=\frac{z}{d_i}=\text{无量纲坐标} \tag{8-109}$$

$$Re=\frac{d_i u_b \rho}{\mu}=\text{雷诺数（惯性力与黏性力之比）} \tag{8-110}$$

$$Pr=\frac{c_p \mu}{k}=\text{普朗特数（流体物性）} \tag{8-111}$$

上述式中 u_b、d_i、$t_{b1}-t_s$ 分别代表系统的特征速度、特征尺寸、特征温度差。将上述无量纲变量和数群代入方程式(8-102)～式(8-104)，经整理后可得以下结果。

连续性方程：
$$\nabla^* \cdot \boldsymbol{u}^*=0 \tag{8-112}$$

运动方程：
$$\frac{\mathrm{D}\boldsymbol{u}^*}{\mathrm{D}\theta'^*}=-\nabla^* p_d^*+\frac{1}{Re}\nabla^{*2}\boldsymbol{u}^* \tag{8-113}$$

能量方程：
$$\frac{\mathrm{D}t^*}{\mathrm{D}\theta'^*}=\frac{1}{RePr}\nabla^{*2}t^* \tag{8-114}$$

对半径为 r_i、长度为 L 的圆管，经管壁进入流体的总热流速率为

$$q=\int_0^L\int_0^{2\pi}\left(+k\frac{\partial t}{\partial r}\right)\Bigg|_{r=r_i} r_i\mathrm{d}\theta\mathrm{d}z \tag{8-115}$$

原则上，此表达式对层流和湍流均适用。但用于湍流时，式中的有关物理量均为时均值。热量沿 $-r$ 方向加入系统中，所以此处出现＋号。

将式(8-9) 定义的 q 代入式(8-115)，得

$$h_m=\frac{1}{\pi d_i L(t_{b2}-t_{b1})/\ln[(t_s-t_{b1})/(t_s-t_{b2})]}\int_0^L\int_0^{2\pi}\left(+k\frac{\partial t}{\partial r}\right)\Bigg|_{r=r_i} r_i\mathrm{d}\theta\mathrm{d}z \tag{8-116}$$

引入无量纲 Nusselt 数 $Nu=h_m d_i/k$ 及无量纲变量 r^*、z^*，则式(8-116) 变为

$$Nu=\frac{\ln[(t_s-t_{b1})/(t_s-t_{b2})]}{2\pi L/d_i(t_{b2}-t_{b1})/(t_{b1}-t_s)}\int_0^{L/d_i}\int_0^{2\pi}\left(-\frac{\partial t^*}{\partial r^*}\right)_{r^*=1/2}\mathrm{d}\theta\mathrm{d}z^* \tag{8-117}$$

式(8-117) 表明，Nu 数基本上是无量纲温度梯度在整个传热表面的平均值。

原则上无量纲温度梯度可以通过对 t^* 的表达式求导得到。而 t^* 的表达式可在下列边界条件下通过求解式(8-112)～式(8-114) 获得，即

(1) $z^*=0$：$\boldsymbol{u}^*=f(r^*, \theta'^*)$

(2) $r^*=\frac{1}{2}$：$\boldsymbol{u}^*=0$

(3) $z^*=0$，$r^*=0$：$p_d^*=0$

(4) $z^*=0$：$t^*=1$

(5) $r^*=\frac{1}{2}$：$t^*=0$

式(8-112)、式(8-113) 组成的方程组的因变量为 $\boldsymbol{u}^*$、p_d^*，参数为 Re 数；式(8-114) 的因变量为 t^*，参数为 Re 数和 Pr 数。上述 3 式的自变量均为 θ'^*、r^* 和 z^*。因此，无量纲速度 $\boldsymbol{u}^*$ 和无量纲温度 t^* 具有下列关系，即

$$\boldsymbol{u}^*=u^*(\theta'^*, r^*, z^*, Re) \tag{8-118}$$

$$t^*=t^*(\theta'^*, r^*, z^*, Re, Pr) \tag{8-119}$$

将式(8-119) 代入式(8-117)，由于 t_s、t_{b1}、t_{b2} 均为常数，故

$$Nu=Nu(Re, Pr, L/d_i) \tag{8-120}$$

式(8-120) 表明，在壁温恒定的圆管中做强制对流时，传热系数 h_m 可以用无量纲数群 Nu 来关联，此无量纲数群 Nu 与 Re 数、Pr 数和几何因素 L/d_i 相关。

实际上，在上述诸式中均假定在系统的温度变化范围内物理性质不变。当流体与壁面的温

差较小时，这一假定基本正确；但当流体与壁面的温差较大时，由于 μ 的变化非常剧烈，此时这一假定会引起较大的误差。为计及此影响，在式(8-120) 中引入参数 μ_b/μ_s，其中 μ_b 是流体主体温度平均值下的黏度，μ_s 是壁面温度下的黏度。这样，上面定义的 Nu 数的关联式将具有下列形式，即

$$Nu=Nu(Re,Pr,L/d_i,\mu_b/\mu_s) \tag{8-121}$$

此关联式由西德尔（Sieder）和泰特（Tate）最早使用。此外，若密度 ρ 变化很大，将会出现某种程度的自然对流，此时可在上述一组无量纲群的关联式中加入格拉晓夫数（Grashof number）Gr 而加以考虑。有关自然对流传热的问题将在第四节中讨论。

式(8-121) 亦可由第五章第七节所述的伯金汉（Buckingham）π 定理得出。

上述由量纲分析得到的结果对以实验为基础的传热研究十分有用。例如，虽然式(8-121) 表明 h_m 与 8 个物理量（$d_i,u_b,\rho,\mu_b,\mu_s,c_p,k,L$）有关，但当将此关系式用 Nu 数表示时，它仅为 4 个无量纲数群 Re、Pr、L/d_i 和 μ_b/μ_s 的函数。由于减少了需研究的独立变量数目，可极大地减少所需的实验次数。例如，为了研究 8 个独立变量的所有组合，假定每个变量有 10 个值，则需进行 10^8 次实验，而对 4 个独立变量则 10^4 次实验已足够。

（二）由量纲分析所得到的关联式

式(8-121) 仅为 Nu 与 Re、Pr、L/d_i 和 μ_b/μ_s 的原则关系式，各种不同情况下的具体关系式需通过实验确定。

1. 流体在光滑圆形直管内做强制湍流

(1) 低黏度流体　可应用迪特斯(Dittus)-贝尔特(Boelter)关联式，即

$$Nu=0.023Re^{0.8}Pr^n \tag{8-122}$$

或

$$h=0.023\frac{k}{d_i}\left(\frac{d_i u_b\rho}{\mu}\right)^{0.8}\left(\frac{c_p\mu}{k}\right)^n \tag{8-122a}$$

式中 n 值视热流方向而定，当流体被加热时 $n=0.4$，当流体被冷却时 $n=0.3$。

应用范围：$Re>10000$，$0.7<Pr<120$，$\frac{L}{d_i}>60$（L 为管长）。

特征尺寸：管内径 d_i。

定性温度：流体进出口主体温度的算术平均值。

(2) 高黏度流体　可应用西德尔（Sieder)-泰特（Tate）关联式，即

$$Nu=0.027Re^{0.8}Pr^{1/3}\varphi_s \tag{8-123}$$

或

$$h=0.027\frac{k}{d_i}\left(\frac{d_i u_b\rho}{\mu}\right)^{0.8}\left(\frac{c_p\mu}{k}\right)^{1/3}\left(\frac{\mu}{\mu_s}\right)^{0.14} \tag{8-123a}$$

式(8-123a) 中，除 μ_s 取壁温下的值外，其应用范围、特征尺寸及定性温度均与式(8-122a) 相同。

式(8-123) 中的校正项 φ_s 可取近似值：液体被加热时取 $\varphi_s\approx1.05$，液体被冷却时取 $\varphi_s\approx 0.95$，对气体则不论加热或冷却均取 $\varphi_s\approx1.0$。

【例 8-5】 常压空气在内径为 20mm 的管内由 20℃加热到 100℃，空气的平均流速为 20m/s，试求管壁对空气的对流传热系数。

解　定性温度＝(100＋20)/2＝60（℃）

常压和 60℃空气的物性为 $\rho=1.06\text{kg/m}^3$，$k=0.02896\text{W/(m·℃)}$，$\mu=2.01\times10^{-5}\text{Pa·s}$，$Pr=0.696$。

则

$$Re=\frac{d_i u_b\rho}{\mu}=\frac{0.02\times20\times1.06}{2.01\times10^{-5}}=21095\ （湍流）$$

Re 和 Pr 值均在式(8-122a) 的应用范围内，但由于管长未知，无法查核 $\frac{L}{d_i}$。在此情况下，可采用式(8-122a) 近似计算 h。

气体被加热，取 $n=0.4$，于是得

$$h=0.023\frac{k}{d_i}Re^{0.8}Pr^{0.4}=0.023\times\frac{0.02896}{0.02}\times 21095^{0.8}\times 0.696^{0.4}=82.96\ [\mathrm{W/(m^2 \cdot K)}]$$

【例 8-6】 一根厚壁不锈钢管的内、外径分别为 $d_i=20\mathrm{mm}$ 和 $d_o=40\mathrm{mm}$，采用电加热方式加热流过管内的水，发热速率 $\dot{q}=10^6\mathrm{W/m^3}$，管道的外表面绝热，水以 $w_s=0.2\mathrm{kg/s}$ 的流速流过管内。试求：(1) 如果水的进口温度 $t_{b1}=20℃$，出口温度 $t_{b2}=40℃$，所需的管长；(2) 最高管温出现在什么位置？其值为多少？

解 水的定性温度 $=\frac{t_{b1}+t_{b2}}{2}=\frac{20+40}{2}=30$ (℃)

30℃水的物性为 $c_p=4178\mathrm{J/(kg \cdot K)}$，$k=0.617\mathrm{W/(m \cdot K)}$，$\mu=8.03\times 10^{-4}\mathrm{Pa \cdot s}$，$Pr=5.45$，钢的热导率 $k_{钢}=15\mathrm{W/(m \cdot K)}$。

(1) 对水进行热量衡算，得

$$w_s c_p(t_{b2}-t_{b1})=\dot{q}\ \frac{\pi}{4}(d_o^2-d_i^2)L$$

$$L=\frac{w_s c_p(t_{b2}-t_{b1})}{\frac{\pi}{4}\dot{q}(d_o^2-d_i^2)}=\frac{0.2\times 4178\times(40-20)}{\frac{3.14}{4}\times 10^6\times(0.04^2-0.02^2)}=17.74\ (\mathrm{m})$$

(2) 最高壁温出现在管道出口 ($x=L$) 和绝热表面 ($r=r_o$) 上。由于管壁内进行一维径向稳态热传导，其温度分布方程为式(7-21)，即

$$t=-\frac{\dot{q}}{4k_{钢}}r^2+C_1\ln r+C_2 \tag{7-21}$$

边界条件为

(1) $r=r_o$：$\frac{\mathrm{d}t}{\mathrm{d}r}=0$

(2) $r=r_i$：$t=t_i$

将边界条件代入式(7-21)，得

$$C_1=\frac{qr_o^2}{2k_{钢}},\qquad C_2=\frac{q}{4k_{钢}}r_i^2-\frac{qr_o^2}{2k_{钢}}\ln r_i+t_i$$

则温度分布方程和最高温度为

$$t=-\frac{\dot{q}}{4k_{钢}}(r^2-r_i^2)+\frac{qr_o^2}{2k_{钢}}\ln\frac{r}{r_i}+t_i$$

$$t_{max}=t|_{r=r_o}=-\frac{\dot{q}}{4k_{钢}}(r_o^2-r_i^2)+\frac{qr_o^2}{2k_{钢}}\ln\frac{r_o}{r_i}+t_i$$

式中 t_i 为出口处管壁的内表面温度，可用下式计算，即

$$\dot{q}\ \frac{\pi}{4}(d_o^2-d_i^2)L=h\pi d_i L(t_i-t_{b2})$$

则

$$t_i=t_{b2}+\dot{q}\ \frac{1}{4hd_i}(d_o^2-d_i^2)$$

式中 h 为出口处的局部对流传热系数。

由于 $Re_d=\frac{d_i u_b\rho}{\mu}=\frac{4w_s}{\pi d_i\mu}=\frac{4\times 0.2}{3.14\times 0.02\times(8.03\times 10^{-4})}=15864>10^4$ (湍流)

h 可由式(8-122) 计算，即

$$Nu=0.023Re^{0.8}Pr^{n} \tag{8-122}$$

流体被加热，取 $n=0.4$，则

$$h=0.023\frac{k}{d_i}Re_d^{0.8}Pr^{0.4}=0.023\times\frac{0.617}{0.02}\times15864^{0.8}\times5.45^{0.4}=3205\ [\mathrm{W/(m^2\cdot K)}]$$

则 $t_i=t_{b2}+\dot{q}\dfrac{1}{4hd_i}(d_o^2-d_i^2)=40+\dfrac{10^6}{4\times3205\times0.02}\times(0.04^2-0.02^2)=44.7\ (℃)$

$$t_{max}=t|_{r=r_o}=-\frac{\dot{q}}{4k_{钢}}(r_o^2-r_i^2)+\frac{qr_o^2}{2k_{钢}}\ln\frac{r_o}{r_i}+t_i$$

$$=-\frac{10^6}{4\times15}\times(0.02^2-0.01^2)+\frac{10^6\times0.02^2}{2\times15}\ln\frac{0.02}{0.01}+44.7$$

$$=48.9\ (℃)$$

2. 流体在光滑圆形直管内做强制层流

流体在管内做强制层流时，一般流速较低，故应考虑自然对流的影响，此时由于在热流方向上同时存在自然对流和强制对流而使问题变得复杂化，也正是由于上述原因，强制层流时的对流传热系数关联式的误差要比湍流大。

当管径较小、流体与壁面间的温度差也较小且流体的 μ 值较大时，可忽略自然对流对强制层流传热的影响，此时可应用西德尔（Sieder)-泰特（Tate）关联式，即

$$Nu=1.86\left(RePr\frac{d_i}{L}\right)^{1/3}\left(\frac{\mu}{\mu_s}\right)^{0.14} \tag{8-124}$$

或

$$h=1.86\frac{k}{d_i}\left(RePr\frac{d_i}{L}\right)^{1/3}\left(\frac{\mu}{\mu_s}\right)^{0.14} \tag{8-124a}$$

应用范围：$Re<2300$，$0.7<Pr<6700$，$RePr\dfrac{d_i}{L}>10$（L 为管长）。

特征尺寸：管内径 d_i。

定性温度：除 μ_s 取壁温外，均取流体进出口主体温度的算术平均值。

式(8-124) 或式(8-124a) 适用于管长较小时 h 的计算，此时与由式(8-101) 求得的结果较接近。但当管子很长时则不再适用，因为此时求得的 h 趋于零，与实际不符。式(8-101) 适用于参数 Nu_∞、k_1、k_2 和 n 已知时 h 的计算，结果较准确，但有时因上述参数不全而使其应用受到限制。因此，除表 8-1 所述情况外，一般采用式(8-124) 或 (8-124a) 计算 h。

【例 8-7】 列管换热器的列管内径为 15mm，长度为 2.0m。管内有冷冻盐水（25% $CaCl_2$ 溶液）流过，其流速为 0.4m/s，温度自 −5℃ 升至 15℃。假定管壁的平均温度为 20℃，试计算管壁与流体间的对流传热系数。

解 定性温度 $=\dfrac{-5+15}{2}=5$ (℃)

5℃时 25% $CaCl_2$ 溶液的物性为 $\rho=1230\mathrm{kg/m^3}$，$c_p=2.85\mathrm{kJ/(kg\cdot ℃)}$，$k=0.57\mathrm{W/(m\cdot ℃)}$，$\mu=4\times10^{-3}\mathrm{Pa\cdot s}$。20℃时，$\mu_s=2.5\times10^{-3}\mathrm{Pa\cdot s}$。

则
$$Re=\frac{d_iu_b\rho}{\mu}=\frac{0.015\times0.4\times1230}{4\times10^{-3}}=1845\ (<2300，层流)$$

而
$$Pr=\frac{c_p\mu}{k}=\frac{(2.85\times10^3)\times(4\times10^{-3})}{0.57}=20$$

$$RePr\frac{d_i}{L}=1845\times20\times\frac{0.015}{2.0}=276.8\ (>10)$$

在本题条件下，管径较小，管壁和流体间的温度差也较小，黏度较大，因此自然对流的影响可以忽略，故 h 可用式(8-124a) 计算，即

$$h=1.86\frac{k}{d_i}\left(RePr\frac{d_i}{L}\right)^{1/3}\left(\frac{\mu}{\mu_s}\right)^{0.14}$$
$$=1.86\times\frac{0.57}{0.015}\times276.8^{1/3}\times\left(\frac{4\times10^{-3}}{2.5\times10^{-3}}\right)^{0.14}$$
$$=492.0\ [\mathrm{W/(m^2\cdot ℃)}]$$

3. 流体在光滑圆形直管中呈过渡流

当 $Re=2300\sim10000$ 时，对流传热系数可先用湍流时的公式计算，然后把算得的结果乘以校正系数 ϕ

$$\phi=1-6\times10^5Re^{-1.8} \tag{8-125}$$

三、管内湍流传热的类似律

前面较详细地介绍了量纲分析法在对流传热问题中的应用。本节将介绍处理湍流传热问题的另外一种方法——类比法，其基本原理是利用动量传递与热量传递的类似性，通过动量传递中易于求得的摩擦系数求取对流传热系数。类似的方法也用于质量传递。研究动量、热量和质量传递之间的类比关系，不仅可以在理论上深入了解传热和传质的机理，而且在一些情况下所获得的某些结论已经能够应用于设计计算之中。

(一) 雷诺类似律

雷诺首先利用动量传递与热量传递之间的类似性导出了摩擦系数与对流传热系数之间的关系式，即雷诺类似律。

图 8-12 所示为雷诺类似律的模型图。雷诺假设，当湍流流体与壁面间进行动量、热量传递时，湍流中心一直延伸至壁面，即认为整个湍流边界层均为湍流核心。故雷诺类似律为一层模型。

设在湍流区中单位时间单位面积上相距为普朗特混合长 l 的两相邻流体层交换的质量为 M，又设两相邻流体层的时均速度和时均温度分别为 $\bar{u}$、$\bar{t}$ 和 $\bar{u}+l\left(\frac{d\bar{u}}{dy}\right)$、$\bar{t}+l\left(\frac{d\bar{t}}{dy}\right)$，则两相邻流体层因质量交换（流体旋涡混合）引起的对流传热通量为

$$\overline{(q/A)}_y^e=Mc_p\Delta t=Mc_pl\frac{d\bar{t}}{dy} \tag{8-126}$$

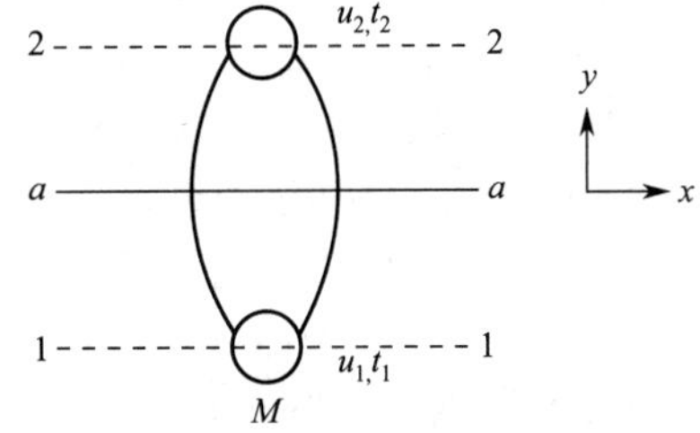

图 8-12 雷诺类似律的模型图

引起的动量通量为

$$\bar{\tau}_{yx}^r=M\Delta u=Ml\frac{d\bar{u}}{dy} \tag{8-127}$$

则

$$\frac{\overline{(q/A)}_y^e}{\bar{\tau}_{yx}^r}=c_p\frac{d\bar{t}}{d\bar{u}} \tag{8-128}$$

前已述及，当流体流过固体壁面时，即使形成湍流边界层，靠近壁面处仍有一层层流内层存在，在该层中剪应力和热通量可采用牛顿黏性定律和傅里叶定律描述，即

$$\tau=\mu\frac{du}{dy}\approx\tau_s \tag{8-129}$$

$$\frac{q}{A}=k\frac{dt}{dy} \tag{6-1}$$

则

$$\frac{q/A}{\tau_s}=\frac{k}{\mu}\frac{dt}{du} \tag{8-130}$$

对比式(8-128) 和式(8-130) 可知，当 $c_p=\frac{k}{\mu}$ 或 $Pr=\frac{c_p\mu}{k}=1$ 时，就可以用同样的规律表达层流内层和湍流区中的热量传递与动量传递过程，在此情况下，就如同湍流中心一直延伸至固体壁面一样。

对于流体在管内进行稳态湍流传热的情形，将式(8-128) 略去上标并积分，即

$$\frac{q/A}{\tau_s c_p}\int_0^{u_b} du = \int_{t_s}^{t_b} dt$$

得

$$\frac{q/A}{\tau_s c_p}u_b = t_b - t_s \tag{8-131}$$

或

$$\frac{q/A}{t_b - t_s}\frac{1}{c_p \rho u_b} = \frac{2\tau_s}{\rho u_b^2}\frac{1}{2} \tag{8-131a}$$

又

$$\frac{q/A}{t_b - t_s} = h \tag{8-1}$$

及

$$\frac{2\tau_s}{\rho u_b^2} = f \tag{3-11}$$

故

$$\frac{h}{\rho u_b c_p} = \frac{f}{2} \tag{8-132}$$

式(8-132) 中左侧的数群称为斯坦顿数（Stanton number），记为 St，即

$$St = \frac{Nu}{RePr} = \frac{h}{\rho u_b c_p} = \frac{f}{2} \tag{8-132a}$$

式(8-132a) 即流体在管内做湍流流动时的雷诺类似律。式中的 f 为范宁摩擦因数，f 与 h 均为全管平均值，故 St 亦为全管平均值。应用式(8-132a) 时，流体的定性温度可近似地取其进出口主体温度的算术平均值。

雷诺类似律的推导表明其仅适用于 $Pr=1$ 的流体（一般气体的 Pr 接近于 1）及仅有摩擦阻力的场合，而工程上的许多流体尤其是液体的 Pr 值明显地偏离 1，此时应用雷诺类似律求解对流传热系数常引起很大的偏差。究其原因，主要是该模型过于简化，没有考虑湍流边界层中的层流内层和缓冲层对动量传递与热量传递的影响。所以，在雷诺类似律之后，又有许多研究者对其进行了修正，提出了新的类似律，其中最重要的当推普朗特（Prandtl)-泰勒（Taylor）类似律、冯·卡门（Von Kármán）类似律和柯尔本（Colburn）类似律等。

（二）普朗特（Prandtl)-泰勒（Taylor）类似律

普朗特和泰勒认为湍流边界层由湍流主体和层流内层组成，此即所谓的二层模型。如图 8-13 所示，图中湍流主体的流速 u_b 和温度 t_b 均可视为定值，层流内层外缘处流体的流速为 u_l、温度为 t_l，壁面处的流速 $u_s=0$、温度为 t_s，层流内层的平均厚度为 δ_b。

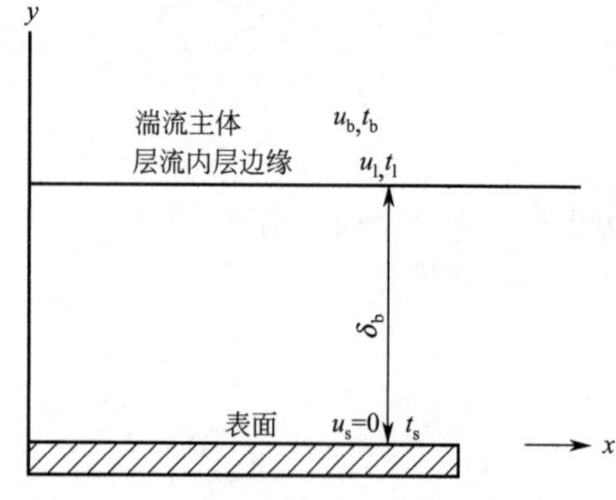

图 8-13 普朗特-泰勒类似律的模型图

由于层流内层中的流速很小，处于层流状态，在该层中所有由湍流区传递给壁面的热量都是以热传导方式进行的，即

$$\frac{q}{A} = \frac{k(t_l - t_s)}{\delta_b} \tag{8-133}$$

该层内的动量通量可由式(3-7) 求得，即

$$\tau = \mu\frac{du}{dy} = \tau_s\left(1 - \frac{y}{r_i}\right) \tag{8-134}$$

由于层流内层很薄，$\frac{y}{r_i} \ll 1$，故 $\tau \approx \tau_s$。于是式(8-134) 可改写为

$$du = \frac{\tau_s}{\mu} dy$$

上式在层流内层范围内积分，得

$$\mu_l = \frac{\tau_s}{\mu} \delta_b \tag{8-135}$$

将范宁摩擦因数定义式(3-11) 代入上式，可得 δ_b 的表达式为

$$\delta_b = \frac{2\mu u_l}{f u_b^2 \rho}$$

将 δ_b 的表达式代入式(8-133)，即可得出层流内层中的热量通量方程为

$$\frac{q}{A} = \frac{k f u_b^2 \rho}{2\mu u_l}(t_l - t_s) \tag{8-136}$$

假设湍流核心中的热量传递与动量传递遵循雷诺类似律，积分式(8-128)，即

$$\frac{q/A}{\tau_s c_p} \int_{u_l}^{u_b} du = \int_{t_l}^{t_b} dt$$

得

$$\frac{q/A}{\tau_s c_p}(u_b - u_l) = t_b - t_l$$

将式(3-11) 代入上式，可得

$$\frac{q}{A} = \frac{f}{2} \rho u_b^2 c_p \frac{t_b - t_l}{u_b - u_l} \tag{8-137}$$

将式(8-136)、式(8-137) 写成推动力的形式，即

$$t_l - t_s = \frac{q}{A} \frac{2\mu u_l}{k f \rho u_b^2}$$

$$t_b - t_l = \frac{q}{A} \frac{2(u_b - u_l)}{f \rho u_b^2 c_p}$$

将以上二式相加，得

$$t_b - t_s = \frac{q}{A}\left[\frac{2\mu u_l}{k f \rho u_b^2} + \frac{2(u_b - u_l)}{f \rho u_b^2 c_p}\right] \tag{8-138}$$

又

$$\frac{q/A}{t_b - t_s} = h \tag{8-1}$$

故 h 的表达式可以写为

$$h = \frac{1}{(2\mu u_l / k f \rho u_b^2) + 2(u_b - u_l)/(f \rho u_b^2 c_p)} \tag{8-139}$$

或

$$h = \frac{\frac{f}{2} \rho u_b c_p}{\frac{u_l}{u_b} \frac{c_p \mu}{k} + 1 - \frac{u_l}{u_b}} \tag{8-140}$$

在第五章中讨论圆管内的通用速度分布时，曾得到层流内层中的无量纲速度 u^+ 与无量纲距离 y^+ 的关系式(5-35)，即

$$u^+ = \frac{u}{u^*} = y^+ \tag{5-35}$$

式中 u^* 为摩擦速度，其与摩擦系数的关系由式(5-47) 表示，即

$$u^* = u_b \sqrt{\frac{f}{2}} \tag{5-47}$$

又在层流内层的外缘处，$y^+ = 5$，故

$$u_l = 5u^* = 5u_b \sqrt{\frac{f}{2}} \tag{8-141}$$

将式(8-141) 代入式(8-140)，得

$$h=\frac{\frac{f}{2}\rho u_{\mathrm{b}}c_p}{1+5\sqrt{f/2}(Pr-1)} \tag{8-142}$$

或

$$St=\frac{h}{\rho u_{\mathrm{b}}c_p}=\frac{f/2}{1+5\sqrt{f/2}(Pr-1)} \tag{8-143}$$

式(8-142)、式(8-143) 即为用于管内湍流传热时的普朗特-泰勒类似律的计算式。由于考虑了层流内层对传热的影响，应用该式计算 $Pr\neq1$ 的流体的传热系数时误差比雷诺类似律小。该式中有关物理量的定性温度取流体进、出口主体温度的算术平均值。

由式(8-143) 可以看出，当 $Pr=1$ 时，该式可以还原为雷诺类似律式(8-132)。

(三) 冯·卡门 (Von Kármán) 类似律

雷诺类似律、普朗特-泰勒类似律均未考虑湍流边界层中缓冲层对动量传递和热量传递的影响，故与实际情况不十分吻合。冯·卡门认为湍流边界层由湍流主体、缓冲层和层流内层组成，此即所谓的三层模型。

与推导普朗特-泰勒类似律相似，在推导冯·卡门类似律时，首先应用第五章导出的管内湍流的通用速度分布方程式(5-41)～式(5-43) 求出通过层流内层、缓冲层和湍流主体的温度差的表达式，然后将各温度差相加，即得湍流中心至管壁的总温度差表达式，最后根据总温度差导出斯坦顿数 St 的表达式，即

$$St=\frac{h}{\rho u_{\mathrm{b}}c_p}=\frac{(\phi_{\mathrm{m}}/\theta')(f/2)}{1+\phi_{\mathrm{m}}\sqrt{f/2}\left[5(Pr-1)+5\ln\frac{1+5Pr}{6}\right]} \tag{8-144}$$

表 8-2 θ' 与 Re、Pr 的关系

Pr	θ'			
	$Re=10^4$	$Re=10^5$	$Re=10^6$	$Re=10^7$
10^{-1}	0.69	0.76	0.82	0.86
10^0	0.86	0.88	0.90	0.91
10^1	0.96	0.96	0.96	0.97
10^2	0.99	0.99	0.99	0.99
10^3	1.00	1.00	1.00	1.00

式(8-144) 即为冯·卡门类似律的计算式。式中的 ϕ_{m} 值一般可取为 0.817，但实际上 ϕ_{m} 值随 Re 略有改变。θ' 与 Re、Pr 有关，其值可由表 8-2 查出。式(8-144) 中的各物理量的定性温度取流体进、出口主体温度的算术平均值。

由于在推导冯·卡门类似律时假定通过各层（层流内层、缓冲层和湍流主体）的热量通量、动量通量均恒定不变，冯·卡门类似律仍然不能完全正确地反映真实的传热情况。但它的精确度比雷诺类似律和普朗特-泰勒类似律高。当 $Pr=1$ 时，该式亦可以近似还原为雷诺类似律式(8-132)。

(四) 柯尔本 (Colburn) 类似律

契尔顿 (Chilton) 和柯尔本 (Colburn) 采用实验方法关联了对流传热系数与范宁摩擦因数之间的关系，得到了以实验为基础的类似律，称为柯尔本类似律或 j_{H} 因数类似法。

流体在圆管内进行湍流传热时，柯尔本应用式(8-122) 的经验关联式，取该式的 $n=1/3$，得

$$Nu=0.023Re^{0.8}Pr^{1/3} \tag{8-145}$$

或

$$\frac{Nu}{RePr^{1/3}}=0.023Re^{-0.2} \tag{8-145a}$$

在 $Re=5\times10^3\sim2\times10^5$ 范围内，f 与 Re 的经验关联式由式(5-56) 给出，即

$$f=0.046Re^{1/5} \tag{5-56}$$

令

$$j_{\mathrm{H}}=\frac{Nu}{RePr^{1/3}}=StPr^{2/3} \tag{8-146}$$

得

$$j_{\mathrm{H}}=\frac{Nu}{RePr^{1/3}}=\frac{f}{2} \tag{8-147}$$

式中 j_{H} 称为传热 j 因数。

式(8-147) 称为柯尔本类似律或 j_{H} 因数法。显然，当 $Pr=1$ 时，该式即变为雷诺类似律。

应用范围：$0.6<Pr<100$，$L/d_{\mathrm{i}}>60$（L 为管长），$Re>10000$，无形体曳力。

应予指出，式(8-147) 只适用于无形体曳力的情况，当摩擦曳力与形体曳力同时出现时即不再适用。但实验表明，若将形体曳力由总曳力中减去而仅剩下摩擦曳力时，式(8-147) 仍近似适用。

【例 8-8】 水以 4m/s 的流速流过直径为 25mm、长度为 6m 的光滑圆管，水的进口温度为 300K。管壁温度为 320 K 并维持不变。试分别用雷诺、普朗特-泰勒、冯·卡门及柯尔本类似律求对流传热系数以及流体的出口温度，并对 4 种计算加以比较。

设流体的流动已充分发展。

解 设水的出口温度为 320K，定性温度为

$$\frac{320+300}{2}=310\ (\mathrm{K})$$

310K 下水的物性值为

$$\mu=0.7\mathrm{mN\cdot s/m^2},\ \rho=1000\mathrm{kg/m^3},\ c_p=4180\mathrm{J/(kg\cdot K)},\ k=0.60\mathrm{W/(m\cdot K)}$$

$$Pr=\frac{4180\times(0.7\times10^{-3})}{0.60}=4.88$$

雷诺数为

$$Re=\frac{0.025\times4\times1000}{0.7\times10^{-3}}=1.429\times10^5$$

(1) 采用雷诺类似律

式(8-132) 为

$$\frac{h}{\rho u_{\mathrm{b}}c_p}=\frac{f}{2}$$

式中 f 可采用式(5-56) 计算

$$f=0.046Re^{-1/5}=0.046\times(1.429\times10^5)^{-1/5}=0.00428$$

故

$$h=\frac{1}{2}\times0.00428\times1000\times4\times4180=3.58\times10^4\ [\mathrm{W/(m^2\cdot K)}]$$

(2) 采用普朗特-泰勒类似律

式(8-143) 为

$$St=\frac{h}{\rho u_{\mathrm{b}}c_p}=\frac{f/2}{1+5\sqrt{f/2}(Pr-1)}$$

故

$$h=\frac{0.00428/2}{1+5\sqrt{0.00428/2}\times(4.88-1)}\times1000\times4\times4180=1.89\times10^4\ [\mathrm{W/(m^2\cdot K)}]$$

(3) 采用冯·卡门类似律

式(8-144) 为

$$\frac{h}{\rho u_{\mathrm{b}}c_p}=\frac{\frac{\varphi_{\mathrm{m}}}{\theta'}\frac{f}{2}}{1+\varphi_{\mathrm{m}}\sqrt{f/2}\left[5(Pr-1)+5\ln\frac{5Pr+1}{6}\right]}$$

式中

$$f=0.00428,\ \varphi_{\rm m}=0.817$$

由表 8-2 查得

$$\theta'=0.92$$

故得

$$h=\frac{\dfrac{0.817}{0.92}\times\dfrac{0.00428}{2}}{1+0.817\times\sqrt{0.00428/2}\times\left[5\times(4.88-1)+5\ln\dfrac{5\times4.88+1}{6}\right]}\times1000\times4\times4180$$

$$=1.58\times10^4\ [{\rm W/(m^2\cdot K)}]$$

(4) 采用柯尔本类似律

由式(8-147) 得

$$j_{\rm H}=\frac{h}{\rho u_{\rm b}c_p}Pr^{2/3}=\frac{f}{2}$$

故

$$h=\frac{0.00428}{2}\times1000\times4\times4180\times4.88^{-2/3}=1.24\times10^4\ [{\rm W/(m^2\cdot K)}]$$

下面利用各 h 值求流体的出口温度。

采用与【例 8-4】相似的推导，可得

$$\ln(t_{\rm s}-t_{\rm b2})=\ln(t_{\rm s}-t_{\rm b1})-\frac{4hL}{d_{\rm i}\rho u_{\rm b}c_p}$$

$$=\ln(330-300)-\frac{4\times6}{0.025\times1000\times4\times4180}h$$

$$=3.40-5.741\times10^{-5}h$$

现将计算所得的 h 与流体出口温度 $t_{\rm b2}$ 的关系列表如下：

类似律序号	$h/[{\rm W/(m^2\cdot K)}]$	$3.40-5.741\times10^{-5}h$	$(t_{\rm s}-t_{\rm b2})/{\rm K}$	$t_{\rm b2}/{\rm K}$
(1)	3.58×10^4	1.345	3.84	326.2
(2)	1.89×10^4	2.315	10.12	319.9
(3)	1.58×10^4	2.493	12.10	317.9
(4)	1.24×10^4	2.688	14.70	315.3

计算而得的出口温度 $t_{\rm b2}$ 接近于 320K，故假定出口温度为 320K 是合理的，无需进行复算。

从表中可以看出，雷诺类似律误差最大，其原因就在于该类似律仅适于描述 $Pr=1$ 流体的湍流传热，而本问题流体的 $Pr\approx5$，与 1 相差甚远，故误差最大。类似上述原因，普朗特-泰勒类似律适用于描述 $Pr=0.5\sim2.0$ 流体的湍流传热，故其误差也较大。其他两个类似律与实际情况相当吻合，故计算结果与实验值相当接近。

第四节　自然对流传热

如前所述，自然对流的发生是由于流体在加热过程中密度变化引起的浮力所致，因此，在分析自然对流过程时就不能再像强制对流过程那样假定流体的密度为一常数，而必须考虑密度随温度的变化。这一情况使得自然对流过程的运动方程与强制对流有很大的不同。本节首先介绍自然对流过程的运动方程和能量方程，然后列出一些重要的自然对流传热系数关联式，以供设计和计算时参考。

一、自然对流系统的运动方程和能量方程

（一）自然对流系统的运动方程

流体的运动缘于密度的变化，但这种密度的变化范围一般较小，因而假设流体是不可压缩的，即假设 $\rho=$常数，对于自然对流问题也是合理的，故自然对流系统的运动方程仍可表示为

$$\rho\frac{\mathrm{D}\boldsymbol{u}}{\mathrm{D}\theta}=\rho\boldsymbol{f}_{\mathrm{B}}-\nabla p+\mu\nabla^2\boldsymbol{u} \tag{8-148}$$

对于某静止流体，若其温度为 $\overline{T}$，则由第一章所述的流体平衡微分方程（1-7d）得

$$\nabla p=\bar{\rho}\boldsymbol{f}_{\mathrm{B}} \tag{8-149}$$

式中 $\bar{\rho}$ 是在 $\overline{T}$ 和局部压力下的流体密度。

对于一个平均温度为 $\overline{T}$ 的自然对流系统，由于自然对流完全是由温度的不均匀性引起的，流速一般很慢，故可近似采用式(8-149) 描述。在此假设下，运动方程变为

$$\rho\frac{\mathrm{D}\boldsymbol{u}}{\mathrm{D}\theta}=(\rho-\bar{\rho})\boldsymbol{f}_{\mathrm{B}}+\mu\nabla^2\boldsymbol{u} \tag{8-150}$$

密度差 $\rho-\bar{\rho}$ 可以借助体积膨胀系数 β 来表示，β 的定义为

$$\beta=\frac{1}{v}\left(\frac{\partial v}{\partial T}\right)_p \tag{8-151}$$

上式可近似写为

$$\beta=\frac{1}{v}\frac{v-\bar{v}}{T-\overline{T}} \tag{8-152}$$

式中 $\bar{v}$ 为 $\overline{T}$ 温度下流体的比容。对于理想气体，$\beta=1/T$。

v 表示单位质量流体的体积，故

$$\rho\cdot v=1 \tag{8-153}$$

及

$$\bar{\rho}\cdot\bar{v}=1 \tag{8-154}$$

将此二式代入式(8-152)，可得

$$\rho-\bar{\rho}=-\bar{\rho}\beta(T-\overline{T}) \tag{8-155}$$

将式(8-155) 代入式(8-150)，可得

$$\rho\frac{\mathrm{D}\boldsymbol{u}}{\mathrm{D}\theta}=-\bar{\rho}\boldsymbol{f}_{\mathrm{B}}\beta(T-\overline{T})+\mu\nabla^2\boldsymbol{u} \tag{8-156}$$

如前所述，对于流体密度变化较小的自然对流问题，可以认为流体是不可压缩的，即 $\rho=$常数，为此将式(8-156) 左侧的 ρ 及右侧的 μ 分别代之以 $\bar{\rho}$、$\bar{\mu}$，则得

$$\bar{\rho}\frac{\mathrm{D}\boldsymbol{u}}{\mathrm{D}\theta}=-\bar{\rho}\boldsymbol{f}_{\mathrm{B}}\beta(T-\overline{T})+\bar{\mu}\nabla^2\boldsymbol{u} \tag{8-157}$$

式(8-157) 即为自然对流系统的运动方程。这是一个近似方程，适用于低流速和小温度变化的自然对流系统。

（二）自然对流系统的能量方程

在低流速下，自然对流系统的能量方程与强制对流相同，即

$$\frac{\mathrm{D}t}{\mathrm{D}\theta}=\frac{\bar{k}}{\bar{\rho}\bar{c}_p}\nabla^2 t \tag{8-158}$$

二、自然对流系统的对流传热系数

（一）自然对流系统的对流传热系数

自然对流系统的对流传热系数的定义与强制对流传热类似，即

$$h=-\frac{k}{t_s-t_0}\frac{dt}{dy}\bigg|_{y=0} \tag{8-5}$$

式中 t_s 为壁面温度，t_0 为流体主体温度，y 为自壁面算起的距离。

前已述及，在求取强制对流传热系数时，一般应首先求解连续性方程和运动方程，得到速度分布，然后将此速度分布代入能量方程并求解，得到温度分布。这实际上反映了速度分布对温度分布的影响。而对于自然对流系统，由于流体的运动缘于温度的变化，为求解速度分布必须知道温度分布，因此自然对流系统的运动方程和能量方程必须联立求解。正是由于这个原因，自然对流传热过程的理论分析比强制层流传热更为困难，除极少数自然对流传热过程可以应用数学分析法获取对流传热系数外，大多数自然对流传热过程的传热系数都是通过量纲分析并结合实验的方法获取的。

(二) 自然对流传热系统的量纲分析

在对圆管强制对流传热进行量纲分析时，一般首先对其变化方程和边界条件做量纲分析，以确定 Nu 数与无量纲数群间的函数关系。对于自然对流传热系统，可以做类似的分析。例如，当物体浸没在大量流体中进行自然对流传热时，经量纲分析，可得 Nu_m 数的函数关系为

$$Nu_m=\frac{h_m L}{k}=\phi(Gr,Pr) \tag{8-159}$$

式中 h_m 是基于物体总表面积的传热系数；L 为特征尺寸；$Gr=\frac{L^3\rho^2 g\beta\Delta t}{\mu^2}$，为格拉晓夫数 (Grashof number)，表示由温度差引起的浮力与黏性力之比。

自然对流系统的种类有很多，按固体壁面的几何形状可分为垂直平板和垂直圆柱的自然对流、水平平板和水平圆柱的自然对流，按流体所在的空间可分为大空间的自然对流和密闭空间的自然对流，按固体壁面的热状况可分为等温的自然对流和等热通量的自然对流，按自然对流的性质可分为单纯自然对流和混合的自然与强制对流。本书仅介绍工程上常见的具有等温表面的自然对流系统，其他情况可参阅有关专著。

(三) 具有等温表面的自然对流传热系数

由式(8-159) 可知，自然对流系统的对流传热系数仅与反映流体自然对流状况的 Gr 数及 Pr 数有关，即

$$Nu=\phi(Gr,Pr) \tag{8-159}$$

理论分析和实验研究均表明，上述关系式可进一步写为

$$Nu=b(GrPr)^n \tag{8-160}$$

或

$$h=b\frac{k}{L}\left(\frac{\rho^2 g\beta\Delta t L^3}{\mu^2}\frac{c_p\mu}{k}\right)^n \tag{8-160a}$$

Gr 数与 Pr 数之积称为拉格利数 (Ragleigh number)，记为 Ra，即

$$Ra=GrPr \tag{8-161}$$

于是

$$Nu=bRa^n \tag{8-162}$$

或

$$h=b\frac{k}{L}Ra^n \tag{8-162a}$$

以上诸式中，无量纲数群中的物性参数按平均温度取值，即

$$t_m=\frac{t_s+t_0}{2}$$

式中 t_s、t_0 分别为壁面温度和流体主体温度。

Nu 数与 Gr 数中特征尺寸 L 的选取要视问题的具体几何形状而定。各种情况下的 b 和 n

值列于表 8-3 中。

表 8-3　对于等温表面，式(8-162) 中的 *b* 和 *n* 值

几何形状	$Ra=GrPr$	b	n	特征尺寸
垂直平板和垂直圆管	$10^{-1}\sim10^{4}$	查图 8-14	查图 8-14	高度 L
	$10^{4}\sim10^{9}$	0.59	1/4	
	$10^{9}\sim10^{13}$	0.10	1/3	
水平圆管	$0\sim10^{-5}$	0.40	0	外径 d_o
	$10^{-5}\sim10^{4}$	查图 8-15	查图 8-15	
	$10^{4}\sim10^{9}$	0.53	1/4	
	$10^{9}\sim10^{12}$	0.13	1/3	
平板上表面加热或平板下表面冷却	$2\times10^{4}\sim8\times10^{6}$	0.54	1/4	正方形取边长；长方形取两个边长的平均值；圆盘取 $0.9d_o$
	$8\times10^{6}\sim10^{11}$	0.15	1/3	
平板下表面加热或平板上表面冷却	$10^{5}\sim10^{11}$	0.58	1/5	

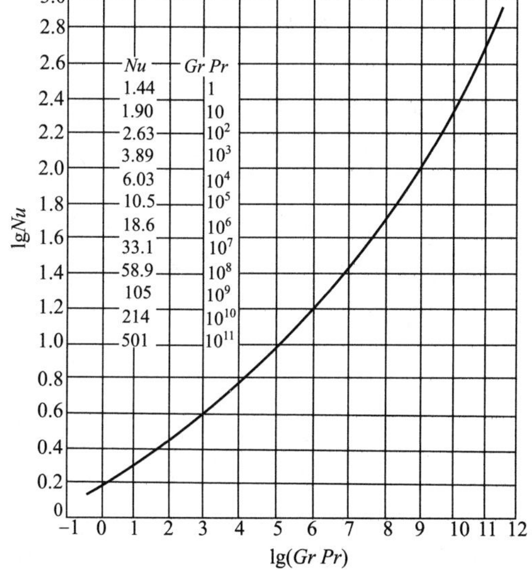

图 8-14　流体沿等温垂直表面做自然对流时的特征数关系

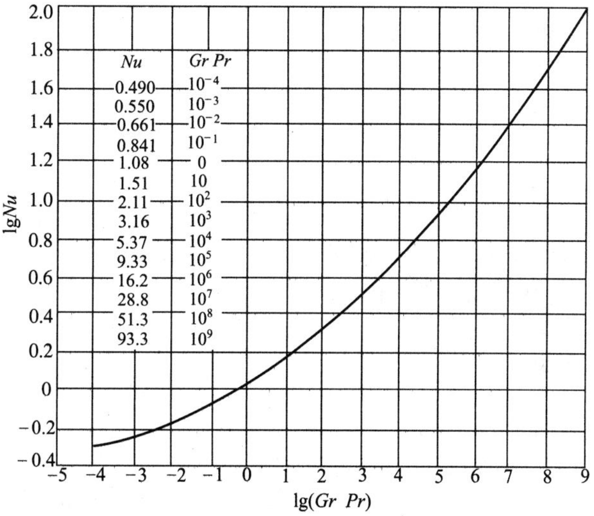

图 8-15　流体沿水平圆柱体做自然对流时的特征数关系

流体沿等温垂直表面进行自然对流时 Nu 与 $GrPr$ 的关系如图 8-14 所示，沿水平圆柱体做自然对流时的特征数关系如图 8-15 所示。

【例 8-9】 直径为 0.3m 的水平圆管，表面温度维持 250℃。水平圆管置于室内，环境空气为 15℃，试计算每米管长的自然对流热损失。

解　定性温度 $t_m=\dfrac{t_s+t_0}{2}=\dfrac{250+15}{2}=132.5$ (℃)

132.5℃下空气的物性为 $k=0.034\text{W}/(\text{m}\cdot℃)$，$\nu=2.626\times10^{-5}\text{m}^2/\text{s}$，$Pr=0.687$。空气可视为理想气体，故

$$\beta=\frac{1}{T_m}=\frac{1}{132.5+273.2}=2.46\times10^{-3}\ (\text{K}^{-1})$$

则
$$Ra = GrPr = \frac{g\beta(t_s - t_0)d^3}{\nu^2}Pr$$
$$= \frac{9.81\times(2.46\times10^{-3})\times(250-15)\times0.3^3}{(2.626\times10^{-5})^2}\times0.687 = 1.53\times10^8$$

查表 8-3 得 $b=0.53$，$n=1/4$，于是

$$Nu_m = 0.53Ra^{1/4} = 0.53\times(1.53\times10^8)^{1/4} = 58.9$$

$$h_m = Nu_m\frac{k}{d_o} = 58.9\times\frac{0.034}{0.3} = 6.68\ [\mathrm{W/(m^2\cdot ℃)}]$$

每米管长的热损失为

$$\frac{q}{L} = h_m\pi d(t_s - t_0) = 6.68\times3.14\times0.3\times(250-15) = 1479\ (\mathrm{W/m})$$

习　题

8-1 试述层流边界层和湍流边界层流体与固体壁面之间的传热机理（不计自然对流的影响），并分析两种边界层流体与壁面之间传热机理的异同点。

8-2 不可压缩流体在平板层流边界层中进行二维稳态流动和二维稳态传热，试应用有关微分方程说明“精确解”方法求解对流传热系数 h 的步骤。

8-3 常压和 30℃的空气以 10m/s 的均匀流速流过一薄平板表面。试用精确解求距平板前缘 10cm 处的边界层厚度及 $u_x/u_0=0.516$ 处的 u_x、u_y、$\partial u_x/\partial y$、壁面局部曳力系数 C_{Dx}、平均曳力系数 C_D 的值。设临界雷诺数 $Re_{x_c}=5\times10^5$。

8-4 常压和 394K 的空气由光滑平板壁面流过。壁面温度 $t_s=373$K，空气流速 $u_0=15$m/s，临界雷诺数 $Re_{x_c}=5\times10^5$。试由近似解求临界长度 x_c、该处的速度边界层厚度 δ 和温度边界层厚度 δ_t、局部对流传热系数 h_x、层流段的平均对流传热系数 h_m。

8-5 设平板壁面上层流边界层的速度分布方程和温度分布方程分别为

$$u = a_1 + b_1y + c_1y^2$$
$$t - t_s = a_2 + b_2y + c_2y^2$$

试应用适当的边界条件求出 a_i、b_i、c_i（$i=1,2$）各值及速度分布方程和温度分布方程，并从边界层积分动量方程式(4-39）和边界层热流方程式(8-45）出发，推导速度边界层厚度 δ、温度边界层厚度 δ_t 及对流传热系数 h_x 的表达式，并与式(4-51）及式(8-59）进行比较。

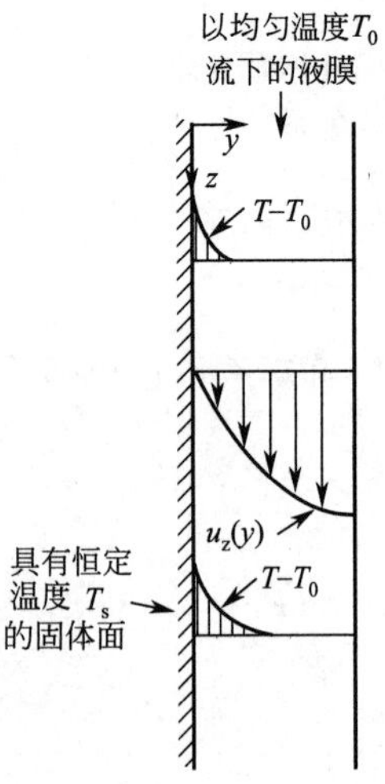

习题 8-7　附图

8-6 常压和 303K 的空气以 20m/s 的均匀流速流过一宽度为 1m、长度为 2m 的平板表面，板面温度维持 373K，试求整个板面与空气之间的热交换速率。设 $Re_{x_c}=5\times10^5$。

8-7 如本题附图所示，有一冷凝液膜沿壁面温度为 T_s 的无限宽垂直固壁下流，从而被冷却。设液膜主体温度为 T_0，假定只有离壁面很近的液体其温度才有明显变化，过程为稳态，流动为层流，有关的物性为常数。

(1) 试证明 $u_z = u_{max}\left[2\left(\frac{y}{\delta}\right)-\left(\frac{y}{\delta}\right)^2\right]$，并写出 u_{max}的表达式；

(2) 试根据题意对 u_z 的表达式进行适当的化简；

(3) 结合上述结果化简能量方程，并写出相应的定解条件；

(4) 令 $T^* = \frac{T-T_0}{T_s-T_0}$，$\eta = y\left(\frac{\beta}{9z}\right)^{1/3}$，$\beta = \frac{g\delta}{\alpha\nu}$，试求解上述方程，并求出 T^* 的表达式。

8-8 某油类液体以 1m/s 的均匀流速沿一热平板壁面流过。油类液体的

均匀温度为 293K，平板壁面维持 353K。设临界雷诺数 $Re_{x_c}=5\times10^5$。已知在边界层的膜温度下，液体密度 $\rho=750\text{kg/m}^3$、黏度 $\mu=3\times10^{-3}\text{N}\cdot\text{s/m}^2$、热导率 $k=0.15\text{W/(m}\cdot\text{K)}$、比热容 $c_p=200\text{J/(kg}\cdot\text{K)}$。试求：(1) 临界点处的局部对流传热系数 h_x 及壁面处的温度梯度；(2) 由平板前缘至临界点这段平板壁面的对流传热通量。

8-9　在习题 8-8 中，设油类液体不是由平板前缘开始被加热，而是流过距平板前缘 $x_0=0.3\text{m}$ 后才开始被加热，试重新计算习题 8-8 中的问题，并将计算结果与习题 8-8 的计算结果加以对比。

8-10　平板壁面上层流边界层和湍流边界层的局部对流传热系数 h_x 的计算式分别为

$$h_x=0.332\frac{k}{x}Re_x^{1/2}Pr^{1/3}$$

$$h_x=0.0292\frac{k}{x}Re_x^{0.8}Pr^{1/3}$$

试导出由平板前缘至湍流边界层中 $x=L$ 这段平板壁面的平均对流传热系数 h_m 的表达式。

8-11　温度为 333K 的热水以 2m/s 的均匀流速流过一冷平板壁面，壁面温度恒定，为 293K。试求距平板前缘 2m 处的速度边界层厚度和温度边界层厚度，并求水流过长度为 2m、宽度为 1m 的平板壁面时的总传热速率，并指出其中湍流边界层中传热速率占总传热速率的百分数。

8-12　温度为 333K 的水以 35kg/h 的质量流率流过内径为 25mm 的圆管，管壁温度维持恒定，为 363K。已知水进入圆管时流动已充分发展。水流过 4m 管长并被加热，测得水的出口温度为 345K。试求水在管内流动时的平均对流传热系数 h_m。

8-13　常压和 40℃的水以 1.2m/s 的流速流过内径为 25mm 的圆管。管壁外侧利用蒸汽冷凝加热，使管内壁面维持恒温 100℃。圆管长度为 2m。试求管内壁与水之间的平均对流传热系数 h_m 和传热速率，并求出口温度。

8-14　质量流量为 0.5kg/s 的水从 65℃冷却到 35℃。试问下面的哪一种方法压力降较小：

(1) 使水流过壁温为 4℃，直径为 12.5mm 的管子；

(2) 流过直径为 25mm，壁温为 20℃的管子。

8-15　温度为 t_b、速度为 u_b 的不可压缩流体进入一半径为 r_i 的光滑圆管，与壁面进行稳态对流传热，设管截面的速度分布均匀为 u_b、热边界层已在管中心汇合且管壁面热通量恒定，试从简化后的能量方程式(8-82) 出发推导流体与管壁间对流传热系数的表达式，并求 $Nu=hd/k$ 的值。

8-16　不可压缩型流体以均匀速度 u_0 在相距为 $2b$ 的两无限大平板间做平推流流动，上、下两板分别以恒定热通量 $(q/A)_s$ 向流体传热。假定两板间的温度边界层已充分发展，有关的物性为常数。试从直角坐标系的能量方程式(6-26a) 出发，写出本题情况下的能量方程特定形式及相应的定解条件，并求出温度分布及对流传热系数的表达式。

8-17　水以 3m/s 的平均流速在内径为 25mm 的光滑圆管中流过，其进口温度为 283K，壁温恒定为 305K。试分别应用雷诺、普朗特-泰勒、冯·卡门和柯尔本类似律求取上述情况下的对流传热系数以及水流过 3m 管长后的出口温度，并将计算结果列表进行讨论。

8-18　如本题附图所示，若竖板被加热，则在其表面将形成自然对流边界层。

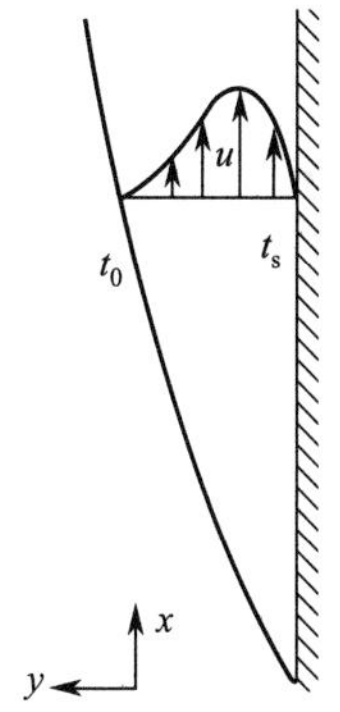

习题 8-18　附图

(1) 试推导本系统的边界层积分动量方程和边界层热流方程，并与边界层积分动量方程式(4-39) 和边界层热流方程式(8-45) 比较；

(2) 设自然对流边界层内的温度分布方程和速度分布方程分别为

$$u=a_1+b_1y+c_1y^2+d_1y^3$$

$$t=a_2+b_2y+c_2y^2$$

试应用适当的边界条件求出 a_i、b_i、c_i $(i=1,2)$ 和 d_1 各值及速度分布方程和温度分布方程，并从推导得到的边界层积分动量方程和边界层热流方程导出速度边界层厚度 δ 及对流传热系数 h_x 的表达式。

8-19 长度为 2m、直径为 ϕ19mm×2mm 的水平圆管，表面被加热到 250℃，管子暴露在温度为 20℃、压力为 101.3kPa 的大气中，试计算管子的自然对流传热速率。

8-20 室温为 10℃的大房间中有一个直径为 15cm 的烟筒，其竖直部分高 1.5m，水平部分长 15m，烟筒的平均壁温为 110℃，试求每小时的对流散热量。

第三篇　质量传递

以上两篇讨论的动量传递及热量传递问题，都是根据系统内只有单个组分或虽有多个组分但各组分之间不存在浓度梯度的情况而言的。本篇讨论多组分且有浓度梯度存在的系统。当物系中的某组分存在浓度梯度时，将发生该组分由高浓度区向低浓度区转移，此过程即为质量传递，简称传质。质量传递是自然界和工程领域中普遍存在的传递现象，它与动量传递、热量传递一起构成了化学工程上最基本的 3 种传递过程，简称为“三传”。

质量传递与动量传递、热量传递有许多类似之处。譬如，动量传递必须有速度梯度存在、热量传递必须有温度梯度存在，传递过程才能进行。同样，质量传递也必须有组分的浓度梯度存在，传递过程才能进行。因此，前面动量传递和热量传递两篇内容的讨论为本篇内容的研究奠定了理论基础。

本篇包括第九～第十一章，共 3 章。其中第九章讨论质量传递的基本方式、传质的速度与通量以及传质微分方程等内容；第十章讨论分子传质问题；第十一章讨论对流传质问题。

第九章　质量传递概论与传质微分方程

本章重点讨论质量传递的基本方式、传质的速度与通量以及传质微分方程等问题。

第一节　质量传递概论

一、混合物组成的表示方法

质量传递过程是在两组分以上的多组分混合物中进行的。在多组分系统中，各组分的组成有不同的表示方法，化工计算中常用的有以下几种。

（一）质量浓度与物质的量浓度

1. 质量浓度

单位体积混合物中所含某组分 i 的质量称为该组分的质量浓度，以符号 ρ_i 表示，单位为 kg/m^3。组分 i 的质量浓度定义式为

$$\rho_i = \frac{G_i}{V} \tag{9-1}$$

式中　G_i——混合物中组分 i 的质量；

　　V——混合物的体积。

若混合物由 N 个组分组成，则混合物的总质量浓度 ρ 为

$$\rho = \sum_{i=1}^{N} \rho_i \tag{9-2}$$

2. 物质的量浓度

单位体积混合物中所含某组分 i 的物质的量称为该组分的物质的量浓度，以符号 c_i 表示，单位为 $kmol/m^3$。组分 i 的物质的量浓度定义式为

$$c_i = \frac{n_i}{V} \tag{9-3}$$

式中　n_i——混合物中组分 i 的物质的量。

若混合物由 N 个组分组成，则混合物的总物质的量浓度 C 为

$$C=\sum_{i=1}^{N}c_i \tag{9-4}$$

质量浓度与物质的量浓度的关系为

$$C=\frac{\rho}{\overline{M}} \tag{9-5}$$

及

$$c_i=\frac{\rho_i}{M_i} \tag{9-6}$$

式中　$\overline{M}$——混合物的平均摩尔质量；

M_i——组分 i 的摩尔质量。

（二）质量分数与摩尔分数

1. 质量分数

混合物中某组分 i 的质量占混合物总质量的分数称为该组分的质量分数，以符号 a_i 表示。组分 i 的质量分数定义式为

$$a_i=\frac{G_i}{G} \tag{9-7}$$

式中　G——混合物的总质量。

若混合物由 N 个组分组成，则有

$$\sum_{i=1}^{N}a_i=1 \tag{9-8}$$

2. 摩尔分数

混合物中某组分 i 的物质的量占混合物总物质的量的分数称为该组分的摩尔分数，以符号 x_i 表示。组分 i 的摩尔分数定义式为

$$x_i=\frac{n_i}{n} \tag{9-9}$$

式中　n——混合物的总物质的量。

若混合物由 N 个组分组成，则有

$$\sum_{i=1}^{N}x_i=1 \tag{9-10}$$

应予指出，当混合物为气液两相体系时，常以 x_i 表示液相中的摩尔分数，以 y_i 表示气相中的摩尔分数。

组分 A 的质量分数与摩尔分数的互换关系为

$$x_i=\frac{a_i/M_i}{\sum_{i=1}^{N}a_i/M_i} \tag{9-11}$$

$$a_i=\frac{x_iM_i}{\sum_{i=1}^{N}x_iM_i} \tag{9-12}$$

【例 9-1】 在常压下，温度为 308K 的空气-水蒸气混合物中，水蒸气达到饱和。试求该混合物中水蒸气的摩尔分数、质量分数、物质的量浓度和质量浓度。

解　308K 下水的饱和蒸气压为 5.621×10^3 Pa，则

$$y_A=\frac{p_A}{p}=\frac{5.621\times10^3}{1.013\times10^5}=0.0555$$

$$a_A=\frac{y_A M_A}{y_A M_A+y_B M_B}=\frac{0.0555\times 18}{0.0555\times 18+(1-0.0555)\times 29}=0.0352$$

$$c_A=\frac{p_A}{RT}=\frac{5.621\times 10^3}{8314\times 308}=0.0022\ (\text{kmol/m}^3)$$

$$\rho_A=c_A M_A=0.0022\times 18=0.0396\ (\text{kg/m}^3)$$

二、质量传递的基本方式

与热量传递中的导热和对流传热相对应，质量传递的方式亦可大致分为分子传质和对流传质两类。

（一）分子传质

1. 分子扩散现象

分子传质又称为分子扩散，一般简称为扩散，它是由于分子的无规则热运动产生的物质传递现象。分子传质在气相、液相和固相中均能发生。

如图 9-1 所示，用一块隔板将容器分为左右两室，两室中分别充入温度及压力相同而浓度不同的 A 和 B 两种气体。设在左室中组分 A 的浓度高于右室，组分 B 的浓度低于右室。当隔板抽出后，由于气体分子的无规则热运动，左室中的 A、B 分子会窜入右室，同时右室中的 A、B 分子亦会窜入左室。左右两室交换的分子数虽相等，但因左室 A 的浓度高于右室，在同一时间内 A 分子进入右室较多而返回左室较少，同理 B 分子进入左室较多而返回右室较少。其净结果必然是物质 A 自左向右传递，而物质 B 自右向左传递，即两种物质各自沿其浓度降低的方向传递。

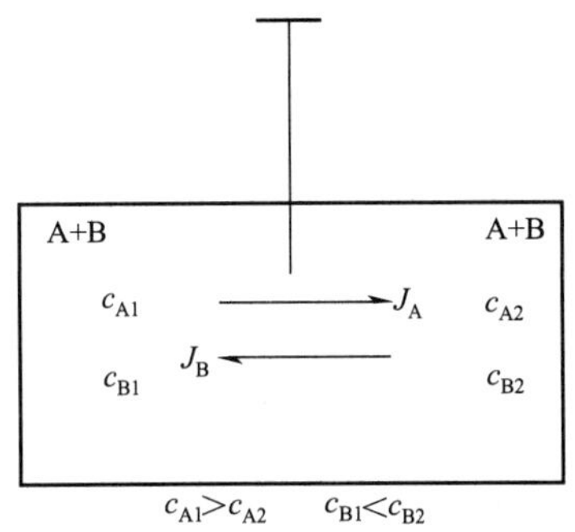

图 9-1 分子扩散现象

上述扩散过程将一直进行到整个容器中 A、B 两种物质的浓度完全均匀为止，此时通过任一截面物质 A、B 的净扩散通量为零，但扩散仍在进行，只是左、右两方向物质的扩散通量相等，系统处于扩散的动态平衡之中。

2. 费克第一定律（Fick's first law）

描述分子扩散的通量或速率的基本定律为费克第一定律。对于由组分 A 和组分 B 组成的混合物，如不考虑主体流动的影响，根据费克第一定律，由浓度梯度引起的扩散通量可表示为

$$j_A=-D_{AB}\frac{d\rho_A}{dz} \tag{9-13}$$

式中 j_A——组分 A 的扩散质量通量（即单位时间内组分 A 通过与扩散方向相垂直的单位面积的质量）；

$\frac{d\rho_A}{dz}$——组分 A 在扩散方向的质量浓度梯度；

D_{AB}——组分 A 在组分 B 中的扩散系数。

式(9-13) 表示在总质量浓度 ρ 不变的情况下由于组分 A 的质量浓度梯度 $d\rho_A/dz$ 引起的分子传质通量，负号表明扩散方向与梯度方向相反，即分子扩散朝着浓度降低的方向进行。式(9-13) 与第一章中的式(1-25) 相一致。

式(9-13) 是以质量为基准的费克第一定律表达式，若以物质的量（mol）为基准，该式可表达为

$$J_A=-D_{AB}\frac{dc_A}{dz} \tag{9-14}$$

式中 J_A——组分 A 的摩尔扩散通量；

$\dfrac{\mathrm{d}c_A}{\mathrm{d}z}$——组分 A 在扩散方向的物质的量浓度梯度。

应予指出，费克第一定律只适用于由于分子无规则热运动引起的扩散过程，若在扩散的同时伴有混合物的主体流动，则物质实际传递的通量除分子扩散通量外，还应考虑由于主体流动形成的通量。关于主体流动问题，将在下面讨论。

为了更好地认识分子质量传递的概念，现从气体分子运动论的观点来考察分子扩散的传递机理以及气体分子运动参数与分子扩散系数间的关系。

以单一气体的扩散为例讨论，即考察组分 A 在同位素 A^* 中进行自扩散（self-diffusion）的情况。对于这样一个理想气体混合物，A 和 A^* 的性质几乎完全相同，分子之间无作用力。在此扩散体系中，任取两相邻的气体层 1 和 2，设组分 A 在两层的质量分数分别为 a_{A1} 和 a_{A2}（$a_{A1}>a_{A2}$），且两气体层之间的距离等于分子运动平均自由程 λ。若单位体积气体中的分子总数为 n，由于气体分子在空间三维方向上无规则运动，可假定各方向运动的分子数目各占 1/3，则单位气体体积中有 $n/3$ 的分子在垂直气体层的方向（z 方向）运动。令其平均速度取为 $\bar{v}$，分子的质量为 m，则在单位时间内单位面积上两气体层交换的总分子数目（$A+A^*$）为 $\dfrac{1}{3}n\bar{v}$，而组分 A 交换的质量通量为

$$j_A=-\frac{1}{3}n\bar{v}m(a_{A2}-a_{A1})=-\frac{\lambda}{3}n\bar{v}m\frac{(a_{A2}-a_{A1})}{\lambda} \tag{9-13a}$$

由于 λ 值很小，上式中的 $\dfrac{a_{A2}-a_{A1}}{\lambda}$ 可近似用 $\dfrac{\mathrm{d}a_A}{\mathrm{d}z}$ 代替。而单位体积内的分子数 n 乘以每个分子的质量 m 等于单位体积气体的总质量 nm，即混合物的密度 ρ。将以上关系式代入式(9-13a)，可得

$$j_A=-\frac{\lambda}{3}\rho\bar{v}\frac{\mathrm{d}a_A}{\mathrm{d}z}=-\frac{\lambda}{3}\bar{v}\frac{\mathrm{d}\rho_A}{\mathrm{d}z}$$

将上式与式(9-13) 比较，可得

$$D_{AA^*}=\frac{1}{3}\bar{v}\lambda \tag{9-13b}$$

由于分子运动平均速度 $\bar{v}$、分子运动平均自由程 λ 仅与分子的种类及状态有关，由上式可知，分子扩散系数仅是分子种类、温度与压力的函数。有关分子扩散系数 D_{AB} 的计算，将在第十章详细讨论。

（二）对流传质

对流传质是指运动流体与固体表面之间或两个有限互溶的运动流体之间的质量传递过程。对流传质的速率不仅与质量传递的特性因素（如扩散系数）有关，而且与动量传递的动力学因素（如流速）等密切相关。

描述对流传质的基本方程，与描述对流传热的基本方程即牛顿冷却定律式(6-13) 相对应，可采用下式表述

$$N_A=k_c\Delta c_A \tag{9-15}$$

式中 N_A——对流传质的摩尔通量；

Δc_A——组分 A 在界面处的浓度与流体主体浓度之差；

k_c——对流传质系数。

式(9-15) 称为对流传质速率方程，其中的对流传质系数 k_c 是以浓度差定义的。浓度差还可以采用其他单位，譬如采用质量浓度、分压（气相中）等表示。此外，在由 A、B 两组分组成的混合物中 A 的扩散通量与 B 的扩散通量有关。因此，根据不同的浓度差表示法以及组分 A 和组分 B 扩散通量之间的关系，可以定义出相应的多种形式的对流传质系数，详细内容将在第十一章论述。

式(9-15)既适用于流体做层流运动的情况，也适用于流体做湍流运动的情况，只不过在两种情况下 k_c 的数值不同而已。一般而论，k_c 与界面的几何形状、流体的物性、流型以及浓度差等因素有关，其中流型的影响最为显著。k_c 的确定方法与对流传热系数 h 的确定方法类似。

由上述可知，在介质中，由于分子的不规则运动，在有温度差存在的情况下会发生导热，而在有组分浓度差存在的情况下则会发生分子传质。在运动的流体主体与界面之间，如有温度差存在，就会发生对流传热，同样在有组分的浓度差存在的情况下则会发生对流传质。由此可知，热量传递与质量传递之间有许多类似之处，在分析和处理这两类问题时也常采用类比的方法。但是，这两类传递过程也存在许多不同之处。例如在静止流体中的导热与分子扩散不同：前者是热量由高温区向低温度区流动，此时在热流方向上仅存在热的流动，而不存在流体的速度问题；而在分子扩散过程中，由于流体内的一种或数种组分的分子由高浓度区向低浓度区转移，各组分的分子扩散速度不同，而出现各组分的运动速度以及整个混合物的宏观运动速度的情况，并产生主体流动等现象。

三、传质的速度与通量

式(9-13)、式(9-14)表达的费克第一定律仅适用于描述由于分子传质引起的传质通量，但一般在进行分子传质的同时各组分的分子微团常处于运动状态，故存在组分的宏观运动速度。为了更全面地描述分子扩散，必须考虑各组分之间的相对运动速度以及该情况下的扩散通量等问题。

(一) 主体流动现象

如上所述，在进行分子传质的同时，各组分的分子微团常处于运动状态，该现象即所谓的主体流动。现以用液体吸收气体混合物中溶质组分的过程为例说明主体流动现象的形成。如图9-2所示，设由A和B组成的二元气体混合物，其中A为溶质，可溶解于液体中，而B不能在液体中溶解。这样，组分A可以通过气液相界面进入液相，而组分B不能进入液相。由于A分子不断通过相界面进入液相，在相界面的气相一侧会留下“空穴”，根据流体连续性原则，混合气体便会自动地向界面递补，这样就发生了A、B两种分子并行向相界面递补的运动，这种递补运动就形成了混合物的主体流动。很明显，通过气液相界面组分A的通量应等于由于分子扩散形成的组分A的通量与由于主体流动形成的组分A的通量之和。此时，由于组分B不能通过相界面，当组分B随主体流动运动到相界面后，又以分子扩散形式返回气相主体中。

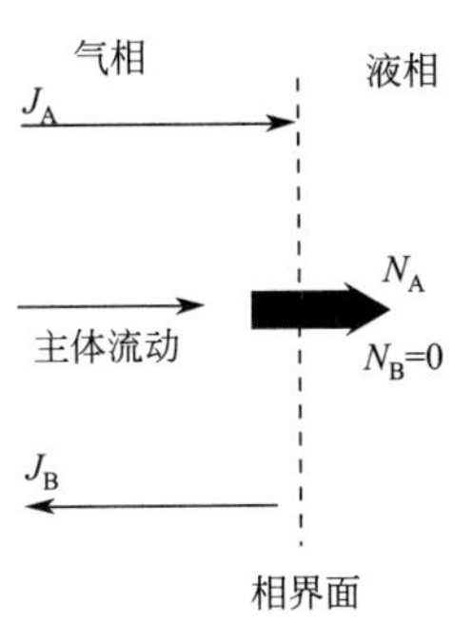

图9-2 主体流动现象

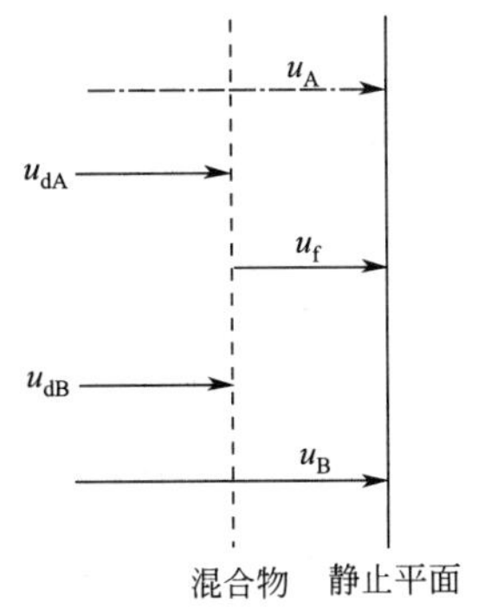

图9-3 传质的速度

(二) 传质的速度

在多组分系统的传质过程中，各组分均以不同的速度运动。设系统由A和B两组分组成。在系统内选一静止平面，组分A、B通过该静止平面的总速度分别为 u_A、u_B，其中由于分子扩散通过此平面的速度分别为 u_{dA} 和 u_{dB}，该二元混合物以主体流动方式通过此静止平面的速

度为 u_f。在上述的各速度中，u_A、u_B 分别为组分 A、B 的实际移动的总速度，称为绝对速度；u_f 为混合物的移动速度，称为主体流动速度；u_{dA} 和 u_{dB} 为分子的不规则热运动引起的速度，称为扩散速度。各速度的关系如图 9-3 所示。于是

$$u_A = u_{dA} + u_f \tag{9-16}$$

$$u_B = u_{dB} + u_f \tag{9-17}$$

因此可得：绝对速度＝扩散速度＋主体流动速度。该式表达了由于传质形成的各种速度之间的关系。

（三）传质的通量

单位时间通过垂直于传质方向上单位面积的物质量称为传质通量。传质通量等于传质速度与浓度的乘积。由于传质的速度表示方法不同，传质的通量亦有不同的表达形式。

1. 以绝对速度表示的传质通量（总传质通量）

设二元混合物的总质量浓度为 ρ，组分 A、B 的质量浓度分别为 ρ_A、ρ_B，则以绝对速度表示的组分 A、B 的总质量通量为

$$n_A = \rho_A u_A$$

$$n_B = \rho_B u_B$$

混合物的总质量通量为

$$n = n_A + n_B = \rho_A u_A + \rho_B u_B = \rho u$$

因此得

$$u = \frac{1}{\rho}(\rho_A u_A + \rho_B u_B) \tag{9-18}$$

式中 u——质量平均速度；

n_A——组分 A 的总质量通量；

n_B——组分 B 的总质量通量；

n——混合物的总质量通量。

式(9-18) 为质量平均速度的定义式。

又设二元混合物的总物质的量浓度为 C，组分 A、B 的物质的量浓度分别为 c_A、c_B，则以绝对速度表示的组分 A、B 的总摩尔通量为

$$N_A = c_A u_A$$

$$N_B = c_B u_B$$

混合物的总摩尔通量为

$$N = N_A + N_B = c_A u_A + c_B u_B = C u_m$$

因此得

$$u_m = \frac{1}{C}(c_A u_A + c_B u_B) \tag{9-19}$$

式中 u_m——摩尔平均速度；

N_A——组分 A 的总摩尔通量；

N_B——组分 B 的总摩尔通量；

N——混合物的总摩尔通量。

式(9-19) 为摩尔平均速度的定义式。

2. 以扩散速度表示的传质通量（扩散通量）

平均速度 u 或 u_m 为混合物中各组分共有的速度，可作为衡量各组分扩散速度的基准。某一组分相对于 u 或 u_m 的速度可表示该组分的扩散速度，也可理解为该组分沿着速度为 u 或 u_m 的移动平面中扩散。对于组分 A，其扩散速度定义为

$$u_{dA} = u_A - u \tag{9-20}$$

或

$$u_{dA}=u_A-u_m \tag{9-21}$$

扩散速度与浓度的乘积称为以扩散速度表示的传质通量，即

$$j_A=\rho_A(u_A-u) \tag{9-22}$$

$$j_B=\rho_B(u_B-u) \tag{9-23}$$

$$J_A=c_A(u_A-u_m) \tag{9-24}$$

$$J_B=c_B(u_B-u_m) \tag{9-25}$$

式中　j_A——组分 A 的扩散质量通量；
j_B——组分 B 的扩散质量通量；
J_A——组分 A 的扩散摩尔通量；
J_B——组分 B 的扩散摩尔通量。

对于两组分系统，有

$$j=j_A+j_B \tag{9-26}$$

$$J=J_A+J_B \tag{9-27}$$

式中　j——混合物的扩散质量通量；
J——混合物的扩散摩尔通量。

3. 以主体流动速度表示的传质通量（主体流动通量）

由于主体流动速度和平均速度均表示混合物共有的速度，由式(9-16）与式(9-20）可知

$$u=u_f$$

即主体流动速度与平均速度相等，故下面以平均速度表示主体流动速度。

主体流动速度与浓度的乘积称为以主体流动速度表示的传质通量，即

$$\rho_A u=\rho_A\left[\frac{1}{\rho}(\rho_A u_A+\rho_B u_B)\right]=a_A(n_A+n_B) \tag{9-28}$$

$$\rho_B u=a_B(n_A+n_B) \tag{9-29}$$

$$c_A u_m=c_A\left[\frac{1}{C}(c_A u_A+c_B u_B)\right]=x_A(N_A+N_B) \tag{9-30}$$

$$c_B u_m=x_B(N_A+N_B) \tag{9-31}$$

式中　$\rho_A u$——组分 A 的主体流动质量通量；
$\rho_B u$——组分 B 的主体流动质量通量；
$c_A u_m$——组分 A 的主体流动摩尔通量；
$c_B u_m$——组分 B 的主体流动摩尔通量。

4. 各传质通量间的关系

将式(9-13）与式(9-22）联立，可得

$$j_A=\rho_A(u_A-u)=-D_{AB}\frac{d\rho_A}{dz}$$

$$\rho_A u_A=-D_{AB}\frac{d\rho_A}{dz}+\rho_A u$$

将 $n_A=\rho_A u_A$ 及式(9-28）代入上式，得

$$n_A=-D_{AB}\frac{d\rho_A}{dz}+a_A(n_A+n_B) \tag{9-32}$$

同理

$$N_A=-D_{AB}\frac{dc_A}{dz}+x_A(N_A+N_B) \tag{9-33}$$

式(9-32)、式(9-33）为费克第一定律的普遍表达形式，由此可得出以下结论：

组分的总传质通量=分子扩散通量+主体流动通量

现将双组分混合物分子传质时组分 A 的总通量、扩散通量、主体流动通量的定义式和费克第一定律表达式总结于表 9-1 中。

表 9-1 双组分混合物分子传质时组分 A 的通量

项目	A 的总通量（基于静止坐标）	A 的扩散通量（基于平均速度）	A 的主体流动通量（基于静止坐标）
质量基准	$n_A=\rho_A u_A$ $n_A=j_A+a_A n$	$j_A=\rho_A(u_A-u)$ $j_A=-\rho D_{AB}\dfrac{da_A}{dz}$	$a_A n=\rho_A u$ $a_A n=a_A(\rho_A u_A+\rho_B u_B)$
摩尔量基准	$N_A=c_A u_A$ $N_A=J_A+x_A N$	$J_A=c_A(u_A-u_m)$ $J_A=-CD_{AB}\dfrac{dx_A}{dz}$	$x_A N=c_A u_m$ $x_A N=x_A(c_A u_A+c_B u_B)$

【例 9-2】 试证明：在由组分 A 和组分 B 组成的双组分混合物中进行分子扩散时，质量平均速度 u 与摩尔平均速度 u_m 不等，且关系为

$$u=\frac{u_m}{\overline{M}}\frac{N_A M_A+N_B M_B}{N_A+N_B}$$

式中 M_A、M_B 和 $\overline{M}$ 分别为组分 A、B 的摩尔质量和平均摩尔质量，且 $M_A\neq M_B$。

证 由质量平均速度和摩尔平均速度的定义式

$$u=\frac{1}{\rho}(\rho_A u_A+\rho_B u_B) \tag{a}$$

$$u_m=\frac{1}{C}(c_A u_A+c_B u_B) \tag{b}$$

及

$$c_A u_A=N_A,\ c_B u_B=N_B \tag{c}$$

$$C=\frac{\rho}{\overline{M}},\ c_A=\frac{\rho_A}{M_A},\ c_B=\frac{\rho_B}{M_B} \tag{d}$$

式(a) 除以式(b)，得

$$\frac{u}{u_m}=\frac{C}{\rho}\frac{\rho_A u_A+\rho_B u_B}{c_A u_A+c_B u_B} \tag{e}$$

将式(d) 代入式(e)，得

$$\frac{u}{u_m}=\frac{1}{\overline{M}}\frac{c_A M_A u_A+c_B M_B u_B}{c_A u_A+c_B u_B} \tag{f}$$

将式(c) 代入式(f)，得

$$\frac{u}{u_m}=\frac{1}{\overline{M}}\frac{N_A M_A+N_B M_B}{N_A+N_B}$$

当 $M_A\neq M_B$ 时，有

$$u\neq u_m$$

且

$$u=\frac{u_m}{\overline{M}}\frac{N_A M_A+N_B M_B}{N_A+N_B}$$

证毕。

【例 9-3】 由 O_2（组分 A）和 CO_2（组分 B）构成的二元系统中发生一维稳态扩散。已知 $c_A=0.022\text{kmol/m}^3$，$c_B=0.065\text{kmol/m}^3$，$u_A=0.0015\text{m/s}$，$u_B=0.0004\text{m/s}$，试求：

（1）u，u_m；

（2）N_A，N_B，N；

（3）n_A，n_B，n。

解 （1） $\rho_A=c_A M_A=0.022\times 32=0.704\ (\text{kg/m}^3)$

$$\rho_B = c_B M_B = 0.065 \times 44 = 2.860\ (kg/m^3)$$

$$\rho = \rho_A + \rho_B = 0.704 + 2.860 = 3.564\ (kg/m^3)$$

$$C = c_A + c_B = 0.022 + 0.065 = 0.087\ (kmol/m^3)$$

$$u = \frac{1}{\rho}(\rho_A u_A + \rho_B u_B) = \frac{1}{3.564} \times (0.704 \times 0.0015 + 2.860 \times 0.0004) = 6.17 \times 10^{-4}\ (m/s)$$

$$u_m = \frac{1}{C}(c_A u_A + c_B u_B) = \frac{1}{0.087} \times (0.022 \times 0.0015 + 0.065 \times 0.0004) = 6.78 \times 10^{-4}\ (m/s)$$

(2)
$$N_A = c_A u_A = 0.022 \times 0.0015 = 3.30 \times 10^{-5}\ [kmol/(m^2 \cdot s)]$$

$$N_B = c_B u_B = 0.065 \times 0.0004 = 2.60 \times 10^{-5}\ [kmol/(m^2 \cdot s)]$$

$$N = N_A + N_B = 3.30 \times 10^{-5} + 2.60 \times 10^{-5} = 5.90 \times 10^{-5}\ [kmol/(m^2 \cdot s)]$$

(3)
$$n_A = \rho_A u_A = 0.704 \times 0.0015 = 1.06 \times 10^{-3}\ [kg/(m^2 \cdot s)]$$

$$n_B = \rho_B u_B = 2.860 \times 0.0004 = 1.14 \times 10^{-3}\ [kg/(m^2 \cdot s)]$$

$$n = n_A + n_B = 1.06 \times 10^{-3} + 1.14 \times 10^{-3} = 2.20 \times 10^{-3}\ [kg/(m^2 \cdot s)]$$

第二节 传质微分方程

在多组分系统中，流体做多维流动，当在非稳态并伴有化学反应的条件下进行传质时，必须采用传质微分方程才能全面描述该情况下的传质过程。

多组分系统的传质微分方程是对每一组分进行微分质量衡算导出，其推导原则与单组分连续性方程的推导相同，故多组分系统的传质微分方程亦称为多组分系统的连续性方程。

一、传质微分方程的推导

下面以双组分系统为例，对传质微分方程进行推导。推导时，多组分混合物系统流体的流速可用质量平均速度 u 表示，相应的通量为质量通量；也可用摩尔平均速度 u_m 表示，相应的通量为摩尔通量。现以质量平均速度 u 进行推导。

（一）质量守恒定律表达式

根据欧拉（Euler）观点，在流体中取一各边长分别为 dx、dy、dz 的流体微元，该流体微元的体积为 $dxdydz$，如图 9-4 所示。以该流体微元为物系，周围流体作为环境，进行组分 A 的微分质量衡算。根据质量守恒定律，可得出组分 A 的衡算式为

输入流体微元的质量速率＋反应生成的质量速率＝输出流体微元的质量速率＋流体微元内累积的质量速率或简化写成

输出－输入＋累积－生成＝0

上述关系即为质量守恒定律表达式。现对表达式中各项质量速率进行分析，导出传质微分方程。

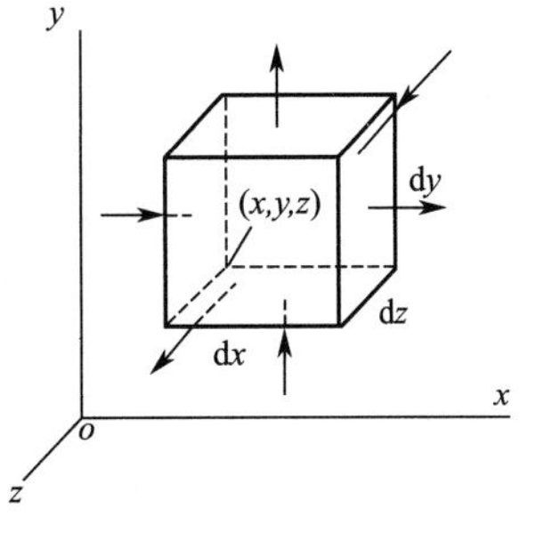

图 9-4 微分质量衡算

（二）各项质量速率的分析

1. 输出与输入流体微元的质量速率差

设在点（x，y，z）处流体流动的速度向量为 $\boldsymbol{u}$（流动的质量平均速度），它在直角坐标系中的分量为 u_x、u_y、u_z，则组分 A 由于流动产生的质量通量 $\rho_A \boldsymbol{u}$ 在 3 个坐标方向上的分量分别为 $\rho_A u_x$、$\rho_A u_y$、$\rho_A u_z$。同时组分 A 由于浓度梯度产生的质量通量 $\boldsymbol{j}_A$ 在 3 个坐标方向上的分量分别为 j_{Ax}、j_{Ay}、j_{Az}。由此可得组分 A 沿 x 方向由流体微元左侧平面输入流体微元的总质量速率为

$$输入_x = (\rho_A u_x + j_{Ax})dydz$$

而由流体微元右侧平面输出的总质量速率为

$$输出_x=\left[(\rho_A u_x+j_{Ax})+\frac{\partial(\rho_A u_x+j_{Ax})}{\partial x}dx\right]dydz$$

于是可得组分 A 沿 x 方向输出与输入流体微元的质量速率差为

$$(输出-输入)_x=\left[(\rho_A u_x+j_{Ax})+\frac{\partial(\rho_A u_x+j_{Ax})}{\partial x}dx\right]dydz-(\rho_A u_x+j_{Ax})dydz$$

$$=\left[\frac{\partial(\rho_A u_x)}{\partial x}+\frac{\partial j_{Ax}}{\partial x}\right]dxdydz$$

同理，组分 A 沿 y 方向输出与输入流体微元的质量速率差为

$$(输出-输入)_y=\left[\frac{\partial(\rho_A u_y)}{\partial y}+\frac{\partial j_{Ay}}{\partial y}\right]dxdydz$$

组分 A 沿 z 方向输出与输入流体微元的质量速率差为

$$(输出-输入)_z=\left[\frac{\partial(\rho_A u_z)}{\partial z}+\frac{\partial j_{Az}}{\partial z}\right]dxdydz$$

在 3 个方向上输出与输入流体微元的总质量速率差为

$$输出-输入=\left[\frac{\partial(\rho_A u_x)}{\partial x}+\frac{\partial(\rho_A u_y)}{\partial y}+\frac{\partial(\rho_A u_z)}{\partial z}+\frac{\partial j_{Ax}}{\partial x}+\frac{\partial j_{Ay}}{\partial y}+\frac{\partial j_{Az}}{\partial z}\right]dxdydz \tag{9-34}$$

2. 流体微元内累积的质量速率

设组分 A 的质量浓度为 ρ_A，且 $\rho_A=f(x,y,z,\theta)$，则流体微元中任一瞬时组分 A 的质量为

$$M_A=\rho_A dxdydz$$

质量累积速率为

$$\frac{\partial M_A}{\partial \theta}=\frac{\partial \rho_A}{\partial \theta}dxdydz \tag{9-35}$$

3. 反应生成的质量速率

设系统内有化学反应发生，单位体积流体中组分 A 的生成质量速率为 r_A。当 A 为生成物时，r_A 为正；当 A 为反应物时，r_A 则为负。由此可得，流体微元内由于化学反应生成的组分 A 的质量速率为

$$反应生成的质量速率=r_A dxdydz \tag{9-36}$$

（三）通用的传质微分方程

将式(9-34)～式(9-36) 代入质量守恒定律表达式中，得

$$\frac{\partial(\rho_A u_x)}{\partial x}+\frac{\partial(\rho_A u_y)}{\partial y}+\frac{\partial(\rho_A u_z)}{\partial z}+\frac{\partial j_{Ax}}{x}+\frac{\partial j_{Ay}}{y}+\frac{\partial j_{Az}}{z}+\frac{\partial \rho_A}{\partial \theta}-r_A=0$$

展开可得

$$\rho_A\left(\frac{\partial u_x}{\partial x}+\frac{\partial u_y}{\partial y}+\frac{\partial u_z}{\partial z}\right)+u_x\frac{\partial \rho_A}{\partial x}+u_y\frac{\partial \rho_A}{\partial y}+u_z\frac{\partial \rho_A}{\partial z}+\frac{\partial \rho_A}{\partial \theta}+\frac{\partial j_{Ax}}{\partial x}+\frac{\partial j_{Ay}}{\partial y}+\frac{\partial j_{Az}}{\partial z}-r_A=0 \tag{9-37}$$

又由于 ρ_A 的随体导数表达式为

$$\frac{D\rho_A}{D\theta}=\frac{\partial \rho_A}{\partial \theta}+u_x\frac{\partial \rho_A}{\partial x}+u_y\frac{\partial \rho_A}{\partial y}+u_z\frac{\partial \rho_A}{\partial z}$$

将上式代入式(9-37)，可得

$$\rho_A\left(\frac{\partial u_x}{\partial x}+\frac{\partial u_y}{\partial y}+\frac{\partial u_z}{\partial z}\right)+\frac{D\rho_A}{D\theta}+\frac{\partial j_{Ax}}{\partial x}+\frac{\partial j_{Ay}}{\partial y}+\frac{\partial j_{Az}}{\partial z}-r_A=0 \tag{9-38}$$

上述各式中的通量 j_A，除了以分子扩散的形式出现以外，还可以其他形式出现，诸如热扩散、压力扩散和离子扩散等。如只有两组分的分子扩散时，可根据费克第一定律写出

$$j_{Ax}=-D_{AB}\frac{\partial \rho_A}{\partial x} \tag{9-39a}$$

$$j_{Ay}=-D_{AB}\frac{\partial \rho_A}{\partial y} \tag{9-39b}$$

$$j_{Az}=-D_{AB}\frac{\partial \rho_A}{\partial z} \tag{9-39c}$$

将式(9-39a)～式(9-39c) 分别对 x、y、z 求偏导数，得

$$\frac{\partial j_{Ax}}{\partial x}=-D_{AB}\frac{\partial^2 \rho_A}{\partial x^2} \tag{9-40a}$$

$$\frac{\partial j_{Ay}}{\partial y}=-D_{AB}\frac{\partial^2 \rho_A}{\partial y^2} \tag{9-40b}$$

$$\frac{\partial j_{Az}}{\partial z}=-D_{AB}\frac{\partial^2 \rho_A}{\partial z^2} \tag{9-40c}$$

将式(9-40a)～式(9-40c) 代入式(9-38) 中，可得

$$\rho_A\left(\frac{\partial u_x}{\partial x}+\frac{\partial u_y}{\partial y}+\frac{\partial u_z}{\partial z}\right)+\frac{D\rho_A}{D\theta}=D_{AB}\left(\frac{\partial^2 \rho_A}{\partial x^2}+\frac{\partial^2 \rho_A}{\partial y^2}+\frac{\partial^2 \rho_A}{\partial z^2}\right)+r_A \tag{9-41}$$

写成向量形式

$$\rho_A(\nabla\cdot\boldsymbol{u})+\frac{D\rho_A}{D\theta}=D_{AB}\nabla^2\rho_A+r_A \tag{9-41a}$$

式(9-41) 即为通用的传质微分方程。该式是以质量平均速度 u 推导的，若以摩尔平均速度 u_m 为基准推导，同样可得

$$c_A\left(\frac{\partial u_{mx}}{\partial x}+\frac{\partial u_{my}}{\partial y}+\frac{\partial u_{mz}}{\partial z}\right)+\frac{Dc_A}{D\theta}=D_{AB}\left(\frac{\partial^2 c_A}{\partial x^2}+\frac{\partial^2 c_A}{\partial y^2}+\frac{\partial^2 c_A}{\partial z^2}\right)+\dot{R}_A \tag{9-42}$$

写成向量形式

$$c_A(\nabla\cdot\boldsymbol{u}_m)+\frac{Dc_A}{D\theta}=D_{AB}\nabla^2 c_A+\dot{R}_A \tag{9-42a}$$

式中 u_{mx}，u_{my}，u_{mz}——摩尔平均速度 $\boldsymbol{u}_m$ 在 x、y、z 3 个方向上分量；

$\dot{R}_A$——单位体积流体中组分 A 的摩尔生成速率。

式(9-42) 为通用的传质微分方程的另一表达形式。

二、传质微分方程的特定形式

式(9-41)、式(9-42) 为传质微分方程的通用形式，在实际传质过程中可根据具体情况对其进行简化。

(一) 不可压缩流体的传质微分方程

对于不可压缩流体，混合物总质量浓度 ρ 恒定，由连续性方程 $\nabla\cdot\boldsymbol{u}=0$，式(9-41) 即可简化为

$$\frac{D\rho_A}{D\theta}=D_{AB}\left(\frac{\partial^2 \rho_A}{\partial x^2}+\frac{\partial^2 \rho_A}{\partial y^2}+\frac{\partial^2 \rho_A}{\partial z^2}\right)+r_A \tag{9-43}$$

写成向量形式

$$\frac{D\rho_A}{D\theta}=D_{AB}\nabla^2\rho_A+r_A \tag{9-43a}$$

同样，若混合物总物质的量浓度 C 恒定，则式(9-42) 即可简化为

$$\frac{Dc_A}{D\theta}=D_{AB}\left(\frac{\partial^2 c_A}{\partial x^2}+\frac{\partial^2 c_A}{\partial y^2}+\frac{\partial^2 c_A}{\partial z^2}\right)+\dot{R}_A \tag{9-44}$$

写成向量形式

$$\frac{Dc_A}{D\theta}=D_{AB}\nabla^2 c_A+\dot{R}_A \tag{9-44a}$$

式(9-43)、式(9-44) 即为双组分系统不可压缩流体的传质微分方程，或称对流扩散方程。该式适用于总浓度为常数、有分子扩散并伴有化学反应的非稳态三维对流传质过程。

（二）分子传质微分方程

对于固体或无主体流动流体分子扩散过程，由于 u 或 u_m 为零，式(9-43) 及式(9-44) 可进一步简化为

$$\frac{\partial \rho_A}{\partial \theta}=D_{AB}\left(\frac{\partial^2 \rho_A}{\partial x^2}+\frac{\partial^2 \rho_A}{\partial y^2}+\frac{\partial^2 \rho_A}{\partial z^2}\right)+r_A \tag{9-45}$$

$$\frac{\partial c_A}{\partial \theta}=D_{AB}\left(\frac{\partial^2 c_A}{\partial x^2}+\frac{\partial^2 c_A}{\partial y^2}+\frac{\partial^2 c_A}{\partial z^2}\right)+\dot{R}_A \tag{9-46}$$

若系统内不发生化学反应，$r_A=0$ 及 $\dot{R}_A=0$，则有

$$\frac{\partial \rho_A}{\partial \theta}=D_{AB}\left(\frac{\partial^2 \rho_A}{\partial x^2}+\frac{\partial^2 \rho_A}{\partial y^2}+\frac{\partial^2 \rho_A}{\partial z^2}\right) \tag{9-47}$$

$$\frac{\partial \rho_A}{\partial \theta}=D_{AB}\left(\frac{\partial^2 c_A}{\partial x^2}+\frac{\partial^2 c_A}{\partial y^2}+\frac{\partial^2 c_A}{\partial z^2}\right) \tag{9-48}$$

式(9-47) 及式(9-48) 为无化学反应时的分子传质微分方程，又称为费克第二定律。它们适用于总质量浓度 ρ（或总物质的量浓度 C）不变时在固体、主体流动总通量为零时的静止或层流流体中进行分子传质的场合。

三、柱坐标系与球坐标系的传质微分方程

在某些实际场合，应用柱坐标系或球坐标系来表达传质微分方程要比直角坐标系简便。例如在研究圆管内的传质时，应用柱坐标系传质微分方程较为简便；而研究球体中或沿球面的传质时，则用球坐标系传质微分方程较为简便。

柱坐标系和球坐标系传质微分方程的推导原则上与直角坐标系类似，其详细的推导过程可参阅有关书籍。下面以不可压缩流体的对流扩散方程式(9-43) 为例，写出与之对应的柱坐标系与球坐标系的方程。

（一）柱坐标系的对流扩散方程

柱坐标系的对流扩散方程为

$$\frac{\partial \rho_A}{\partial \theta'}+u_r\frac{\partial \rho_A}{\partial r}+\frac{u_\theta}{r}\frac{\partial \rho_A}{\partial \theta}+u_z\frac{\partial \rho_A}{\partial z}=D_{AB}\left[\frac{1}{r}\frac{\partial}{\partial r}\left(r\frac{\partial \rho_A}{\partial r}\right)+\frac{1}{r^2}\frac{\partial^2 \rho_A}{\partial \theta^2}+\frac{\partial^2 \rho_A}{\partial z^2}\right]+r_A \tag{9-49}$$

式中 θ' 为时间，r 为径向坐标，z 为轴向坐标，θ 为方位角，u_r、u_θ、u_z 分别为流体的质量平均速度 $\boldsymbol{u}$ 在柱坐标系（r，θ，z）3 个方向上的分量。

（二）球坐标系的对流扩散方程

球坐标系的对流扩散方程为

$$\frac{\partial \rho_A}{\partial \theta'}+u_r\frac{\partial \rho_A}{\partial r}+\frac{u_\theta}{r}\frac{\partial \rho_A}{\partial \theta}+\frac{u_\phi}{r\sin\theta}\frac{\partial \rho_A}{\partial \phi}=D_{AB}\left[\frac{1}{r^2}\frac{\partial}{\partial r}\left(r^2\frac{\partial \rho_A}{\partial r}\right)+\frac{1}{r^2\sin\theta}\frac{\partial}{\partial \theta}\left(\sin\theta\frac{\partial \rho_A}{\partial \theta}\right)+\frac{1}{r^2\sin^2\theta}\frac{\partial^2 \rho_A}{\partial \phi^2}\right]+r_A \tag{9-50}$$

式中 θ' 为时间，r 为矢径，θ 为余纬度，ϕ 为方位角，u_r、u_ϕ、u_θ 分别为流体的质量平均速度 $\boldsymbol{u}$ 在球坐标系（r，ϕ，θ）3 个方向上的分量。

将传质微分方程式(9-43) 与传热微分方程式(6-23) 比较可知，用传质微分方程中的 ρ_A、D_{AB} 分别代替传热微分方程中的 t、α，则两方程的形式完全相同。这说明传质过程与传热过程是类似的。

【例 9-4】 试将双组分系统的一维传质微分方程

$$\frac{\partial \rho_A}{\partial \theta}+\frac{\partial(\rho_A u_x)}{\partial x}=D_{AB}\frac{\partial^2 \rho_A}{\partial x^2}+r_A$$

及

$$\frac{\partial \rho_B}{\partial \theta}+\frac{\partial(\rho_B u_x)}{\partial x}=D_{AB}\frac{\partial^2 \rho_B}{\partial x^2}+r_B$$

化为一维连续性方程

$$\frac{\partial \rho}{\partial \theta}+\frac{\partial(\rho u_x)}{\partial x}=0$$

解 组分 A 的传质微分方程为

$$\frac{\partial \rho_A}{\partial \theta}+\frac{\partial(\rho_A u_x)}{\partial x}=D_{AB}\frac{\partial^2 \rho_A}{\partial x^2}+r_A \tag{a}$$

由于

$$j_{Ax}=-D_{AB}\frac{\partial \rho_A}{\partial x}$$

上式对 x 求导数，得

$$\frac{\partial j_{Ax}}{\partial x}=-D_{AB}\frac{\partial^2 \rho_A}{\partial x^2} \tag{b}$$

将式(b) 代入式(a)，并整理得

$$\frac{\partial \rho_A}{\partial \theta}+\frac{\partial(\rho_A u_x+j_{Ax})}{\partial x}=r_A \tag{c}$$

由式(9-22) 可写出

$$j_{Ax}=\rho_A(u_{Ax}-u_x)=\rho_A u_{Ax}-\rho_A u_x \tag{d}$$

将式(d) 代入式(c)，得

$$\frac{\partial \rho_A}{\partial \theta}+\frac{\partial(\rho_A u_{Ax})}{\partial x}=r_A \tag{e}$$

通过对组分 B 的分析，同样可得

$$\frac{\partial \rho_B}{\partial \theta}+\frac{\partial(\rho_B u_{Bx})}{\partial x}=r_B \tag{f}$$

将式(e) 与式(f) 相加，得

$$\frac{\partial(\rho_A+\rho_B)}{\partial \theta}+\frac{\partial}{\partial x}(\rho_A u_{Ax}+\rho_B u_{Bx})=r_A+r_B \tag{g}$$

又由于

$$\rho=\rho_A+\rho_B \tag{h}$$

由式(9-18)，有

$$\rho u_x=\rho_A u_{Ax}+\rho_B u_{Bx} \tag{i}$$

又对于双组分系统的化学反应而言，有

$$r_A=-r_B \tag{j}$$

将式(h)、式(i)、式(j) 代入式(g)，最后得

$$\frac{\partial \rho}{\partial \theta}+\frac{\partial(\rho u_x)}{\partial x}=0$$

【例 9-5】 试应用球形薄壳衡算方法推导球体内部沿 r 方向流动并进行不稳态传质时组分 A 的传质微分方程。假定无化学反应发生，总密度 ρ 为常数。

解 在半径为 r、厚度为 dr 的球壳范围内做组分 A 的微分质量衡算。由球壳内表面输入的质量速率为

$$\text{输入质量速率}=(\rho_A u_r+j_{Ar})4\pi r^2$$

由球壳外表面输出的质量速率为

$$\text{输出质量速率}=(\rho_A u_r+j_{Ar})4\pi r^2+\frac{\partial[(\rho_A u_r+j_{Ar})4\pi r^2]}{\partial r}dr$$

球壳内积累的质量速率为

$$累积质量速率=\frac{\partial \rho_A}{\partial \theta'}4\pi r^2 dr$$

由质量守恒定律得

$$输出质量速率-输入质量速率+累积质量速率=0$$

将各项质量速率代入上式，得

$$\frac{\partial[(\rho_A u_r+j_{Ar})4\pi r^2]}{\partial r}dr+\frac{\partial \rho_A}{\partial \theta'}4\pi r^2 dr=0$$

经对上式整理得

$$\frac{\partial[(\rho_A u_r+j_{Ar})r^2]}{\partial r}+\frac{\partial \rho_A}{\partial \theta'}r^2=0 \tag{a}$$

由费克第一定律

$$j_{Ar}=-D_{AB}\frac{\partial \rho_A}{\partial r}$$

上式代入式(a)，并展开整理，得

$$\frac{\partial \rho_A}{\partial \theta'}+u_r\frac{\partial \rho_A}{\partial r}+\rho_A\frac{1}{r^2}\frac{\partial(r^2 u_r)}{\partial r}=D_{AB}\frac{1}{r^2}\frac{\partial}{\partial r}\left(r^2\frac{\partial \rho_A}{\partial r}\right) \tag{b}$$

由于 ρ 为常数，由球坐标系连续性方程可知

$$\frac{1}{r^2}\frac{\partial(r^2 u_r)}{\partial r}=0 \tag{c}$$

将式(c) 代入式(b)，得

$$\frac{\partial \rho_A}{\partial \theta'}+u_r\frac{\partial \rho_A}{\partial r}=D_{AB}\frac{1}{r^2}\frac{\partial}{\partial r}\left(r^2\frac{\partial \rho_A}{\partial r}\right) \tag{d}$$

式(d) 即为球体内部沿 r 方向流动并沿 r 方向进行不稳态传质时组分 A 的传质微分方程。

习　题

9-1 在一密闭容器内装有等摩尔分数的 O_2、N_2 和 CO_2，试求各组分的质量分数。若为等质量分数，求各组分的摩尔分数。

9-2 含乙醇（组分 A）12%（质量分数）的水溶液，其密度为 980kg/m^3，试计算乙醇的摩尔分数及物质的量浓度。

9-3 试证明，由组分 A 和 B 组成的双组分混合物系统，下列关系式成立：

(1) $da_A=\dfrac{M_A M_B\, dx_A}{(x_A M_A+x_B M_B)^2}$；(2) $dx_A=\dfrac{da_A}{M_A M_B\left(\dfrac{a_A}{M_A}+\dfrac{a_B}{M_B}\right)^2}$。

9-4 在 101.325kPa、52K 条件下，某混合气体的摩尔分数分别为：CO_2 0.080；O_2 0.035；H_2O 0.160；N_2 0.725。各组分在 z 方向的绝对速度分别为：0.00024m/s；0.00037m/s；0.00055m/s；0.0004m/s。试计算：

(1) 混合气体的质量平均速度 u；　(2) 混合气体的摩尔平均速度 u_m；

(3) 组分 CO_2 的质量通量 j_{CO_2}；　(4) 组分 CO_2 的摩尔通量 J_{CO_2}。

9-5 在 206.6kPa、294K 条件下，在 O_2（组分 A）和 CO_2（组分 B）的双组分气体混合物中发生一维稳态扩散，已知 $x_A=0.25$、$u_A=0.0017$m/s、$u_B=0.00034$m/s。试计算：

(1) c_A，c_B，C；　(2) a_A，a_B；

(3) ρ_A，ρ_B，ρ；　(4) u_A-u_m，u_B-u_m；

(5) u_A-u，u_B-u；　(6) N_A，N_B，N；

(7) n_A，n_B，n。

9-6 试写出费克第一定律的 4 种表达式，并证明对同一系统 4 种表达式中的扩散系数 D_{AB} 为同一数值。

9-7 试证明组分 A、B 组成的双组分系统中，在一般情况（有主体流动，$N_A \neq N_B$）下进行分子扩散时，在总浓度 C 恒定条件下，$D_{AB}=D_{BA}$。

9-8 试证明由组分 A、B 组成的双组分混合物中进行分子扩散时，通过固定平面的总摩尔通量 N 不等于总质量通量 n 除以平均摩尔质量，即

$$N \neq \frac{n}{\overline{M}}$$

式中 $\overline{M}=x_A M_A + x_B M_B$。

9-9 试应用摩尔平均速度 u_m 推导出组分 A、B 组成的双组分混合物的传质微分方程式(9-42)。

9-10 有一含有可裂变物质的圆柱形核燃料长棒，其内部单位体积中的中子生成的速率正比于中子的浓度，试写出描述该情况的传质微分方程，并指出简化过程的依据。

9-11 试应用圆柱形薄壳衡算方法推导圆柱体内部沿 r 方向流动并进行不稳态传质时组分 A 的传质微分方程。假定无化学反应发生，总密度 ρ 为常数。

第十章　分子传质（扩散）

本章分析在不流动的流体介质中或固体中由于分子扩散引起的质量传递问题。分子扩散按扩散介质的不同可分为气体中的扩散、液体中的扩散及固体中的扩散几种类型，本章将分别予以讨论，重点讨论气体中的稳态扩散过程。

第一节　一维稳态分子扩散的通用速率方程

前已述及，对于一维稳态分子扩散过程，其扩散速率可用式（9-33）描述。若混合物的总浓度 C 恒定，则该式可以写成

$$N_A = -D_{AB}\frac{dc_A}{dz} + \frac{c_A}{C}(N_A + N_B) \tag{10-1}$$

若扩散过程为通过两平行平面的扩散，则沿扩散方向的扩散面积不变，故扩散通量 N_A、N_B 为常数。在系统中取 z_1 和 z_2 两个平面，设组分 A、B 在平面 z_1 处的物质的量浓度为 c_{A1} 和 c_{B1}，在 z_2 处的物质的量浓度为 c_{A2} 和 c_{B2}，且 $c_{A1} > c_{A2}$、$c_{B1} < c_{B2}$，系统的总物质的量浓度 C 恒定。对式(10-1) 分离变量并积分

$$\frac{1}{CD_{AB}}\int_{z_1}^{z_2} dz = -\int_{c_{A1}}^{c_{A2}} \frac{dc_A}{N_A C - c_A(N_A + N_B)}$$

可得

$$\frac{1}{N_A + N_B}\ln\frac{N_A C - c_{A2}(N_A + N_B)}{N_A C - c_{A1}(N_A + N_B)} = \frac{\Delta z}{CD_{AB}}$$

或

$$N_A = \frac{N_A}{N_A + N_B}\frac{CD_{AB}}{\Delta z}\ln\frac{\dfrac{N_A}{N_A + N_B} - \dfrac{c_{A2}}{C}}{\dfrac{N_A}{N_A + N_B} - \dfrac{c_{A1}}{C}} \tag{10-2}$$

式中　Δz——扩散距离，$\Delta z = z_2 - z_1$。

式(10-2) 即为双组分系统在不流动或层流流体与流动相垂直方向上扩散面积不变时沿 z 方向进行一维稳态扩散时的通用积分式。该式适用于上述扩散条件下的气体、液体以及固体中遵循费克定律的分子扩散过程。若已知两组分扩散通量 N_A 与 N_B 之间的关系及有关条件，就可利用该式计算任一组分的扩散速率。下面以式(10-2) 为基础，讨论不同情况下气体、液体和固体中的稳态分子扩散问题。

第二节　气体中的分子扩散

一、组分 A 通过停滞组分 B 的稳态扩散

在由组分 A 和组分 B 组成的二元混合物中，组分 A 通过停滞组分 B 进行稳态扩散的情况多在吸收操作中遇到。例如用水吸收空气中氨的过程，气相中氨（组分 A）通过不扩散的空气（组分 B）扩散至气液相界面，然后溶于水中，而空气在水中可认为是不溶解的，故它并不能通过气液相界面，是“停滞”不动的。

（一）扩散通量方程

对于组分 A 通过停滞组分 B 的一维稳态扩散过程，当扩散面积不变时，N_A 和 N_B 分别为

$$N_A = 常数$$

$$N_B = 0$$

即
$$\frac{N_A}{N_A + N_B} = 1 \tag{10-3}$$

当扩散系统的压力较低时，气相可按理想气体混合物处理，于是有

$$\frac{c_A}{C} = \frac{p_A}{p} = y_A \tag{10-4}$$

及
$$C = \frac{p}{RT} \tag{10-5}$$

将式(10-3)～式(10-5) 代入式(10-2)，可得

$$N_A = \frac{D_{AB}}{\Delta z}\frac{p}{RT}\ln\frac{1 - \frac{p_{A2}}{p}}{1 - \frac{p_{A1}}{p}}$$

或
$$N_A = \frac{D_{AB}p}{RT\Delta z}\ln\frac{p - p_{A2}}{p - p_{A1}} \tag{10-6}$$

式(10-6) 即为组分 A 通过停滞组分 B 稳态扩散时的扩散通量表达式。该式也可由式(10-1) 导出。应用此式可计算组分 A 的扩散通量。

式(10-6) 也可变为如下形式表示。

由于总压 p 保持恒定，得

$$p_{B2} = p - p_{A2}$$

$$p_{B1} = p - p_{A1}$$

因此
$$p_{B2} - p_{B1} = p_{A1} - p_{A2}$$

于是有
$$N_A = \frac{D_{AB}p}{RT\Delta z}\frac{p_{A1} - p_{A2}}{p_{B2} - p_{B1}}\ln\frac{p_{B2}}{p_{B1}}$$

令
$$p_{BM} = \frac{p_{B2} - p_{B1}}{\ln\frac{p_{B2}}{p_{B1}}}$$

p_{BM}称为组分 B 的对数平均分压。据此，得

$$N_A = \frac{D_{AB}p}{RT\Delta z p_{BM}}(p_{A1} - p_{A2}) \tag{10-7}$$

式中，$p_{A1} - p_{A2}$可视为组分 A 的扩散传质推动力。

(二) 浓度分布方程

由于扩散过程为通过相等扩散面积的稳态扩散，故

$$N_A = 常数$$

即
$$\frac{dN_A}{dz} = 0 \tag{10-8}$$

对气体而言，式(10-1) 可写成以下形式

$$N_A = -D_{AB}C\frac{dy_A}{dz} + y_A(N_A + N_B)$$

又 $N_B = 0$，代入上式并整理得

$$N_A = -\frac{CD_{AB}}{1 - y_A}\frac{dy_A}{dz}$$

代入式(10-8)，得

$$\frac{\mathrm{d}}{\mathrm{d}z}\left[-\frac{CD_{AB}}{1-y_A}\frac{\mathrm{d}y_A}{\mathrm{d}z}\right]=0$$

设组分在恒温、恒压条件下进行扩散，D_{AB}及 C 均为常数，于是上式简化为

$$\frac{\mathrm{d}}{\mathrm{d}z}\left[\frac{1}{1-y_A}\frac{\mathrm{d}y_A}{\mathrm{d}z}\right]=0$$

上式经两次积分得

$$-\ln(1-y_A)=C_1z+C_2 \tag{10-9}$$

积分常数 C_1、C_2 可由以下边界条件定出：

(1) $z=z_1$：$y_A=y_{A1}=\dfrac{p_{A1}}{p}$

(2) $z=z_2$：$y_A=y_{A2}=\dfrac{p_{A2}}{p}$

将边界条件（1）和（2）代入式(10-9)，即可求得积分常数 C_1 及 C_2 如下：

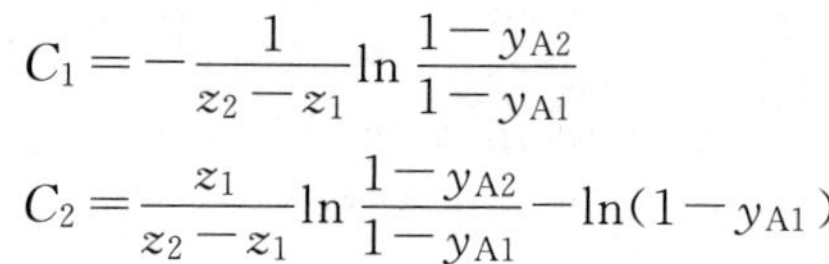

$$C_1=-\frac{1}{z_2-z_1}\ln\frac{1-y_{A2}}{1-y_{A1}}$$

$$C_2=\frac{z_1}{z_2-z_1}\ln\frac{1-y_{A2}}{1-y_{A1}}-\ln(1-y_{A1})$$

将 C_1 和 C_2 代入式(10-9)，最后求出浓度分布方程为

$$\frac{1-y_A}{1-y_{A1}}=\left(\frac{1-y_{A2}}{1-y_{A1}}\right)^{\frac{z-z_1}{z_2-z_1}} \tag{10-10}$$

或写成

$$\frac{y_B}{y_{B1}}=\left(\frac{y_{B2}}{y_{B1}}\right)^{\frac{z-z_1}{z_2-z_1}} \tag{10-11}$$

式(10-10)、式(10-11) 表明，组分 A 通过停滞组分 B 扩散时，浓度分布为对数型。组分 A 通过停滞组分 B 扩散的浓度分布如图 10-1 所示。

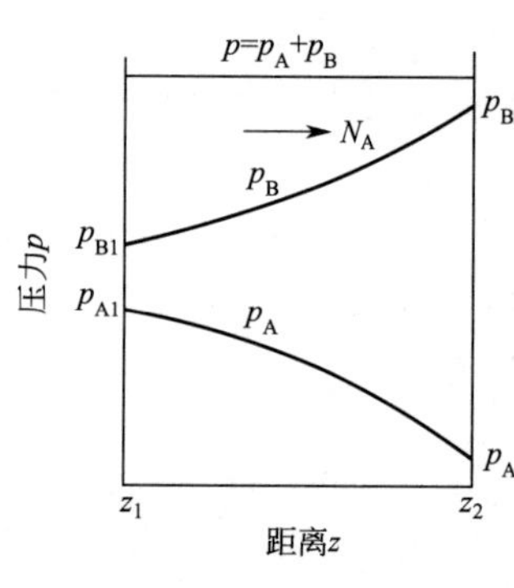

图 10-1 组分 A 通过停滞组分 B 的扩散

【例 10-1】 在某一直立的细管中，底部的水在恒定温度 293K 下向干空气中蒸发。干空气的总压为 1.013×10^5Pa，温度亦为 293K。水蒸气在管内的扩散距离（由液面至顶部）$\Delta z=$15cm。在 1.013×10^5Pa 和 293K 下，水蒸气在空气中的扩散系数 $D_{AB}=2.50\times10^{-5}\,\mathrm{m^2/s}$。试求稳态扩散时水蒸气的摩尔通量及浓度分布方程。水在 293K 时的蒸气压为 17.54mmHg。

解 (1) 求水蒸气的摩尔扩散通量 N_A

应用式(10-7)

$$N_A=\frac{D_{AB}p}{RT\Delta z p_{BM}}(p_{A1}-p_{A2})$$

在水面（即 $z=z_1=0$）处，p_{A1}为水的饱和蒸气压，即

$$p_{A1}=\frac{17.54}{760}\times(1.013\times10^5)=2.338\times10^3\ (\mathrm{Pa})$$

在管顶部（即 $z=z_2=0.15$m）处，由于水蒸气的分压很小，可视为零，即

$$p_{A2}=0$$

故

$$p_{B1}=p-p_{A1}=(1.013-0.02338)\times10^5=9.896\times10^4\ (\mathrm{Pa})$$

$$p_{B2}=p-p_{A2}=1.013\times10^5\ (\mathrm{Pa})$$

$$p_{BM}=\frac{p_{B2}-p_{B1}}{\ln\dfrac{p_{B2}}{p_{B1}}}=\frac{(1.013-0.9896)\times10^5}{\ln\dfrac{1.013\times10^5}{9.896\times10^4}}=1.001\times10^5\ (\text{Pa})$$

故水蒸气的摩尔通量为

$$N_A=\frac{(2.50\times10^{-5})\times(1.013\times10^5)}{8314\times293\times0.15\times(1.001\times10^5)}\times(2.338\times10^3-0)=1.619\times10^{-7}\ [\text{kmol/(m}^2\cdot\text{s)}]$$

(2) 求浓度分布

应用式(10-11)

$$y_B=y_{B1}\left(\frac{y_{B2}}{y_{B1}}\right)^{\frac{z-z_1}{z_2-z_1}}$$

式中

$$y_{B1}=\frac{p_{B1}}{p}=\frac{9.896\times10^4}{1.013\times10^5}=0.9769$$

$$y_{B2}=\frac{p_{B2}}{p}=\frac{1.013\times10^5}{1.013\times10^5}=1$$

故

$$y_B=0.9769\times\left(\frac{1}{0.9769}\right)^{\frac{z-0}{0.15-0}}$$

即浓度分布方程为

$$y_B=0.9769\times1.024^{z/0.15}$$

二、等分子反方向稳态扩散

等分子反方向稳态扩散的情况多在两个组分的摩尔潜热相等的蒸馏操作中遇到，此时在气相中，通过与扩散方向垂直的平面，若有 1 摩尔的难挥发组分向气液界面方向扩散，同时必有 1 摩尔的易挥发组分由界面向气相主体方向扩散。

(一) 扩散通量方程

对于等分子反方向扩散过程，当扩散面积不变时，有

$$N_A=-N_B=\text{常数}$$

即

$$\frac{N_A}{N_A+N_B}=\infty$$

由此可见，等分子反方向扩散过程的扩散通量 N_A 不能直接用式(10-2) 计算，这是由于在此情况下该式变成了不定的形式。但式(10-1) 仍然适用。由式(10-1)

$$N_A=-D_{AB}\frac{dc_A}{dz}+\frac{c_A}{C}(N_A+N_B)$$

又由于 $N_A=-N_B$，上式变为

$$N_A=-D_{AB}\frac{dc_A}{dz}\tag{10-12}$$

在系统中取 z_1 和 z_2 两个平面，设组分 A、B 在平面 z_1 处的物质的量浓度为 c_{A1} 和 c_{B1}，在 z_2 处的物质的量浓度为 c_{A2} 和 c_{B2}，且 $c_{A1}>c_{A2}$、$c_{B1}<c_{B2}$，系统的总物质的量浓度 C 恒定。

式(10-12) 经分离变量并积分

$$N_A\int_{z_1}^{z_2}dz=-D_{AB}\int_{c_{A1}}^{c_{A2}}dc_A$$

可得

$$N_A=\frac{D_{AB}}{\Delta z}(c_{A1}-c_{A2})\tag{10-13}$$

当扩散系统处于低压时，气相可按理想气体混合物处理，于是

$$C=\frac{p}{RT}$$

$$c_A=\frac{p_A}{RT}$$

将上述关系代入式(10-13)，得

$$N_A=\frac{D_{AB}}{RT\Delta z}(p_{A1}-p_{A2}) \tag{10-14}$$

式(10-13) 和式(10-14) 即为 A、B 两组分做等分子反方向稳态扩散时的扩散通量表达式。依此式可计算组分 A 的扩散通量。

比较式(10-7) 与式(10-14) 可看出，组分 A 通过停滞组分 B 扩散时，组分 A 的扩散通量较等分子反方向扩散时组分 A 的扩散通量相差 p/p_{BM}，前者为有主体流动的扩散过程，后者主体流动量为零。因此 p/p_{BM} 反映了主体流动对传质速率的影响，定义为“漂流因数”。因 $p>p_{BM}$，所以漂流因数 $p/p_{BM}>1$，这表明由于有主体流动而使组分 A 的传递速率较单纯的分子扩散大一些。当混合气体中组分 A 的浓度很低时，$p_{BM}\approx p$，因而 $p/p_{BM}\approx 1$，式(10-7) 即可简化为式(10-14)。

（二）浓度分布方程

等分子反方向扩散下的浓度分布方程可通过传质微分方程式(9-43) 简化并积分得出。此情况下传质微分方程可简化为

$$\frac{d^2c_A}{dz^2}=0$$

积分两次，得

$$c_A=C_1z+C_2$$

积分常数 C_1、C_2 可由以下边界条件定出：

(1) $z=z_1$：$c_A=c_{A1}=C\dfrac{p_{A1}}{p}$

(2) $z=z_2$：$c_A=c_{A2}=C\dfrac{p_{A2}}{p}$

最后求出浓度分布方程为

$$\frac{c_A-c_{A1}}{c_{A1}-c_{A2}}=\frac{z-z_1}{z_1-z_2} \tag{10-15}$$

或

$$\frac{p_A-p_{A1}}{p_{A1}-p_{A2}}=\frac{z-z_1}{z_1-z_2} \tag{10-16}$$

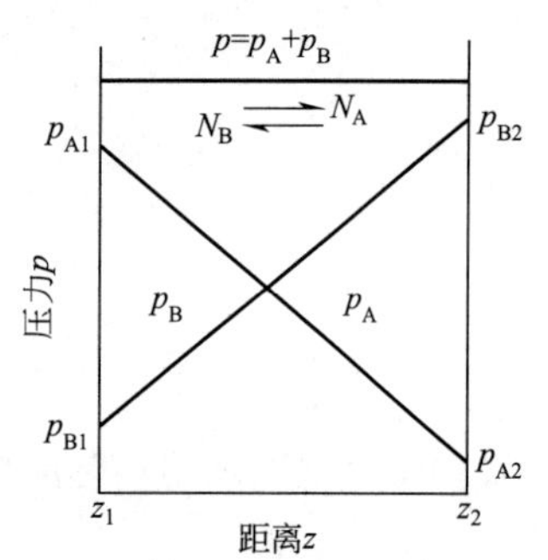

图 10-2　等分子反方向扩散

等分子反方向扩散的浓度分布如图 10-2 所示。组分 A 和组分 B 的浓度分布均为直线，在扩散距离上的任一点 z 处 p_A 与 p_B 之和为系统的总压力 p。

【例 10-2】 有两个大的容器，中间用一根内径为 20mm、长为 120mm 的圆管连接。在两个容器中分别装有组成不同的 N_2 和 CO_2 混合气体。在第一容器中，N_2 的摩尔分数为 0.85；在第二容器中，N_2 的摩尔分数为 0.25。两容器中的压力均为常压，温度为 298K。试计算每小时 N_2 从第一容器扩散进入第二容器的质量。

解 此问题为等温等压下的等分子反方向稳态扩散过程。

由

$$N_A=\frac{D_{AB}}{RT\Delta z}(p_{A1}-p_{A2})$$

其中

$$p_{A1}=y_{A1}p=0.85\times(1.013\times10^5)=8.611\times10^4\ \text{(Pa)}$$

$$p_{A2}=y_{A2}p=0.25\times(1.013\times10^5)=2.533\times10^4\ \text{(Pa)}$$

查附录 C，298K 下 N_2 在 CO_2 中的扩散系数为

$$D_{AB}=0.167\times10^{-4}\,m^2/s$$

$$N_A=\frac{0.167\times10^{-4}}{8314\times298\times0.120}\times(8.611\times10^4-2.533\times10^4)=3.4\times10^{-6}\ [kmol/(m^2\cdot s)]$$

故

$$G_A=N_A\frac{\pi}{4}d^2M_A=(3.4\times10^{-6})\times0.785\times0.02^2\times28=2.99\times10^{-8}\ (kg/s)$$

$$=1.076\times10^{-4}\ (kg/h)$$

三、气体扩散系数的测定和计算

气体的扩散系数与系统的温度、压力以及物质的性质有关。对于双组分气体混合物，组分的扩散系数在低压下与浓度无关。

（一）气体扩散系数的实验数据

气体扩散系数的实验数据可从有关资料中查得，某些双组分气体混合物的扩散系数实验数据列于附录 C 中。因扩散系数数据是在一定的实验条件下测定的，使用这些实验数据时应注意条件。气体中的扩散系数，其值一般在 $1\times10^{-5}\sim1\times10^{-4}\,m^2/s$ 范围内。

（二）气体扩散系数的测定

测定二元气体扩散系数的方法有蒸发管法、双容积法、液滴蒸发法等，其中以蒸发管法最为常用，现侧重讨论用该方法测定气体扩散系数的原理。

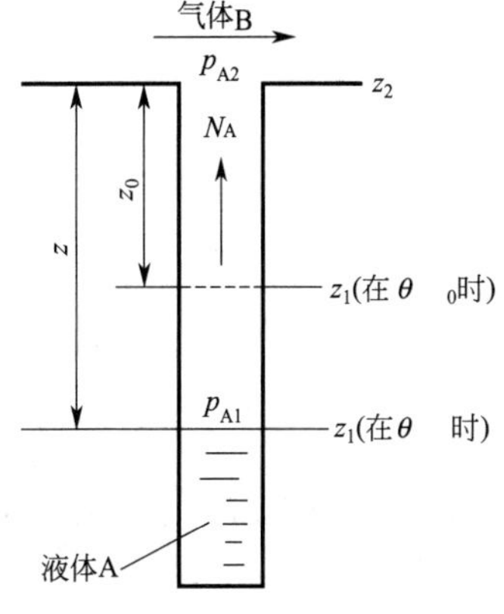

图 10-3　蒸发管法测定气体扩散系数

图 10-3 所示为蒸发管法测定气体扩散系数的装置。装置的主体为一细长的圆管，该圆管置于恒温、恒压的系统内。测定时，将液体 A 注入圆管的底部，使气体 B 徐徐地流过管口。于是，液体 A 便汽化，并通过气层 B 进行扩散。组分 A 扩散到管口处，即被气体 B 带走，使得管口处的浓度很低，可认为 $p_{A2}\approx0$，而液面处组分 A 的分压 p_{A1} 为在测定条件下组分 A 的饱和蒸气压。

在扩散过程中，由于液体 A 不断消耗，液面随时间不断下降，扩散距离 z 随时间而变，故该过程为非稳态过程。但由于液体 A 的汽化和扩散速率很慢，以致在很长时间内液面下降的距离与整个扩散距离相比很小，于是可将该过程当作稳态过程来处理，此种过程称为拟稳态过程。

若在扩散过程中气体 B 不能溶解于液体 A 中，则该过程为组分 A 通过停滞组分 B 的拟稳态扩散过程，其扩散通量可用式(10-7) 表示

$$N_A=\frac{D_{AB}p}{RT\Delta z p_{BM}}(p_{A1}-p_{A2}) \tag{10-7}$$

组分 A 的扩散通量 N_A 亦可通过物料衡算得到。设在 $d\theta$ 时间内液面下降 dz，则

$$\rho_{AL}dzA=N_AAd\theta M_A$$

整理得

$$N_A=\frac{\rho_{AL}}{M_A}\frac{dz}{d\theta}$$

式中　ρ_{AL}——组分 A 的密度，kg/m^3；

M_A——组分 A 的摩尔质量，kg/kmol；

A——圆管的横截面积，m^2。

在拟稳态扩散情况下，上两式应该相等，即

$$\frac{D_{AB}p}{RTp_{BM}\Delta z}(p_{A1}-p_{A2})=\frac{\rho_{AL}}{M_A}\frac{dz}{d\theta} \tag{10-17}$$

上式经分离变量并积分

$$\int_0^\theta \mathrm{d}\theta=\frac{\rho_{AL}RTp_{BM}}{D_{AB}pM_A(p_{A1}-p_{A2})}\int_{z_0}^{z} z\mathrm{d}z$$

得

$$\theta=\frac{\rho_{AL}RTp_{BM}}{D_{AB}pM_A(p_{A1}-p_{A2})}\frac{z^2-z_0^2}{2} \tag{10-18}$$

或

$$D_{AB}=\frac{RTp_{BM}\rho_{AL}(z^2-z_0^2)}{2pM_A\theta(p_{A1}-p_{A2})} \tag{10-19}$$

测定时，可记录一系列时间间隔与 z 的对应关系，由式(10-19) 即可计算出扩散系数 D_{AB}。此方法比较简便易行，精确度较高，许多实验数据都是用此方法获得的。

【例 10-3】 用蒸发管法测定甲醇在 298K、101.3 kPa 下在空气中的扩散系数。已知经历 9.2h 后液面由距离顶部的 0.080m 下降至 0.082m。在实验条件下甲醇的密度为 785kg/m³，饱和蒸气压为 16.8kPa。

解 由于空气在甲醇中不溶解，$N_B=0$，该过程为甲醇通过停滞空气的扩散。

由

$$D_{AB}=\frac{RTp_{BM}\rho_{AL}(z^2-z_0^2)}{2pM_A\theta(p_{A1}-p_{A2})}$$

其中

$$p_{B1}=p-p_{A1}=101.3-16.8=84.5\ (\text{kPa})$$

$$p_{B2}=p-p_{A2}=101.3-0=101.3\ (\text{kPa})$$

$$p_{BM}=\frac{p_{B2}-p_{B1}}{\ln\dfrac{p_{B2}}{p_{B1}}}=\frac{101.3-84.5}{\ln\dfrac{101.3}{84.5}}=92.65\ (\text{kPa})$$

故 $$D_{AB}=\frac{8314\times298\times(92.65\times10^3)\times785\times(0.082^2-0.080^2)}{2\times(101.3\times10^3)\times32\times(9.2\times3600)\times(16.8\times10^3-0)}=1.62\times10^{-5}\ (\text{m}^2/\text{s})$$

(三) 气体扩散系数的计算公式

气体扩散系数的实验值是在特定条件下测定的，目前已发表的实验数据数量有限，在许多情况下要通过计算求得所需的扩散系数值。

1. 双组分气体混合物中气体扩散系数的理论公式

根据气体分子运动学说，可导出双组分气体混合物中气体的扩散系数计算式如下：

$$D_{AB}=\frac{bT^{3/2}\left(\dfrac{1}{M_A}+\dfrac{1}{M_B}\right)^{1/2}}{pS_{av}} \tag{10-20}$$

式中 T——热力学温度，K；

M_A，M_B——组分 A、B 的摩尔质量，kg/kmol；

p——总压力，atm（1atm=1.013×10⁵Pa）；

S_{av}——物质 A、B 的分子平均截面积，m²；

b——常数，由实验确定。

式(10-20) 中，物质 A、B 的分子平均截面积 S_{av} 的确定较难，故该式的实际应用价值不大。该式的主要价值在于指出了扩散系数 D_{AB} 与温度 T、压力 p 及组分 A 和 B 的摩尔质量 M_A、M_B 等参数之间的函数关系，为其他一些半经验公式的提出提供了理论基础。

2. 双组分气体混合物中气体扩散系数的半经验公式

许多研究者根据式(10-20)，并结合实验研究结果，关联了各种计算双组分系统中 D_{AB} 的半经验公式。现介绍几个常用的公式。

(1) 福勒（Fuller)-斯凯勒（Schettler)-吉丁斯（Giddings）公式 福勒等人使用了 153 种二元气体系统的 340 个实验数据，通过回归分析得出下式：

$$D_{AB}=\frac{1.0\times10^{-7}T^{1.75}\left(\frac{1}{M_A}+\frac{1}{M_B}\right)^{1/2}}{p[(\sum v_A)^{1/3}+(\sum v_B)^{1/3}]^2} \tag{10-21}$$

式中　T——热力学温度，K；

p——总压力，atm；

$\sum v_A,\sum v_B$——组分 A、B 的分子扩散体积，cm^3/mol。

式(10-21) 中的分子扩散体积$\sum v_A$、$\sum v_B$ 的计算方法为：对一些简单的物质（如氧、氢、空气等）可直接采用分子扩散体积的值；对一般有机化合物的蒸气可按其分子式由相应的原子扩散体积相加而得。某些简单物质的分子扩散体积和某些元素的原子扩散体积列于表 10-1 及表 10-2 中。

表 10-1　简单分子的扩散体积

物　质	$\sum v/(cm^3/mol)$	物　质	$\sum v/(cm^3/mol)$
H_2	7.07	CO	18.90
D_2	6.70	CO_2	26.90
He	2.88	N_2O	35.90
N_2	17.90	NH_3	14.90
O_2	16.60	H_2O	12.70
空气	20.10	(CCl_2F_2)	114.80
Ar	16.10	(SF_6)	69.70

注：表中括号内的物质只根据很少的实验数据得到。

表 10-2　原子的扩散体积

元　素	原子扩散体积/(cm^3/mol)	元　素	原子扩散体积/(cm^3/mol)
C	16.50	(Cl)	19.5
H	1.98	(S)	17.0
O	5.48	芳香环	−20.2
(N)	5.69	杂环	−20.2

注：表中括号内的物质只根据很少的实验数据得到。

应予指出，式(10-21) 是由接近室温下的实验数据关联而得的，故该式仅用于求算低压下接近室温时的非极性气体混合物或极性-非极性气体混合物的扩散系数，在其他情况下的精确度欠佳。

(2) 赫虚范特（Hirschfelder)-克蒂斯（Curtiss)-伯特（Bird）公式　为了更精确地计算气体扩散系数，可采用赫虚范特等人推荐的公式：

$$D_{AB}=\frac{1.8583\times10^{-7}T^{3/2}}{p\sigma_{AB}^2\Omega_D}\left(\frac{1}{M_A}+\frac{1}{M_B}\right)^{1/2} \tag{10-22}$$

其中

$$\sigma_{AB}=\frac{1}{2}(\sigma_A+\sigma_B) \tag{10-23}$$

$$\Omega_D=f\left(\frac{kT}{\varepsilon_{AB}}\right) \tag{10-24}$$

$$\frac{\varepsilon_{AB}}{k}=\left(\frac{\varepsilon_A}{k}\frac{\varepsilon_B}{k}\right)^{1/2} \tag{10-25}$$

式中　M_A,M_B——组分 A、B 的摩尔质量，kg/kmol；

p——总压力，atm；

T——热力学温度，K；

σ_{AB}——平均碰撞直径，Å（1Å$=10^{-10}$m)；

σ_A,σ_B——组分 A、B 的碰撞直径，Å；

Ω_D——分子扩散的碰撞积分；

k——玻耳兹曼（Boltzmann）常数（$k=0.1380$J/K)；

ε_{AB}——组分 A、B 分子间作用的能量，J；

ε_A ,ε_B——A、B分子的势常数，J。

碰撞积分 Ω_D 的含义是将分子间具有相互作用的气体视为弹性刚球时所产生的偏差。对于分子间无相互作用的气体，其值为1.0。Ω_D 与 kT/ε_{AB}之间的关系可由附录D中查得。σ_{AB}、ε_{AB}称为伦纳德（Lennard)-琼斯（Jones）势参数，其值可根据式(10-23)及式(10-25)由相应纯物质的 σ_i、ε_i 值求出，某些纯物质的 ε_i/k 及 σ_i 值可由附录E中查得。

式(10-22)被认为是目前用来计算非极性二元气体混合物扩散系数最好的公式。经与50种二元气体系统的扩散系数实验值验证，其偏差在6%以内。由于扩散系数的精确测量相当困难，上述误差可能来自于实验误差。

式(10-22)也常用来对实验数据进行外推。由该式可看出，D_{AB}与总压 p 成反比。对于压力高达2.5MPa（25atm）的中压气体，式(10-22)仍然适用。至于高压下气体的扩散系数，目前还缺乏令人满意的计算公式。当压力小于2.5MPa时，任何温度下的扩散系数 D_{AB2} 可根据已知的 D_{AB1} 按下式求算：

$$D_{AB2}=D_{AB1}\frac{p_1}{p_2}\left(\frac{T_2}{T_1}\right)^{3/2}\frac{\Omega_{D1}}{\Omega_{D2}} \tag{10-26}$$

【例10-4】 试分别用式(10-21)、式(10-22)计算101.3kPa、288K下甲烷（A）在氢（B）中的扩散系数 D_{AB}。实验值为 $6.94\times10^{-5}\text{m}^2/\text{s}$。

解 （1）用式(10-21)计算 查表10-2，计算出

$$\sum v_A=16.50+1.98\times4=24.42\ (\text{cm}^3/\text{mol})$$

查表10-1

$$\sum v_B=7.07\ (\text{cm}^3/\text{mol})$$

故

$$D_{AB}=\frac{1.0\times10^{-7}T^{1.75}\left(\frac{1}{M_A}+\frac{1}{M_B}\right)^{1/2}}{p[(\sum v_A)^{1/3}+(\sum v_B)^{1/3}]^2}$$

$$=\frac{(1.0\times10^{-7})\times288^{1.75}\times\left(\frac{1}{16}+\frac{1}{2}\right)^{1/2}}{1\times(24.42^{1/3}+7.07^{1/3})^2}=6.498\times10^{-5}\ (\text{m}^2/\text{s})$$

（2）用式(10-22)计算 查附录E得

$$\sigma_A=3.758\text{Å},\ \varepsilon_A/k=148.6\text{K};\ \sigma_B=2.827\text{Å},\ \varepsilon_B/k=59.7\text{K}$$

$$\sigma_{AB}=\frac{1}{2}(\sigma_A+\sigma_B)=\frac{1}{2}\times(3.758+2.827)=3.293\ (\text{Å})$$

$$\frac{\varepsilon_{AB}}{k}=\left(\frac{\varepsilon_A}{k}\frac{\varepsilon_B}{k}\right)^{1/2}=(148.6\times59.7)^{1/2}=94.2\ (\text{K})$$

$$\frac{kT}{\varepsilon_{AB}}=\frac{288}{94.2}=3.06$$

由附录D得

$$\Omega_D=0.9440$$

故

$$D_{AB}=\frac{1.8583\times10^{-7}T^{3/2}}{p\sigma_{AB}^2\Omega_D}\left(\frac{1}{M_A}+\frac{1}{M_B}\right)^{1/2}$$

$$=\frac{1.8583\times10^{-7}\times288^{3/2}}{1\times3.293^2\times0.9440}\times\left(\frac{1}{16}+\frac{1}{2}\right)^{1/2}=6.65\times10^{-5}\ (\text{m}^2/\text{s})$$

第三节 液体中的分子扩散

液体中的分子扩散速率远远低于气体中的分子扩散速率，其原因是由于液体分子之间的距离较小，扩散物质A的分子运动时很容易与邻近液体B的分子相碰撞，使本身的扩散速率减

慢。一般可以假定，液体中分子被约束在一种晶体结构之内，每个分子与其四邻分子之间存在着分子吸引力，使得它被限制在一定的区域或轨道内。同时热能又使这些分子在它们各自的轨道内振动，并且偶尔会有一两个分子由于接受了足够的能量，摆脱吸引力而转入新的轨道。迁移频率是分子能量的函数，从而是温度的函数。一般而言，气体中的扩散系数是液体中的扩散系数的 10^5 倍。然而扩散通量相差并不如此悬殊，其原因是液体的浓度比气体大得多，故在气体中的扩散通量比在液体中的扩散通量高出 100 倍左右。

一、液体中的稳态分子扩散速率方程

组分 A 在液体中的扩散通量仍可用式(10-1) 来描述。与气体中的扩散不同的是，在稳态扩散时，气体的扩散系数 D_{AB} 及总浓度 C 均为常数，故式(10-1) 求解很方便。而液体中的扩散则不然，组分 A 的扩散系数随浓度而变，且总浓度在整个液相中也并非到处保持一致，因此式(10-1) 求解非常困难。目前液体中的扩散理论还不够成熟，仍需用式(10-1) 进行求解，但在使用过程中需做以下处理：式(10-1) 中的扩散系数应以平均扩散系数、总浓度应以平均总浓度代替。因此，有

$$N_A = -D_{AB}\frac{dc_A}{dz} + \frac{c_A}{C_{av}}(N_A + N_B) \tag{10-27}$$

其中

$$C_{av} = \left(\frac{\rho}{M}\right)_{av} = \frac{1}{2}\left(\frac{\rho_1}{M_1} + \frac{\rho_2}{M_2}\right)$$

$$D_{AB} = \frac{1}{2}(D_{AB1} + D_{AB2})$$

式中　C_{av}——混合物的总平均浓度，$kmol/m^3$；

ρ_1, ρ_2——溶液在点 1 及点 2 处的平均密度，kg/m^3；

$\overline{M}_1, \overline{M}_2$——溶液在点 1 及点 2 处的平均摩尔质量，kg/kmol；

D_{AB1}, D_{AB2}——在点 1 及点 2 处组分 A 在溶剂 B 中的扩散系数，m^2/s；

ρ——溶液的总密度，kg/m^3；

M——溶液的总平均摩尔质量，kg/kmol。

将式(10-27) 积分，可得

$$N_A = \frac{N_A}{N_A + N_B}\frac{D_{AB}}{\Delta z}C_{av}\ln\frac{\dfrac{N_A}{N_A + N_B} - \dfrac{c_{A2}}{C_{av}}}{\dfrac{N_A}{N_A + N_B} - \dfrac{c_{A1}}{C_{av}}} \tag{10-28}$$

式(10-28) 为液体中组分 A 在组分 B 中进行稳态扩散且扩散面积不变时扩散通量方程的一般积分形式。与气体扩散情况一样，液体扩散也有常见的两种情况，即组分 A 通过停滞组分 B 的扩散及组分 A 与组分 B 的等分子反方向扩散。下面以式(10-28) 为基础，讨论上述两种形式扩散速率计算方法。

二、组分 A 通过停滞组分 B 的稳态扩散

溶质 A 在停滞的溶剂 B 中的扩散是液体扩散中最重要的方式，在萃取等操作中都会遇到。例如，用苯甲酸的水溶液与苯接触时，苯甲酸（A）会通过水（B）向相界面扩散，再越过相界面进入苯相中去，在相界面处水不扩散，故 $N_B = 0$。

对于组分 A 通过停滞组分 B 的稳态扩散过程，当扩散面积不变时，$N_A =$ 常数，$N_B = 0$，故式(10-28) 化为

$$N_A = \frac{D_{AB}}{\Delta z}C_{av}\ln\frac{1 - (c_{A2}/c_{av})}{1 - (c_{A1}/c_{av})}$$

或

$$N_A = \frac{D_{AB}}{\Delta z x_{BM}}C_{av}(x_{A1} - x_{A2}) \tag{10-29}$$

式中，x_{BM}为停滞组分 B 的对数平均摩尔分数，由下式定义：

$$x_{BM}=\frac{x_{B2}-x_{B1}}{\ln\frac{x_{B2}}{x_{B1}}}$$

当液体为稀溶液时，$x_A \ll 1$，则 $x_{BM}\approx 1$，于是式(10-29) 可简化为

$$N_A=\frac{D_{AB}}{\Delta z}C_{av}(x_{A1}-x_{A2})=\frac{D_{AB}}{\Delta z}(c_{A1}-c_{A2}) \tag{10-30}$$

三、等分子反方向稳态扩散

液体中的等分子反方向扩散发生在摩尔潜热相等的二元混合物蒸馏时的液相中，此时易挥发组分 A 向气-液相界面方向扩散，难挥发组分 B 向液相主体的方向扩散。

对于等分子反方向稳态扩散过程，当扩散面积不变时，$N_A=-N_B=$常数，由式(10-27) 可得

$$N_A=-C_{av}D_{AB}\frac{dx_A}{dz}$$

积分得

$$N_A=\frac{D_{AB}}{\Delta z}C_{av}(x_{A1}-x_{A2})=\frac{D_{AB}}{\Delta z}(c_{A1}-c_{A2}) \tag{10-31}$$

【例 10-5】 在 293K 下，令有机溶剂与乙醇水溶液接触，有机溶剂与水不互溶。乙醇由水相向有机相扩散。设乙醇在水相中通过 2mm 厚的停滞膜扩散。在膜的一侧（点 1）处，溶液的密度为 972.8kg/m^3，乙醇的质量分数为 16.8%；在膜的另一侧（点 2）处，溶液的密度为 988.1kg/m^3，乙醇的质量分数为 6.8%。乙醇在水中的平均扩散系数为 7.4×10^{-10} m^2/s。试求算乙醇稳态扩散时的通量 N_A。

解 此题为组分 A（乙醇）通过停滞组分 B（水）的稳态扩散问题，可利用式(10-29) 求算 N_A。

以 100kg 乙醇水溶液为基准，算出

$$x_{A1}=\frac{16.8/46.05}{16.8/46.05+83.2/18.02}=0.0732$$

$$x_{A2}=\frac{6.8/46.05}{6.8/46.05+93.2/18.02}=0.0278$$

$$\overline{M}_1=0.0732\times46.05+0.9268\times18.02=20.07\ (\text{kg/kmol})$$

$$\overline{M}_2=0.0278\times46.05+0.9722\times18.02=18.80\ (\text{kg/kmol})$$

$$C_{av}=\frac{1}{2}\left(\frac{\rho_1}{M_1}+\frac{\rho_2}{M_2}\right)=\frac{1}{2}\times\left(\frac{972.8}{20.07}+\frac{988.1}{18.80}\right)=50.51\ (\text{kmol/m}^3)$$

$$x_{B1}=1-x_{A1}=1-0.0732=0.9268$$

$$x_{B2}=1-x_{A2}=1-0.0278=0.9722$$

$$x_{BM}=\frac{x_{B2}-x_{B1}}{\ln\frac{x_{B2}}{x_{B1}}}=\frac{0.9722-0.9268}{\ln\frac{0.9722}{0.9268}}=0.9493$$

所以 $N_A=\dfrac{D_{AB}}{\Delta z x_{BM}}C_{av}(x_{A1}-x_{A2})$

$$=\frac{7.4\times10^{-10}}{0.002\times0.9493}\times50.51\times(0.0732-0.0278)=8.938\times10^{-7}\ [\text{kmol/(m}^2\cdot\text{s)}]$$

四、液体扩散系数的计算

液体中溶质的扩散系数不仅与物系的种类、温度有关，而且随溶质的浓度而异。

(一) 液体扩散系数的实验数据

液体扩散系数的实验数据可从有关资料中查得，某些低浓度下的二组元液体混合物的扩散

系数实验数据列于附录 C 中。因液体中的扩散系数主要与温度和浓度有关，表中的扩散系数均是在一定的温度和浓度下测定的，使用这些实验数据时应注意条件。液体中的扩散系数，其值一般在 $1\times10^{-10}\sim1\times10^{-9}\,m^2/s$ 范围内。

（二）液体扩散系数的计算公式

由于液体扩散理论尚不完善，目前用于计算液体扩散系数的理论公式很少，多为半经验公式。

1. 稀溶液的基本理论公式

斯托克斯（Stokes）-爱因斯坦（Einstein）公式是最早提出的一个计算液体扩散系数的理论公式。它是由大圆球颗粒溶质（A）通过微小颗粒溶剂（B）的扩散模型推导出来的。该公式为

$$D_{AB}=\frac{kT}{6\pi\mu_B r_A} \tag{10-32}$$

式中　r_A——溶质 A 分子的半径，m；

μ_B——溶剂 B 的动力黏度，cP（1cP=1mPa·s）；

k——玻耳兹曼常数（k=0.1380J/K）；

T——热力学温度，K。

式(10-32) 通常称为斯托克斯-爱因斯坦方程。该方程用于球形质点或球形分子在稀溶液中扩散时，可获得颇为精确的结果。该式的主要价值在于指出了扩散系数 D_{AB} 与变量 μ_B 之间的函数关系，为其他一些半经验公式的提出提供了理论基础。

2. 稀溶液的半经验公式

以下介绍几个计算稀溶液扩散系数的半经验公式。所谓稀溶液是指每个溶质分子均处于溶剂 B 分子范围中。在实际工程中，溶质 A 的质量分数在 5%以下，可视为稀溶液。

（1）威尔基（Wilke）-张（Chang）公式　对于非电解质稀溶液，威尔基-张曾经获得一个比较普遍适用的方程如下：

$$D_{AB}=7.4\times10^{-12}(\Phi M_B)^{1/2}\frac{T}{\mu_B V_{bA}^{0.6}} \tag{10-33}$$

式中　M_B——溶剂 B 的摩尔质量，kg/kmol；

Φ——溶剂 B 的缔合因子（可采用以下数值：水，Φ=2.6；甲醇，Φ=1.9；乙醇，Φ=1.5；苯，Φ=1.0；非缔合溶剂，Φ=1.0）；

V_{bA}——溶质在正常沸点下的分子体积，cm^3/mol。

对于某些常见的物质，其在正常沸点下的分子体积参见表 10-3；对于其他物质，则根据其分子式中所含原子的种类和数目由原子体积加和而得，某些物质在正常沸点下的原子体积参见表 10-4。

表 10-3　某些物质在正常沸点下的分子体积

物　质	分子体积/(cm^3/mol)	物　质	分子体积/(cm^3/mol)
空气	29.9	H_2O	18.9
H_2	14.3	H_2S	32.9
O_2	25.6	NH_3	25.8
N_2	31.2	NO	23.6
Br_2	53.2	N_2O	36.4
Cl_2	48.4	SO_2	44.8
CO	30.7	I_2	71.5
CO_2	34.0		

表 10-4 某些物质在正常沸点下的原子体积

物质	原子体积/(cm^3/mol)	物质	原子体积/(cm^3/mol)
碳	14.8	在仲胺中	12.0
氢		氟	8.7
在氢分子中	7.15	氯	
在化合物中	3.7	在 R—Cl 中(结尾)	21.6
氧(下述者除外)	7.4	在 R—CH—Cl—R′中	24.6
成羰基的	7.4	溴	27.0
当与其他两种元素连接时		碘	37.0
在醛、酮中	7.4	硫	25.6
在甲醚中	9.9	磷	27.0
在甲酯中	9.1	砷	30.5
在乙醚中	9.9	硅	32.5
在乙酯中	9.9	环	
在较高级酯和醚中	11.0	三节环(如在环氧乙环中)	−6
在酸类中(—OH)	12.0	四节环	−8.5
与 S,P,N 相连	8.3	五节环	−11.5
氮		六节环	−15
有双键的	15.6	萘环	−30
在伯胺中(—NH_2)	10.5	蒽环	−47.5

应予指出，若水以溶质形式存在于有机溶剂中时，由于水分子发生缔合，其分子体积应取正常值的 4 倍，故由式(10-33) 算得之值需除以 2.3。

式(10-33) 适用于非电解质稀溶液，且溶质为较小分子之时。在此情况下，使用该式求得的 D_{AB}值与实验值的偏差小于 13%。

(2) 斯凯贝尔 (Scheibel) 公式 计算稀溶液扩散系数的另一个半经验公式为斯凯贝尔公式，其形式为

$$D_{AB}=\frac{KT}{\mu_B V_{bA}^{1/3}} \tag{10-34}$$

其中
$$K=8.2\times10^{-12}\left[1+\left(\frac{3V_{bB}}{V_{bA}}\right)^{2/3}\right]$$

式中 V_{bA}，V_{bB}——组分 A、B 在正常沸点下的分子体积，cm^3/mol。

V_{bA}，V_{bB}仍可用表 10-3、表 10-4 计算。当溶剂为水时，若 $V_{bA}<V_{bB}$，可取 $K=25.2\times10^{-12}$；当溶剂为苯时，如果 $V_{bA}<V_{bB}$，可取 $K=18.9\times10^{-12}$；对于其他溶剂，若 $V_{bA}<2.5V_{bB}$，可取 $K=17.5\times10^{-12}$。

【例 10-6】 试分别用威尔基-张公式、斯凯贝尔公式计算 283K 下乙醇在稀水溶液中的扩散系数。

解 (1) 用威尔基-张公式 283K 时水的动力黏度 $\mu_B=1.308$cP

$$V_{bA}=2\times14.8+6\times3.7+7.4=59.2\ (cm^3/mol)$$

$$M_A=18.02$$

$$\Phi=2.6$$

$$D_{AB}=7.4\times10^{-12}(\Phi M_B)^{1/2}\frac{T}{\mu_B V_{bA}{}^{0.6}}$$

$$=(7.4\times10^{-12})\times(2.6\times18.02)^{1/2}\times\frac{283}{1.308\times59.2^{0.6}}=9.47\times10^{-10}\ (m^2/s)$$

(2) 用斯凯贝尔公式 $V_{bA}=59.2cm^3/mol$，$V_{bB}=18.9cm^3/mol$

$$K=(8.2\times10^{-12})\times\left[1+\left(\frac{3\times18.9}{59.2}\right)^{2/3}\right]=1.62\times10^{-11}$$

$$D_{AB}=\frac{KT}{\mu_B V_{bA}{}^{1/3}}=\frac{(1.62\times10^{-11})\times283}{1.308\times59.2^{1/3}}=8.99\times10^{-10}\ (m^2/s)$$

从附录C可查出，283K下乙醇在水中扩散，当溶质浓度为0.05kmol/m^3（可视为稀溶液）时，其扩散系数$D_{AB}=8.3\times10^{-10}m^2/s$。将上述计算结果与实验值比较可知，计算结果与实验值的误差在15%以内，该误差满足工程计算要求。

第四节 固体中的扩散

固体中的扩散，包括气体、液体和固体在固体中的分子扩散这类传质问题。固体中的扩散在化工传质过程中经常遇到，例如固-液浸取、固体物料的干燥、固体催化剂的吸附、固体膜片分离、流体的膜分离等过程，均属固体中的扩散。

一般情况下，固体中的扩散分为两种类型：一种是与固体内部结构基本无关的扩散；另一种是与固体内部结构有关的多孔介质中的扩散，扩散是在固体内部空隙的毛细孔道中进行的。下面分别介绍这两种扩散过程。

一、与固体结构无关的稳态扩散

与固体结构无关的固体内部的分子扩散多发生在扩散物质在固体内部能够溶解形成均匀溶液的场合。例如用水进行固-液萃取时，固体物料内部浸入大量的水，溶质将溶解于水中，并通过水溶液进行扩散；金属内部物质的相互渗入，如金在银中的扩散；氢气或氧气透过橡胶的扩散等。这类扩散过程的机理较为复杂，并且因物系而异。但其扩散方式与物质在流体内的扩散方式类似，其扩散通量仍可用式(10-1)来计算，即

$$N_A=-D_{AB}\frac{dc_A}{dz}+\frac{c_A}{C}(N_A+N_B) \tag{10-1}$$

由于固体扩散中组分A的浓度一般很低，c_A/C很小，可忽略，则式(10-1)变为

$$N_A=-D_{AB}\frac{dc_A}{dz}$$

溶质A在距离为z_2-z_1的两个固体平面之间进行稳态扩散时，由上式积分可得

$$N_A=\frac{D_{AB}}{z_2-z_1}(c_{A1}-c_{A2}) \tag{10-35}$$

式(10-35)只适用于扩散面积相等的平行平面间的稳态扩散。

若扩散面积不等时，如组分A通过柱形面或球形面的扩散，沿半径方向上的表面积是不相等的，在此种情况下可采用平均截面积作为传质面积。通过固体截面的分子传质速率G_A可写成

$$G_A=N_A A_{av}=\frac{D_{AB}A_{av}}{\Delta z}(c_{A1}-c_{A2}) \tag{10-36}$$

式中 G_A——组分A在固体中的分子扩散速率，kmol/s；

A_{av}——平均扩散面积，m^2。

当扩散沿着图10-4所示的圆筒的径向进行时，其平均扩散面积为

$$A_{av}=\frac{2\pi L(r_2-r_1)}{\ln\frac{r_2}{r_1}}$$

式中 r_1,r_2——圆筒的内、外半径，m；

L——圆筒的长度，m。

当扩散沿着图 10-5 所示的球面的径向进行时，其平均扩散面积为

$$A_{av}=4\pi r_1 r_2$$

式中　r_1, r_2——球体的内、外半径，m。

应予指出，当气体在固体中扩散时，溶质的浓度常用溶解度 S 表示。其定义为单位体积固体、单位溶质分压所能溶解的溶质 A 的体积，单位为 m^3 溶质 A（STP）/[Pa・m^3（固体）]。（STP）表示标准状态，即 273K 及 101.3kPa。溶解度 S 与物质的量浓度 c_A 的关系为

$$c_A=\frac{S}{22.4}p_A \tag{10-37}$$

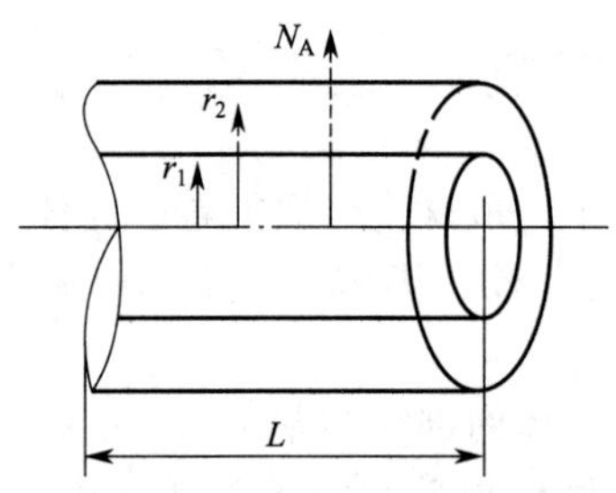

图 10-4　沿圆筒径向的扩散

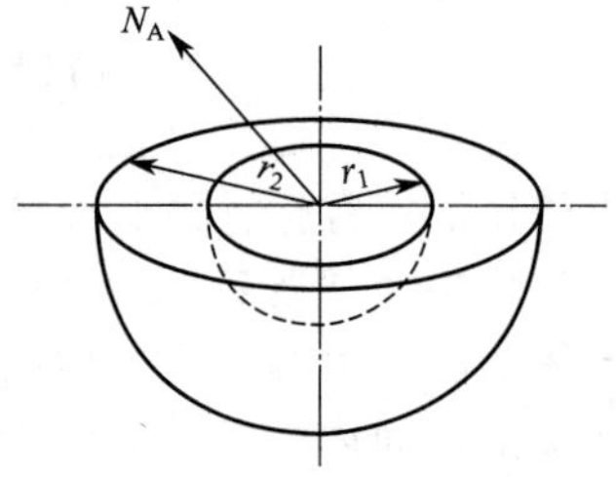

图 10-5　沿球面径向的扩散

【例 10-7】 在 290K 下 H_2 通过厚度为 0.5mm 的硫化氯丁橡胶薄膜进行分子扩散。薄膜一侧 H_2 的分压为 0.010atm，另一侧的分压假设为零。若扩散阻力全部集中在膜内，试求算稳态扩散时的传质通量。已知 290K 时 H_2 在硫化氯丁橡胶中的溶解度为 $S=0.051m^3 H_2$(STP)/[atm・m^3(橡胶)]，H_2 在硫化氯丁橡胶中的扩散系数为 $1.03\times10^{-10}m^2/s$。

解　此题可应用式(10-35) 求解

$$N_A=\frac{D_{AB}}{z_2-z_1}(c_{A1}-c_{A2})$$

式中

$$z_2-z_1=0.5\times10^{-3}\ \text{(m)}$$

c_{A1} 可通过溶解度求出。根据 S 的定义，c_{A1} 与 S 的关系为

$$c_{A1}=\frac{S}{22.4}p_{A1}=\frac{0.051}{22.4}\times0.010=2.28\times10^{-5}\text{kmol}(H_2)/m^3(\text{橡胶})。$$

由于 $p_{A2}=0$，故 $c_{A2}=0$

于是　$$N_A=\frac{1.03\times10^{-10}}{0.5\times10^{-3}}\times(2.28\times10^{-5}-0)=4.70\times10^{-12}\ [\text{kmol}(H_2)/(m^2\cdot s)]$$

二、多孔固体中的稳态扩散

前面讨论与固体内部结构无关的扩散时，将固体按均匀物质处理，没有涉及实际固体内部的结构。现在讨论多孔固体中的扩散问题。在多孔固体中充满了空隙或孔道，当扩散物质在孔道内进行扩散时，其扩散通量除与扩散物质本身的性质有关外，还与孔道的尺寸密切相关。如

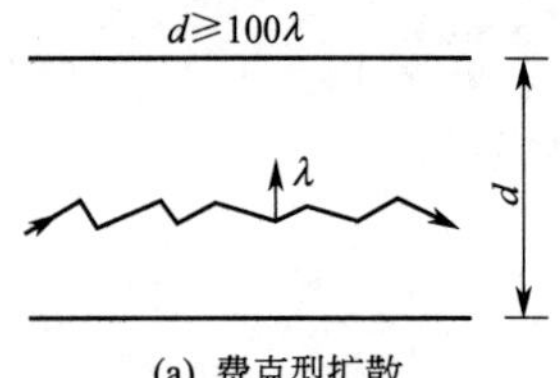

(a) 费克型扩散

$\lambda\geqslant10d$　λ　d

(b) 纽特逊扩散

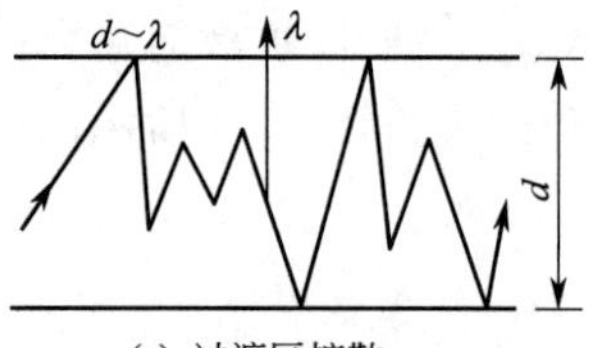

(c) 过渡区扩散

图 10-6　多孔固体中的扩散

图 10-6 所示。图 10-6(a) 表示孔道的直径较大，当液体或密度大的气体通过孔道时，碰撞主要发生在流体的分子之间，分子与孔道壁面碰撞的机会较少。此类扩散的规律仍遵循费克定律，称为费克型扩散。图 10-6(b) 表示孔道的直径很小，当密度较小的气体通过孔道时，碰撞主要发生在流体分子与孔道壁面之间，分子之间的碰撞退居次要地位。此类扩散不遵循费克定律，称为纽特逊（Kundsen）扩散。图 10-6(c) 为介于二者之间的情况，即孔道直径与流体分子运动的平均自由程相当，分子与分子之间的碰撞以及分子与孔道壁面之间的碰撞同等重要。此类扩散称为过渡区扩散。

(一) 费克型扩散

当固体内部孔道的直径 d 远大于流体分子运动的平均自由程 λ 时，一般 $d \geqslant 100\lambda$，则固体内部发生费克型扩散。为了对孔道的平均直径与分子运动平均自由程的大小进行对比，需首先对平均自由程 λ 定义。λ 表示分子在无规则的热运动时一个分子与另一个分子碰撞以前所走过的平均距离。根据分子运动学说，λ 可用下式计算：

$$\lambda = \frac{3.2\mu}{p}\left(\frac{RT}{2\pi M}\right)^{1/2} \tag{10-38}$$

式中 λ——分子平均自由程，m；

μ——动力黏度，Pa·s；

p——压力，Pa；

T——热力学温度，K；

M——摩尔质量，kg/kmol；

R——气体常数，8.314×10^3 N·m/(kmol·K)。

式(10-38) 表明，压力越高（密度越大），λ 值越小。高压下的气体和常压下的液体密度较大，因而 λ 很小，故密度大的气体和液体在多孔固体中扩散时一般发生费克型扩散。

多孔固体中费克型扩散的扩散通量方程可用下式表达：

$$N_A = \frac{D_{ABP}}{z_2 - z_1}(c_{A1} - c_{A2}) \tag{10-39}$$

与一般固体中的扩散不同之处是二者扩散系数的表达方式不同。D_{ABP} 称为“有效扩散系数”，它与一般双组分中组分 A 的扩散系数 D_{AB} 不等，若仍使用 D_{AB} 描述多孔固体内部的分子扩散，需要对 D_{AB} 进行校正。图 10-7 为典型多孔固体示意图。假设在固体空隙中充满食盐水溶液，在边界 1 处水中食盐的浓度为 c_{A1}，边界 2 处水中食盐的浓度为 c_{A2}，且 $c_{A1} > c_{A2}$，食盐分子将由边界 1 通过水向边界 2 处扩散。与一般固体中扩散不同的是，在扩散过程中，食盐分子必须通过曲折路径，该路径大于 $z_1 - z_2$。假定曲折路径为 $z_1 - z_2$ 的 τ 倍，τ 称为曲折因数，式(10-39) 中的 $z_1 - z_2$ 应以 $\tau(z_1 - z_2)$ 来代替；另一方面，组分在多孔固体内部扩散时，扩散的面积为孔道的截面积，而非固体介质的总截面积，设固体的空隙率为 ε，则需采用空隙率 ε 校正扩散面积的影响。于是可得 D_{AB} 与 D_{ABP} 的关系如下：

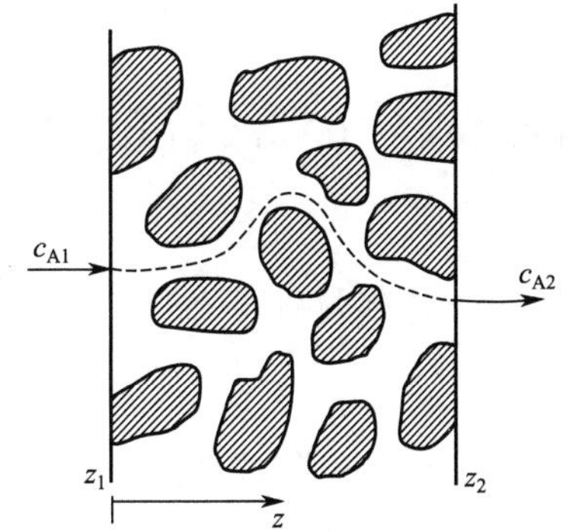

图 10-7 多孔固体示意图

$$D_{ABP} = \frac{\varepsilon D_{AB}}{\tau} \tag{10-40}$$

式中 ε——多孔固体的空隙率或自由截面积，m^3/m^3；

τ——曲折因数；

D_{ABP}——有效扩散系数，m^2/s。

若多孔固体的空隙充满气体，孔道直径足够大，且气体的压力并不很低时，发生费克型扩散，由式(10-40）和式(10-39）可得

$$N_A=\frac{\varepsilon D_{AB}}{\tau(z_2-z_1)}(c_{A1}-c_{A2})=\frac{\varepsilon D_{AB}(p_{A1}-p_{A2})}{\tau RT(z_2-z_1)} \tag{10-41}$$

式(10-41）即为多孔固体中进行费克型扩散的扩散通量方程。

曲折因数 τ 的值不仅与曲折路径长度有关，并且与固体内部毛细孔道的结构有关，其值一般由实验确定。对于惰性固体，τ 值大约在1.5～5的范围内。对于某些松散的多孔介质床层，如玻璃球床、沙床、盐床等，在不同的 ε 下，曲折因数 τ 的近似值可分别取为：$\varepsilon=0.2$，$\tau=2.0$；$\varepsilon=0.4$，$\tau=1.75$；$\varepsilon=0.6$，$\tau=1.65$。

【例10-8】 有一烧结的硅石多孔固体，厚度2.0mm，空隙率 $\varepsilon=0.3$，曲折因子 $\tau=4.0$。固体空隙中充满298K的水。KCl在固体一侧面的浓度维持0.10kmol/m^3，另一侧面外部有新鲜水流动。假定扩散阻力全部集中在多孔固体内，试求算KCl进行稳态扩散时的通量 N_A。已知298K下KCl在水中的扩散系数为 1.87×10^{-9} m^2/s。

解 应用式(10-41）直接求算 N_A：

$$N_A=\frac{0.30\times(1.87\times10^{-9})\times(0.10-0)}{4.0\times(0.002-0)}=7.01\times10^{-9}\ [\text{kmol(KCl)}/(\text{m}^2\cdot\text{s})]$$

（二）纽特逊（Kundsen）扩散

当固体内部孔道的直径 d 小于气体分子运动的平均自由程 λ 时，一般 $\lambda\geqslant10d$，则固体内发生纽特逊扩散。由式(10-38）可知，气体在低压下 λ 值较大，故处于低压下的气体在多孔固体中扩散时一般发生纽特逊扩散。很明显，纽特逊扩散不遵循费克定律。

根据气体分子运动学说，纽特逊扩散可采用下式描述：

$$N_A=-\frac{2}{3}\bar{r}\,\bar{u}_A\frac{\mathrm{d}c_A}{\mathrm{d}z} \tag{10-42}$$

式中 $\bar{r}$——孔道的平均半径，m；

$\bar{u}_A$——组分A的分子平均速度，m/s。

又依分子运动学说，分子平均速度为

$$\bar{u}_A=\left(\frac{8RT}{\pi M_A}\right)^{1/2} \tag{10-43}$$

将式(10-43）代入式(10-42)，可得

$$N_A=-97.0\,\bar{r}\left(\frac{T}{M_A}\right)^{1/2}\frac{\mathrm{d}c_A}{\mathrm{d}z} \tag{10-44}$$

式(10-44）称为纽特逊扩散通量方程。

令
$$D_{KA}=97.0\,\bar{r}\left(\frac{T}{M_A}\right)^{1/2} \tag{10-45}$$

D_{KA} 称为纽特逊扩散系数，于是式(10-44）可写成与费克第一定律相同的形式：

$$N_A=-D_{KA}\frac{\mathrm{d}c_A}{\mathrm{d}z} \tag{10-46}$$

在 $z=z_1$，$c_A=c_{A1}$ 及 $z=z_2$，$c_A=c_{A2}$ 范围内积分，得

$$N_A=\frac{D_{KA}}{z_2-z_1}(c_{A1}-c_{A2}) \tag{10-47}$$

或

$$N_A=\frac{D_{KA}}{RT(z_2-z_1)}(p_{A1}-p_{A2}) \tag{10-48}$$

气体在多孔固体内是否为纽特逊扩散，可采用纽特逊数 Kn 判断。Kn 的定义为

$$Kn=\frac{\lambda}{2\,\bar{r}} \tag{10-49}$$

当 $Kn \geqslant 10$ 时，扩散主要为纽特逊扩散，此时用式(10-48) 计算扩散通量，误差在 10%以内。Kn 的值越大，式(10-48) 的误差越小。

【例 10-9】 在压力为 1.013×10^5 Pa 及温度为 373K 的条件下，H_2(A)-C_2H_6(B) 气体混合物在氢化反应器的镍催化剂孔道中进行扩散，已知孔道平均直径为 60Å，试求算 H_2 的纽特逊扩散系数 D_{KA}。

解 已知 $\bar{r}=60\times10^{-10}$ m，$M_A=2.016$kg/kmol，$T=273$K

由式(10-45)，得

$$D_{KA}=97.0\,\bar{r}\left(\frac{T}{M_A}\right)^{1/2}=97.0\times(60\times10^{-10})\times\left(\frac{273}{2.016}\right)^{1/2}=6.77\times10^{-6}\ (\mathrm{m^2/s})$$

三、固体中的扩散系数

气体、液体及固体在固体中的扩散系数目前还不能精确计算，这是由于有关固体中扩散的理论研究得还不够充分。因此，目前在工程实际中多采用 D_{AB} 的实验数据，若缺乏实验数据，则由实验进行测定。固体中的扩散系数实验数据可从有关资料中查得，一些常见气体、液体和固体在固体中的扩散系数 D_{AB} 值列于附录 C 中。

第五节　伴有化学反应的分子扩散过程

在工程实际中，经常遇到具有化学反应的传质过程，如气固催化反应、化学吸收等。有化学反应的传质过程比一般的物理传质过程要复杂得多，虽然传质推动力仍为扩散组分的浓度梯度，但由于扩散组分参与化学反应，浓度分布发生很大变化。一般来讲，由于发生化学反应，扩散组分的浓度梯度将会增大，从而导致传质速率加快。本节通过讨论几种较为简单的具有化学反应的传质问题，来阐述具有化学反应传质过程的特征。

一、具有非均相化学反应的一维稳态分子扩散

气固催化反应和液固催化反应是典型的非均相化学反应，在工程中应用非常广泛。现以气固催化反应为例，说明具有非均相化学反应的一维稳态分子扩散过程扩散通量的计算方法。

设在催化剂表面上进行如下一级化学反应：

$$A_{(g)}+C_{(s)}\longrightarrow 2B_{(g)}$$

该反应的机理如图 10-8 所示，分为以下步骤：

(1) 气体组分 A 自气相主体扩散至催化剂表面；

(2) 在催化剂表面，气体组分 A 与固体组分 C 进行化学反应，生成气体组分 B；

(3) 气体组分 B 自催化剂表面扩散至气相主体。

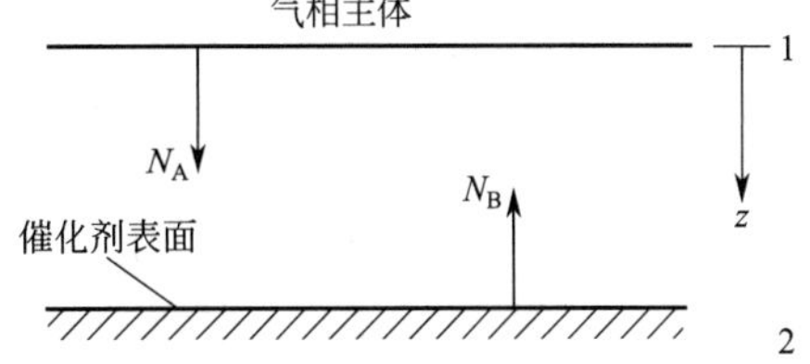

图 10-8　在催化剂表面上进行的化学反应和扩散

对于伴有化学反应的扩散过程，由于过程进行中既有分子扩散又有化学反应，这两种过程的相对速率极大地影响着过程的性质。当化学反应的速率大大高于扩散速率时，扩散决定传质速率，这种过程称为扩散控制过程；当化学反应的速率远远低于扩散速率时，化学反应决定传质速率，这种过程称为反应控制过程。

(一) 扩散控制过程

若化学反应极快，其反应速率远远高于扩散速率，此过程的传质速率由扩散速率确定。在此种情况下，组分 A 的扩散通量仍可由式(10-2) 计算，即

$$N_A=\frac{N_A}{N_A+N_B}\frac{CD_{AB}}{\Delta z}\ln\frac{\frac{N_A}{N_A+N_B}-\frac{c_{A2}}{C}}{\frac{N_A}{N_A+N_B}-\frac{c_{A1}}{C}} \tag{10-2}$$

根据化学反应计量式，可得出组分 A 的扩散通量 N_A 与组分 B 的扩散通量 N_B 之间的关系为

$$N_B=-2N_A \tag{10-50}$$

即

$$\frac{N_A}{N_A+N_B}=-1$$

代入式(10-2)，得

$$N_A=\frac{CD_{AB}}{\Delta z}\ln\frac{C+c_{A1}}{C+c_{A2}} \tag{10-51}$$

由式(10-50) 得

$$N_B=-2\frac{CD_{AB}}{\Delta z}\ln\frac{C+c_{A1}}{C+c_{A2}} \tag{10-52}$$

如果化学反应是瞬态的，反应极快，则 c_{A2} 可视为零，于是有

$$N_A=\frac{CD_{AB}}{\Delta z}\ln\frac{C+c_{A1}}{C} \tag{10-53}$$

及

$$N_B=-2\frac{CD_{AB}}{\Delta z}\ln\frac{C+c_{A1}}{C} \tag{10-54}$$

由式(10-53)、式(10-54) 即可计算组分 A、B 的传质通量。

(二) 反应控制过程

如果在催化剂表面上化学反应进行得极为缓慢，化学反应速率远远低于扩散速率，此过程的传质速率由化学反应速率确定，组分 A 的传质通量为

$$N_A=k_1c_{A2} \tag{10-55}$$

式中 k_1——一级化学反应速率常数。

对于反应过程控制，c_{A2} 不再为零，由式(10-55) 得

$$c_{A2}=\frac{N_A}{k_1}$$

将上式分别代入式(10-51)、式(10-52)，得

$$N_A=\frac{CD_{AB}}{\Delta z}\ln\frac{C+c_{A1}}{C+N_A/k_1} \tag{10-56}$$

及

$$N_B=-2\frac{CD_{AB}}{\Delta z}\ln\frac{C+c_{A1}}{C+N_A/k_1} \tag{10-57}$$

若已知反应速率常数 k_1 及其他有关条件，由式(10-56)、式(10-57) 即可计算组分 A、B 的传质通量。比较式(10-56) 与式(10-53) 可知，由于在化学反应控制过程中 $c_{A2}>0$，该过程的传质通量较扩散控制过程的通量小。

二、具有均相化学反应的一维稳态分子扩散

对于具有均相化学反应的一维稳态分子扩散过程，式(9-42) 可简化为

$$D_{AB}\frac{d^2c_A}{dz^2}+\dot{R}_A=0 \tag{10-58}$$

式中 $\dot{R}_A$ 为单位体积流体中组分 A 的摩尔生成速率。若组分 A 为反应物，则 $\dot{R}_A<0$；若组分 A 为生成物，则 $\dot{R}_A>0$。

（一）零级反应

对于零级反应，反应以恒定的速率进行，即

$$\dot{R}_A = k_0 \tag{10-59}$$

式中 k_0——零级化学反应速率常数，$kmol/(m^3 \cdot s)$。

将式(10-59) 代入式(10-58)，得

$$\frac{d^2 c_A}{dx^2} + \frac{k_0}{D_{AB}} = 0 \tag{10-60}$$

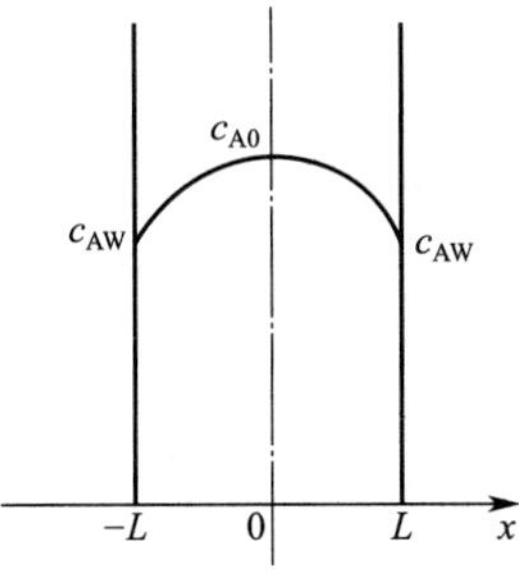

图 10-9 伴有零级化学反应的扩散

如图 10-9 所示，式(10-60) 的边界条件为

(1) $x = \pm L$：$c_A = c_{AW}$

(2) $x = 0$：$c_A = c_{A0}$

将上述边界条件代入式(10-60)，求解可得浓度分布方程为

$$\frac{c_A - c_{AW}}{c_{A0} - c_{AW}} = 1 - \left(\frac{x}{L}\right)^2 \tag{10-61}$$

传质通量方程为

$$N_A = -D_{AB} \left.\frac{dc_A}{dx}\right|_{x=L} = \frac{2D_{AB}(c_{A0} - c_{AW})}{L} \tag{10-62}$$

（二）一级反应

对于一级反应，其反应速率与反应物的浓度成正比，即

$$\dot{R}_A = k_1 c_A \tag{10-63}$$

式中 k_1——一级化学反应速率常数，s^{-1}。

设组分 A 为反应物，将式(10-63) 代入式(10-58)，得

$$\frac{d^2 c_A}{dx^2} - \frac{k_1 c_A}{D_{AB}} = 0 \tag{10-64}$$

令 $m = \sqrt{k_1 / D_{AB}}$，代入上式，得

$$\frac{d^2 c_A}{dx^2} - m^2 c_A = 0 \tag{10-65}$$

式(10-65) 的通解为

$$c_A = \beta_1 e^{mx} + \beta_2 e^{-mx} \tag{10-66}$$

若反应速率极快，为瞬间反应，组分 A 全部在反应有效膜层（相界面至反应面的距离）内转化，如图 10-10 所示，则式(10-66) 的边界条件为

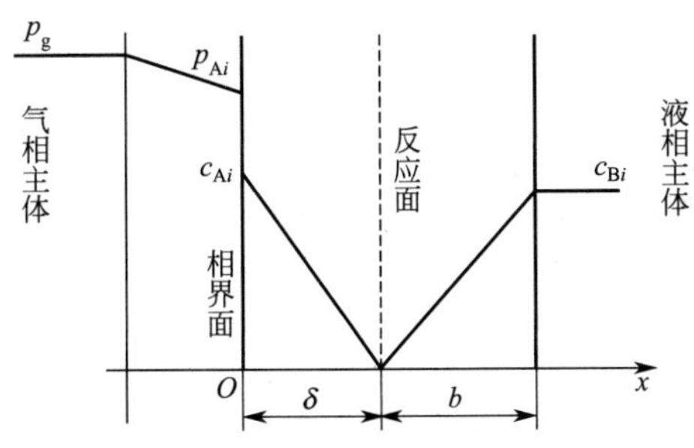

图 10-10 瞬间一级反应

(1) $x = 0$：$c_A = c_{Ai}$

(2) $x = \delta$：$c_A = 0$

将上述边界条件代入式(10-66)，可得

$$\beta_1 = -c_{Ai} e^{-m\delta} / (e^{m\delta} - e^{-m\delta}) \tag{10-67}$$

$$\beta_2 = c_{Ai} e^{m\delta} / (e^{m\delta} - e^{-m\delta}) \tag{10-68}$$

将 β_1、β_2 代入式(10-66)，可得浓度分布方程为

$$c_A = c_{Ai} \, \mathrm{sh}[m(\delta - x)] / \mathrm{sh}(m\delta) \tag{10-69}$$

此浓度分布为一双曲正弦曲线，由此可求出传质通量方程为

$$N_A = -D_{AB} \left.\frac{dc_A}{dx}\right|_{x=0} = \frac{m D_{AB} c_{Ai}}{\mathrm{th}(m\delta)} \tag{10-70}$$

由式(10-70) 可知，伴有一级化学反应时的传质系数为

$$k'_A=\frac{mD_{AB}}{\mathrm{th}(m\delta)} \tag{10-71}$$

而根据膜理论，无反应时的传质系数为

$$k_A=\frac{D_{AB}}{\delta} \tag{10-72}$$

则反应的增强因子为

$$E=\frac{k'_A}{k_A}=\frac{m\delta}{\mathrm{th}(m\delta)} \tag{10-73}$$

【例 10-10】 在总压 101.3kPa、温度 273K 下，组分 A 自气相主体通过厚度为 0.01m 的气膜扩散到催化剂表面，发生瞬态化学反应 A ⟶ 3B，生成的气体 B 离开表面，通过气膜向气相主体扩散。已知气膜的气相主体一侧组分 A 的分压为 20.5 kPa，组分 A 在组分 B 中的扩散系数为 $1.85\times10^{-5}\mathrm{m^2/s}$，试计算组分 A、B 的摩尔通量 N_A、N_B。

解 由化学计量式

$$A\longrightarrow 3B$$

可得

$$N_B=-3N_A$$

即

$$\frac{N_A}{N_A+N_B}=-\frac{1}{2}$$

代入式(10-2)，得

$$N_A=\frac{1}{2}\frac{CD_{AB}}{\Delta z}\ln\frac{C+2c_{A1}}{C+2c_{A2}}$$

又化学反应是瞬态的，则 c_{A2} 可视为零，于是有

$$N_A=\frac{1}{2}\frac{CD_{AB}}{\Delta z}\ln\frac{C+2c_{A1}}{C}$$

在常压下，气相可视为理想气体混合物，则

$$C=\frac{p}{RT}$$

$$\frac{c_{A1}}{C}=\frac{p_{A1}}{p}$$

上式经变换可得

$$N_A=\frac{1}{2}\frac{pD_{AB}}{RT\Delta z}\ln\frac{p+2p_{A1}}{p}$$

$$=\frac{1}{2}\times\frac{(101.3\times10^3)\times(1.85\times10^{-5})}{8314\times273\times0.01}\times\ln\frac{101.3+2\times20.5}{101.3}=1.403\times10^{-5}\ [\mathrm{kmol/(m^2\cdot s)}]$$

$$N_B=-3N_A=-3\times(1.403\times10^{-5})=-4.209\times10^{-5}\ [\mathrm{kmol/(m^2\cdot s)}]$$

习 题

10-1 在一根管子中存在有由 CH_4（组分 A）和 He（组分 B）组成的气体混合物，压力为 $1.013\times10^5\mathrm{Pa}$，温度为 298K。已知管内的 CH_4 通过停滞的 He 进行稳态一维扩散，在相距 0.02m 的两端，CH_4 的分压分别为 $p_{A1}=6.08\times10^4\mathrm{Pa}$ 及 $p_{A2}=2.03\times10^4\mathrm{Pa}$，管内的总压维持恒定。试求：(1) CH_4 相对于摩尔平均速度 u_m 的扩散通量 J_A；(2) CH_4 相对于静止坐标的通量 N_A。

已知 CH_4～He 系统在 $1.013\times10^5\mathrm{Pa}$ 和 298K 时的扩散系数 $D_{AB}=0.675\times10^{-4}\mathrm{m^2/s}$。

10-2 将温度为 298K、压力为 1atm 的 He 和 N_2 的混合气体，装在一直径为 5mm、长度为 0.1 m 的管中进行等分子反方向扩散，已知管子两端 He 的压力分别为 0.06atm 和 0.02atm，在上述条件下扩散系数 $D_{He\text{-}N_2}=0.687\times10^{-4}\mathrm{m^2/s}$，试求：(1) He 的扩散通量；(2) N_2 的扩散通量；(3) 在管的中点截面上的 He 和 N_2 分压。

10-3 在总压力为 P、温度为 T 的条件下，直径为 r_0 的萘球在空气中进行稳态分子扩散。设萘在空气中的扩散系数为 D_{AB}，在温度 T 下，萘球表面的饱和蒸气压为 p_{A0}，试推导萘球表面的扩散通量为

$$N_A=-\frac{D_{AB}p}{RTr_0}\ln\frac{p-p_{A0}}{p}$$

10-4 一工业用氨气管路，压力需维持在101.3kPa左右。为防止超压，在管路上接一长为20m、直径为3mm的小管和大气相通，如本题附图所示。整个系统的温度为298K，氨在空气中的扩散系数为$2.8\times10^{-5}m^2/s$。试求：(1) 氨损失于周围空气中的质量流率；(2) 混入氨气管路造成污染的空气的质量流率；(3) 当氨气流量为5kg/h时混入氨气管路空气所占的质量分数。

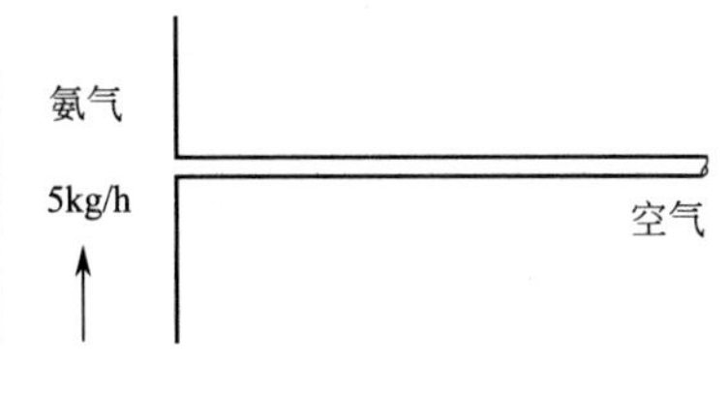

习题10-4 附图

10-5 假定某一块地板上洒有一层厚度为1mm的水，水温为297K，欲将这层水在297K的静止空气中蒸干，试求过程所需的时间。已知气相总压为1atm，空气湿含量为0.002kg/kg干空气，297K时水的密度为$997.2kg/m^3$，饱和蒸气压为22.38mmHg，空气-水系统的$D_{AB}=0.26\times10^{-4}m^2/s$。假设水的蒸发扩散距离为5mm。

10-6 在一直立玻璃管的底部装有温度为298K的水，水面与管顶之间的垂直距离为200mm，在管顶之上有298K、1atm的绝干空气缓慢吹过，试求水面下降5mm时所需的时间。已知298K、1atm下水-空气的扩散系数$D_{AB}=0.260\times10^{-4}m^2/s$。

10-7 采用图10-3所示的装置测定293K时丙酮在空气中的扩散系数。已知经历5小时后，液面由距离顶部1.10cm处下降至距顶部2.05cm处，总压为750mmHg。293K下丙酮的饱和蒸气压为180mmHg，密度为$0.79g/cm^3$。试求丙酮在空气中的扩散系数。

10-8 试分别用福勒等人和赫虚范特等人的公式［式(10-21)及式(10-22)］计算乙醇（组分A）与甲烷（组分B）气体混合物在1atm和298K下的扩散系数D_{AB}。

10-9 在温度为278K的条件下，令NH_3（组分A)-水（组分B）溶液同一种与水不互溶的有机液体接触，两相均不流动。NH_3自水相向有机相扩散。在两相界面处，水相中的NH_3维持平衡，其值为质量分数2%，该处溶液的密度$\rho_1=0.9917g/cm^3$。在离界面4mm的水相中，NH_3的质量分数为10%，溶液密度$\rho_2=0.9617g/cm^3$。278K时NH_3在水中的扩散系数$D_{AB}=1.24\times10^{-9}m^2/s$，设扩散为稳态扩散，试求：(1) NH_3的扩散通量；(2) 水的扩散通量，并对求算结果做出说明。

10-10 利用威尔基-张和斯凯贝尔公式计算丙酮（组分A）在水（组分B）中的扩散系数。已知系统的温度为283K。

10-11 在外径为30mm、厚度为5mm、长度为5m的硫化氯丁橡胶管中，有压力为2atm、温度为290K的纯氢气流动，试求氢气通过橡胶管壁扩散而漏失的速率。已知在STP（273K和1atm）下氢在硫化氯丁橡胶管中的溶解度$S=0.051cm^3/(cm^3$ 橡胶·atm)。设胶管外表面氢气分压为零，并忽略胶管外部的传质阻力。

10-12 在一松散的沙粒填充床空隙中充满空气和NH_3的气体混合物，气相总压为1.013×10^5Pa，温度为300K。NH_3在砂床顶部的分压为1.58×10^3Pa，在砂床底部的分压为零。试求NH_3在砂床中的扩散通量。已知砂床高度为2.2m，空隙率为0.3，曲折因数为1.87。

10-13 在一平均直径为50Å、长度为0.4m的毛细管内，存在有氢气（组分A）和空气（组分B）的混合物，气体的总压为1.013×10^5Pa，温度为273K。已知氢气的分子运动平均自由程为$1.12\times10^{-5}cm$，空气的分子运动平均自由程为$7.0\times10^{-6}cm$，在毛细管两端处氢的分压分别为$p_{A1}=2.01\times10^3Pa$、$p_{A2}=1.05\times10^3Pa$。

(1) 试判断在毛细管中氢和空气的扩散是否为纽特逊扩散；

(2) 试求氢和空气的纽特逊扩散系数，并与D_{AB}进行比较；

(3) 试求氢的扩散通量N_A。

10-14 在气相中，组分A由某一位置（点1处）扩散至固体催化剂表面（点2处），并在催化剂表面处进行如下反应：

$$2A\longrightarrow B$$

B为反应产物（气体）。反应产物B生成后不停地沿相反方向扩散至气相主体中。已知总压p维持恒定，扩散过程是稳态的，在点1和点2处A的分压分别为p_{A1}和p_{A2}，设扩散系数D_{AB}为常数，点1至点2的

距离为 Δz。试导出计算 N_A 的表达式。

10-15 在总压 101.3 kPa、温度 278K 下，组分 A 自气相主体通过厚度为 0.012m 的气膜扩散到催化剂表面，发生瞬态化学反应 $2A \longrightarrow 3B$，生成的气体 B 离开表面，通过气膜向气相主体扩散。已知气膜的气相主体一侧组分 A 的分压为 22.6kPa，组分 A 在组分 B 中的扩散系数为 $1.93\times10^{-5}m^2/s$，试计算组分 A、B 的摩尔通量 N_A、N_B。

10-16 汽车尾气中含有 NO 和 CO，将尾气通过净化器中的催化剂表面，发生还原反应

$$2NO+2CO \longrightarrow N_2+2CO_2$$

从而使尾气得以净化后排放。设在催化剂表面处 NO 的浓度为 c_{AW}，经净化器后 NO 的浓度为 c_{AL}，在催化剂表面进行一级反应，反应速率常数为 k_W，扩散系数为 D_{AB}。试导出净化器的高度 L 与 NO 还原通量 N_A 的关系式。

习题 10-17 附图

10-17 某种非均相催化反应如本题附图所示，反应物 A、B 向催化剂表面扩散，而反应产物 C、D 进行反方向扩散。具体的化学反应为

$$\underset{A}{CH_4}+\underset{B}{2H_2O} \longrightarrow \underset{C}{CO_2}+\underset{D}{4H_2}$$

过程在稳态下进行，扩散区内无化学反应发生，试确定组分 A 的扩散通量 N_A 的表达式。已知 $N_A=-CD_{AM}\frac{dy_A}{dx}+y_A\sum N_i$，其中 D_{AM} 为组分 A 相对于其他组分混合物的扩散系数。

第十一章　对 流 传 质

上一章讨论了由于浓度梯度引起的分子传质问题。在化工过程中，流体多处于运动状态，对流传质所涉及的内容即为运动着的流体之间或流体与界面之间的物质传递问题。对流传质既可在单一相中发生，亦可在两相间发生。例如流体流过可溶性的固体表面时，溶质在流体中的溶解过程即为单一相中的对流传质；当两不互溶流体相接触时，组分由一流体向相界面传递，然后通过相界面向另一相中的流体传递过程则为两相的对流传质。流体层流流过界面时的传质称为层流下的质量传递，流体湍流流过界面时的传质称为湍流下的质量传递。由于对流传质现象与对流传热现象非常类似，本章讨论的许多问题均可采用与传热过程类比的方法处理。

第一节　对流传质的机理与对流传质系数

研究对流传热问题时，对流传热系数是计算对流传热速率的关键。与其相类似，对流传质系数是求解对流传质速率的关键。

一、对流传质机理

研究对流传质问题需首先弄清对流传质的机理。在实际工程中，以湍流传质最为常见。下面以流体强制湍流流过固体壁面时的传质过程为例，探讨对流传质的机理。对于有固定相界面的相际间的传质，其传质机理与之相似。

当流体湍流流过壁面时，速度边界层最终发展成为湍流边界层。湍流边界层由 3 部分组成：靠近壁面处为层流内层，离开壁面稍远处为缓冲层，最外层为湍流主体。在湍流边界层中，物质在垂直于壁面的方向上与流体主体之间发生传质时，通过上述 3 层流体的传质机理差别很大。对流传质过程与对流传热过程相类似，故可参考研究湍流传热机理的图 8-1 来说明湍流传质的机理。

如图 8-1 所示，在层流内层中，流体沿壁面平行流动，在与流体流动方向相垂直的方向只有分子无规则的微观运动，故壁面与流体之间的质量传递是通过分子扩散进行的，此情况下的传质速率可用费克第一定律描述。

在缓冲层中，流体一方面沿壁面方向做层流流动，另一方面又出现一些流体的旋涡运动，故该层内的质量传递既有分子扩散存在也有涡流扩散存在。在接近层流内层的边缘处主要发生分子扩散，在接近湍流主体的边缘处主要发生涡流扩散。

在湍流主体中有大量旋涡存在，这些大大小小的旋涡运动十分激烈，因此，在该处主要发生涡流传质，而分子扩散的影响可以忽略不计。

在湍流边界层中，层流内层一般很薄，大部分区域为湍流主体。湍流主体中的旋涡发生强烈混合，故其中的浓度梯度必然很小。而在层流内层中，由于无旋涡存在，仅依靠分子扩散进行传质，其中的浓度梯度很大。

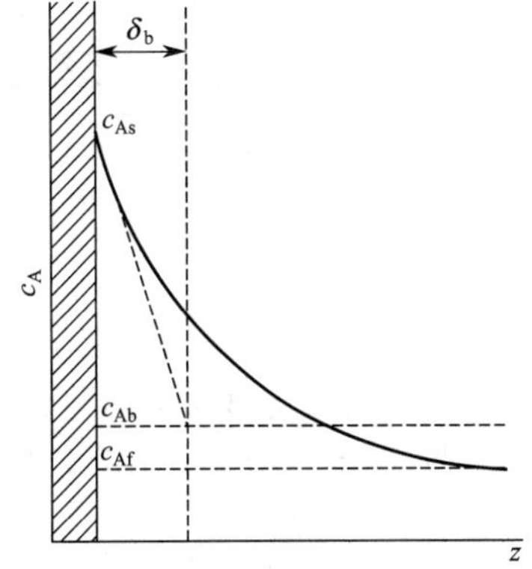

图 11-1　湍流边界层内的浓度分布

在管内截面上典型的浓度分布曲线示于图 11-1 中。在层流内层中曲线很陡，其形状接近直线，而在湍流主体中曲线则较为平坦。组分 A 的浓度由界面处的 c_{As} 连续降至湍流主体中的 c_{Af}，如图 11-1 的实线所示。在实际应用上，由于 c_{Af}

的变化不易计算，常采用主体平均浓度或混合杯浓度（mixing cup concentration）c_{Ab}代替c_{Af}。当流体以主体流速u_b流过管截面与壁面进行传质时，组分A的主体平均浓度c_{Ab}的定义式为

$$c_{Ab}=\frac{1}{u_b A}\iint_A u_z c_A \mathrm{d}A \tag{11-1}$$

式中　A——截面积；

u_z，c_A——截面上任一点处的流速和组分A的浓度。

二、浓度边界层

当流体流过固体壁面进行质量传递时，由于溶质组分A在流体主体中与壁面处的浓度不同，壁面附近的流体将建立组分A的浓度梯度，离开壁面一定距离的流体中组分A的浓度是均匀的。因此，可以认为质量传递的全部阻力集中于固体表面上一层具有浓度梯度的流体层中，该流体层即称为浓度边界层（亦称为扩散边界层或传质边界层）。由此可知，流体流过壁面进行传质时，在壁面上会形成两种边界层，即速度边界层与浓度边界层，图11-2示出了在平板壁面上和圆管内壁面上形成边界层的情况。

在平板壁面上的浓度边界层中，设c_{As}为组分A在固体壁面处的浓度，c_{A0}为边界层外流体主体的均匀浓度，c_A为边界层内垂直壁面方向任一处的浓度。浓度边界层厚度为δ_D，其定义通常规定为$[(c_A-c_{As})/(c_{A0}-c_{As})]=0.99$时与壁面的垂直距离，即

$$\delta_D=y\bigg|_{\frac{c_A-c_{As}}{c_{A0}-c_{As}}=99\%}$$

显然，浓度边界层、温度边界层和速度边界层三者的定义是类似的，它们均为流动方向距离x的函数。

当流体流过圆管进行传质时，管内浓度边界层的形成与发展过程亦同管内温度边界层的形成与发展过程类似，如图11-2(b)所示。流体最初以均匀浓度和速度c_{A0}、u_0进入管内，由于流体中组分A的浓度与管壁浓度不同而发生传质，浓度边界层的厚度由管前缘处的零值逐渐增厚，经过一个x距离后在管中心处汇合，此后浓度边界层的厚度即等于管的半径并维持不变，由管进口前缘至汇合点之间的x方向的距离称为传质进口段长度。

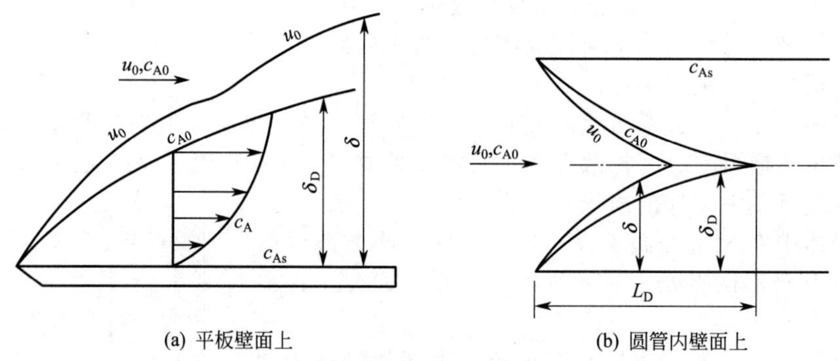

(a) 平板壁面上　　(b) 圆管内壁面上

图11-2　浓度边界层与速度边界层

三、对流传质系数

（一）对流传质系数的定义

根据对流传质速率方程，固体壁面与流体之间的对流传质通量为

$$N_A=k_c(c_{As}-c_{Ab}) \tag{11-2}$$

式中　N_A——对流传质通量，kmol/s；

c_{As}——壁面浓度，kmol/m^3；

c_{Ab}——流体的主体浓度或称为平均浓度，$kmol/m^3$；

k_c——对流传质系数，m/s。

式(11-2) 即为对流传质系数的定义式。由此可见，计算对流传质通量 N_A 的关键在于确定对流传质系数 k_c。但 k_c 的确定是一项复杂的问题，它与流体的性质、壁面的几何形状和粗糙度、流体的速度等因素有关，一般很难确定。

与对流传热系数求解方法类似，对流传质系数可通过以下方法求得。当流体与固体壁面之间进行对流传质时，在紧贴壁面处，由于流体具有黏性，必然有一层流体贴附在壁面上，其速度为零。当组分 A 进行传递时，首先以分子传质的方式通过该静止流层，然后再向流体主体对流传质。在稳态传质下，组分 A 通过静止流层的传质速率应等于对流传质通量，因此，有

$$N_A = -D_{AB}\frac{dc_A}{dy}\bigg|_{y=0} = k_c(c_{Ab} - c_{As})$$

整理得

$$k_c = \frac{D_{AB}}{c_{As} - c_{Ab}}\frac{dc_A}{dy}\bigg|_{y=0} \tag{11-3}$$

采用式(11-3) 求解对流传质系数时，关键在于壁面浓度梯度 $\frac{dc_A}{dy}\bigg|_{y=0}$ 的计算。而要求得浓度梯度，必须先求解传质微分方程式(9-43)。又在传质微分方程中包括速度分布，这又要求解运动方程和连续性方程。由此可知，用式(11-3) 求解对流传质系数的步骤如下：

(1) 求解运动方程和连续性方程，得出速度分布；

(2) 求解传质微分方程，得出浓度分布；

(3) 由浓度分布得出浓度梯度；

(4) 由壁面处的浓度梯度求得对流传质系数。

应予指出，上述求解步骤只是一个原则。实际上，由于各方程（组）的非线性特点及边界条件的复杂性，利用该方法仅能求解一些较为简单的问题，如层流传质问题，而对实际工程中常见的湍流传质问题尚不能用此方法进行求解。

(二) 对流传质系数的表达形式

以上讨论了对流传质系数的定义式。由于组分的浓度可用任意单位表示，例如可采用物质的量浓度表示，也可采用分压、密度或摩尔分数表示，传质系数亦有各式各样的表达方式。另外，对流传质在层流内层中发生分子扩散，因此对流传质数又与组分扩散时的通量 N_A 和 N_B 有关，二者的关系又可分为等分子反方向扩散（即 $N_A = -N_B$）或组分 A 通过停滞组分 B 的扩散（即 $N_B = 0$）等。因此，对流传质系数将有种种不同的定义式。

1. 等分子反方向扩散时的传质系数

双组分系统中，A 和 B 两组分做等分子反方向扩散时，$N_A = -N_B$。在气相和液相中传质系数的定义式如下。

(1) 气相

$$N_A = k_G^0(p_{A1} - p_{A2}) \tag{11-4}$$

相应的扩散通量方程已由式(10-14) 给出，为

$$N_A = \frac{D_{AB}}{RT\Delta z}(p_{A1} - p_{A2}) \tag{10-14}$$

于是，得

$$k_G^0 = \frac{D_{AB}}{RT\Delta z} \tag{11-5}$$

采用物质的量浓度或摩尔分数表示的传质通量方程与相应的扩散通量方程为

$$N_A = k_c^0 (c_{A1} - c_{A2}) \tag{11-6}$$

由式(10-14)，得
$$N_A = \frac{D_{AB}}{\Delta z}(c_{A1} - c_{A2})$$

于是，得
$$k_c^0 = \frac{D_{AB}}{\Delta z} \tag{11-7}$$

或
$$N_A = k_y^0 (y_{A1} - y_{A2}) \tag{11-8}$$

$$N_A = \frac{CD_{AB}}{\Delta z}(y_{A1} - y_{A2}) \tag{11-9}$$

知
$$k_y^0 = \frac{CD_{AB}}{\Delta z} \tag{11-10}$$

由此得
$$k_c^0 = k_G^0 RT = \frac{k_y^0}{C} \tag{11-11}$$

（2）液相

$$N_A = k_L^0 (c_{A1} - c_{A2}) \tag{11-12}$$

相应的扩散通量方程为式(10-31)：

$$N_A = \frac{D_{AB}}{\Delta z}(c_{A1} - c_{A2}) \tag{10-31}$$

故
$$k_L^0 = \frac{D_{AB}}{\Delta z} \tag{11-13}$$

以及
$$N_A = k_x^0 (x_{A1} - x_{A2}) \tag{11-14}$$

又
$$N_A = \frac{CD_{AB}}{\Delta z}(x_{A1} - x_{A2})$$

由此得
$$k_x^0 = \frac{CD_{AB}}{\Delta z} \tag{11-15}$$

$$k_L^0 = \frac{k_x}{C} \tag{11-16}$$

2. 组分 A 通过停滞组分 B 扩散时的传质系数

双组分系统中，组分 A 通过停滞组分 B 扩散时，$N_B = 0$。在气相和液相中传质系数的定义式如下。

（1）气相

$$N_A = k_G (p_{A1} - p_{A2}) \tag{11-17}$$

相应的扩散通量方程为式(10-7)：

$$N_A = \frac{D_{AB} p}{RT \Delta z p_{BM}}(p_{A1} - p_{A2}) \tag{10-7}$$

由上二式可知
$$k_G = \frac{D_{AB} p}{RT \Delta z p_{BM}} \tag{11-18}$$

将式(11-5) 与式(11-18) 进行比较，可得 k_G 与 k_G^0 之间的关系为

$$k_G = k_G^0 \frac{p}{p_{BM}} \tag{11-19}$$

此外，传质通量方程还可以写成以物质的量浓度或摩尔分数表达的形式如下：

$$N_A = k_c (c_{A1} - c_{A2}) \tag{11-20}$$

$$N_A=k_y(y_{A1}-y_{A2}) \tag{11-21}$$

在气相中，组分 A 和 B 进行等分子反方向扩散与组分 A 通过停滞组分 B 扩散时，各种形式传质系数之间的关系为

$$k_y^0=k_c^0C=k_G^0p=k_G p_{BM}=k_c\frac{p_{BM}}{RT}=k_y\frac{p_{BM}}{p}=k_y y_{BM} \tag{11-22}$$

（2）液相

$$N_A=k_x(x_{A1}-x_{A2}) \tag{11-23}$$

相应的扩散通量方程为式(10-29)：

$$N_A=\frac{D_{AB}C}{\Delta z x_{BM}}(x_{A1}-x_{A2}) \tag{10-29}$$

由上二式可知

$$k_x=\frac{D_{AB}C}{\Delta z x_{BM}} \tag{11-24}$$

将式(11-15) 与式(11-24) 进行比较，可知 k_x 与 k_x^0 的关系为

$$k_x=\frac{k_x^0}{x_{BM}} \tag{11-25}$$

又以物质的量浓度表示推动力时，传质通量方程为

$$N_A=k_L(c_{A1}-c_{A2}) \tag{11-26}$$

在液相中，组分 A、B 进行等分子反方向扩散与组分 A 通过停滞组分 B 进行扩散时的各种传质系数之间的关系为

$$k_x^0=k_L^0C=k_L Cx_{BM}=k_x x_{BM} \tag{11-27}$$

现将各种形式的传质通量方程、传质系数及其单位列于表 11-1 中。

表 11-1 传质通量方程、传质系数及其单位

(1)气相传质通量方程与传质系数	
等分子反方向扩散	组分 A 通过停滞组分 B 的扩散
$N_A=k_G^0\Delta p_A$	$N_A=k_G\Delta p_A$
$N_A=k_y^0\Delta y_A$	$N_A=k_y\Delta y_A$
$N_A=k_c^0\Delta c_A$	$N_A=k_c\Delta c_A$
气相传质系数的转换关系	
$k_c^0C=k_c^0\frac{p}{RT}=k_c\frac{p_{BM}}{RT}=k_G^0p=k_G p_{BM}=k_y y_{BM}=k_y^0=k_c y_{BM}C=k_G y_{BM}p$	
(2)液相传质通量方程与传质系数	
等分子反方向扩散	组分 A 通过停滞组分 B 的扩散
$N_A=k_L^0\Delta c_A$	$N_A=k_L\Delta c_A$
$N_A=k_x^0\Delta x_A$	$N_A=k_x\Delta x_A$
液相传质系数的转换关系	
$k_L^0C=k_L x_{BM}C=k_x^0=k_x x_{BM}=k_L^0\rho/M$	
(3)传质系数的单位	
k_c,k_L、k_c^0,k_L^0	m/s 或 kmol/[m² · s · (kmol/m³)]
k_c,k_y,k_x^0,k_y^0	kmol/[m² · s · (Δx)]或 kmol/[m² · s · (Δy)]
k_G,k_G^0	kmol/(m² · s · Pa)或 kmol/(m² · s · atm)

【例 11-1】 在总压为 2atm 下，组分 A 由一湿表面向大量的、流动的不扩散气体 B 中进行质量传递。已知界面上 A 的分压为 0.20atm，在传质方向上一定距离处可近似地认为 A 的分压为零。已测得 A 和 B 在等分子反方向扩散时的传质系数 k_y^0 为 6.78×10^{-5} kmol/[m² · s · (Δy)]。试求传质系数 k_y、k_G 及传质通量 N_A。

解 此题为组分 A 通过停滞组分 B 的扩散传质问题。

$$p=2\text{atm},\ p_{A1}=0.20\text{atm},\ p_{A2}=0$$

$$y_{A1}=\frac{p_{A1}}{p}=\frac{0.2}{2}=0.1$$

$$y_{A2}=\frac{p_{A2}}{p}=0$$

k_y 可根据表 11-1 中气相传质系数的转换关系一项经转换而得

$$k_y=\frac{k_y^0}{y_{BM}}$$

其中 $$y_{BM}=\frac{y_{B2}-y_{B1}}{\ln\dfrac{y_{B2}}{y_{B1}}}=\frac{(1-y_{A2})-(1-y_{A1})}{\ln\dfrac{1-y_{A2}}{1-y_{A1}}}=\frac{(1-0)-(1-0.1)}{\ln\dfrac{1-0}{1-0.1}}=0.949$$

故 $$k_y=\frac{6.78\times10^{-5}}{0.949}=7.144\times10^{-5}\ (\text{kmol}/[\text{m}^2\cdot\text{s}\cdot(\Delta y)])$$

及 $$k_G=\frac{k_y}{p}=\frac{7.144\times10^{-5}}{2\times(1.01325\times10^5)}=3.525\times10^{-10}\ [\text{kmol}/(\text{m}^2\cdot\text{s}\cdot\text{Pa})]$$

传质通量可用式(11-21) 求算：

$$N_A=k_y(y_{A1}-y_{A2})=(7.144\times10^{-5})\times(0.1-0)=7.144\times10^{-6}\ [\text{kmol}/(\text{m}^2\cdot\text{s})]$$

【例 11-2】 试导出如下转化公式：(1) 将 k_G^0 转化为 k_y；(2) 将 k_x 转化成 k_L^0。

解 (1) $$N_A=\frac{D_{AB}}{RT\Delta z}(p_{A1}-p_{A2})=k_G^0(p_{A1}-p_{A2})$$

$$k_G^0=\frac{D_{AB}}{RT\Delta z}$$

$$N_A=\frac{D_{AB}}{RT\Delta z}\frac{p}{p_{BM}}(p_{A1}-p_{A2}),\qquad y_{A1}=\frac{p_{A1}}{p},\qquad y_{A2}=\frac{p_{A2}}{p}$$

$$N_A=\frac{D_{AB}}{RT\Delta z}\frac{p^2}{p_{BM}}(y_{A1}-y_{A2})=k_y(y_{A1}-y_{A2})$$

$$k_y=\frac{D_{AB}}{RT\Delta z}\frac{p^2}{p_{BM}}$$

比较得 $$k_y=k_G^0\frac{p^2}{p_{BM}}=k_G\frac{p}{p_{BM}}p=k_G^0\frac{p}{y_{BM}}$$

(2) $$N_A=\frac{D_{AB}C_{av}}{\Delta z x_{BM}}(x_{A1}-x_{A2})=k_x(x_{A1}-x_{A2})$$

$$k_x=\frac{D_{AB}C_{av}}{\Delta z x_{BM}}$$

$$N_A=\frac{D_{AB}}{\Delta z}(c_{A1}-c_{A2})=k_L^0(c_{A1}-c_{A2})$$

$$k_L^0=\frac{D_{AB}}{\Delta z}$$

比较得 $$k_L^0=k_x\frac{x_{BM}}{C_{av}}$$

第二节 平板壁面对流传质

与平板壁面对流传热类似，平板壁面对流传质也是所有几何形状壁面对流传质中最简单的情形。本节参照平板壁面对流传热的研究方法，对平板壁面对流传质问题进行讨论。

一、平板壁面上层流传质的精确解

平板壁面上层流传质时的传质系数可由式(11-3) 导出。当流体的均匀浓度 c_{A0} 及壁面浓度 c_{As} 均保持恒定时，设为等分子反方向扩散，并由于传质系数随流动距离 x 而变，该式化为

$$k_{cx}^0 = k_{cx}\frac{p_{BM}}{p} = D_{AB}\frac{\mathrm{d}\left(\dfrac{c_{As}-c_A}{c_{As}-c_{A0}}\right)}{\mathrm{d}y}\Bigg|_{y=0} \tag{11-28}$$

由式(11-28) 可以看出，采用该式求解传质系数时，关键在于求出壁面浓度梯度，浓度梯度需根据浓度分布确定，而浓度分布又需要运用奈维-斯托克斯方程和连续性方程求解速度分布。

由此可知，欲求算平板壁面上层流传质的传质系数，需同时求解连续性方程、运动方程和对流扩散方程。由于质量传递与热量传递的类似性，在整个求解过程中，可以同时引用能量方程的求解过程进行对比。

(一) 边界层对流扩散方程

在第八章讨论平板壁面层流传热的精确解时，曾导出了边界层能量方程为

$$u_x\frac{\partial t}{\partial x}+u_y\frac{\partial t}{\partial y}=\alpha\frac{\partial^2 t}{\partial y^2} \tag{8-12}$$

类似地，在平板边界层内无化学反应进行稳态二维流动、二维传质时的边界层对流扩散方程式(9-44) 可由对流传质微分方程简化而得，即

$$u_x\frac{\partial c_A}{\partial x}+u_y\frac{\partial c_A}{\partial y}=D_{AB}\frac{\partial^2 c_A}{\partial y^2} \tag{11-29}$$

在平板边界层内进行二维动量传递时，不可压缩流体的连续性方程及 x 方向的运动方程分别为

$$\frac{\partial u_x}{\partial x}+\frac{\partial u_y}{\partial y}=0 \tag{4-7}$$

$$u_x\frac{\partial u_x}{\partial x}+u_y\frac{\partial u_x}{\partial y}=v\frac{\partial^2 u_x}{\partial y^2} \tag{4-13}$$

式(4-7)、式(4-13) 和式(11-29) 三式可以描述不可压缩流体在平板边界层内进行稳态无化学反应的二维流动、二维传质时的普遍规律。求解以上各式，即可得出对流传质系数。

(二) 边界层对流扩散方程的精确解

在第八章求解边界层能量方程时，通过无量纲化，将该方程变成了无量纲的边界层能量方程，即

$$\frac{\mathrm{d}^2 T^*}{\mathrm{d}\eta^2}+\frac{Pr}{2}f\frac{\mathrm{d}T^*}{\mathrm{d}\eta}=0 \tag{8-20}$$

其中

$$T^*=\frac{t_s-t}{t_s-t_0} \tag{8-13}$$

$$Pr=\frac{v}{\alpha}=\frac{c_p\mu}{k} \tag{8-19}$$

式(8-20) 的边界条件为

(1) $\eta=0$：$T^*=0$

(2) $\eta \to \infty$：$T^* = 1$

类似地，求解式(11-29) 时，可参照以上方法，将其化为类似于式(8-21) 的无量纲的形式，即

$$\frac{d^2 c_A^*}{d\eta^2} + \frac{Sc}{2} f \frac{dc_A^*}{d\eta} = 0 \tag{11-30}$$

式中

$$c_A^* = \frac{c_{As} - c_A}{c_{As} - c_{A0}} \tag{11-31}$$

$$Sc = \frac{v}{D_{AB}} = \frac{\mu}{\rho D_{AB}} \tag{11-32}$$

比较可知，式(8-21) 和式(11-30) 的形式类似，但二者的边界条件有所不同。平板壁面层流传热时，壁面处的速度 $u_{xs} = 0$，$u_{ys} = 0$；而平板壁面层流传质时，虽然 $u_{xs} = 0$，但在某些情况下 $u_{ys} \neq 0$。例如，当流体流过可溶性壁面时，若溶质 A 在流体中的溶解度较大，则溶质 A 溶解过程中带动壁面处的流体沿 y 方向运动，形成了沿 y 方向上的速度 u_{ys}。又如，当暴露在流体中的表面温度很高，而需将该表面的温度冷却到一个适当的数值时，将需要一个相当大的冷却量，在此情况下可采用使该表面喷出物质的办法来达到表面冷却的目的，为此可将表面制成多孔平板的形状，令某种冷却流体以速度 u_{ys} 强制通过微孔喷注到表面上的边界层中。此即“发汗冷却”技术，该技术常用于火箭燃烧室、喷射器等装置中，如图 11-3 所示。

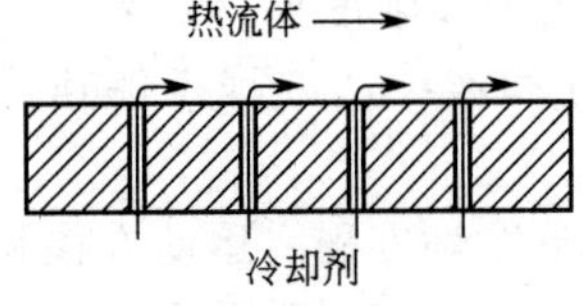

图 11-3 发汗冷却

通常称 u_{ys} 为壁面喷出速度。在 $u_{ys} \neq 0$ 的情况下，式(8-21) 和式(11-30) 的求解结果不能类比。但通常溶质 A 在流体中的溶解度较小，可视 $u_{ys} \approx 0$，此时式(8-21) 和式(11-30) 的求解结果可进行类比。本章只讨论 $u_{ys} \approx 0$ 的情况。对于 $u_{ys} \neq 0$ 的传质问题，将在第十二章讨论。在此情况下，式(11-30) 的边界条件为

(1) $\eta = 0$：$c_A^* = 0$

(2) $\eta \to \infty$：$c_A^* = 1$

无量纲边界层对流扩散方程式(11-30) 的解，可根据边界条件及方程的类似性与热量传递对比得出，即式(8-21) 和式(11-30) 应该具有相同形式的特解。于是可以应用平板壁面层流传热的精确解（波尔豪森解）来表达上述式(11-30) 的特解。下面写出传热的波尔豪森解与传质的类比解：

热量传递	质量传递
$\frac{\delta}{\delta_t} = Pr^{1/3}$	$\frac{\delta}{\delta_D} = Sc^{1/3}$
$\left.\frac{dT^*}{d\eta}\right\|_{\eta=0} = 0.332 Pr^{1/3}$	$\left.\frac{dc_A^*}{d\eta}\right\|_{\eta=0} = 0.332 Sc^{1/3}$
$\left.\frac{dT^*}{dy}\right\|_{y=0} = 0.332 \frac{1}{x} Re_x^{1/2} Pr^{1/3}$	$\left.\frac{dc_A^*}{dy}\right\|_{y=0} = 0.332 \frac{1}{x} Re_x^{1/2} Sc^{1/3}$

将上述的传质界面浓度梯度 $\left.\frac{dc_A^*}{dy}\right|_{y=0}$ 的表达式代入式(11-28)，即得

$$k_{cx}^0 = 0.332 \frac{D_{AB}}{x} Re_x^{1/2} Sc^{1/3} \tag{11-33}$$

或

$$Sh_x = \frac{k_{cx}^0 x}{D_{AB}} = 0.332 Re_x^{1/2} Sc^{1/3} \tag{11-34}$$

显然，上二式与对流传热的式(8-34a)、式(8-35) 类似。

当 $u_{ys}=0$ 时，等分子反方向扩散（$N_A=-N_B$）时的对流传质系数 k_c^0 与组分 A 通过停滞组分 B 进行扩散（$N_B=0$）时的对流传质系数 k_c 的关系可推导如下。

当 $N_A=-N_B$ 时

$$N_A=k_{cx}^0(c_{As}-c_{A0})=-D_{AB}\frac{dc_A}{dy}\bigg|_{y=0}$$

当 $N_B=0$ 时

$$\begin{aligned}N_A&=k_{cx}(c_{As}-c_{A0})\\&=-D_{AB}\frac{dc_A}{dy}\bigg|_{y=0}+x_A(N_A+N_B)\bigg|_{y=0}\\&=-D_{AB}\frac{dc_A}{dy}\bigg|_{y=0}+c_Au_y\bigg|_{y=0}\\&=-D_{AB}\frac{dc_A}{dy}\bigg|_{y=0}+c_{As}u_{ys}=-D_{AB}\frac{dc_A}{dy}\bigg|_{y=0}\end{aligned}$$

由此可得

$$k_{cx}=k_{cx}^0$$

式(11-33) 中的 k_{cx}^0 为局部传质系数，其值随 x 而变，在实用上应使用平均传质系数。长度为 L 的整个板面的平均传质系数 k_{cm}^0 可由下式求算：

$$k_{cm}^0=\frac{1}{L}\int_0^L k_{cx}^0\,dx \tag{11-35}$$

将式(11-33) 代入式(11-35)，并积分，得

$$k_{cm}^0=0.664\,\frac{D_{AB}}{L}Re_L^{1/2}Sc^{1/3} \tag{11-36}$$

或

$$Sh_m=\frac{k_{cm}^0L}{D_{AB}}=0.664Re_L^{1/2}Sc^{1/3} \tag{11-37}$$

式(11-36)、式(11-37) 适用于求算 $Sc>0.6$，平板壁面上传质速率很低、层流边界层部分的对流传质系数。

【例 11-3】 有一块厚度为 10mm、长度为 200mm 的萘板。在萘板的一个面上有 0℃的常压空气吹过，气速为 10m/s。试求经过 10h 以后萘板厚度减薄的百分数。已知在 0℃下空气-萘系统的扩散系数为 $5.14\times10^{-6}\,m^2/s$，萘的蒸气压为 0.0059mmHg，固体萘的密度为 $1152kg/m^3$。临界雷诺数 $Re_{x_c}=3\times10^5$。由于萘在空气中的扩散速率很低，可认为 $u_{ys}=0$。

解 查常压和 0℃下空气的物性值为

$$\rho=1.293kg/m^3,\ \mu=1.75\times10^{-5}N\cdot s/m^2$$

$$Sc=\frac{\mu}{\rho D_{AB}}=\frac{1.75\times10^{-5}}{1.293\times(5.14\times10^{-6})}=2.63$$

计算雷诺数：

$$Re_L=\frac{Lu_0\rho}{\mu}=\frac{0.2\times10\times1.293}{1.75\times10^{-5}}=1.478\times10^5<Re_{x_c}$$

由式(11-36) 计算平均传质系数：

$$\begin{aligned}k_{cm}^0=k_{cm}&=0.664\,\frac{D_{AB}}{L}Re_L^{1/2}Sc^{1/3}\\&=0.664\times\frac{5.14\times10^{-6}}{0.2}\times(1.478\times10^5)^{1/2}\times2.63^{1/3}=0.00906\ (m/s)\end{aligned}$$

可采用下式计算传质通量：

$$N_A = k_c (c_{As} - c_{A0})$$

式中 c_{A0} 为边界层外萘的浓度，由于该处流动的为纯空气，故 $c_{A0}=0$；c_{As}为萘板表面处气相中萘的饱和浓度，可通过萘的蒸气压 p_{As} 计算：

$$y_{As} = \frac{c_{As}}{C} = \frac{p_{As}}{p}$$

上式中的 C 为萘板表面处气相中萘和空气的总浓度：

$$C = c_{As} + c_{Bs}$$

由于 c_{As}很小，可近似地认为 $C=c_{Bs}$，于是

$$\frac{p_{As}}{p} = \frac{c_{As}}{c_{Bs}} = \frac{\rho_{As}}{M_A}\frac{M_B}{\rho}$$

$$\rho_{As} = \frac{p_{As}}{p}\frac{M_A}{M_B}\rho = \frac{0.0059}{760} \times \frac{128}{29} \times 1.293 = 4.43 \times 10^{-5} \ (\text{kg/m}^3)$$

$$c_{As} = \frac{\rho_{As}}{M_A} = \frac{4.43 \times 10^{-5}}{128} = 3.46 \times 10^{-7} \ (\text{kmol/m}^3)$$

故

$$N_A = 0.00906 \times (3.46 \times 10^{-7} - 0) = 3.13 \times 10^{-9} \ [\text{kmol/}(\text{m}^2 \cdot \text{s})]$$

设萘板表面积为 A，且由于扩散所减薄的厚度为 b，则有

$$Ab\rho_s = N_A M_A A\theta$$

故得

$$b = \frac{N_A M_A \theta}{\rho_s} = \frac{(3.13 \times 10^{-9}) \times 128 \times (10 \times 3600)}{1152} = 1.25 \times 10^{-5} \ (\text{m})$$

萘板由于向空气中传质而厚度减薄的百分数为

$$\frac{0.0125}{10} \times 100\% = 0.125\%$$

二、平板壁面上层流传质的近似解

与速度边界层中的卡门积分动量方程、温度边界层中的热流方程一样，就浓度边界层而言，也可以导出一个浓度边界层积分传质方程，然后求此方程的近似解，最后即可求得传质系数的计算式。此法较精确解简单，并具有足够的精确性。此外，导出的浓度边界层积分传质方程既适用于层流边界层，也适用于湍流边界层。

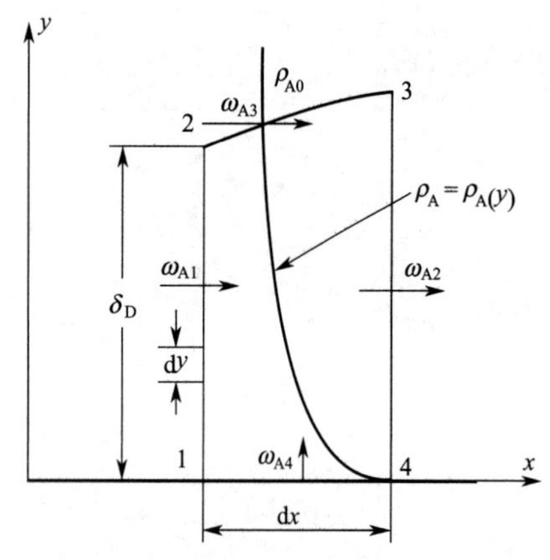

图 11-4 浓度边界层积分传质方程的推导

（一）浓度边界层积分传质方程的推导

如一不可压缩流体在平板壁面上做稳态流动并有传质过程存在时，在壁面上会同时形成速度边界层和浓度边界层。在图 11-4 中取 1-2-3-4 范围所围成的控制体，垂直于纸面方向上的厚度为一个单位。针对此控制体做组分 A 的质量衡算。

（1）1-2 截面　由 1-2 面输入控制体的总质量流率为

$$w_1 = \int_0^{\delta_D} \rho u_x \mathrm{d}y \tag{11-38}$$

由 1-2 面输入控制体的组分 A 的质量流率为

$$w_{A1} = \int_0^{\delta_D} \rho_A u_x \mathrm{d}y \tag{11-38a}$$

（2）3-4 截面　由 3-4 面输出控制体的总质量流率为

$$w_2=\int_0^{\delta_D}\rho u_x \mathrm{d}y+\left(\frac{\partial}{\partial x}\int_0^{\delta_D}\rho u_x \mathrm{d}y\right)\mathrm{d}x \tag{11-39}$$

由 3-4 面输出控制体的组分 A 的质量流率为

$$w_{A2}=\int_0^{\delta_D}\rho_A u_x \mathrm{d}y+\left(\frac{\partial}{\partial x}\int_0^{\delta_D}\rho_A u_x \mathrm{d}y\right)\mathrm{d}x \tag{11-39a}$$

（3）2-3 截面　根据质量守恒原理，稳态下由此截面流入的总质量流率应为 3-4 截面与 1-2 截面的总质量流率之差，即

$$w_3=w_2-w_1=\frac{\partial}{\partial x}\left(\int_0^{\delta_D}u_x \mathrm{d}y\right)\mathrm{d}x$$

由于 2-3 截面取在浓度边界层外缘处，组分 A 均以 ρ_{A0} 的质量浓度进入此截面。因此，组分 A 经 2-3 截面输入控制体的质量流率应为组分 A 在此截面处的质量分数 a_{A0} 与输入此截面的总质量流率的乘积，即

$$w_{A3}=a_{A0}w_3=a_{A0}\frac{\partial}{\partial x}\left(\int_0^{\delta_D}\rho u_x \mathrm{d}y\right)\mathrm{d}x=\rho_{A0}\frac{\partial}{\partial x}\left(\int_0^{\delta_D}u_x \mathrm{d}y\right)\mathrm{d}x \tag{11-40}$$

（4）1-4 截面　通过 1-4 面输入控制体的组分 A 的质量流率系由分子扩散产生，根据费克第一定律（设扩散速率很小，或 $u_{ys}=0$）

$$w_{A4}=-D_{AB}\left.\frac{\mathrm{d}\rho_A}{\mathrm{d}y}\right|_{y=0}\mathrm{d}x \tag{11-41}$$

组分 A 的质量衡算式为　$w_{A1}+w_{A3}+w_{A4}=w_{A2}$

将式(11-38a)、式(11-39a)、式(11-40) 和式(11-41) 代入分别上式，经整理后得

$$\rho_{A0}\frac{\partial}{\partial x}\int_0^{\delta_D}u_x \mathrm{d}y-\frac{\partial}{\partial x}\int_0^{\delta_D}\rho_A u_x \mathrm{d}y=D_{AB}\left.\frac{\mathrm{d}\rho_A}{\mathrm{d}y}\right|_{y=0}$$

或

$$\frac{\mathrm{d}}{\mathrm{d}x}\int_0^{\delta_D}(\rho_{A0}-\rho_A)u_x \mathrm{d}y=D_{AB}\left.\frac{\mathrm{d}\rho_A}{\mathrm{d}y}\right|_{y=0} \tag{11-42}$$

上式两侧均除以组分 A 的相对分子质量 M_A，于是该式又可化为下述形式：

$$\frac{\mathrm{d}}{\mathrm{d}x}\int_0^{\delta_D}(c_{A0}-c_A)u_x \mathrm{d}y=D_{AB}\left.\frac{\mathrm{d}c_A}{\mathrm{d}y}\right|_{y=0} \tag{11-43}$$

式(11-42) 或式(11-43) 即为浓度边界层积分传质方程，它与温度边界层热流方程相类似。温度边界层热流方程如下：

$$\frac{\mathrm{d}}{\mathrm{d}x}\int_0^{\delta_t}(t_0-t)u_x \mathrm{d}y=\alpha\left.\frac{\mathrm{d}t}{\mathrm{d}y}\right|_{y=0} \tag{8-45}$$

在推导式(11-42)、式（11-43）过程中没有假定流动为层流抑或湍流，故该二式既适用于层流，也适用于湍流。

（二）平板壁面上层流边界层质量传递的近似解

如欲对式(11-43) 求解，首先需假设适当的速度分布方程和浓度分布方程。对于平板壁面上的层流传质，速度分布方程仍可利用第四章中求解速度边界层积分动量方程时常用的三次多项式表示的式(4-46a)，即

$$\frac{u_x}{u_0}=\frac{3}{2}\left(\frac{y}{\delta}\right)-\frac{1}{2}\left(\frac{y}{\delta}\right)^3 \tag{4-46a}$$

鉴于式(11-43) 与式(8-45) 形式类似，边界条件也类似，于是即可应用求解温度边界层热流方程的方法求解浓度边界层积分传质方程。

层流情况下的浓度分布方程与温度分布方程类似，均可采用如下三次多项式的形式表达。

温度分布方程：
$$t=a+by+cy^2+dy^3 \tag{8-46}$$

浓度分布方程：
$$c_A=a+by+cy^2+dy^3 \tag{11-44}$$

上两式的边界条件如下：

热量传递	质量传递
(1) $y=0$：$t=t_s$	(1) $y=0$：$c_A=c_{As}$
(2) $y=\delta_t$：$t=t_0$	(2) $y=\delta_D$：$c_A=c_{A0}$
(3) $y=\delta_t$：$\frac{\partial t}{\partial y}=0$	(3) $y=\delta_D$：$\frac{\partial c_A}{\partial y}=0$
(4) $y=0$：$\frac{\partial^2 t}{\partial y^2}=0$	(4) $y=0$：$\frac{\partial^2 c_A}{\partial y^2}=0$

由上述边界条件即可进一步导出如下形式的温度分布方程与浓度分布方程。

温度分布方程：
$$\frac{t-t_s}{t_0-t_s}=\frac{3}{2}\left(\frac{y}{\delta_t}\right)-\frac{1}{2}\left(\frac{y}{\delta_t}\right)^3 \tag{8-47}$$

浓度分布方程：
$$\frac{c_A-c_{As}}{c_{A0}-c_{As}}=\frac{3}{2}\left(\frac{y}{\delta_D}\right)-\frac{1}{2}\left(\frac{y}{\delta_D}\right)^3 \tag{11-45}$$

将速度分布方程式(4-46a) 连同温度分布方程式(8-47) 代入式(8-45)，同样将速度分布方程式(4-46a) 连同浓度分布方程式(11-45) 代入式(11-43)，并假设热量传递和质量传递过程都是由平板前缘开始，于是即可导出局部对流传热系数和局部对流传质系数的表达式如下。

局部对流传热系数为：
$$h_x=0.332\frac{k}{x}Re_x^{1/2}Pr^{1/3} \tag{8-59}$$

或写成
$$Nu_x=\frac{h_x x}{k}=0.332Re_x^{1/2}Pr^{1/3} \tag{8-61}$$

局部对流传质系数为：
$$k_{cx}^0=0.332\frac{D_{AB}}{x}Re_x^{1/2}Sc^{1/3} \tag{11-46}$$

或写成
$$Sh_x=\frac{k_{cx}^0 x}{D_{AB}}=0.332Re_x^{1/3} \tag{11-47}$$

离平板前缘距离为 L 的整个平板壁面的平均对流传质系数为：
$$k_{cm}^0=0.664\frac{D_{AB}}{L}Re_L^{1/2}Sc^{1/3} \tag{11-48}$$

或写成
$$Sh_m=\frac{k_{cm}^0 L}{D_{AB}}=0.664Re_L^{1/2}Sc^{1/3} \tag{11-49}$$

将式(11-46)、式(11-47)、式(11-48)、式(11-49) 与式(11-33)、式(11-34)、式(11-36)、式(11-37) 进行比较，可以看出近似解与精确度的结果完全一致。

【例 11-4】 大量的 26℃的水以 0.1m/s 的流速流过固体苯甲酸平板，板长 0.2m。已知苯甲酸在水中的饱和溶解度为 0.0295kmol/m³，扩散系数为 1.24×10^{-9} m²/s。试求经 1 小时后每 m² 苯甲酸平板溶于水中的苯甲酸量。设 $Re_{x_c}=3\times10^5$。

解 水在 26℃下的物性值为

$$\rho=997\text{kg/m}^3,\ \mu=0.873\times10^{-3}\text{N}\cdot\text{s/m}^2$$

计算雷诺数：

$$Re_L=\frac{Lu_0\rho}{\mu}=\frac{0.2\times0.1\times997}{0.873\times10^{-3}}=2.28\times10^4<Re_{x_c}$$

故为层流边界层，可采用式(11-48)计算平均传质系数：

$$k_{Lm}^0=0.664\frac{D_{AB}}{L}Re_L^{1/2}Sc^{1/3}$$

$$=0.664\times\frac{1.24\times10^{-9}}{0.2}\times(2.28\times10^4)^{1/2}\times\left[\frac{0.873\times10^{-3}}{997\times(1.24\times10^{-9})}\right]^{1/3}=5.54\times10^{-6}\ (\text{m/s})$$

本题为组分A（苯甲酸）通过停滞组分B（水）进行扩散的问题，传质通量可应用式(11-26)计算，该式在此情况下可表示为

$$N_A=k_{Lm}(c_{As}-c_{A0})$$

式中

$$k_{Lm}=\frac{k_{Lm}^0}{x_{BM}}$$

由于溶液很稀，$x_{BM}\approx1$，故$k_{Lm}=k_{Lm}^0$。又水量很大，可认为$c_{A0}=0$。苯甲酸表面处的液相浓度$c_{As}=0.0295\text{kmol/m}^3$。于是可得每$m^2$苯甲酸平板溶于水中的传质速率为

$$N_A=(5.54\times10^{-6})\times(0.0295-0)=1.63\times10^{-7}\ [\text{kmol/(m}^2\cdot\text{s)}]$$

故经1小时后每m^2平板苯甲酸的溶解量为

$$(1.63\times10^{-7})\times3600=5.87\times10^{-4}\ (\text{kmol/m}^2)$$

三、平板壁面上湍流传质的近似解

在上节中曾经导出了一个浓度边界层积分传质方程式(11-43)，该式亦可写成下述形式：

$$\frac{d}{dx}\int_0^{\delta_D}(c_A-c_{A0})u_x dy=-D_{AB}\left.\frac{dc_A}{dy}\right|_{y=0} \tag{11-43a}$$

如前所述，上式既适用于层流边界层的计算，也适用于湍流边界层的计算。下面针对湍流边界层对式(11-43a)求解，以便得到对流传质系数的计算式。

结合对流传质系数的定义和费克第一定律，式(11-43a)可进一步写成

$$k_{cx}^0=\frac{d}{dx}\int_0^{\delta_D}\frac{c_A-c_{A0}}{c_{As}-c_{A0}}u_x dy \tag{11-50}$$

该式与式(8-64)相对应，其解法与平板壁面上湍流边界层传热的解法类似。

通常，速度边界层的厚度δ与浓度边界层的厚度δ_D不等，设二者之比为

$$\frac{\delta}{\delta_D}=Sc^n$$

假定速度分布与浓度分布均遵循1/7次方定律式(5-65)：

$$\frac{u}{u_0}=\left(\frac{y}{\delta}\right)^{1/7} \tag{5-65}$$

及

$$\frac{c_{As}-c_A}{c_{As}-c_{A0}}=\left(\frac{y}{\delta_D}\right)^{1/7} \tag{11-51}$$

或

$$\frac{c_A-c_{A0}}{c_{As}-c_{A0}}=1-\frac{c_{As}-c_A}{c_{As}-c_{A0}}=1-\left(\frac{y}{\delta_D}\right)^{1/7} \tag{11-52}$$

将上述关系代入式(11-50)，可求得与平板壁面上湍流边界层传热的式(8-74)～式(8-77)类似的结果为

$$k_{cx}^{0}=0.0292\frac{D_{AB}}{x}Re_{x}^{0.8}Sc^{1/3} \tag{11-53}$$

$$k_{cm}^{0}=0.0365\frac{D_{AB}}{L}Re_{x}^{0.8}Sc^{1/3} \tag{11-54}$$

和

$$Sh_{m}=\frac{k_{cm}^{0}L}{D_{AB}}=0.0365Re_{L}^{0.8}Sc^{1/3} \tag{11-55}$$

式(11-53)、式(11-54)、式(11-55) 分别与对流传热中式(8-74)、式(8-76)、式(8-77) 相对应。上面各式中，在导出 k_{cm}^{0} 或 Sh_m 时，是假定湍流边界层自平板前缘（即 $x=0$ 处）开始，这一点是与实际不符的。在求算平均传质系数时，必须考虑临界距离 x_c 以前的这一段层流边界层的影响，在此情况下可应用下式予以校正，即

$$k_{cm}^{0}=\frac{1}{L}\left[\int_{0}^{x_c}k_{cx(层流)}^{0}\mathrm{d}x+\int_{x_c}^{L}k_{cx(湍流)}^{0}\mathrm{d}x\right] \tag{11-56}$$

将式(11-46) 和式(11-53) 代入式(11-56)，经积分后，得

$$k_{cm}^{0}=0.0365\frac{D_{AB}}{L}(Re_{L}^{0.8}-A)Sc^{1/3} \tag{11-57}$$

式中 A 为 x_c 以前一段层流边界层对 k_{cm}^{0} 影响的校正系数，其值为

$$A=Re_{x_c}^{0.8}-18.19Re_{x_c}^{1/2} \tag{8-80}$$

如将式(11-57) 应用于平板壁面上时，在传质速率很低的情况下，有

$$k_{cm}^{0}=k_{cm}$$

【例 11-5】 在光滑的平板上洒有一薄层乙醇。乙醇上方沿平板有 1atm、289K 的空气平行流过，气速为 6m/s。试求由平板前缘算起 1m 长、1m 宽的面积上乙醇的汽化速率。设临界雷诺数 $Re_{x_c}=3\times10^{5}$。已知 289K 下乙醇的饱和蒸气压为 4000N/m^2，空气的运动黏度为 1.48×10^{-5}m^2/s，乙醇在空气中的扩散系数为 1.26×10^{-5}m^2/s。计算时可忽略表面传质速率对边界层的影响。

解 计算施密特数和雷诺数：

$$Sc=\frac{\nu}{D_{AB}}=\frac{1.48\times10^{-5}}{1.26\times10^{-5}}=1.174$$

$$Re_{L}=\frac{Lu_0}{\nu}=\frac{1\times6}{1.48\times10^{-5}}=4.054\times10^{5}$$

故平板长 $L=1$m 处为湍流边界层区域，应该采用式(11-57) 求算 k_{cm}^{0}。由于乙醇在空气中的浓度很低，可认为 $k_{cm}^{0}=k_{cm}$，故有

$$k_{cm}=k_{cm}^{0}=0.0365\frac{D_{AB}}{L}(Re_{L}^{0.8}-A)Sc^{1/3}$$

$$A=Re_{x_c}^{0.8}-18.19Re_{x_c}^{1/2}=(3\times10^{5})^{0.8}-18.19\times(3\times10^{5})^{1/2}=14119$$

$$k_{cm}=0.0365\times\frac{1.26\times10^{-5}}{1}\times(405400^{0.8}-14119)\times1.174^{1/3}=0.00802\ (\mathrm{m/s})$$

乙醇的汽化速率可表为

$$N_A A=k_{cm}A(c_{As}-c_{A0})$$

其中

$$c_{A0}=0$$

$$c_{As}=\frac{p_A}{RT}=\frac{4000}{8.314\times289}=1.665\ (\mathrm{mol/m^3})$$

故得

$$N_A A=0.00802\times(1\times1)\times(1.665-0)=0.0134\ (\mathrm{mol/s})$$

第三节　管内对流传质

在化工过程中，流体多在管内流动，若流体与管壁间发生传质，则称为管内对流传质。管内对流传质与管内对流传热类似。本节参照管内对流传热的研究方法，对管内对流传质问题进行讨论。

一、管内稳态层流传质

管内流动的流体与管壁之间的传质问题在工程技术领域是经常遇到的。若流体的流速较慢、黏性较大或管道直径较小时，流动呈层流状态，这种情况下的传质即为管内层流传质。

流体与管壁之间进行对流传质时，可能有以下两种情况：

(1) 流体一进入管中便立即进行传质，在管进口段距离内速度分布和浓度分布都在发展，如图 11-5(a) 所示；

(2) 流体进管后，先不进行传质，待速度分布充分发展后才进行传质，如图 11-5(b) 所示。

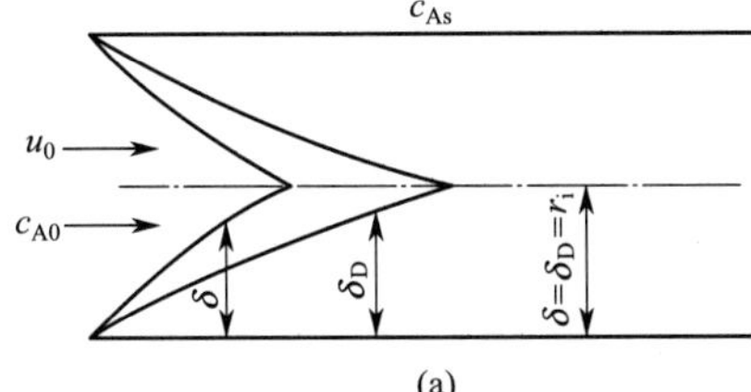

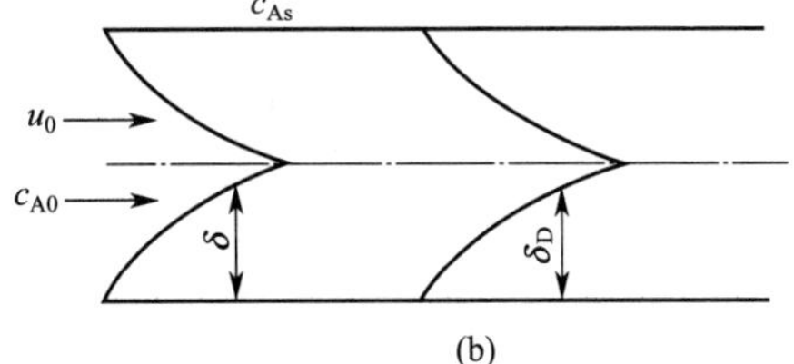

图 11-5　圆管内的稳态传质

对于第一种情况，进口段的动量传递和质量传递规律都比较复杂，问题的求解较为困难。后一种情况则较为简单，研究也比较充分。下面主要讨论后一种情况的求解。

对于管内层流传质，可用柱坐标系的对流扩散方程来描述。设流体在管内沿轴向做一维稳态层流流动，且组分 A 沿径向进行轴对称的稳态传质，忽略组分 A 的轴向扩散，在所研究的范畴内速度边界层和浓度边界层均达到充分发展。由柱坐标系的对流扩散方程式(9-49) 可得

$$\frac{\partial c_A}{\partial \theta'}+u_r\frac{\partial c_A}{\partial r}+\frac{u_\theta}{r}\frac{\partial c_A}{\partial \theta}+u_z\frac{\partial c_A}{\partial z}=D_{AB}\left[\frac{1}{r}\frac{\partial}{\partial r}\left(r\frac{\partial c_A}{\partial r}\right)+\frac{1}{r^2}\frac{\partial^2 c_A}{\partial \theta^2}+\frac{\partial^2 c_A}{\partial z^2}\right]$$

简化可得

$$u_z\frac{\partial c_A}{\partial z}=D_{AB}\left[\frac{1}{r}\frac{\partial}{\partial r}\left(r\frac{\partial c_A}{\partial r}\right)\right] \tag{11-58}$$

由于速度分布已充分发展，u_z 和 r 的关系已在第三章导出，即式(3-50)：

$$u_z=2u_b\left[1-\left(\frac{r}{r_i}\right)^2\right] \tag{3-50}$$

将式(3-50) 代入式(11-58)，即可得表述速度分布已充分发展后的层流传质方程如下：

$$\frac{\partial c_A}{\partial z}=\frac{D_{AB}}{2u_b\left[1-(r/r_i)^2\right]}\left[\frac{1}{r}\frac{\partial}{\partial r}\left(r\frac{\partial c_A}{\partial r}\right)\right] \tag{11-59}$$

式(11-59) 的边界条件可分为以下两类：

(1) 组分 A 在管壁处的浓度 c_{As} 维持恒定，例如管壁覆盖着某种可溶性物质时；

(2) 组分 A 在管壁处的传质通量 N_{As} 维持恒定，如多孔性管壁，组分 A 以恒定传质速率通过整个管壁进入流体中。

求解式(11-59) 所获得的结果与管内层流传热情况相同。当速度分布与浓度分布均已充分

发展且传质速率较低时，舍伍德数如下：

（1）组分 A 在管壁处的浓度 c_{As}维持恒定时，与管内恒壁温层流传热的式(8-99) 类似，为

$$Sh=\frac{k_c^0 d}{D_{AB}}=3.66 \tag{11-60}$$

（2）组分 A 在管壁处的传质通量 N_{As} 维持恒定时，与管内恒壁面热通量层流传热的式(8-98) 类似，为

$$Sh=\frac{k_c^0 d}{D_{AB}}=4.36 \tag{11-61}$$

由此可见，在速度分布和浓度分布均充分发展的条件下，管内层流传质时，对流传质系数或舍伍德数为常数。

应予指出，上述结果均是在速度边界层和浓度边界层业已充分发展的情况下求出的。实际上，流体进口段的局部舍伍德数 Sh 并非常数。工程计算中，为了计入进口段对传质的影响，采用以下公式进行修正：

$$Sh=Sh_\infty+\frac{k_1\left(\frac{d}{x}ReSc\right)}{1+k_2\left(\frac{d}{x}ReSc\right)^n} \tag{11-62}$$

式中 Sh——不同条件下的平均或局部舍伍德数；

Sh_∞——浓度边界层已充分发展后的舍伍德数；

Sc——流体的施密特数，$Sc=\frac{\mu}{\rho D_{AB}}$；

d——管道内径，m；

x——传质段长度，m；

k_1, k_2, n——常数，其值由表 11-2 查出。

表 11-2 式(11-62) 中的各有关参数值

管壁条件	速度分布	Sc	Sh	Sh_∞	k_1	k_2	n
c_{As}为常数	抛物线	任意	平均	3.66	0.0668	0.04	2/3
c_{As}为常数	正在发展	0.7	平均	3.66	0.104	0.016	0.8
N_{As}为常数	抛物线	任意	局部	4.36	0.023	0.0012	1.0
N_{As}为常数	正在发展	0.7	局部	4.36	0.036	0.0011	1.0

使用式(11-62) 计算舍伍德数 Sh 时，需先判断速度边界层和浓度边界层是否已充分发展，故需估算流动进口段长度 L_e 和传质进口段长度 L_D，其估算公式为

$$\frac{L_e}{d}=0.05Re \tag{11-63}$$

$$\frac{L_D}{d}=0.05ReSc \tag{11-64}$$

在进行管内层流传质的计算过程中，所用公式中各物理量的定性温度和定性浓度采用流体的主体温度和主体浓度（进、出口值的算术平均值），即

$$t_m=\frac{t_1+t_2}{2}$$

$$c_{Abm}=\frac{c_{A1}+c_{A2}}{2}$$

式中下标 1、2 分别表示进、出口状态。

【例 11-6】 常压下 45℃的空气以 1m/s 的速度预先通过直径为 25mm、长度为 2m 的金属管道，然后进入与该管道连接的具有相同直径的萘管，于是萘由管壁向空气中传质。如萘管长度为 0.6m，试求出口气体中萘的浓度以及针对全萘管的传质速率。已知 45℃及 1atm 下萘在空气中的扩散系数为 $6.87\times10^{-6}\mathrm{m^2/s}$，萘的饱和浓度为 $2.80\times10^{-5}\mathrm{kmol/m^3}$。

解 1atm 及 45℃下空气的物性值如下：

$$\rho=1.111\mathrm{kg/m^3},\ \mu=1.89\times10^{-5}\mathrm{N\cdot s/m^2}$$

由于萘的浓度很低，计算 Sc 值时可采用空气物性值：

$$Sc=\frac{\mu}{\rho D_{\mathrm{AB}}}=\frac{1.89\times10^{-5}}{1.111\times(6.87\times10^{-6})}=2.48$$

计算雷诺数：

$$Re_{\mathrm{d}}=\frac{du_{\mathrm{b}}\rho}{\mu}=\frac{0.025\times1\times1.111}{1.89\times10^{-5}}=1470$$

故管内空气的流型为层流，流动进口段长度由式(11-63) 求算，为

$$L_{\mathrm{e}}=0.05Re_{\mathrm{d}}d=0.05\times1470\times0.025=1.84\ (\mathrm{m})$$

空气进入萘管前已经流过 2m 长的金属管，故可认为流动已充分发展，并认为管表面处萘的蒸气压维持恒定，并等于其饱和蒸气压，利用式(11-62) 及表 11-2 得

$$Sh_{\mathrm{m}}=3.66+\frac{0.0668\times\left(\frac{0.025}{0.6}\times1470\times2.48\right)}{1+0.04\times\left(\frac{0.025}{0.6}\times1470\times2.48\right)^{2/3}}=8.40$$

故得

$$k_{\mathrm{cm}}^{0}=\frac{Sh_{\mathrm{m}}D_{\mathrm{AB}}}{d}=\frac{8.40\times(6.87\times10^{-6})}{0.025}=2.31\times10^{-3}\ (\mathrm{m/s})$$

萘向空气中的扩散为组分 A 通过停滞组分 B 的扩散（$N_{\mathrm{B}}=0$），但由于萘的浓度很低，可写成

$$k_{\mathrm{cm}}=k_{\mathrm{cm}}^{0}=2.31\times10^{-3}\ (\mathrm{m/s})$$

萘的出口浓度 c_{A2}，可参照图 11-6，通过下述步骤求出。

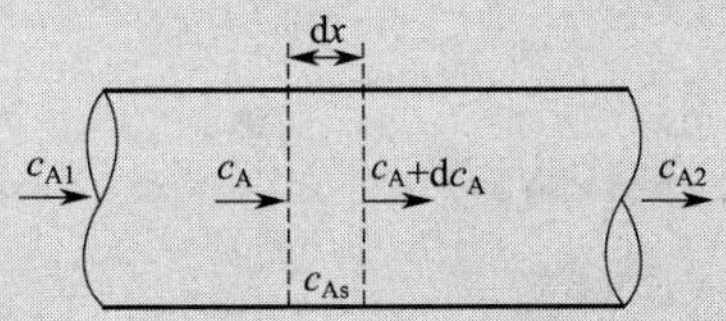

图 11-6 【例 11-6】附图

如图 11-6 所示，在 dx 萘管长度的范围内的传质速率可写成

$$\mathrm{d}G_{\mathrm{A}}=\pi d(\mathrm{d}x)k_{\mathrm{cm}}(c_{\mathrm{As}}-c_{\mathrm{A}})$$

由组分 A 的质量衡算得

$$\mathrm{d}G_{\mathrm{A}}=\frac{\pi}{4}d^2u_{\mathrm{b}}\mathrm{d}c_{\mathrm{A}}$$

令上述两式相等，得

$$\pi d(\mathrm{d}x)k_{\mathrm{cm}}(c_{\mathrm{As}}-c_{\mathrm{A}})=\frac{\pi}{4}d^2u_{\mathrm{b}}\mathrm{d}c_{\mathrm{A}}$$

分离变量积分

$$\frac{4k_{\mathrm{cm}}}{du_{\mathrm{b}}}\int_0^L\mathrm{d}x=\int_{c_{\mathrm{A1}}}^{c_{\mathrm{A2}}}\frac{\mathrm{d}c_{\mathrm{A}}}{c_{\mathrm{As}}-c_{\mathrm{A}}}$$

得

$$\frac{4k_{\mathrm{cm}}}{du_{\mathrm{b}}}L=\ln(c_{\mathrm{As}}-c_{\mathrm{A1}})-\ln(c_{\mathrm{As}}-c_{\mathrm{A2}})$$

即

$$\ln(c_{\mathrm{As}}-c_{\mathrm{A2}})=\ln(c_{\mathrm{As}}-c_{\mathrm{A1}})-\frac{4k_{\mathrm{cm}}L}{du_{\mathrm{b}}}$$

代入给定值，写成

$$\ln(2.80\times10^{-5}-c_{\mathrm{A2}})=\ln(2.80\times10^{-5}-0)-\frac{4\times(2.31\times10^{-3})\times0.6}{0.025\times1}=-10.705$$

因此求得出口气体中萘的浓度为

$$c_{A2}=0.557\times10^{-5}(\mathrm{kmol/m^3})$$

全萘管的传质速率可根据对全管长度做物料衡算而得

$$G_A=\frac{\pi}{4}d^2u_b(c_{A2}-c_{A1})=\frac{3.14}{4}\times0.025^2\times1\times(0.557\times10^{-5}-0)=2.73\times10^{-9}\ (\mathrm{kmol/s})$$

二、管内湍流传质的类似律

上节讨论了圆管的稳态层流传质问题。然而，层流传质并不多见，为了强化传质过程，在工业传质设备中多采用湍流操作。对于圆管湍流传质问题，由于其机理的复杂性，尚不能用分析方法求解，一般用类比的方法或由经验公式计算对流传质系数。本节讨论运用质量传递与动量传递、热量传递的类似律，求解圆管的稳态湍流传质问题。

（一）三传类比的基本概念

动量、热量和质量 3 种传递过程之间存在许多类似之处，如传递的机理类似、传递的数学模型（包括数学表达式及边界条件）类似、数学模型的求解方法及求解结果类似等。根据三传的类似性，对 3 种传递过程进行类比和分析，建立一些物理量间的定量关系，该过程即为三传类比，其数学表达式称为类似律。探讨三传类比，不仅在理论上有意义，而且具有一定的实用价值。它一方面将有利于进一步了解三传的机理，另一方面在缺乏传热和传质数据时，只要满足一定的条件，可以用流体力学实验来代替传热或传质实验，也可由一已知传递过程的系数求其他传递过程的系数。

现将与三传类比有关的物理量或公式列于表 11-3 中，以便于对照。

表 11-3 三传类比有关的物理量或公式对照

物理量或公式	动量传递	热量传递	质量传递
分子传递的通量	$\tau=-\nu\frac{\mathrm{d}(\rho u_x)}{\mathrm{d}y}$	$\frac{q}{A}=-\alpha\frac{\mathrm{d}(\rho c_p t)}{\mathrm{d}y}$	$J_A=-D_{AB}\frac{\mathrm{d}c_A}{\mathrm{d}y}$
分子扩散系数	ν	α	D_{AB}
涡流传递的通量	$\tau^r=-\varepsilon\frac{\mathrm{d}(\rho u_x)}{\mathrm{d}y}$	$\left(\frac{q}{A}\right)^e=-\varepsilon_H\frac{\mathrm{d}(\rho c_p t)}{\mathrm{d}y}$	$J_A^e=-\varepsilon_M\frac{\mathrm{d}c_A}{\mathrm{d}y}$
涡流扩散系数	ε	ε_H	ε_M
浓度梯度	$\frac{\mathrm{d}(\rho u_x)}{\mathrm{d}y}$	$\frac{\mathrm{d}(\rho c_p t)}{\mathrm{d}y}$	$\frac{\mathrm{d}c_A}{\mathrm{d}y}$
对流传递的通量	$\tau_s=\frac{f}{2}u_b(\rho u_b-\rho u_s)$	$\frac{q}{A}=\frac{h}{\rho c_p}(\rho c_p t_b-\rho c_p t_s)$	$N_A=k_c^0(c_{Ab}-c_{As})$
对流传递系数	$\frac{f}{2}u_b$	$\frac{h}{\rho c_p}$	k_c^0
浓度差	$\rho u_b-\rho u_s$	$\rho c_p t_b-\rho c_p t_s$	$c_{Ab}-c_{As}$

表 11-3 中，三传类似的对流传递通量各表达式，系依据范宁摩擦因数、对流传热系数及对流传质系数各定义式，即以下各式得到的：

$$\tau_s=f\frac{\rho u_b^2}{2}=\frac{1}{2}fu_b(\rho u_b-\rho u_s) \tag{3-10}$$

$$\frac{q}{A}=h(t_b-t_s)=\frac{h}{\rho c_p}(\rho c_p t_b-\rho c_p t_s) \tag{8-1}$$

$$N_A=k_c^0(c_{Ab}-c_{As}) \tag{11-6}$$

（二）三传类似律

1. 雷诺（Reynolds）类似律

1874 年，雷诺通过理论分析首先提出了动量传递与热量传递的类比概念，后来又将此类比概念推广于质量传递之中。该理论假定，当湍流流体与壁面间进行动量、热量和质量传递时，湍流中心一直延伸到壁面。故雷诺类似律为一层模型。

流体在管内做湍流流动时，设单位时间单位面积上流体主体与壁面间交换的质量为 M，若湍流主体处流体的速度、温度、浓度分别为 u_b、t_b、c_{Ab}，壁面上的速度、温度、浓度分别为 u_s、t_s、c_{As}，则单位时间单位面积上交换的动量（动量通量）为

$$\tau_s = M(u_b - u_s) = \frac{f}{2}\rho u_b^2$$

得

$$M = \frac{f}{2}\rho u_b$$

热量通量为

$$\frac{q}{A} = Mc_p(t_b - t_s) = h(t_b - t_s)$$

得

$$M = \frac{h}{c_p}$$

组分 A 的摩尔通量为

$$N_A = \frac{M}{\rho}(c_{Ab} - c_{As}) = k_c^0(c_{Ab} - c_{As})$$

得

$$M = \rho k_c^0$$

由于单位时间单位面积上交换的质量 M 相同，联立以上 3 式，得

$$M = \frac{f}{2}\rho u_b = \frac{h}{c_p} = \rho k_c^0$$

或写成

$$\frac{h}{\rho c_p u_b} = \frac{k_c^0}{u_b} = \frac{f}{2} \tag{11-65}$$

即

$$St = St' = \frac{f}{2} \tag{11-66}$$

式中，St' 称为传质的斯坦顿数，它与传热的斯坦顿数 St 相对应。

式(11-65) 和式(11-66) 即为湍流情况下动量、热量和质量传递的雷诺类似律表达式。

应予指出，雷诺类似律把整个边界层作为湍流区处理，但根据边界层理论，在湍流边界层中紧贴壁面总有一层流内层存在，在层流内层进行分子传递，只有在湍流中心才进行涡流传递。故雷诺类似律有一定的局限性，只有当 $Pr=1$ 及 $Sc=1$ 时，才可把湍流区一直延伸到壁面，用简化的一层模型来描述整个边界层。

2. 普朗特(Prandtl)- 泰勒(Taylor)类似律

前已述及，雷诺类似律只适用于 $Pr=1$ 和 $Sc=1$ 的条件下，然而许多工程上常用物质的 Pr 和 Sc 明显地偏离 1，尤其是液体，其 Pr 和 Sc 往往比 1 大得多，这样雷诺类似律的使用就受到了很大的局限。为此，普朗特-泰勒对雷诺类似律进行了修正，提出了二层模型，即湍流边界层由湍流主体和层流内层组成。根据二层模型，普朗特-泰勒导出以下关系式。

(1) 动量和热量传递类似律

$$h = \frac{(f/2)\rho c_p u_b}{1+5\sqrt{f/2}(Pr-1)} \tag{8-142}$$

或

$$St = \frac{h}{\rho c_p u_b} = \frac{f/2}{1+5\sqrt{f/2}(Pr-1)} \tag{8-143}$$

(2) 动量和质量传递类似律

$$k_c^0=\frac{(f/2)u_b}{1+5\sqrt{f/2}(Sc-1)} \tag{11-67}$$

或
$$St'=\frac{k_c^0}{u_b}=\frac{f/2}{1+5\sqrt{f/2}(Sc-1)} \tag{11-68}$$

式中　u_b——圆管的主体流速。

由式(8-143) 和式(11-68) 可看出，当 $Pr=Sc=1$ 时，两式可简化为式(11-66)，还原为雷诺类似律。对于 $Pr=Sc=0.5\sim2.0$ 的介质而言，普朗特-泰勒类似律与实验结果相当吻合。

3. 冯·卡门（Von Kármán）类似律

普朗特-泰勒类似律虽考虑了层流内层的影响，对雷诺类似律进行了修正，但由于未考虑到湍流边界层中缓冲层的影响，与实际不十分吻合。冯·卡门认为，湍流边界层由湍流主体、缓冲层、层流内层组成，提出了三层模型。根据三层模型，冯·卡门导出以下关系式。

（1）动量和热量传递类似律

$$h=\frac{(\phi_m/\theta')\rho c_p u_b f/2}{1+\phi_m\sqrt{f/2}\{5(Pr-1)+5\ln[(1+5Pr)/6]\}}$$

或
$$St=\frac{h}{\rho c_p u_b}=\frac{(\phi_m/\theta')f/2}{1+\phi_m\sqrt{f/2}\{5(Pr-1)+5\ln[(1+5Pr/6)]\}} \tag{8-144}$$

（2）动量和质量传递类似律

$$k_c^0=\frac{(\phi_m/\theta')u_b f/2}{1+\phi_m\sqrt{f/2}\{5(Sc-1)+5\ln[(1+5Sc)/6]\}} \tag{11-69}$$

或
$$St'=\frac{k_c^0}{u_b}=\frac{(\phi_m/\theta')f/2}{1+\phi_m\sqrt{f/2}\{5(Sc-1)+5\ln[(1+5Sc)/6]\}} \tag{11-70}$$

冯·卡门类似律在推导过程中根据的是光滑管的速度侧型方程，但它也适用于粗糙管，对于后者仅需将式中的摩擦系数 f 用粗糙管的 f 代替即可。但对于 Pr、Sc 极小的流体，如液态金属，该式则不适用。

4. 柯尔本（Colburn）类似律

契尔顿（Chilton)-柯尔本（Colburn）采用实验方法关联了对流传热系数与范宁摩擦因子、对流传质系数与范宁摩擦因子之间的关系，得到了以实验为基础的类比关系式，又称为 j 因数类比法。

（1）动量和热量传递类似律　流体在管内湍流传热时，柯尔本提出下述经验公式：

$$Nu=0.023Re^{0.8}Pr^{1/3} \tag{8-145}$$

又由第五章得
$$f=0.046Re^{-1/5} \tag{5-56}$$

两式相除，得

$$\frac{Nu}{f}=\frac{1}{2}RePr^{1/3}$$

故
$$\frac{Nu}{RePr^{1/3}}=\frac{f}{2} \tag{11-71}$$

式(11-71) 还可以写成如下形式：

$$\frac{Nu}{RePr^{1/3}}=\frac{Nu}{RePr}Pr^{2/3}=StPr^{2/3}=j_H$$

得

$$j_H=\frac{f}{2} \tag{11-72}$$

式中　j_H——传热 j 因数。

（2）动量和质量传递类似律　与式(11-71）相似，流体在管内湍流传质时，有如下关系成立：

$$\frac{Sh}{ReSc^{1/3}}=\frac{f}{2} \tag{11-73}$$

而
$$\frac{Sh}{ReSc^{1/3}}=\frac{Sh}{ReSc}Sc^{2/3}=St'Sc^{2/3}=j_D$$

故有
$$j_D=\frac{f}{2} \tag{11-74}$$

式中　j_D——传质 j 因数。

联立式(11-72）和式(11-74)，即得动量、热量和质量传递的契尔顿-柯尔本的广义类似律为

$$j_H=j_D=\frac{f}{2} \tag{11-75}$$

式(11-75）的适用范围为：$0.6<Pr<100$，$0.6<Sc<2500$。当 $Pr=1$（$Sc=1$）时，契尔顿-柯尔本类似律就变为雷诺类似律。

应予指出，式(11-75）是在无形体阻力条件下得出的，如果系统内有形体阻力存在，则 $j_H=j_D\neq f/2$，具体推导可参考有关文献。

【例 11-7】 在常压下大量的干燥空气吹过湿球温度计，当湿球温度为 20℃时，试求干空气的温度。

解　确定物性时需用膜温，但空气温度未知，故膜温的求算需用试差法。近似计算时，暂时采用湿球温度下的物性值，若误差不大，可不再校正。

20℃时流体的物性值为：水的蒸气压 $p_A=17.54$mmHg，空气的密度 $\rho=1.025\text{kg/m}^3$，水的汽化潜热 $\lambda_A=2.446\times10^6$J/kg，空气的比热容 $c_p=1005$J/(kg·K)。

而
$$Pr=0.703,\quad Sc=0.6$$

水汽化的摩尔通量可采用式(11-6）计算

$$N_A=k_c^0(c_{As}-c_{A0}) \tag{a}$$

水汽化所需的潜热系由空气供给，故得

$$\frac{q}{A}=h(t_0-t_s)=\lambda_A M_A N_A \tag{b}$$

式(b）中的 t_0 为干空气的均匀温度；t_s 为水表面的温度，即湿球温度（$t_s=20$℃）。由式(b)可得

$$t_0=\frac{\lambda_A M_A N_A}{h}+t_s \tag{c}$$

将式(a）代入式(c)，得
$$t_0=\lambda M_A\frac{k_c^0}{h}(c_{As}-c_{A0})+t_s \tag{d}$$

式(d）中的 k_c^0/h 为对流传质系数与对流传热系数之比，可采用柯尔本类似律式(11-75)求得：

$$\frac{h}{\rho c_p u_b}Pr^{2/3}=\frac{k_c^0}{u_b}Sc^{2/3}$$

故得

$$\frac{k_c^0}{h}=\frac{1}{\rho c_p}\left(\frac{Pr}{Sc}\right)^{2/3} \tag{e}$$

将式(e) 代入式(d)，得

$$t_0=\frac{\lambda M_A}{\rho c_p}\left(\frac{Pr}{Sc}\right)^{2/3}(c_{As}-c_{A0})+t_s \tag{f}$$

式中　c_{As}及c_{A0}——汽化表面处及空气主体中水汽的浓度；

c_{As}——湿球温度下水汽在空气中的饱和浓度，可由蒸气压数值计算，为

$$c_{As}=\frac{17.54/760}{0.08206\times293}=9.599\times10^{-4}\ (\text{kmol/m}^3)$$

$c_{A0}=0$，故由式(f) 可算出 t_0：

$$t_0=\frac{(2.446\times10^6)\times18}{1.205\times1005}\times\left(\frac{0.703}{0.6}\right)^{2/3}\times(9.599\times10^{-4}-0)+20=58.8\ (℃)$$

【例 11-8】 293K 的水以 1.2m/s 的主体流速流过内径为 20mm 的萘管，已知萘溶于水时的施密特数 $Sc=2330$，试分别用雷诺、普朗特-泰勒、冯・卡门和柯尔本类比关系式求充分发展后的对流传质系数。

解 293K 下水的物性参数

$$\rho=998.2\text{kg/m}^3,\qquad \mu=1.005\times10^{-3}\text{N}\cdot\text{s/m}^2$$

$$Re=\frac{du_b\rho}{\mu}=\frac{0.02\times1.2\times998.2}{1.005\times10^{-3}}=2.384\times10^4\ (\text{为湍流})$$

$$f=0.079Re^{-1/4}=0.079\times(2.384\times10^4)^{-1/4}=6.358\times10^{-3}$$

用雷诺类似律：

$$k_c^0=\frac{f}{2}u_b=\frac{6.358\times10^{-3}}{2}\times1.2=3.82\times10^{-3}\ (\text{m/s})$$

用普朗特-泰勒类似律：

$$St'=\frac{f/2}{1+5\sqrt{\frac{f}{2}}(Sc-1)}=\frac{6.358\times10^{-3}/2}{1+5\times\sqrt{\frac{6.358\times10^{-3}}{2}}\times(2330-1)}=4.83\times10^{-6}$$

$$k_c^0=St'u_b=(4.83\times10^{-6})\times1.2=5.80\times10^{-6}(\text{m/s})$$

用冯・卡门类似律（忽略 ϕ_m 和 θ' 的影响）：

$$St'=\frac{f/2}{1+5\sqrt{\frac{f}{2}}\left[(Sc-1)+\ln\left(\frac{1+5Sc}{6}\right)\right]}$$

$$=\frac{6.358\times10^{-3}/2}{1+5\times\sqrt{\frac{6.358\times10^{-3}}{2}}\times\left[(2330-1)+\ln\left(\frac{1+5\times2330}{6}\right)\right]}=4.82\times10^{-6}$$

$$k_c^0=St'u_b=(4.82\times10^{-6})\times1.2=5.78\times10^{-6}\ (\text{m/s})$$

用柯尔本类似律：

$$k_c^0=\frac{f}{2}u_bSc^{-2/3}=\frac{6.358\times10^{-3}}{2}\times1.2\times2330^{-2/3}=2.17\times10^{-5}\ (\text{m/s})$$

第四节　对流传质模型

前已述及，计算对流传质速率的关键是确定对流传质系数，而对流传质系数的确定往往是非常复杂的。为使问题简化，可先对对流传质过程做一定的假定，然后根据假定建立描述传质

过程的数学模型，此模型即为对流传质模型，求解对流传质模型即可得出对流传质系数的计算式。迄今为止，研究者们已提出了一些对流传质模型，其中最具代表性的是停滞膜模型（双膜模型）、溶质渗透模型和表面更新模型。

一、停滞膜模型

停滞膜模型又称为双膜模型，由惠特曼（Whiteman）于 1923 年提出，是对流传质模型中最早提出的模型。前面定义的对流传质系数就是以停滞膜模型为依据的，可见该模型一直到现在还被广泛用来解释传质机理和作为设计计算的重要依据。

停滞膜模型假定，在不互溶的两相流体之间进行传质时，两相中的湍流运动在界面附近即行消失，整个传质阻力均集中在界面两侧的两层虚拟的停滞膜中，通过膜的传质方式为分子扩散，界面上处于相平衡状态。由于假定两层流体膜的厚度很薄，任一时刻溶质在两膜内的实际存在量与扩散穿过膜的量相比微不足道，于是可以认为在双膜内无溶质累积，穿过两膜溶质的扩散为稳态扩散。依上述假定，最后导出的传质系数与扩散系数的 1 次方成正比，即 $k_c \propto D_{AB}$。其详细的推导过程已在化工原理课程中讨论，此处不再赘述。

停滞膜模型为传质理论奠定了初步基础。但另一方面，该模型对传质机理的解释过于简单化，因此对于许多传质设备，特别是不存在固定相界面的传质设备，双膜模型并不能反映出传质机理的真实情况。例如，对填料塔这样具有较高效率的传质设备而言，k_c 并不与 D_{AB} 的 1 次方成正比。

二、溶质渗透模型

溶质渗透模型为希格比（Higbie）于 1935 年提出，是用来说明溶质由界面向液相中传递机理的一个模型。

希格比认为，在高传质强度设备中，液膜内进行稳态扩散是不可能的。他认为，在像鼓泡塔、喷洒塔和填料塔这样的工业传质设备中，气液两相接触时间很短，从 0.01 秒至 1 秒左右，溶质在液相中的扩散不可能达到稳定状态，而是处于不稳态的“渗透”状态，故应根据不稳态扩散模型来处理这类问题。

希格比假定溶质在液相中的传质模型如图 11-7 所示。当气液两相以湍流状态相互接触时，液相主体中的某一湍流旋涡（或液面单元）b 运动至界面停滞下来。在气液两相未接触之前（即 $\theta \leqslant 0$ 时），旋涡 b 中溶质的浓度与液相主体浓度相等，即 $c_A = c_{A0}$。一旦液体旋涡与气体接触后，其一侧（界面或 $z=0$ 处）的浓度立即与气相浓度达到平衡，此时 $c_A = c_{As}$。由于液体旋涡 b 在两相界面处停留的时间很短，气相中的溶质 A 还来不及传递至此旋涡的另一侧面即被新的液体旋涡置换，故可认为旋涡 b 的另一侧是无限的（$z = z_b = \infty$），在两相接触的时间内该面处溶质的浓度等于原液相主体的浓度，即 $c_A = c_{A0}$。在气液接触的一段时间内，溶质 A 通过不稳态扩散方式不断地向液体旋涡中渗透，时间越长渗透越深。设液体旋涡在界面处暴露 θ_c 时间后，这批旋涡即被另一批新旋涡置换，而回到液相主体中去。希格比假定所有旋涡暴露的时间 θ_c 均相同。

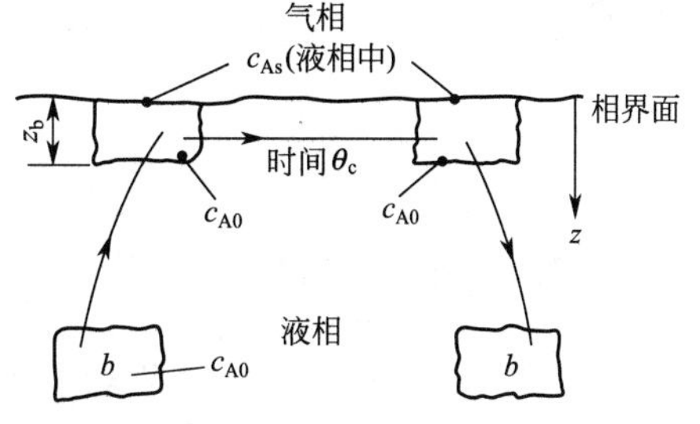

图 11-7 溶质渗透模型示意图

按照溶质渗透模型，旋涡在界面处暴露的一段时间 θ_c 内，内部的流体是静止的，其宏观运动速度为零。假设无化学反应发生，溶质系以一维不稳态扩散方式进入液体中，其质量传递过程可由费克第二定律式(9-48) 描述，具体形式为

$$\frac{\partial c_A}{\partial \theta} = D_{AB} \frac{\partial^2 c_A}{\partial z^2} \tag{11-76}$$

式(11-76) 即为渗透模型的数学表达式，其定解条件为

(1) $\theta=0$：$c_A=c_{A0}$（对 $z\geqslant 0$）

(2) $z=0$：$c_A=c_{As}$（对 $\theta>0$）

(3) $z\to\infty$：$c_A=c_{A0}$（对 $\theta\geqslant 0$）

用以上定解条件求解式(11-76)，可得

$$\frac{c_{As}-c_A}{c_{As}-c_{A0}}=\mathrm{erf}(\eta)=\frac{2}{\sqrt{\pi}}\int_0^\eta e^{-\eta^2}\mathrm{d}\eta \tag{11-77}$$

式中

$$\eta=\frac{z}{\sqrt{4D_{AB}\theta}} \tag{11-78}$$

式(11-77) 即为浓度分布方程，由此式可求出任意 z、θ 时的浓度 c_A。$\mathrm{erf}(\eta)$ 称为误差函数，其值可由附录 B 中查得。

设某瞬时扩散组分 A 通过界面的传质通量为 $N_{A\theta}$，根据费克第一定律

$$N_{A\theta}=-D_{AB}\left.\frac{\partial c_A}{\partial z}\right|_{z=0} \tag{11-79}$$

而

$$\left.\frac{\partial c_A}{\partial z}\right|_{z=0}=\left(\frac{\partial c_A}{\partial \eta}\frac{\partial \eta}{\partial z}\right)_{z=0}$$

对式(11-77)、式(11-78) 求导，代入上式并整理，得

$$\left.\frac{\partial c_A}{\partial z}\right|_{z=0}=-(c_{As}-c_{A0})\frac{1}{\sqrt{\pi D_{AB}\theta}} \tag{11-80}$$

将式(11-80) 代入式(11-79)，得

$$N_{A\theta}=(c_{As}-c_{A0})\sqrt{\frac{D_{AB}}{\pi\theta}} \tag{11-81}$$

式(11-81) 表示任一瞬时通过界面组分 A 的扩散通量，由此式可得出任一瞬时的传质系数为

$$k_{c\theta}=\sqrt{\frac{D_{AB}}{\pi\theta}} \tag{11-82}$$

在暴露时间 θ_c 内，扩散组分 A 的总传质量（以单位面积计）为

$$\int_0^{\theta_c}N_{A\theta}\mathrm{d}\theta=(c_{As}-c_{A0})\sqrt{\frac{D_{AB}}{\pi}}\int_0^{\theta_c}\frac{\mathrm{d}\theta}{\sqrt{\theta}}=2(c_{As}-c_{A0})\sqrt{\frac{D_{AB}\theta_c}{\pi}}$$

单位时间的平均传质通量 N_{Am} 为

$$N_{Am}=\frac{2(c_{As}-c_{A0})\sqrt{\frac{D_{AB}\theta_c}{\pi}}}{\theta_c}=2(c_{As}-c_{A0})\sqrt{\frac{D_{AB}}{\pi\theta_c}}$$

则平均传质系数为

$$k_{cm}=2\sqrt{\frac{D_{AB}}{\pi\theta_c}} \tag{11-83}$$

式(11-83) 即为用溶质渗透模型导出的对流传质系数计算式。由该式可看出，对流传质系数 k_{cm} 可通过分子扩散系数 D_{AB} 和暴露时间 θ_c 计算，暴露时间 θ_c 即为模型参数。

由式(11-83) 还可看出，传质系数 k_{cm} 与分子扩散系数 D_{AB} 的平方根成正比。该结论已由舍伍德等人在填料塔及短湿壁塔中的实验数据证实。

应予指出，溶质渗透模型更能准确地描述气液间的对流传质过程，但该模型的模型参数 θ_c 求算较为困难，使其应用受到一定的限制。

【例 11-9】 在填料塔中用水吸收氨，操作压力为 101.3kPa，温度为 298K。假设填料表面处液体暴露于气体的有效暴露时间为 0.01s，试应用溶质渗透模型求算平均传质系数 k_{cm}。已知操作条件下氨在水中的扩散系数 $D_{AB}=1.77\times10^{-9}\,m^2/s$。

解 $\theta_c=0.01s$，则

$$k_{cm}=2\sqrt{\frac{D_{AB}}{\pi\theta_c}}=2\times\sqrt{\frac{1.77\times10^{-9}}{3.14\times0.01}}=4.75\times10^{-4}\ (m/s)$$

三、表面更新模型

丹克沃茨（*Danckwerts*）于 1951 年对希格比的溶质渗透模型进行了研究与修正，形成表面更新模型，又称为渗透-表面更新模型。

该模型同样认为溶质向液相内部的传质为非稳态分子扩散过程，但它否定表面上的流体单元有相同的暴露时间，而认为液体表面是由具有不同暴露时间（或称“年龄”）的液面单元构成。为此，丹克沃茨提出了年龄分布的概念，即界面上各种不同年龄的液面单元都存在，只是年龄越大者占据的比例越小。针对液面单元的年龄分布，丹克沃茨假定了一个表面年龄分布函数 $\phi(\theta)$，其定义为：年龄由 θ 至 $\theta+d\theta$ 这段时间的液面单元覆盖的界面积占液面总面积的分数为 $\phi(\theta)d\theta$，若液面总面积以 1 单位面积为基准，则年龄由 θ 至 $\theta+d\theta$ 液面单元占的表面积即为 $\phi(\theta)d\theta$，对所有年龄的液面单元加和可得

$$\int_0^{\infty}\phi(\theta)d\theta=1 \tag{11-84}$$

同时，丹克沃茨还假定，不论界面上液面单元暴露时间多长，被置换的概率是均等的，即更新频率与年龄无关。单位时间内表面被置换的分数称为表面更新率，用符号 S 表示，则任何年龄的液面单元在 $d\theta$ 时间内被置换的分数均为 $Sd\theta$。

根据年龄分布函数的定义，若总的表面积为 1 时，年龄在 θ 至 $\theta+d\theta$ 间的液面单元的表面积为 $\phi(\theta)d\theta$，再经过 $d\theta$ 时间，被更新的表面为 $\phi(\theta)d\theta\cdot Sd\theta$，而未被更新的表面积为 $\phi(\theta)d\theta(1-Sd\theta)$，在此时刻，液面的表面亦可用 $\phi(\theta+d\theta)d\theta$ 表示，故得

$$\phi(\theta+d\theta)d\theta=\phi(\theta)d\theta(1-Sd\theta)$$

或

$$\frac{\phi(\theta+d\theta)-\phi(\theta)}{d\theta}=-S\phi(\theta)$$

上式可近似写成

$$\frac{d\phi(\theta)}{d\theta}=-S\phi(\theta)$$

积分得

$$\phi(\theta)=Ce^{-S\theta}$$

式中 C 为积分常数，通过式(11-84) 确定：

$$1=\int_0^{\infty}\phi(\theta)d\theta=C\int_0^{\infty}e^{-S\theta}d\theta=\frac{C}{S}$$

由此得年龄分布函数 $\phi(\theta)$ 与表面更新率 S 之间的关系为

$$\phi(\theta)=Se^{-S\theta} \tag{11-85}$$

设在某瞬时 θ，具有年龄 θ 的那一部分表面积的瞬间传质通量为 $N_{A\theta}$，则单位液体表面上的平均传质通量 N_{Am} 为

$$N_{Am}=\int_0^{\infty}N_{A\theta}\phi(\theta)d\theta=\int_0^{\infty}(c_{Ai}-c_{A0})\sqrt{\frac{D_{AB}}{\pi\theta}}\phi(\theta)d\theta$$

将式(11-85) 代入上式，得

$$N_{Am}=(c_{Ai}-c_{A0})\sqrt{\frac{D_{AB}}{\pi}}\int_0^{\infty}Se^{-S\theta}\frac{1}{\sqrt{\theta}}d\theta$$

积分得 $$N_{Am}=(c_{Ai}-c_{A0})\sqrt{D_{AB}S}$$

则平均传质系数为 $$k_{cm}=\sqrt{D_{AB}S} \tag{11-86}$$

式(11-86)即为用表面更新模型导出的对流传质系数计算式。由该式可见，对流传质系数 k_{cm} 可通过分子扩散系数 D_{AB} 和表面更新率 S 计算，表面更新率 S 即为模型参数。显然，由表面更新模型得出的传质系数与扩散系数之间的关系与溶质渗透模型是一致的，即 $k_c \propto \sqrt{D_{AB}}$。

表面更新模型比溶质渗透模型前进了一步，首先是没有规定固定不变的停留时间，另外渗透模型中的模型参数 θ_c 难以测定，而表面更新模型参数 S 可通过一定的方法测得，它与流体动力学条件及系统的几何形状有关。

应予指出，对流传质模型的建立，不仅使对流传质系数的确定得以简化，还可据此对传质过程及设备进行分析，确定适宜的操作条件，并对设备的强化、新型高效设备的开发等做出指导。但由于工程上应用的传质设备类型繁多，传质机理又极其复杂，至今尚未建立一种普遍化的比较完善的传质模型。

习　题

11-1 在总压为 2.026×10^5Pa、温度为 298K 的条件下，组分 A 和 B 进行等分子反方向扩散。当组分 A 在某两点处的分压分别为 $p_{A1}=0.40$atm 和 $p_{A2}=0.1$atm 时，由实验测得 $k_G^0=1.26\times10^{-8}$kmol/(m² · s · Pa)。试估算在同样的条件下组分 A 通过停滞组分 B 的传质系数 k_G 以及传质通量 N_A。

11-2 试利用以通量表示的传质速率方程和扩散速率方程，对下列各传质系数进行转换：

(1) 将 k_G^0 转化成 k_c 和 k_y^0；　　(2) 将 k_x 转化成 k_L 和 k_x^0。

11-3 试应用有关的微分方程说明"精确解"方法求解平板层流边界层中稳态二维流动和二维传质时传质系数 k_c^0 的步骤，并与求解对流传热系数 h 的步骤进行对比，指出各方程和边界条件的相似之处和相异之处。

11-4 常压和 288.5K 的空气以 10m/s 的流速流过一光滑的萘平板。已知萘在空气中的扩散系数 $D_{AB}=0.01582\times10^{-4}$m²/s，临界雷诺数 $Re_{x_c}=3\times10^5$。试求距萘平板前缘 0.3m 处传质边界层的厚度。

11-5 平板壁面上的层流边界层中发生传质时，组分 A 的浓度分布方程可采用下式表示：

$$c_A=a+by+cy^2+dy^3$$

试应用适当的边界条件求出 a、b、c、d 各值。

11-6 常压和 45℃的空气以 3m/s 的流速在萘板的一个面上流过，萘板的宽度为 0.1m、长度为 1m，试求萘板厚度减薄 0.1mm 时所需的时间。已知 45℃和 1atm 下萘在空气中的扩散系数为 6.92×10^{-6}m²/s，萘的饱和蒸气压为 0.555mmHg，固体萘密度为 1152kg/m³，摩尔质量为 128kg/kmol。

11-7 温度为 26℃的水以 0.1m/s 的流速流过长度为 1m 的固体苯甲酸平板，试求距平板前缘 0.3m 以及 0.6m 两处的浓度边界层厚度 δ_D、局部传质系数 k_{cx} 及整块平板的传质通量 N_A。已知 26℃时苯甲酸在水中的扩散系数为 1.24×10^{-9}m²/s，饱和溶解度为 0.0295kmol/m³。

11-8 将溴粒加入水中溶解，迅速搅拌，任一瞬间溴水溶液的浓度可视为均匀。经 5min 后，溶液浓度达到 85%饱和浓度。试求此系统的体积传质系数 k_ca。其中 a 为单位体积溶液中溴粒的表面积。

11-9 试证明从一球体向周围静止的无限大介质中进行等分子反方向一维稳态扩散时的舍伍德数 $Sh=2.0$。

11-10 温度为 298K 的水以 0.1m/s 的流速流过内径为 10mm、长度为 2m 的苯甲酸圆管。已知苯甲酸在水中的扩散系数为 1.24×10^{-9}m²/s，在水中的饱和溶解度为 0.028kmol/m³。试求平均传质系数 k_{cm}、出口浓度及全管的传质速率。

11-11 在直径为 50mm、长度为 2m 的圆管内壁面上有一薄层水膜，常压和 25℃的绝干空气以 0.5m/s 的流速吹入管内，试求平均传质系数 k_{cm}、出口浓度和传质速率。由于在空气中水分的分压很低，气体的物性值可近似地采用空气的物性值代替。

11-12 常压下，293K 的水沿垂直壁面成膜状向下流动，和纯 CO_2 相接触。壁面有效传质高度为

0.65m，液膜厚度为 0.00032m，水的流速为 0.325m/s，水中 CO_2 的初始浓度为零。试求 CO_2 被水吸收的速率。在题给条件下，CO_2 在水中的溶解度为 0.0342kmol/m^3，CO_2 在水中的扩散系数为 1.77×10^{-9} m^2/s，对流传质系数为 4.46×10^{-5}m/s。

11-13　温度为 7℃ 的水以 1.5m/s 的平均流速在内壁面上涂有玉桂酸的圆管内流动，管内径为 50mm。已知玉桂酸溶于水时的 $Sc=2920$，试分别应用雷诺、普朗特-泰勒、冯·卡门和柯尔本类似律求 k_{cm}，并对所得的结果列表进行比较和讨论。

11-14　试列表写出在圆管内进行动量传递、热量传递与质量传递时三者相类似的对流传递速率方程（以通量表示）、通量、对流传递系数和推动力，并标明各通量、传递系数和推动力的单位。

11-15　一长为 15m、宽为 5m 的水池内充有水。相对湿度为 0.5 的空气以 2.2m/s 的速度吹过水面，系统温度为 298K。已知 298K 时水蒸气的饱和密度为 0.023 kg/m^3，水蒸气在空气中的扩散系数为 0.26×10^{-4}m^2/s。试求每天损失的水量。设临界雷诺数为 5×10^5。

11-16　常压和 283K 的空气，分别以 1m/s 和 20m/s 的均匀流速流过一萘板上方，试求距平板前缘 0.5m 处的局部传质系数 k_{cx}，并对所得的结果加以比较和说明。已知在 1atm、283K 条件下萘在空气中的扩散系数为 5.16×10^{-6}m^2/s，萘的饱和蒸气压为 0.6209mmHg，临界雷诺数为 5×10^5。

11-17　常压和 283K 的空气以 10m/s 的均匀流速流过宽度为 1m、长度为 2m 的萘板上、下两表面，试求平板厚度减少 1mm 时所需的时间。已知临界雷诺数 $Re_{x_c}=5\times10^5$，固体萘的密度为 1145kg/m^3，扩散系数和蒸气压可采用习题 11-16 的数据。

11-18　在填料塔中用水吸收 NH_3，操作压力为 1atm，操作温度为 288K。假设填料表面处液体暴露于气体的有效暴露时间为 0.01s，试应用溶质渗透模型求平均传质系数 k_{cm}。在上述操作过程中，气液接触时间为有效暴露时间一半的瞬时，传质系数值为若干？

11-19　当圆管内进行稳态层流传质时，对于活塞流的速度分布（即 $u_z=u_0$），试推导在恒管壁传质通量情况下的舍伍德数 $Sh=\dfrac{k_c d}{D_{AB}}=8.0$。

第十二章　多种传递同时进行的过程

在前述各章中，讨论都是针对单一的传递过程进行的。虽然也探讨过类似律，说明过各传递系数之间的定量关系，但都是以某一传递过程对其他传递过程无干扰的前提作为讨论的基础。在工程实际中，有许多问题是动量传递、热量传递和质量传递三者或其中二者同时进行的过程，它们彼此互相干扰。例如，表面与流体之间发生传质（表面喷出或吸入物质）时，将会改变速度边界层的形状。当表面喷出物质时，该物质通过边界层向外扩散，必定会受到平行于表面流动的流体的影响，并沿着流体流动的方向被加速，因此，原流动流体将会在流动方向上被减速，对于某一 x 处，u_x 在 y 方向上的梯度即行降低，这样，表面喷出物质以后的速度边界层厚度将较无传质存在时的要厚。反之，当表面吸收物质时，由于该物质由边界层外向表面传递，即物质由流速较高的区域向流速较低的区域移动，这样，表面附近的流体将受到较高流速流体的影响而沿流动方向加速，u_x 在 y 方向上的速度梯度即行加大，从而使速度边界层的厚度减薄。速度边界层的变化对表面附近的温度分布和浓度分布有一定影响，所以，表面传质通量的改变必定会对各类传递系数产生影响。

动量、热量和质量同时传递的过程在化工过程中是经常遇到的。例如，在干燥操作中，令湿度未达饱和的气流吹过湿固体物料表面时，湿物料表面将维持一个较气流温度为低的平衡温度。此时，在固体物料表面上，除形成速度边界层外，也形成温度边界层，热量将通过温度边界层由气流主体传递至物料表面上，向表面处的水分提供热量，使水分汽化，由于湿物料表面水蒸气的浓度高于气流主体中水蒸气的浓度，表面附近也形成浓度边界层，汽化的水分通过浓度边界层传递到气流主体中。由于有速度、温度和浓度 3 类边界层同时存在，3 类传递过程必将彼此相互影响。除上述情况外，两类传递过程同时存在的过程也很多。例如膜状冷凝，实际上是动量传递和热量传递同时存在的过程；在流动液膜中的吸收过程为动量传递和质量传递同时存在的过程；非等温吸收、蒸馏、增湿等为热量传递和质量传递同时存在的过程。

第一节　热量和质量同时传递的过程

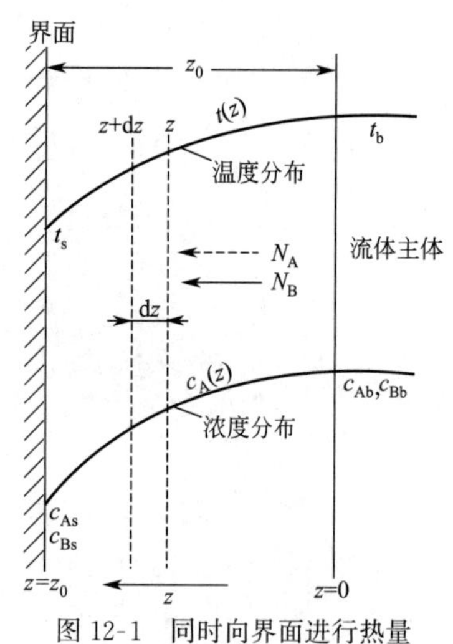

图 12-1　同时向界面进行热量传递和质量传递

一、湍流下热量和质量同时传递的过程

同时进行热量和质量传递过程的机理相当复杂，尤其在湍流情况下的精确解目前尚无法求取。下面采用膜理论来简化处理湍流情况下热量和质量同时传递的问题，从而近似地求出质量传递和热量传递的相互影响关系。

（一）热量和质量同时稳态传递的基本微分方程

如图 12-1 所示，设由组分 A 和组分 B 组成的流体湍流流过一界面，流体主体与界面之间同时存在温度梯度及组分 A、B 的浓度梯度，于是流体主体与界面间将同时进行热量传递和质量传递过程。例如，由组分 A 和 B 组成的混合蒸气湍流流过冷管壁的冷凝过程。为使问题简化，假定在界面附近存在有一层层流的流体膜，其厚度为 z_0，在此膜内集中了湍流流体与界面之间的全部传热阻力和传质阻力，即膜外的主流流体中不存在温度梯度和浓度梯度，膜内的热、质传递过程仅依靠分子运动，即依靠导热和分子扩散来实现，且过程为稳态的一维传递过程。

首先根据膜模型建立膜内同时进行热量传递和质量传递的基本微分方程。为此，在膜内取 dz 距离，并且在其两侧取两个截面 z 和 $z+dz$，在此范围做热量衡算和质量衡算。由于流体主体同时向界面进行传热和传质，设 A、B 两组分的传质通量分别为 N_A 和 N_B。故通过 z 截面的热通量由下述两方面而来：一是温度梯度所引起的导热 $-k\dfrac{dt}{dz}$；另一是 A、B 两组分携带的热通量，该热通量可通过 z 截面与壁面之间的焓差 $N_Ac'_{pA}(t-t_s)+N_Bc'_{pB}(t-t_s)$ 表述。因此，进入 z 截面的热通量为

$$-k\frac{dt}{dz}+(N_Ac'_{pA}+N_Bc'_{pB})(t-t_s)$$

式中　c'_{pA}，c'_{pB}——组分 A、B 的摩尔比热，J/(kmol·K)；

t——z 截面处的温度；

t_s——界面处的温度，可视为基准温度。

由 $z+dz$ 截面引起的热通量为

$$-k\frac{dt}{dz}+\frac{d}{dz}\left(-k\frac{dt}{dz}\right)dz+(N_Ac'_{pA}+N_Bc'_{pB})(t-t_s)+\frac{d}{dz}[(N_Ac'_{pA}+N_Bc'_{pB})(t-t_s)]dz$$

在稳态条件下，进入 z 截面的热量必然等于由 $z+dz$ 截面引出的热量，故以上二式相等。设物性常数 k、c'_{pA}、c'_{pB} 为恒定值，则得

$$-k\frac{d^2t}{dz^2}+(N_Ac'_{pA}+N_Bc'_{pB})\frac{dt}{dz}=0 \tag{12-1}$$

式(12-1) 即为停滞膜内有质量传递存在时的热量衡算微分方程，其中质量传递携带的热量为显热。

质量传递的基本微分方程可采用有主体流动的费克第一定律描述，即

$$N_A=-D_{AB}\frac{dc_A}{dz}+\frac{c_A}{C}(N_A+N_B) \tag{12-2}$$

式(12-1) 和式(12-2) 的边界条件为

(1) $z=0$：$t=t_b$，$c_A=c_{Ab}$，$c_B=c_{Bb}$

(2) $z=z_0$：$t=t_s$，$c_A=c_{As}$，$c_B=c_{Bs}$

(二) 质量传递和热量传递的速率方程

热量传递和质量传递基本微分方程式(12-1) 和式(12-2) 满足边界条件 (1) 和 (2) 的解，即为热、质同时传递的速率方程。

式(12-2) 的积分结果已在第十章导出，即式(10-2)，该式满足上述边界条件的积分形式为

$$N_A=\frac{N_A}{N_A+N_B}\frac{D_{AB}C}{z_0}\ln\frac{N_A/(N_A+N_B)-c_{As}/C}{N_A/(N_A+N_B)-c_{Ab}/C} \tag{12-3}$$

式中 $\dfrac{D_{AB}}{z_0}$ 为等分子反方向扩散时 ($N_A=-N_B$) 的传质系数 k_c^0，即

$$k_c^0=\frac{D_{AB}}{z_0} \tag{12-4}$$

组分 A 和 B 在层流膜内不同情况下扩散的传质系数之间的换算关系，可由表 11-1 查出。

以传质系数 k_c^0 表示的质量传递速率方程，将式(12-4) 代入式(12-3) 可得，即

$$N_A=\frac{N_A}{N_A+N_B}k_c^0 C\ln\frac{N_A/(N_A+N_B)-c_{As}/C}{N_A/(N_A+N_B)-c_{Ab}/C} \tag{12-5}$$

对于热量传递速率方程的求取，可先将式(12-1) 及边界条件 (1)、(2) 进行积分，得出温度分布方程，进而求出壁面温度梯度$\left.\frac{\partial t}{\partial z}\right|_{z=z_0}$，再根据傅里叶定律求出壁面热通量$\left(\frac{q}{A}\right)_s$的表达式。

式(12-1) 中 $N_A c'_{pA}+N_B c'_{pB}$为常数，故该式为二阶常微分方程，其满足边界条件 (1) 和 (2) 的解为

$$t=t_s+(t_b-t_s)\frac{e^{C_0 z/z_0}-e^{C_0}}{1-e^{C_0}} \tag{12-6}$$

式中
$$C_0=\frac{z_0}{k}(N_A c'_{pA}+N_B c'_{pB}) \tag{12-7}$$

由对流传热系数 h 的定义：
$$h=\frac{k}{z_0} \tag{12-8}$$

可知式(12-7) 中$\frac{z_0}{k}$为对流传热系数的倒数$\frac{1}{h}$。

由温度分布方程式(12-6)，可求出界面处的温度梯度$\left.\frac{\partial t}{\partial z}\right|_{z=z_0}$，然后代入傅里叶定律

$$\left(\frac{q}{A}\right)_s=-k\left.\frac{\partial t}{\partial z}\right|_{z=z_0}$$

即可求出由流体主体传入界面显热通量 $(\frac{q}{A})_s$ 的表达式为

$$\left(\frac{q}{A}\right)_s=h(t_b-t_s)\frac{C_0}{1-e^{-C_0}} \tag{12-9}$$

由式(12-9) 可以看出，当有质量传递时，界面传入的显热通量比无质量传递时多出一个因数$\frac{C_0}{1-e^{-C_0}}$，因数中的 C_0 已由式(12-7) 定义，该因数表示传质通量的影响，故$\frac{C_0}{1-e^{-C_0}}$可视为质量传递对热量传递影响附加的校正因数。

通过界面的热量，除显热外，有时还有其他形式的热量，如蒸发潜热、溶解热等。故通过界面的热量应为各项热量的总和。若在界面处有相的变化，则通过界面的总热通量 $(\frac{q}{A})_t$ 应为

$$\left(\frac{q}{A}\right)_t=\left(\frac{q}{A}\right)_s+\lambda'_A N_A+\lambda'_B N_B \tag{12-10}$$

式中 λ'_A，λ'_B——组分 A 和组分 B 的分子冷凝潜热，J/kmol。

式(12-10) 表示显热和潜热的传递方向一致，即各项热量均沿 z 方向进入界面，向另一相传递。例如当混合蒸气中的某些组分冷凝时，质量传递方向就与显热传递方向相同。在某些情况下，例如热空气-水体系的增湿过程，质量传递方向与热量传递方向相反。故在应用式(12-9)和式(12-10) 时应注意质量传递和热量传递的方向。

式(12-5) 和式(12-9)、式(12-10) 即为二组分混合流体湍流流过某一界面时同时进行稳态、一维热量和质量传递的速率方程。

【例 12-1】 有一内径为 20mm 的直立管子，外壁包扎有热绝缘层。管内壁面上有一层薄的冷水膜，自上而下流动，与自下而上流动的干热空气进行逆流接触。干热空气的温度为 70℃，压力为 1.013×10^5Pa，流速为 5m/s。试计算稳态下水膜的温度及水蒸发的传质通量。

传质系数可采用下述公式计算：

$$Sh=\frac{k_c^0 d}{D_{AB}}=0.023Re^{0.83}Sc^{1/3}$$

解　由题设条件可知，干热空气（流体主体）向气液界面传递显热，使界面的水蒸发，同时水蒸气由界面向流体主体传质。传热方向与传质方向相反，无热量渗入液膜内部，气液界面上的总热通量为零。

流体为干空气，故其物性值（70℃和 1.013×10^5Pa）为

$\rho=1.029\text{kg/m}^3$，$c_{pB}=1009\text{J/(kg·K)}$，$\mu=2.23\times10^{-5}\ \text{N·s/m}^2$，$Pr=0.701$

空气-水蒸气系统的施密特数 $Sc=0.6$，水蒸气比热容 $c_{pA}=1880\text{J/(kg·K)}$。

由于空气（B）不扩散，$N_B=0$，得

$$\frac{N_A}{N_A+N_B}=1$$

欲求算传质通量与界面温度时，可同时运用式(12-5)及式(12-10)。在题设条件下，该二式可化为

$$N_A=k_c^0 C\ln\frac{1-c_{As}/C}{1-c_{Ab}/C}$$

或
$$N_A=k_c^0\frac{p}{RT}\ln\frac{1-p_{As}/p}{1-0} \tag{a}$$

式中干空气的水蒸气分压 $p_{Ab}=0$。则

$$\left(\frac{q}{A}\right)_t=h(t_b-t_s)\ \frac{N_Ac_{pA}M_A/h}{1-e^{-N_Ac_{pA}M_A/h}}+\lambda_AM_A\ N_A=0$$

或
$$(t_b-t_s)\frac{N_Ac_{pA}M_A}{1-e^{-N_Ac_{pA}M_A/h}}+\lambda_AM_AN_A=0 \tag{b}$$

求算传质系数：

$$Sh=\frac{k_c^0 d}{D_{AB}}=0.023Re^{0.83}Sc^{1/3}$$

或
$$j_D=\frac{k_c^0}{u_b}Sc^{2/3}=St'Sc^{2/3}=\frac{Sh}{ReSc^{1/3}}$$

即
$$j_D=0.023Re^{-0.17} \tag{c}$$

式中
$$Re=\frac{du_b\rho}{\mu}=\frac{0.02\times5\times1.029}{2.23\times10^{-5}}=4614$$

由此
$$j_D=0.023\times4614^{-0.17}=0.00548$$

故得
$$k_c^0=j_Du_bSc^{-2/3}=0.00548\times5\times0.6^{-2/3}=0.0385(\text{m/s}) \tag{d}$$

对流传热系数 h 可应用柯尔本类似律 $j_H=j_D$ 的关系求得：

$$j_H=\frac{h}{\rho u_bc_p}Pr^{2/3}=j_D$$

故得

$$h=j_D\rho u_bc_pPr^{-2/3}=0.00548\times1.029\times5\times1009\times0.701^{-2/3}=36.05[\text{J/(m}^2\cdot\text{K}\cdot\text{s)}] \tag{e}$$

将式(d) 代入式(a)，得

$$N_A=0.0385\times\frac{1}{(273+70)\times0.08206}\times\ln(1-\frac{p_{As}}{760})=0.00137\ln(1-\frac{p_{As}}{760}) \tag{f}$$

式(f) 中的 p_{As} 为水在界面温度下的蒸气压，需根据界面温度确定。

将式(e) 代入式(b)，得

$$(70-t_s)\frac{18\times1880\times N_A}{1-e^{-18\times1880\times N_A/36.05}}+18\lambda_A N_A=0 \quad (g)$$

欲求解式(f) 和式(g) 中的 N_A 和 t_s 需用试差法，即先假定界面温度 t_s，查出 p_{As}、λ_A，然后应用式(f) 求出 N_A，若求得的 N_A 满足式(g)，则 t_s、N_A 即为所求。经试差结果，得

$$t_s=23℃$$

此情况下

$$p_{As}=21.07\text{mmHg},\ \lambda_A=2440\text{kJ/kg}$$

故 $$N_A=0.00137\times\ln\left(1-\frac{21.07}{760}\right)=-3.85\times10^{-5}[\text{kmol/(m}^2\cdot\text{s)}]$$

N_A 为负值，表示在此情况下水由界面向流体主体进行质量传递，即水向空气蒸发。

二、空气-水物系中热量和质量同时传递的过程

（一）湿球温度

所谓湿球温度，是指少量的液体组分 A 蒸发到大量的流动气体组分 B 中所达到的稳定温度。利用这一特征可以测定气体的湿度。最常见的是用来测定空气中水蒸气的含量，例如湿球温度计，就是利用此种特征测定空气湿度的典型装置。

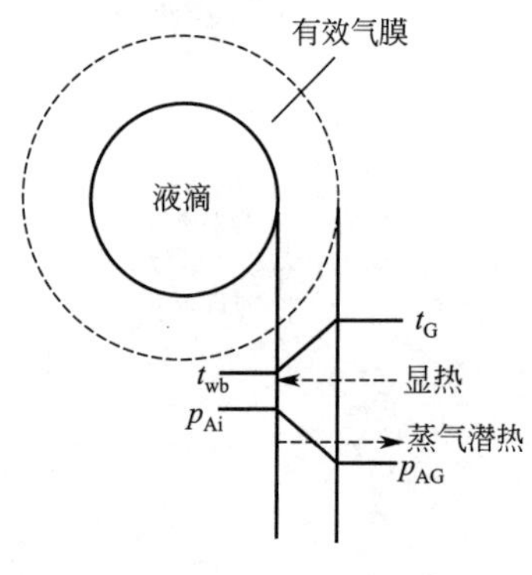

图 12-2　湿球温度

对于空气-水物系，湿球温度计的感温球裹以纱布，纱布保持润湿状态，未饱和的空气在湿纱布表面以较大速度吹过，于是水即进行汽化。开始时，若水的温度高于空气温度，水汽化所需的潜热仅来自本身显热，水温势必下降，但当降至低于空气的温度时，汽化所需的潜热既可来自水也可来自空气，于是水温继续下降，直至空气供给的显热刚好等于水汽化所需的潜热为止，此时的稳定温度即称为湿球温度。湿球温度与气体的湿度、温度和流过液体表面的速度有关。由实验得悉，当气体速度大于 5m/s 时，湿球温度即不再受气流速度影响。因此，湿球温度即可作为测定某一气体温度（干球温度）下湿度的依据。

关于采用湿球温度计测定气体-蒸气混合物温度的机理，可参见图 12-2。如图所示，大量的气体在液滴表面吹过，由于气体是大量的，液相汽化量相对很小，故液体汽化后气体的温度和湿度不致发生变化。又根据膜理论，当气体由液滴表面吹过时，可假设在液滴表面建立一层有效气膜。图 12-2 中的 t_G 为气相的干球温度，t_{wb} 为湿球温度，p_{AG} 和 p_{Ai} 为组分 A 在气相主体及液滴表面处的分压，在稳态情况下这些量均维持恒定。由于没有热量渗入液滴内部，式(12-10) 中 $\left(\frac{q}{A}\right)_t=0$。对于空气-水物系，组分 A 表示水，组分 B 表示空气，由于空气不扩散，$N_B=0$，于是该式即可写成

$$\left(\frac{q}{A}\right)_s=-\lambda'_A N_A \quad (12\text{-}11)$$

式(12-11) 亦表明，自空气主体传递至气液界面的显热等于水蒸发所需的潜热，水蒸气的质量传递方向与显热传递方向相反。

式(12-11) 左侧的界面显热通量 $\left(\frac{q}{A}\right)_s$ 可用气膜两侧的温度差 t_G-t_{wb} 与包括质量传递影响的对流传热系数 h_G 的乘积表示：

$$\left(\frac{q}{A}\right)_{s}=h_G(t_G-t_{wb}) \tag{12-12}$$

式中　h_G——包括质量流携带显热影响的对流传热系数。

式(12-11) 右侧的传质通量 N_A 可用气膜两侧的分压差 $p_{AG}-p_{Ai}$与传质系数 k_G 的乘积表示：

$$N_A=k_G(p_{AG}-p_{Ai}) \tag{12-13}$$

式(12-13) 中的分压差 $p_{AG}-p_{Ai}$为负值，亦即 N_A 本身为负值，表示传质方向与显热传递方向相反。

将式(12-12) 和式(12-13) 代入式(12-11)，可得

$$h_G(t_G-t_{wb})=k_G M_A \lambda_A(p_{Ai}-p_{AG})$$

或

$$\frac{p_{Ai}-p_{AG}}{t_G-t_{wb}}=\frac{h_G}{k_G M_A \lambda_A} \tag{12-14}$$

上式的右侧中含有对流传热系数 h_G 与对流传质系数 k_G 之比。在热、质传递同时进行的过程中，根据柯尔本类似律，j_H 约等于 j_D，因此得

$$j_H=\frac{h_G}{\rho c_p u_b}Pr^{2/3}=j_D=\frac{k_c^0}{u_b}Sc^{2/3} \tag{12-15}$$

式中　ρ，c_p——空气的密度和定压比热容；

u_b——空气吹过湿球时的主体速度。

由于本问题为组分 A（水）通过停滞组分 B（空气）的扩散问题，根据第十一章的表 11-1，k_c^0 可转化为

$$k_c^0=\frac{k_G p_{BM} M_m}{\rho} \tag{12-16}$$

式中　M_m——空气与水蒸气的平均分子量。

将式(12-15) 和式(12-16) 整理后得

$$\frac{h_G}{k_G}=c_p p_{BM} M_m\left(\frac{Sc}{Pr}\right)^{2/3} \tag{12-17}$$

将式(12-17) 代入式(12-14)，得

$$\frac{p_{Ai}-p_{AG}}{t_G-t_{wb}}=\frac{c_p p_{BM} M_m}{\lambda_A M_A}\left(\frac{Sc}{Pr}\right)^{2/3} \tag{12-18}$$

式(12-18) 即为利用水蒸气分压计算湿球温度 t_{wb}的式子。

在一般情况下，应用湿度 H 进行计算比较方便，为此，可将式(12-13) 转化为以湿度表达的形式。水的蒸发通量可写成下述形式：

$$N_A M_A=k_H(H_G-H_i) \tag{12-19}$$

式中　H_i，H_G——气液界面处及气相主体中气体的湿度，kgA/kg 干空气；

k_H——以湿度差为推动力的传质系数，kg/[m^2·s·(ΔH)]。

将式(12-12) 和式(12-9) 代入式(12-11)，得

$$h_G(t_G-t_{wb})=\lambda_A k_H(H_i-H_G) \tag{12-20}$$

传质系数 k_H 与 k_G 之间的关系，可通过湿度与水蒸气分压的关系换算导出：

$$k_H=k_G p_{BM} M_B \tag{12-21}$$

将上式代入式(12-20)，得

$$\frac{H_i-H_G}{t_G-t_{wb}}=\frac{h_G}{k_G \lambda_A p_{BM} M_B} \tag{12-22}$$

再将式(12-17) 代入式(12-22)，置换其中的 h_G/k_G，并近似地认为平均分子量 M_m 与空气的分子量 M_B 相等，得

$$\frac{H_i-H_G}{t_G-t_{wb}}=\frac{c_p}{\lambda_A}\left(\frac{Sc}{Pr}\right)^{2/3} \tag{12-23}$$

由式(12-23) 可以看出，通过湿度、干球温度、系统的物性值可求算湿球温度 t_{wb}，或根据干、湿球温度可求出湿度。

对一般系统，湿球温度与绝热饱和温度（气液绝热接触时气体达到饱和时的平衡温度）并不相等。但对水-空气系统，二者大致相等，这一特殊情况是由于绝热情况下，当干球温度为 t_G、湿度为 H_G 的未饱和空气与水充分接触时，最后必将达到饱和，其饱和温度为 t_{as}、湿度为 H_{as}。此时水汽化所需的潜热系由空气供给，故热量衡算式可写成

$$c_s(t_G - t_{as}) = \lambda_A(H_{as} - H_G) \tag{12-24}$$

式中，c_s 为空气的湿比热容，等于 1kg 干空气的比热容加上其所携带水蒸气的比热容，$c_s = 1005 + 1880H$ [J/(kg·K)]。

由式(12-24) 得

$$\frac{H_{as} - H_G}{t_G - t_{as}} = \frac{c_s}{\lambda_A} \tag{12-24a}$$

对式(12-23) 及式(12-24a) 的右侧进行比较，当空气中水蒸气浓度很低时，干空气的比热容与湿比热容近似相等，即

$$c_p \approx c_s$$

又对于空气-水物系，一般情况下，$Sc = 0.60$，$Pr = 0.702$，可得 $(Sc/Pr)^{2/3}$ 的数值接近于 1。于是式(12-23) 和 (12-24a) 右侧相等，故得

$$\frac{H_i - H_G}{t_G - t_{wb}} = \frac{H_{as} - H_G}{t_G - t_{as}} \tag{12-25}$$

上式中 H_{as} 为空气中水蒸气的饱和湿度，H_i 为气-液界面水蒸气的湿度，可认为是饱和湿度，故 $H_i = H_{as}$。因此，针对空气-水物系而言，在同一干球温度 t_G 下，绝热饱和温度 t_{as} 与湿球温度 t_{wb} 大致相等。但对于其他物系，湿球温度总是较绝热饱和温度为高。

当物系的 $Sc = Pr = 1$ 时，式(12-17) 可简化为

$$\frac{h_G}{k_G} = c_p p_{BM} M_m$$

将式(12-21) 代入上式，并近似认为空气的分子量 M_B 与空气-水蒸气的平均分子量 M_m 相等，可得

$$\frac{h_G}{k_G p_{BM} M_m c_p} = \frac{h_G}{k_H c_p} = 1 \tag{12-26}$$

式(12-26) 称为刘易斯 (Lewis) 关系。对于空气-水物系近似遵循此关系，可用其描述 h_G 与 k_G、k_H 之间的关系。

【例 12-2】 常压下空气的温度为 30℃，相对湿度为 20%，试求其湿球温度 t_{wb}。已知空气-水物系的 $Sc = 0.60$，$Pr = 0.70$。

解 30℃下空气的物性：

比热容 $c_p = 1005$J/(kg·℃)，蒸气压 $p_A = 4247$Pa

湿度 $H_G = \dfrac{4247 \times 0.2}{101325 - 4247 \times 0.2} \times \dfrac{18}{29} = 0.00525$ (kg 水/kg 干空气)

由式(12-23) 求算湿球温度 t_{wb}：

$$\frac{H_i - H_G}{t_G - t_{wb}} = \frac{c_p}{\lambda_A}\left(\frac{Sc}{Pr}\right)^{2/3}$$

即

$$t_G - t_{wb} = \frac{\lambda_A}{c_p}\left(\frac{Pr}{Sc}\right)^{2/3}(H_i - H_G)$$

代入已知值

$$30-t_{wb}=\frac{\lambda_A}{1005}\left(\frac{0.70}{0.60}\right)^{2/3}(H_i-0.00525) \quad (a)$$

由上式可以看出，求解该式需采用试差法。为此，设 $t_{wb}=15.1℃$，在 15.1℃下水的蒸发潜热 $\lambda_A=2457kJ/kg$，蒸气压为 $p_A=1.718\times10^3Pa$，于是，界面处的湿度（饱和值）H_i 为

$$H_i=\frac{1718}{101325-1718}\times\frac{18}{29}=0.01071(\text{kg 水/kg 干空气})$$

将 t_{wb}、λ_A、H_i 代入式(a)，得到该式左、右两侧相等的结果，故原设湿球温度正确，即

$$t_{wb}=15.1℃$$

(二) 水冷塔内的传热和传质

增湿过程是指提高气体内某种蒸气含量的过程，降低气体内某种蒸气含量的过程则称为减湿过程。在工程上，增、减湿过程主要是用于控制空气中水蒸气的含量，例如空气调节、气体干燥等过程均需控制气体中水蒸气的含量。空气-水物系的增湿过程是：液体水与空气接触，水分气化进入空气流中，使空气流增湿，而液体水被冷却。故增湿系指气相，冷却系指液相。空气的增湿与水的冷却是典型的热量传递和质量传递同时进行的过程。

在核发电站、火力发电厂及化工厂等企业中，有大量的热水需要冷却处理。目前水冷操作最有效和最经济的设备是填料水冷塔。下面根据热、质同时传递的原理对水冷塔的操作和设计做一些分析讨论。

典型的水冷塔为逆流式机力通风或自然通风的填料塔。热水由塔顶加入，空气由塔底通入塔中，在填料塔中两相逆流接触，经传热和传质后，冷却水从塔底流出，增湿升温的空气则由塔顶放空。塔内充填填料是为了使水和空气之间的接触面积加大。填料类型很多，一般为木格板、瓷环和其他形式。

在水冷塔中，水冷却的温度极限为入口气体的湿球温度，但实际上一般仅能冷却至高于湿球温度约 3℃的温度。塔内水的蒸发量很小。例如，水温变化 8℃，蒸发水量仅为总水量的 1.5%左右。因此，在设计水冷塔时，可近似地认为水的流率是恒定的。

1. 水冷塔内的温度分布及浓度分布

图 12-3 示出水冷塔上部液体水与空气界面两侧的温度分布及浓度分布（浓度以湿度表示）。水蒸气以湿度差 H_i-H_G 为推动力从界面向气体主体中扩散，但在液体内部，由于液体水无浓度梯度而不进行传质。显热以温度差 t_L-t_i（此处 t_i 表示湿球温度）为推动力由液体主体向界面传递，在气相一侧则以温度差 t_i-t_G 为推动力由界面向气相主体中传递。另一方面，由于水蒸气由界面向气相主体中扩散，它必携带相应的潜热到气相主体中去。故自液相主体流向界面的显热速率必等于界面流向气相主体的显热与潜热速率之和。

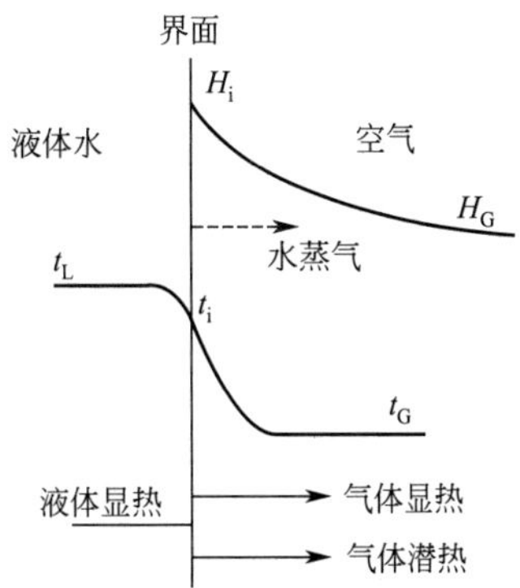

图 12-3　水冷塔上部的温度分布与浓度分布

图 12-3 仅表示水冷塔上部的情况，塔中由上而下有水温的变化和空气湿度、温度的变化，即水由上而下温度下降，空气自下而上温度与湿度增加。由塔的下部某一位置开始，水温有可能低于空气的干球温度，但仍高于其湿球温度，此时由界面到气相主体的显热传递方向将与图 12-3 所示的方向相反。

2. 水冷塔内的平衡曲线和操作线

为了对水冷塔进行设计，最主要是确定填料层高度，需要求出空气-水物系的平衡曲线和操作线方程。填料的表面积一般并不等于传质面积或传热面积，为此做如下定义：

a——单位体积填料层的有效传质面积或传热面积，m^2/m^3（并假定传质面积与传热面积

相等)；

$k_{G}a$——气相体积传质系数，kmol/(m^3·s·Pa)；

$h_{G}a$——气相体积对流传热系数，J/(m^3·s·K)；

$h_{L}a$——液相体积对流传热系数，J/(m^3·s·K)。

并规定下述符号：

L——以单位塔截面计的水的流率，kg/(m^2·s)（就全塔而言视为常数）；

G——以单位塔截面计的干空气的流率，kg/(m^2·s)（全塔内视为常数）；

Ω——填料塔的截面积，m^2；

c_L——水的比热容，J/(kg·℃)（可假定为常数）；

t_L——塔内任一截面处水的温度，℃；

t_G——塔内任一截面处空气的温度，℃；

H——空气的湿度，kg 水/kg 干空气；

I——空气与水蒸气混合物的焓，J/kg 干空气。此焓值可由下式计算：

$$I=c_s(t-t_0)+H_{\lambda_0} \tag{12-27}$$

即

$$I=(1.005+1.88H)\times10^3(t-0)+2.491\times10^6H \tag{12-27a}$$

上式选择 $t_0=0℃=273K$ 为基准温度。

水冷塔的平衡曲线是指塔内气液接触时液相（水）蒸发至气相（空气）达到饱和时水的温度与空气的焓两者的关系曲线。设水温为 t_L，该温度下空气的饱和湿度为 H_i、饱和焓为 I_i，则水温 t_L 与空气饱和焓 I_i 的关系由式(12-27) 得

$$I_i=(1.005+1.88H_i)\times10^3t_L+2.491\times10^6H_i \tag{12-28}$$

式(12-28) 即为水冷塔的平衡曲线方程。以水温 t_i 为横坐标、空气焓 I_i 为纵坐标做图，可得平衡线（参见图 12-5 上方的曲线）。

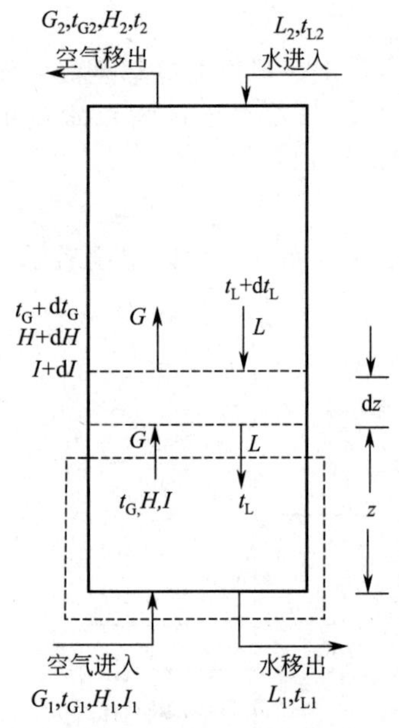

图 12-4 连续逆流水冷塔的物料衡算与焓衡算

欲确定水冷塔的填料层高度，还必须做出操作线。对于一般传质操作而言，其操作线仅根据物料衡算即可算出。但在水冷塔内，由于传热和传质同时进行，物料衡算不足以反映塔内全部变化情况，故需应用焓衡算（热量衡算）做出操作线。

图 12-4 为连续逆流水冷塔内物料流率、温度、湿度及焓的变化示意图。在塔下部虚线的范围内做热量衡算，得

$$G(I-I_1)=Lc_L(t_L-t_{L1}) \tag{12-29}$$

或

$$I=\frac{Lc_L}{G}t_L+\left(I_1-\frac{Lc_L}{G}t_{L1}\right) \tag{12-29a}$$

式(12-29) 或式(12-29a) 即为水冷塔的操作线，表示水温 t_L 与空气焓 I 之间的变化关系。在 $I\sim t_L$ 图中，该式为通过 (t_{L1},I_1) 点、斜率为 Lc_L/G 的一条直线（参见图 12-5）。

再做全塔的热量衡算，得

$$G(I_2-I_1)=Lc_L(t_{L2}-t_{L1}) \tag{12-30}$$

式(12-30) 表示水冷塔进、出口的水温变化与空气焓变化之间的关系。

3. 传递单元数和传递单元高度

填料塔用于传质单元操作时，其填料层高度可用传质单元数与传质单元高度之乘积确定。但对于填料水冷塔，由于传热和传质过程同时进行，填料层高度则为包括传热及传质影响的传

递单元数与传递单元高度之乘积。

传递单元数和传递单元高度的计算方法，可通过填料层的微分高度 dz 范围内气液两相同时进行传热与传质的情况分析导出。

在图 12-4 中，针对填料层的微分高度 dz 做热量衡算，得

$$L\Omega c_L \mathrm{d}t_L = G\Omega \mathrm{d}I \tag{12-31}$$

式(12-31) 表明气液两相在 dz 填料层中的传热和传质结果，液相降温放出的显热速率与气相焓变的热速率相等。

参见图 12-3，液体显热速率可用液相主体向气液界面传热速率表示，引入传热面积 $a\Omega \mathrm{d}z$ 和液相体积传热系数 $h_L a$，得

$$L\Omega c_L \mathrm{d}t_L = h_L a\Omega \mathrm{d}z(t_L - t_i) \tag{12-32}$$

对于气相一侧，其焓变的热速率 $G\Omega \mathrm{d}I$ 系由两项热速率组成：其一为气液界面向气相主体传递的显热速率；其二为界面处水蒸发并向气相主体传质时携带的潜热速率。

由气液界面向气相主体传递的显热速率，引入传热面积 $a\Omega \mathrm{d}z$ 和气相体积传热系数 $h_G a$，得

$$\left(\frac{q}{A}\right)_s a\Omega \mathrm{d}z = h_G a\Omega \mathrm{d}z(t_i - t_G) \tag{12-33}$$

对于气体潜热速率，则为水蒸发的传质速率与汽化热 λ_0 之乘积。引入传质面积 $a\Omega \mathrm{d}z$ 和气相传质系数 $k_H a$ 或 $k_G a$，传质速率可用下式表示：

$$N_A M_A a\Omega \mathrm{d}z = k_H a\Omega \mathrm{d}z(H_i - H_G) = k_G a\Omega \mathrm{d}z M_B p(H_i - H_G) \tag{12-19a}$$

上式中 $k_H a$ 与 $k_G a$ 之间的关系由式(12-21)（假定 $p_{BM}=p$）给出，即

$$k_H = k_G p M_B \tag{12-21a}$$

于是，水蒸气带入气相主体的潜热速率为上式表示的传质速率与 λ_0 之乘积，即

$$N_A M_A a\Omega \mathrm{d}z\lambda_0 = k_H a\Omega\lambda_0(H_i - H_G)\mathrm{d}z = M_B k_G a\Omega P\lambda_0(H_i - H_G)\mathrm{d}z \tag{12-34}$$

由此可得，气相一侧焓变的热速率 $G\Omega \mathrm{d}I$ 为式(12-33) 表示的显热速率与式(12-34) 表示的潜热速率之和。若各项改用热通量表示，得

$$G\mathrm{d}I = h_G a(t_i - t_G)\mathrm{d}z + M_B k_G a p\lambda_0(H_i - H_G)\mathrm{d}z \tag{12-35}$$

由于空气-水系统可近似应用刘易斯关系式(12-26)：

$$\frac{h_G}{k_G p_{BM} M_m c_p} = 1 \tag{12-26}$$

假定 $c_p \approx c_s$、$p_{BM} \approx p$、$M_m \approx M_B$，由式(12-26) 得

$$h_G = M_B k_G p c_s \tag{12-26a}$$

将式(12-26a) 代入式(12-35) 并整理，得

$$G\mathrm{d}I = M_B k_G a p \mathrm{d}z[(c_s t_i + \lambda_0 H_i) - (c_s t_G + \lambda_0 H_G)] \tag{12-36}$$

将式(12-36) 与空气焓 I 的定义式(12-27) 进行比较，当基准温度 $t_0=0℃$时，式(12-36) 右侧中括号内的量可用 $I_i - I$ 表示，于是该式即可写成

$$G\mathrm{d}I = M_B k_G a p \mathrm{d}z(I_i - I) \tag{12-37}$$

将式(12-37) 积分，得

$$z = \frac{G}{M_B k_G a p}\int_{I_1}^{I_2}\frac{\mathrm{d}I}{I_i - I} \tag{12-38}$$

或写成

$$z = H_G N_G \tag{12-39}$$

式中

$$H_G = \frac{G}{M_B k_G a p} = \frac{G}{k_H a} \tag{12-40}$$

$$N_G = \int_{I_1}^{I_2}\frac{\mathrm{d}I}{I_i - I} \tag{12-41}$$

N_G 称为气体焓传递单元数，H_G 称为气体焓传递单元高度。故填料层高度 z 为传递单元数与传递单元高度的乘积。

传递单元高度 H_G 由已知的空气流率 G 和气相体积传质系数等数据很易求取。而传递单元数 N_G 为一积分，需得到某水温下相应的气相焓 I 与焓差 I_i-I 的函数关系。为此，将式(12-31)、式(12-32) 和式(12-37) 联立，得

$$\frac{I_i-I}{t_i-t_L}=-\frac{h_La}{k_GaM_Bp} \tag{12-42}$$

式(12-42) 表示塔内任一截面处气焓差 I_i-I 与液相温差 t_i-t_L 之比为一常数，参见图 12-5，该式表示直线 PM 的斜率。此种关系为计算传递单元数 N_G 的基础。

(三) 水冷塔填料层高度的确定

水冷塔的设计，最主要是确定填料层高度，其步骤如下。

(1) 做平衡曲线。在气焓与液温关系图上做出 I_i 对 t_L 的关系曲线。首先选择温度 t_L，计算该温度下水蒸气在空气中的饱和湿度 H_i，然后由式(12-28) 计算与其对应的空气-水蒸气混合物的焓 I_i 值。若选择一系列 t_L 值，可算出一系列与其对应的 I_i 值，由一系列对应的 (t_i, I_i) 点即可画出平衡曲线，如图 12-5 上方的曲线所示。

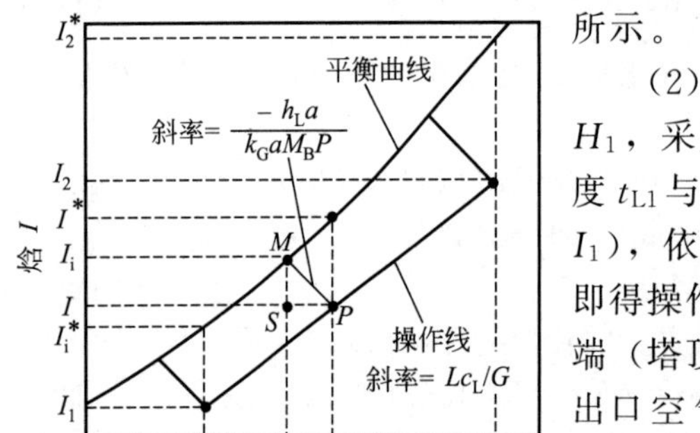

图 12-5 水冷塔的平衡线与操作线

(2) 做操作线。根据给定的进口空气温度和湿度 t_{G1}、H_1，采用式(12-27a) 计算进口空气的焓 I_1，由水出口温度 t_{L1} 与 I_1 值定出操作线最下端（塔底）的一点 (t_{L1}, I_1)，依据式(12-29a)，通过此点做斜率为 Lc_L/G 的直线，即得操作线。此线与 $t_L=t_{L2}$ 垂线的交点即为操作线的最上端（塔顶）点，见图 12-5 下方的直线。由上端点即可定出出口空气的焓值 I_2。I_2 值亦可由物料衡算式(12-30) 求算。

(3) 做气焓差与液温差之比为斜率的直线。在操作线上的 (t_{L1}, I_1) 和 (t_{L2}, I_2) 范围内选择数点，根据已知的 h_La 及 k_Ga 值做斜率等于 $-h_La/k_GaM_Bp$ 的直线 [见式(12-42)]，如图 12-5 中的 PM 线及其平行线所示。该线代表塔内任一截面处液体的温度、气体的焓与界面处液体的温度、气体的焓之间的关系，即位于操作线上的点 P 代表 t_L、I，而位于平衡线上的点 M 则代表界面处的 t_i、I_i。因此，线 MS 为焓差 I_i-I，代表气相推动力。

(4) 计算气相焓的传递单元数。N_G 可由式(12-41) 求出，为此需求出 $(I_i-I)^{-1}$ 与 I 的函数关系。方法是在 t_{L1} 至 t_{L2} 范围内（包括端点）选择若干点，在图 12-5 上找出该温度下相应的 I 及 I_i，算出 $(I_i-I)^{-1}$，根据 $(I_i-I)^{-1}$ 与 I 的关系进行图解积分或数值积分，即可求出 N_G。

(5) 计算填料层高度 z。由式(12-40) 求出传递单元高度 H_G，N_G 与 H_G 的乘积即为达到给定水冷要求所需的填料层高度 z。

【例 12-3】 需设计一座连续逆流操作的填料水冷塔，已知数据如下：以单位截面积计的热水流率 $L=1.356\text{kg}/(\text{m}^2\cdot\text{s})$，进口水温 $t_{L2}=43.3℃$，出口水温 $t_{L1}=29.4℃$；以单位截面积计的空气流率 $G=1.356$kg 干空气$/(\text{m}^2\cdot\text{s})$，进口空气的干球温度 $t_{G1}=29.4℃$，进口空气的湿球温度 $t_{wb}=23.9℃$；气相体积传质系数 $k_Ga=1.207\times10^{-7}$ kmol/(m$^3\cdot$s$\cdot$Pa)；

$\frac{h_L a}{k_G a M_B p}$=4.187kJ/(kg·℃)；平均操作压力 $p=1.013\times10^5$Pa。试求算所需填料层高度 z。

解　按照上述水冷塔设计步骤求算所需填料层高度 z。

(1) 做平衡曲线：由式(12-28) 计算液体温度与饱和状态下空气的焓两者之间的关系，做出平衡曲线，见图 12-5。

(2) 做操作线：根据进口空气的干球温度 $t_{G1}=29.4$℃和湿球温度 $t_{wb}=23.9$℃，由湿度图查得进口空气的湿度为 $H_1=0.0165$ kg 水/kg 干空气。由式(12-27a) 计算进口空气的焓：

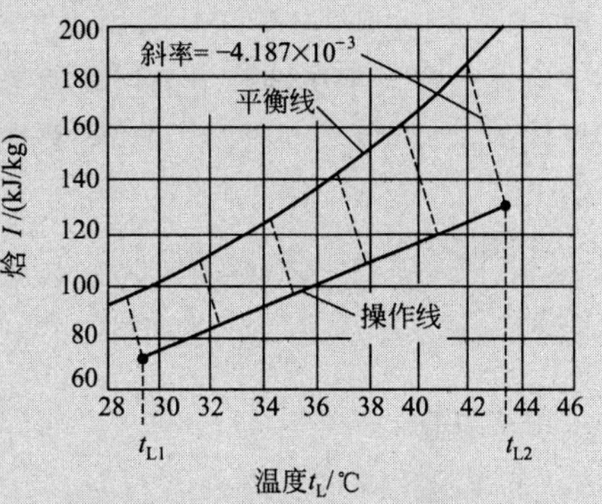

图 12-6　N_G 的图解求算法

$I_1=(1.005+1.88\times0.0165)\times10^3\times(29.4-0)+2.491\times10^6\times0.0165=7.17\times10^4$ (J/kg) = 71.7 (kJ/kg)

由此得到操作线的下端点 (t_{L1}, I_1)：

$$t_{L1}=29.4℃,\ I_1=71.7\text{kJ/kg}$$

操作线上端点处的 $t_{L2}=43.3$℃，I_2 可由式(12-30) 计算：

$1.356\times(I_2-71.7\times10^3)=1.356\times(4.187\times10^3)\times(43.3-29.4)$

$I_2=1.299\times10^5$ J/kg = 129.9kJ/kg

由此定出操作线的上端点 (t_{L2}, I_2)，连结点 (t_{L1}, I_1) 及 (t_{L2}, I_2) 即可标绘出操作线（见图 12-6）。

(3) 在操作线上 I_1 至 I_2 范围内选择若干点，做斜率为−4.187 的直线，于是在图 12-6 上即可读出 I 与 I_i 的对应值（参见本题附表）。

例 12-3　附表

I/(kJ/kg)	I_i/(kJ/kg)	I_i-I/(kJ/kg)	$\frac{1}{I_i-I}\times10^2$/(kg/kJ)
71.7	94.4	22.7	4.41
83.5	108.4	24.9	4.02
94.9	124	29.5	3.39
106.5	141	35.3	2.83
118.4	162	43.7	2.29
129.9	184.7	54.8	1.82

(4) 计算 N_G：根据上表中列出的 I 与 $(I_i-I)^{-1}$ 的关系做图，并进行图解积分，积分结果为 1.82，即

$$N_G=\int_{I_1}^{I_2}\frac{dI}{I_i-I}=1.82$$

(5) 求填料层高度 z：由于

$$H_G=\frac{G}{M_B k_G a p}=\frac{1.356}{29\times(1.207\times10^{-7})\times(1.013\times10^5)}=3.82\ (\text{m})$$

故得　　$$z=H_G N_G=3.82\times1.82=6.95\ (\text{m})$$

第二节　平板壁面层流边界层中同时进行动量、热量和质量传递的过程

一、平板层流边界层中动量、热量和质量传递的基本微分方程

动量、热量和质量传递过程同时进行时，其机理相当复杂，目前还缺乏处理这类问题的一般方法。但对在平板壁面上的层流边界层中同时进行动量、热量和质量传递过程的这类问题，由于平板的几何形状较为简单，且流体流动为层流，已有可能获得此类问题的解析解或精确解。

设在无限大平板壁面上的层流边界层中，动量、热量和质量传递均为二维稳态过程，并假定流体的ρ、μ、c_p、k、C、D_{AB}等物性值在过程中维持不变，于是，描述各种边界层的微分方程如下。

连续性方程：

$$\frac{\partial u_x}{\partial x}+\frac{\partial u_y}{\partial y}=0 \tag{12-43}$$

运动方程：

$$u_x\frac{\partial u_x}{\partial_x}+u_y\frac{\partial u_x}{\partial y}=v\frac{\partial^2 u_x}{\partial y^2} \tag{12-44}$$

能量方程：

$$u_x\frac{\partial t}{\partial x}+u_y\frac{\partial t}{\partial y}=\alpha\frac{\partial^2 t}{\partial y^2} \tag{12-45}$$

对流扩散方程：

$$u_x\frac{\partial c_A}{\partial x}+u_y\frac{\partial c_A}{\partial y}=D_{AB}\frac{\partial^2 c_A}{\partial y^2} \tag{12-46}$$

式(12-43) ～式(12-46) 的边界条件为

（1）$y=0$：$u_x=0$，$t=t_s$，$c_A=c_{As}$，$u_y=u_{ys}$

（2）$y\to\infty$：$u_x=u_0$，$t=t_0$，$c_A=c_{A0}$

二、平板层流边界层中同时进行动量、热量和质量传递的精确解

为了求解上述各式，首先需要进行相似变换。为此，引入第四章定义的两个变换量η和f，即

$$\eta=y\sqrt{\frac{u_0}{v_x}}=\frac{y}{x}Re_x^{1/2} \tag{4-15}$$

$$f(\eta)=\frac{\Psi}{\sqrt{u_0 vx}} \tag{4-16}$$

由此可将式(12-44) ～式(12-46) 转换为

$$\frac{d^2U^*}{d\eta^2}+\frac{1}{2}f\frac{dU^*}{d\eta}=0 \tag{12-47}$$

$$\frac{d^2T^*}{d\eta^2}+\frac{Pr}{2}f\frac{dT^*}{d\eta}=0 \tag{12-48}$$

$$\frac{d^2c_A^*}{d\eta^2}+\frac{Sc}{2}f\frac{dc_A^*}{d\eta}=0 \tag{12-49}$$

式中U^*、T^*、c_A^* 分别为无量纲速度、无量纲温度、组分 A 的无量纲浓度，其涵义如下：

$$U^*=\frac{u_x}{u_0}=f'(\eta) \tag{12-50}$$

$$T^*=\frac{t_s-t}{t_s-t_0} \tag{12-51}$$

$$c_A^*=\frac{c_{As}-c_A}{c_{As}-c_{A0}} \tag{12-52}$$

与式(12-47) ～式(12-49) 相应的边界条件为

(1) $\eta=0$：$U^*=0$，$T^*=0$，$c_A^*=0$，$u_y=u_{ys}$

(2) $\eta\to\infty$：$U^*=1$，$T^*=1$，$c_A^*=1$

边界条件 (1) 中的 u_{ys} 称为表面法向速度，它与表面质量传递的速率大小有关，u_{ys} 明显地影响着式(12-47) ～式(12-49) 的解。

在表面处，即 $y=0$ 时，由于流体不滑脱，$u_x=0$，因而 $f'=\frac{u_x}{u_0}=0$，从而得壁面处的无量纲流函数 $f=f_s$ 为常量，又由式(4-26)：

$$u_y=\frac{1}{2}\sqrt{\frac{u_0 \upsilon}{x}}(\eta f'-f) \tag{4-26}$$

可导出表面处 ($y=0$，$u_y=u_{ys}$ 及 $f'=0$) 的无量纲流函数 f_s 为

$$f_s=-2u_{ys}\sqrt{\frac{x}{\upsilon u_0}}=-\frac{2u_{ys}}{u_0}Re_x^{1/2}=\text{常数}$$

或

$$-\frac{f_s}{2}=\frac{u_{ys}}{u_0}Re_x^{1/2} \tag{12-53}$$

式(12-53) 中的 $-\frac{f_s}{2}$ 为一与表面法向速度 u_{ys} 有关的参数，称为喷出或吸入参数。该参数可用来表示表面传质速率对边界层中速度分布、温度分布和浓度分布的影响。

式(12-47)～式(12-49) 满足边界条件 (1)、(2) 的解示于图 12-7 中。图中的 A、B 和 C 3 组曲线分别表示喷出参数 $\left(-\frac{f_s}{2}=\frac{u_{ys}}{u_0}Re_x^{1/2}\right)$ 为 0、－2.5 及 0.5 条件下的情况，各组曲线中括号内的数值表示 Pr 或 Sc 的值，例如曲线 $C(2)$ 表示 $-\frac{f_s}{2}=0.5$、Pr 或 Sc 等于 2 时 U^*、T^* 或 c_A^* 与 η 之间的关系。

A 组曲线表示喷出参数为零或 $u_{ys}=0$ 即表面处无质量传递时的情况。当 $Pr=Sc=1$ 时，式(12-47)、式(12-48) 和式(12-49) 变为同一形式，其解由布拉休斯解给出，在此情况下无量纲速度分布、无量纲温度分布和无量纲浓度分布完全相同，如曲线 $A(1)$ 所示。在该组曲线中，$A(0.72)$ 和 $A(2)$ 表示表面无质量传递、Pr(或 Sc) 分别等于 0.72 和 2 时的情况，在此情况下其解由波尔豪森解给出。在同一喷出参数 $\left(-\frac{f_s}{2}\right)$ 下的各曲线中，Pr 与 Sc 值不一定要求相等。例如，当戊烷蒸气由热平板表面通过板面上的空气层流边界层扩散时，由于传质速率很低，喷出参数 $\left(-\frac{f_s}{2}\right)$ 接近于零，此情况下 $Pr\approx0.72$，$Sc=2$。据此，速度 U^* 的分布用曲线 $A(1)$ 表示，温度 T^* 的分布用曲线 A (0.72) 表示，而浓度 C_A^* 的分布则用曲线 A (2) 表示。

由图 12-7 可以看出，当喷出参数 $\left(-\frac{f_s}{2}\right)$ 不为零时，该参数的大小对速度分布、温度分布和浓度分布有明显的影响。一般，平板壁面上的传质速率由两个因素造成：一个因素是表面与流体主体之间有浓度差；另一因素是平板本身是多孔的，物质可通过这些微孔喷出或吸入。当喷出参数值为负时，表示平板表面吸收物质，即质量传递方向由流体主体指向表面，图 12-7 中的 B 组曲线即表示此种情况。反之，当喷出参数为正时，表示平板表面喷出物质，即质量传递方向由表面指向流体主体，图 12-7 中的 C 组曲线即表示此种情况。喷出参数对速度分布、温度分布和浓度分布有一定影响，从而传递系数 C_D、h 和 k_c^0 也会受到影响，其定量关系可通过下面的分析得出。

对于平板壁面层流边界层而言，根据曳力系数、对流传热系数以及对流传质系数的定义，

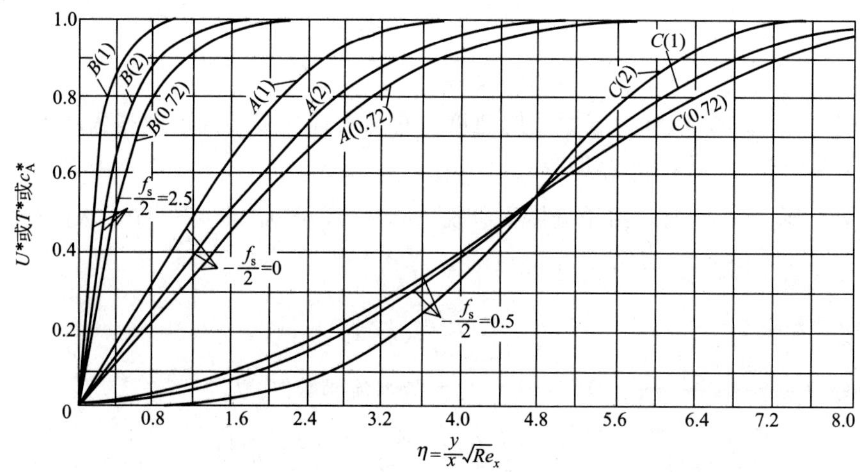

图 12-7　平板壁面层流边界层中的速度分布、温度分布和浓度分布

可导出各种传递系数与对应的速度梯度、温度梯度、浓度梯度之间的关系。

针对局部曳力系数 C_{Dx} 而言，可写出

$$C_{Dx}=\frac{2\tau_{sx}}{\rho u_0^2}$$

由于式中的 $\tau_{sx}=\mu\left.\frac{\partial u_x}{\delta y}\right|_{y=0}$，得

$$C_{Dx}=\frac{2\mu}{\rho u_0}\left.\frac{\partial\left(\frac{u_x}{u_0}\right)}{\partial y}\right|_{y=0}=\frac{2\mu}{\rho u_0}\left(\frac{\partial U^*}{\partial\eta}\frac{\partial\eta}{\partial y}\right)\bigg|_{y=0} \tag{12-54}$$

式(4-15) 中 η 对 y 求导数，可得 $\left.\frac{\partial\eta}{\partial y}\right|_{y=0}=\sqrt{\frac{u_0}{\upsilon x}}$，此结果代入式(12-54)，得

$$\frac{C_{Dx}}{2}=\frac{\mu}{\rho u_0}\sqrt{\frac{u_0}{\upsilon x}}\left.\frac{\partial U^*}{\partial\eta}\right|_{\eta=0}$$

即

$$\frac{C_{Dx}}{2}=\frac{1}{\sqrt{Re_x}}\left.\frac{dU^*}{d\eta}\right|_{\eta=0} \tag{12-55}$$

第八章中已经导出局部对流传热系数 h_x 的表达式为

$$h_x=k\sqrt{\frac{u_0}{\upsilon x}}\left.\frac{dT^*}{d\eta}\right|_{\eta=0} \tag{8-28}$$

或化为局部斯坦顿数的形式为

$$St_x=\frac{h_x}{c_p\rho u_0}=\frac{1}{Pr\sqrt{Re_x}}\left.\frac{dT^*}{d\eta}\right|_{\eta=0} \tag{12-56}$$

又由第十一章可得局部对流传质系数 k_{cx}^0 为

$$k_{cx}^0=D_{AB}\left.\frac{dc_A^*}{dy}\right|_{y=0} \tag{11-28}$$

或写成

$$k_{cx}^0=D_{AB}\left(\frac{dc_A^*}{d\eta}\frac{d\eta}{dy}\right)\bigg|_{y=0}=D_{AB}\sqrt{\frac{u_0}{\upsilon x}}\left.\frac{dc_A^*}{d\eta}\right|_{\eta=0}$$

将上式化为局部传质斯坦顿数，得

$$St'_x=\frac{k^0_{cx}}{u_0}=\frac{1}{Sc\sqrt{Re_x}}\frac{\mathrm{d}c^*_A}{\mathrm{d}\eta}\Big|_{\eta=0} \tag{12-57}$$

式(12-55)～式(12-57)中的传递系数 C_{Dx}、h_x 和 k^0_{cx} 可根据图 12-7 中各曲线在 $\eta=0$ 点处的斜率求出。其中 C_{Dx} 与 Pr 或 Sc 无关，这一点亦可认为式(12-47)中的 Pr 或 Sc 等于 1，故 C_{Dx} 可根据 $A(1)$、$B(1)$ 或 $C(1)$ 线求取，亦即表明 C_{Dx} 与 Pr 或 Sc 无关，而仅与喷出参数 $\frac{u_{ys}}{u_0}\sqrt{Re_x}$ 值有关。但 h_x 和 k^0_{cx} 除了与喷出参数有关外，还随 Pr 或 Sc 而变。

对于 $Pr=1$（或 $Sc=1$）及 $Pr=0.7$（或 $Sc=0.7$）的流体，它们在平板壁面上无传质时$\left(即\frac{u_{ys}}{u_0}\sqrt{Re_x}=0\ 时\right)$的 C^0_{Dx}、h^0_x、$(k^0_{cx})^0$ 及有传质时$\left(即\frac{u_{ys}}{u_0}\sqrt{Re_x}\neq 0\ 时\right)$的 C_{Dx}、h_x、k^0_{cx} 两者之比已由图 12-7 求出，列于图 12-8 中。图 12-8 表达了平板壁面层流边界层中喷出参数对传递系数的影响。图中的实线为 $Pr=0.7$（或 $Sc=0.7$）时的情况，虚线为 $Pr=1$（或 $Sc=1$）时的情况。该图右侧部分表示喷出参数为正值，即表面喷出物质，结果是使传递系数值减少，即 $h_x<h^0_x$ [或 $k^0_{cx}<(k^0_{cx})^0$，$C_{Dx}<C^0_{Dx}$]。该图左侧部分表示喷出参数为负值，即表面吸入物质，结果是使传递系数值增加，即 $h_x>h^0_x$ [或 $k^0_{cx}>(k^0_{cx})^0$，$C_{Dx}>C^0_{Dx}$]。

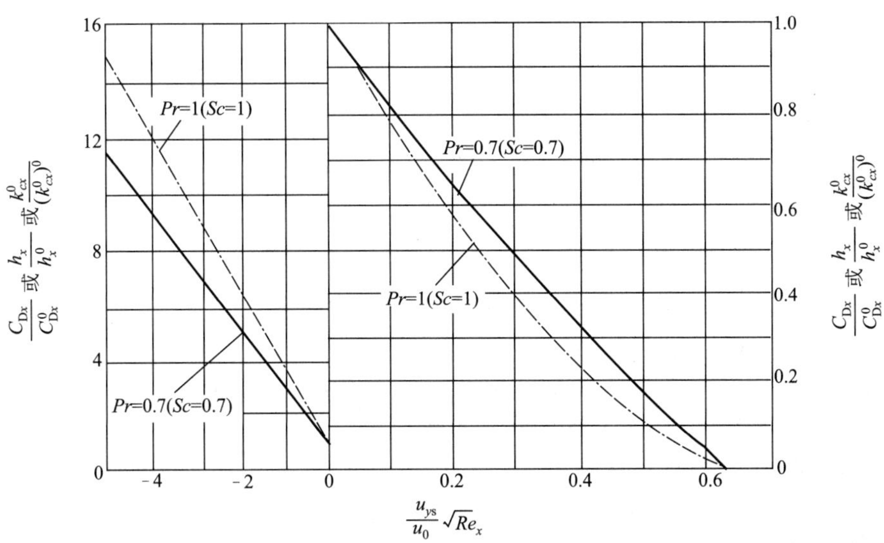

图 12-8　平板壁面层流边界层中喷出参数对传递系数的影响

【例 12-4】 温度为 100℃ 的常压空气以 10m/s 的速度沿多孔平板壁面吹过，板面温度维持 20℃，平板上以 0.2 的喷出参数向边界层中喷注 20℃ 的冷空气。试求算离平板壁面前缘 0.4m 处的对流传热系数以及在同样条件下有空气喷出与无空气喷出时换热量降低的百分数。又喷出空气的质量通量为若干？设 $Re_{x_c}=5\times10^5$。

解　空气的膜温为 $\frac{100+20}{2}=60$（℃）

在 60℃ 和常压下空气的物性值为：

$\rho=1.060\text{kg/m}^3$，$k=0.0289\text{W/(m·K)}$，$\mu=2.01\times10^{-5}\text{kg/(m·s)}$，$Pr=0.698$

计算雷诺数：

$$Re_x=\frac{\rho u_0 x}{\mu}=\frac{1.060\times10\times0.4}{2.01\times10^{-5}}=2.109\times10^5<Re_{x_c}$$

故距平板前缘 0.4m 处的边界层为层流边界层。

计算表面无喷注情况下的对流传热系数 h_x^0。由式(8-35)得

$$Nu_x=0.332Re_x^{1/2}Pr^{1/3}=0.332\times(2.109\times10^5)^{1/2}\times0.698^{1/3}=135.2$$

故得

$$h_x^0=\frac{Nu_x k}{x}=\frac{135.2\times0.0289}{0.4}=9.77[\mathrm{W/(m^2\cdot K)}]$$

当 $Pr=0.698\approx0.7$ 及 $\frac{u_{ys}}{u_0}\sqrt{Re_x}=0.2$ 时，由图 12-8 查得

$$\frac{h_x}{h_x^0}=0.64$$

故得

$$h_x=0.64h_x^0=0.64\times9.77=6.25\ [\mathrm{W/(m^2\cdot K)}]$$

有喷注较无喷注时传热量降低的百分数为

$$\frac{q_0-q}{q_0}=\frac{h_x^0-h_x}{h_x^0}=\frac{h_x^0-0.64h_x^0}{h_x^0}=36\%$$

计算喷注空气时的质量通量 ρu_{ys}。由于

$$\frac{u_{ys}}{u_0}\sqrt{Re_x}=0.2$$

得

$$u_{ys}=0.2\frac{u_0}{\sqrt{Re_x}}=\frac{0.2\times10}{\sqrt{2.109\times10^5}}=0.00436\ (\mathrm{m/s})$$

故得

$$\rho u_{ys}=1.060\times0.00436=0.0046\ [\mathrm{kg/(m^2\cdot s)}]$$

习　题

12-1 在一内径为 20mm 的直立圆管内壁面上，有一薄层正丁醇冷液膜自上而下流动，而不含正丁醇的热空气则在管内自下而上流动。热空气的压力为 1.013×10^5Pa，温度为 343K，流速 $u_b=6$m/s，管子外壁绝热，试计算达到稳态时正丁醇液膜的温度及挥发传质通量。

已知在操作条件下，气相的黏度 $\mu=2.05\times10^{-5}$Pa·s，$Sc=2$，$Pr=0.75$，比热容 $c_p=1005$J/(kg·K)；正丁醇蒸气的比热容 $c_{pA}=1500$J/(kg·K)，汽化潜热 $\lambda_A=590$kJ/kg，相对分子质量 $M_A=77$，正丁醇蒸气压与温度的关系如下：

温度/K	蒸气压/kN·m^{-2}	温度/K	蒸气压/kN·m^{-2}	温度/K	蒸气压/kN·m^{-2}
295	0.59	315	2.48	335	7.89
300	0.86	320	3.32	340	10.36
305	1.27	325	4.49	345	14.97
310	1.75	330	5.99	350	17.50

其他物性可按空气处理。

传质系数可用下式计算：$$Sh=\frac{k_c^0 d}{D_{AB}}=0.023Re^{0.83}Sc^{1/3}$$

12-2 由干湿球温度计测得干湿球温度分别为 40℃和 20℃，试求空气的相对湿度 φ。设空气-水物系 $Sc=0.60$，$Pr=0.70$。

12-3 采用填料水冷塔将热水从 55℃降至 20℃，以单位塔截面计的热水流率为 0.26kg/(m^2·s)，空气进口温度为 20℃，湿度为 0.003kg 水/kg 干空气，流率为 0.817kg 干空气/(m^2·s)，假定传热及传质阻力全部集中于气相一侧（液相水一侧无温度梯度），$k_G a=8.21\times10^{-8}$kmol/(m^2·s·Pa)。试求所需填料层高度 z。

12-4　当平板壁面与其上的层流边界层中的流体之间同时进行动量、热量和质量的传递时，壁面喷出物质对边界层的速度分布和速度边界层厚度会产生什么影响？壁面由边界层中吸入物质时的影响又为何？为什么？

12-5　当平板壁面与其上的层流边界层中的流体同时进行动量、热量和质量传递时，由于壁面向边界层喷出物质而使速度边界层厚度发生变化，试问这种变化相应地对温度边界层和浓度边界层厚度将发生什么影响？又对各传递系数（曳力系数、对流传热系数、对流传质系数）又会发生什么影响？试运用以前学过的有关公式说明。

12-6　燃烧后的废气以 30m/s 的均匀流速流过一平板表面，废气的温度为 670℃，压力为 1.01325×10^5Pa，壁面温度为 530℃，平板由多孔绝热材料制成。冷却空气以 0.04m/s 的流速由小孔喷出。试求距平板前缘 25mm 及 500mm 两处局部对流传热系数 h_x 降低的百分数（与无冷空气喷出情况相比）。燃烧废气的物性可按空气处理。设临界雷诺数 $Re_{x_c}=5\times10^5$。

12-7　常压下，温度为 500℃的热空气以 10m/s 的均匀流速平行吹过一多孔平板表面，平板的温度为 100℃。为了使距平板前缘 1m 处的传热速率减少 50%，在该处垂直喷出压力为 1atm、温度为 100℃的冷空气。试求该处平板表面与热空气之间的传热通量及冷空气的喷出速度。设临界雷诺数 $Re_{x_c}=5\times10^5$。

12-8　温度为 768K、压力为 1.01325×10^5Pa 的空气以 30m/s 的速度流过一平板表面，为了使 $x=0.3$m 处的温度维持 278K 而向热空气中注入液氧。设氧在 90K、1atm 的条件下汽化后经壁面注入热空气中，试求注入氧的摩尔通量 [kmol/(m^2·s)]。已知氧在 90～278K 的温度范围内的平均摩尔比热容为 2.85×10^4J/(kmol·K)，汽化潜热为 6.8×10^6J/kmol。平板四周绝热，其上的气体可按空气处理，设 $Re_{x_c}=3\times10^3$。

附　　录

附录 A　主要物理量的单位换算表

力 $[MLT^{-2}]$	N	dyn	kgf
	1	1×10^{5}	1.020×10^{-1}
	1×10^{-5}	1	1.020×10^{-6}
	9.807	9.807×10^{5}	1

压力、应力 $[ML^{-1}T^{-2}]$	Pa	bar	atm	kgf · cm^{-2}	mmHg(torr)
	1	1×10^{-5}	9.869×10^{-6}	1.020×10^{-5}	7.501×10^{-3}
	1×10^{5}	1	9.869×10^{-1}	1.020	7.501×10^{2}
	1.013×10^{5}	1.013	1	1.033	7.60×10^{2}
	9.807×10^{4}	9.807×10^{-1}	9.678×10^{-1}	1	7.36×10^{2}
	1.333×10^{2}	1.333×10^{-3}	1.316×10^{-3}	1.360×10^{-3}	1

能量、功、热 $[ML^{2}T^{-2}]$	J	kgf · m	cal_{IT}	kW · h
	1	1.020×10^{-1}	2.388×10^{-1}	2.778×10^{-7}
	9.807	1	2.344	2.72×10^{-6}
	4.187	4.27×10^{1}	1	1.163×10^{-6}
	3.600×10^{6}	3.67×10^{5}	8.598×10^{5}	1

功率、传热速率 $[ML^{2}T^{-3}]$	W	J · s^{-1}	kgf · m · s^{-1}	cal · s^{-1}
	1	1	1.020×10^{-1}	2.388×10^{-1}
	9.807	9.807	1	2.34
	4.19	4.19	4.27×10^{-1}	1

比热容 $[L^{2}T^{-2}\theta^{-1}]$	kJ · kg^{-1} · K^{-1}	cal_{IT} · g^{-1} · ℃$^{-1}$
	1	2.388×10^{-1}
	4.187	1

热导率 $[MLT^{-3}\theta^{-1}]$	W · m^{-1} · K^{-1}	$kcal_{IT}$ · m^{-1} · ℃$^{-1}$ · s^{-1}
	1	2.41×10^{-1}
	4.15×10^{3}	1

动力黏度 $[ML^{-1}T^{-1}]$	Pa · s	P	kgf · s · m^{-2}
	1	1×10^{1}	1.020×10^{-1}
	1×10^{-1}	1	1.020×10^{-2}
	9.807	9.807×10^{1}	1

运动黏度、导温系数、扩散系数 $[L^{2}T^{-1}]$	m^{2} · s^{-1}	cm^{2} · s^{-1}	m^{2} · h^{-1}
	1	1×10^{4}	3.60×10^{3}
	1×10^{-4}	1	3.60×10^{-1}
	2.778×10^{-4}	2.778	1

传热系数 $[MT^{-3}\theta^{-1}]$	W · m^{-2} · K^{-1}	cal_{IT} · cm^{-2} · ℃$^{-1}$ · s^{-1}	$kcal_{IT}$ · m^{-2} · ℃$^{-1}$ · h^{-1}
	1	2.389×10^{-5}	8.60×10^{-1}
	4.184×10^{4}	1	3.60×10^{4}
	1.163	2.78×10^{-5}	1

热流通量 $[MT^{-3}]$	W · m^{-2}	cal_{IT} · cm^{-2} · s^{-1}	$kcal_{IT}$ · m^{-2} · h^{-1}
	1	2.389×10^{-5}	8.60×10^{-1}
	4.184×10^{4}	1	3.60×10^{4}
	1.163	2.78×10^{-5}	1

附录B 误差函数表

η	erf(η)	η	erf(η)	η	erf(η)	η	erf(η)
0.00	0.00000	0.66	0.64938	1.32	0.93807	1.98	0.99489
0.02	0.02256	0.68	0.66378	1.34	0.94191	2.00	0.99532
0.04	0.04511	0.70	0.67780	1.36	0.94556	2.02	0.99572
0.06	0.06762	0.72	0.69143	1.38	0.94902	2.04	0.99609
0.08	0.09008	0.74	0.70468	1.40	0.95229	2.06	0.99642
0.10	0.11246	0.76	0.71754	1.42	0.95538	2.08	0.99673
0.12	0.13476	0.78	0.73001	1.44	0.95830	2.10	0.99702
0.14	0.15695	0.80	0.74210	1.46	0.96105	2.12	0.99728
0.16	0.17901	0.82	0.75381	1.48	0.96365	2.14	0.99753
0.18	0.20094	0.84	0.76514	1.50	0.96611	2.16	0.99775
0.20	0.22270	0.86	0.77610	1.52	0.96841	2.18	0.99795
0.22	0.24430	0.88	0.78669	1.54	0.97059	2.20	0.99814
0.24	0.26570	0.90	0.79691	1.56	0.97263	2.22	0.99831
0.26	0.28690	0.92	0.80677	1.58	0.97455	2.24	0.99846
0.28	0.30788	0.94	0.81627	1.60	0.97635	2.26	0.99861
0.30	0.32863	0.96	0.82542	1.62	0.97804	2.28	0.99874
0.32	0.34913	0.98	0.83423	1.64	0.97962	2.30	0.99886
0.34	0.36936	1.00	0.84270	1.66	0.98110	2.32	0.99897
0.36	0.38933	1.02	0.85084	1.68	0.98249	2.34	0.99906
0.38	0.40901	1.04	0.85865	1.70	0.98379	2.36	0.99915
0.40	0.42839	1.06	0.86614	1.72	0.98500	2.38	0.99924
0.42	0.44747	1.08	0.87333	1.74	0.98613	2.40	0.99931
0.44	0.46623	1.10	0.88021	1.76	0.98719	2.42	0.99938
0.46	0.48466	1.12	0.88679	1.78	0.98817	2.44	0.99944
0.48	0.50275	1.14	0.89308	1.80	0.98909	2.46	0.99950
0.50	0.52050	1.16	0.89910	1.82	0.98994	2.48	0.99955
0.52	0.53790	1.18	0.90484	1.84	0.99074	2.50	0.99959
0.54	0.55494	1.20	0.91031	1.86	0.99147	2.60	0.99976
0.56	0.57162	1.22	0.91553	1.88	0.99216	2.70	0.99987
0.58	0.58792	1.24	0.92051	1.90	0.99279	2.80	0.99992
0.60	0.60386	1.26	0.92524	1.92	0.99338	2.90	0.99996
0.62	0.61941	1.28	0.92973	1.94	0.99392	3.00	0.99998
0.64	0.63459	1.30	0.93401	1.96	0.99443	∞	1.00000

附录C 扩 散 系 数

1. 气体扩散系数

系 统	温度/K	扩散系数×10^4/(m^2/s)	系 统	温度/K	扩散系数×10^4/(m^2/s)
空气-氨	273	0.198	空气-氢	273	0.661
空气-水	273	0.220	空气-乙醇	298	0.135
	298	0.260		315	0.145
	315	0.288	空气-乙酸	273	0.106
空气-二氧化碳	276	0.142	空气-正己烷	294	0.080
	317	0.177	空气-苯	298	0.0962

续表

系　统	温度/K	扩散系数×10^4/(m^2/s)	系　统	温度/K	扩散系数×10^4/(m^2/s)
空气-甲苯	298.9	0.086	氦-空气	317	0.765
空气-正丁醇	273	0.0703	氦-甲烷	298	0.675
	298.9	0.087	氦-氮	298	0.687
氢-甲烷	298	0.726	氦-氧	298	0.729
氢-氮	298	0.784	氩-甲烷	298	0.202
	358	1.052	二氧化碳-氮	298	0.167
氢-苯	311.1	0.404	二氧化碳-氧	293	0.153
氢-氩	295.4	0.83	氮-正丁烷	298	0.096
氢-氨	298	0.783	水-二氧化碳	307.3	0.202
氢-二氧化硫	323	0.61	一氧化碳-氮	373	0.318
氢-乙醇	340	0.586	氯甲烷-二氧化硫	303	0.0693
氦-氩	298	0.729	乙醚-氨	299.5	0.1078
氦-正丁醇	423	0.587			

2. 液体扩散系数

溶质(A)	溶质(B)	温度/K	浓度/(kmol/m^3)	扩散系数×10^9/(m^2/s)
Cl_2	H_2O	289	0.12	1.26
HCl	H_2O	273	9	2.7
		273	2	1.8
		283	9	3.3
		283	2.5	2.5
		289	0.5	2.44
NH_3	H_2O	278	3.5	1.24
		288	1.0	1.77
CO_2	H_2O	283	0	1.46
		293	0	1.77
NaCl	H_2O	291	0.05	1.26
		291	0.2	1.21
		291	1.0	1.24
		291	3.0	1.36
		291	5.4	1.54
甲醇	H_2O	288	0	1.28
醋酸	H_2O	285.5	1.0	0.82
		285.5	0.01	0.91
		291	1.0	0.96
乙醇	H_2O	283	3.75	0.50
		283	0.05	0.83
		289	2.0	0.90
正丁醇	H_2O	288	0	0.77
CO_2	乙醇	290	0	3.2
氯仿	乙醇	293	2.0	1.25

3. 固体扩散系数

溶质(A)	固体(B)	温度/K	扩散系数/(m^2/s)	溶质(A)	固体(B)	温度/K	扩散系数/(m^2/s)
H_2	硫化橡胶	298	0.85×10^{-9}	H_2	Fe	293	2.59×10^{-13}
O_2	硫化橡胶	298	0.21×10^{-9}	Al	Cu	293	1.30×10^{-34}
N_2	硫化橡胶	298	0.15×10^{-9}	Bi	Pb	293	1.10×10^{-20}
CO_2	硫化橡胶	298	0.11×10^{-9}	Hg	Pb	293	2.50×10^{-19}
H_2	硫化氯丁橡胶	290	0.103×10^{-9}	Sb	Ag	293	3.51×10^{-25}
		300	0.180×10^{-9}	Cd	Cu	293	2.71×10^{-19}
He	SiO_2	293	$(2.4\sim5.5)\times10^{-14}$				

附录 D　分子扩散时 $\Omega_D \sim \frac{kT}{\varepsilon_{AB}}$ 之间的关系表

$\frac{kT}{\varepsilon_{AB}}$	Ω_D	$\frac{kT}{\varepsilon_{AB}}$	Ω_D	$\frac{kT}{\varepsilon_{AB}}$	Ω_D
0.30	2.662	1.65	1.153	4.0	0.8836
0.35	2.476	1.70	1.140	4.1	0.8788
0.40	2.318	1.75	1.128	4.2	0.8740
0.45	2.184	1.80	1.116	4.3	0.8694
0.50	2.066	1.85	1.105	4.4	0.8652
0.55	1.966	1.90	1.094	4.5	0.8610
0.60	1.877	1.95	1.084	4.6	0.8568
0.65	1.798	2.00	1.075	4.7	0.8530
0.70	1.729	2.1	1.057	4.8	0.8492
0.75	1.667	2.2	1.041	4.9	0.8456
0.80	1.612	2.3	1.026	5.0	0.8422
0.85	1.562	2.4	1.012	6	0.8124
0.90	1.517	2.5	0.9996	7	0.7896
0.95	1.476	2.6	0.9878	8	0.7712
1.00	1.439	2.7	0.9770	9	0.7556
1.05	1.406	2.8	0.9672	10	0.7424
1.10	1.375	2.9	0.9576	20	0.6640
1.15	1.346	3.0	0.9490	30	0.6232
1.20	1.320	3.1	0.9406	40	0.5960
1.25	1.296	3.2	0.9328	50	0.5756
1.30	1.273	3.3	0.9256	60	0.5596
1.35	1.253	3.4	0.9186	70	0.5464
1.40	1.233	3.5	0.9120	80	0.5352
1.45	1.215	3.6	0.9058	90	0.5256
1.50	1.198	3.7	0.8998	100	0.5130
1.55	1.182	3.8	0.8942	200	0.4644
1.60	1.167	3.9	0.8888	400	0.4170

附录 E　伦纳德-琼斯参数 σ、ε/k 数值表

化学式	物质名称	σ/Å	(ε/k)/K	化学式	物质名称	σ/Å	(ε/k)/K
Ar	氩	3.542	93.3	CH_3OH	甲醇	3.626	481.0
He	氦	2.551	10.22	CH_4	甲烷	3.758	148.6
Kr	氪	3.655	178.9	CO	一氧化碳	3.690	91.7
Ne	氖	2.820	32.8	CO_2	二氧化碳	3.941	195.2
Xe	氙	4.082	206.9	CS_2	二硫化碳	4.483	467.0
空气	空气	3.711	78.6	C_2H_2	乙炔	4.033	231.8
Br_2	溴	4.296	507.9	C_2H_4	乙烯	4.163	224.7
CCl_4	四氯化碳	5.947	322.7	C_2H_6	乙烷	4.443	215.7
CF_4	四氟化碳	4.662	134.0	C_2H_5Cl	氯乙烷	4.898	300.0
$CHCl_3$	三氯甲烷(氯仿)	5.389	340.2	C_2H_5OH	乙醇	4.530	362.6
CH_2Cl_2	二氯甲烷	4.898	356.3	CH_3OCH_3	甲醚	4.307	395.0
CH_3Br	溴甲烷	4.118	449.2	$CH_2{=}CHCH_3$	丙烯	4.678	298.9
CH_3Cl	氯甲烷	4.182	350.0	C_3H_6	环丙烷	4.807	248.9

续表

化学式	物质名称	σ/Å	(ε/k)/K	化学式	物质名称	σ/Å	(ε/k)/K
C_3H_8	丙烷	5.118	237.1	HI	碘化氢	4.211	288.7
CH_3COCH_3	丙酮	4.600	560.2	H_2	氢	2.827	59.7
CH_3COOCH_3	醋酸甲酯	4.936	469.8	H_2O	水	2.641	809.1
n-C_4H_{10}	正丁烷	4.687	531.4	H_2O_2	过氧化氢	4.196	289.3
iso-C_4H_{10}	异丁烷	5.278	330.1	H_2S	硫化氢	3.623	301.1
$C_2H_5OC_2H_5$	乙醚	5.678	313.8	Hg	汞	2.969	750.0
$CH_3COOC_2H_5$	醋酸乙酯	5.205	521.3	I_2	碘	5.100	474.2
n-C_5H_{12}	正戊烷	5.784	341.1	NH_3	氨	2.900	558.3
C_6H_6	苯	5.349	412.3	NO	一氧化氮	3.492	116.7
n-C_6H_{14}	正己烷	5.949	399.3	N_2	氮	3.798	71.4
Cl_2	氯	4.217	316.0	N_2O	氧化氮	3.828	232.4
F_2	氟	3.357	112.6	O_2	氧	3.467	106.7
HBr	溴化氢	3.353	449.0	SO_2	二氧化硫	4.112	335.4
HCN	氰化氢	3.630	569.1	UF_6	六氟化铀	5.967	236.8
HCl	氯化氢	3.339	344.7	PH_3	磷化氢	3.981	251.5
HF	氟化氢	3.148	330.0				

注：1Å$=10^{-10}$m。

参 考 文 献

[1] Bennett CO Myers，J E. Momentum，Heat，and Mass Transfer. 3rd ed. New York：McGraw-Hall Book Company，1982.

[2] Bird R B，Stewart W E，Lightfoot. E N. Transport Phenomena. 2nd ed. New York：John Wiley & Sons，Inc.，2002.

[3] 吴望一. 流体力学（下册）. 北京：北京大学出版社，1983.

[4] Schlichting H. Boundary-Layer Theory. New York ：McGraw-Hall Book Company，1979.

[5] White F M. Fluid Mechanics. 3rd ed. New York：McGraw-Hall Book Company，1994.

[6] Langhaar H L. *Trans Am Soc Mech Eng*，1942，A64：55.

[7] 窦国仁. 紊流力学（上册）. 北京：人民教育出版社，1981.

[8] 王绍亭，陈涛. 动量、热量与质量传递. 天津：天津科学技术出版社，1986.

[9] Geankoplis C J. Transport Processes and Unit Operations. 3rd ed. New Jersey：Prentice-Hill，1993.

[10] Kessler D P，Greenkorn. R A. Momentum，Heat，and Mass Transfer Fundamentals. New York：Marcel Dekker，1999.

[11] Welty J R，Wicks C E，Wilson R E. Fundamentals of Momentum，Heat，and Mass Transfer. 4th ed. New York：John Wiley & Sons，Inc.，2001.

[12] Holman J P. Heat Transfer. New York：McGraw-Hill Book Company，1976.

[13] Lydersen A L. Fluid Flow and Heat Transfer. New York：John Wiley & Sons，Inc.，1979.

[14] Chapman A J. Fundamentals of Heat Transfer. New York：Macmillan，1987.

[15] Smith H. Transfer Phenomena. Oxford：Clarendon Press，1989.

[16] Mills A F. Heat Transfer. Homewood，Ill：Irwin，1992.

[17] Thomas L C. Heat Transfer. Englewood：Prentice Hall，1992.

[18] 沙庆云. 传递原理. 大连：大连理工大学出版社，2003.

[19] 李汝辉. 传质学基础. 北京：北京航空学院出版社，1987.

[20] 夏光榕，冯权莉. 传递现象相似. 北京：中国石化出版社，1997.

[21] Sherwood T K，Pigford R L，Wilke C R. Mass Transfer. New York：McGraw-Hill Book Company，1975.

[22] Coulson J M，Richrdson J F. Chemical Engineering. Vol2. 3rd ed. Oxford：Pergamon，1994.

[23] McCabe W L，Smith J C. Unit Operations of Chemical Engineering . 5th ed. New York：McGraw Hill Book Company，1993.